计算机技术开发与应用丛书

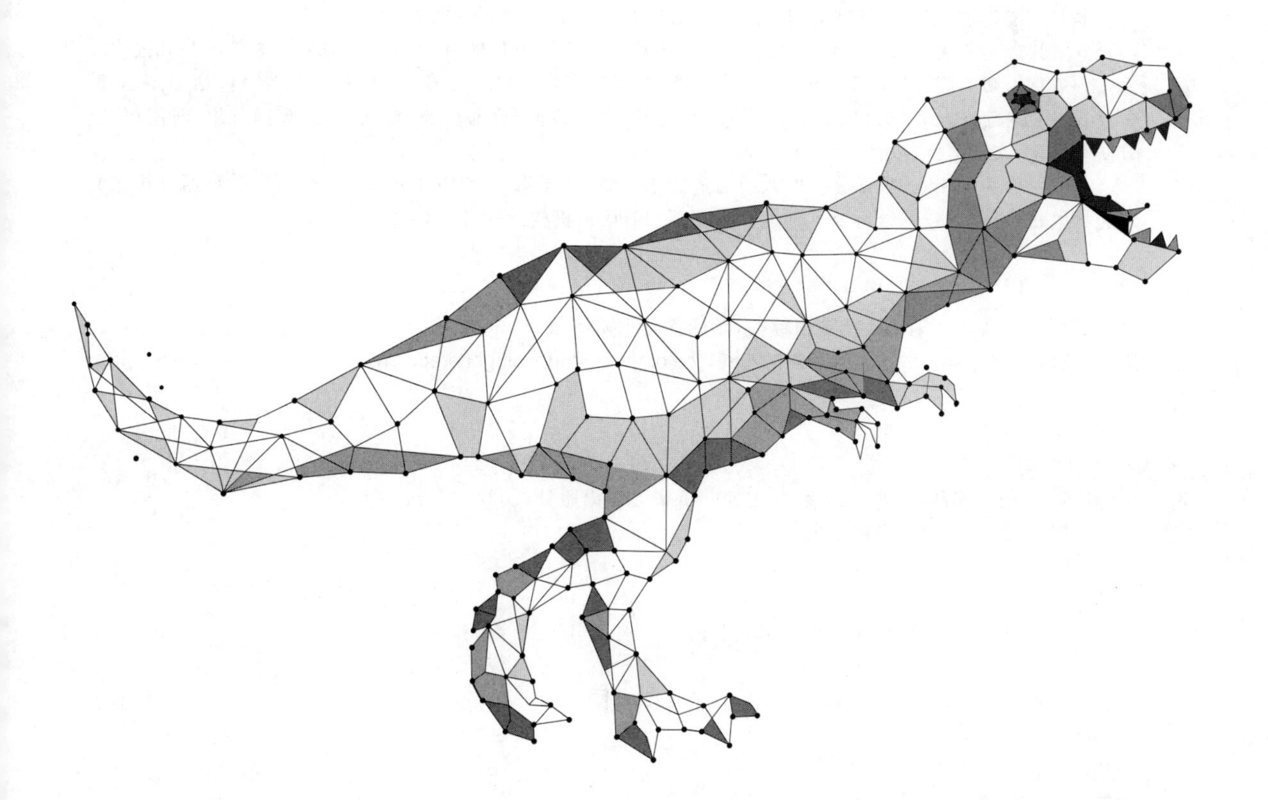

Pandas 通关实战

黄福星◎编著

清華大學出版社
北京

内 容 简 介

本书系统阐述Pandas基础知识、应用原理，以及应用流程和应用技巧等实战知识。

全书共分为5篇：第1篇为入门篇（第1和2章），第2篇为基础篇（第3和4章），第3篇为基础强化篇（第5～7章），第4篇为进阶篇（第8～11章），第5篇为案例篇（第12章）。书中主要内容包括Python简介、NumPy基础、Pandas入门、数据筛选、数据转换、文本转换、数据获取、数据处理、数据分组、时间序列、数据可视化、实战案例分析。

本书可作为Python数据分析的入门与进阶书籍，适用于有一定Python基础的读者、对数据分析感兴趣的学生，也可作为数据分析及其他编程爱好者、IT培训机构的参考书籍。

图书在版编目（CIP）数据

Pandas通关实战/黄福星编著. —北京：清华大学出版社，2022.8
（计算机技术开发与应用丛书）
ISBN 978-7-302-60061-9

Ⅰ. ①P… Ⅱ. ①黄… Ⅲ. ①数据处理 Ⅳ. ①TP274

中国版本图书馆CIP数据核字（2022）第018234号

责任编辑：赵佳霓
封面设计：吴　刚
责任校对：时翠兰
责任印制：宋　林

出版发行：清华大学出版社
网　　址：http://www.tup.com.cn，http://www.wqbook.com
地　　址：北京清华大学学研大厦A座　　**邮　　编**：100084
社 总 机：010-83470000　　**邮　　购**：010-62786544
投稿与读者服务：010-62776969，c-service@tup.tsinghua.edu.cn
质量反馈：010-62772015，zhiliang@tup.tsinghua.edu.cn
课件下载：http://www.tup.com.cn，010-83470236
印 装 者：大厂回族自治县彩虹印刷有限公司
经　　销：全国新华书店
开　　本：186mm×240mm　　**印　　张**：31.5　　**字　　数**：711千字
版　　次：2022年8月第1版　　**印　　次**：2022年8月第1次印刷
印　　数：1～2000
定　　价：119.00元

产品编号：093541-01

序

FOREWORD

随着信息时代的到来，各行各业、不同职能部门的人都越来越多地需要和数据打交道了。工欲善其事，必先利其器。说到专业的数据处理和分析工具，大部分人首先想到的是Excel(或与它类似的WPS)。诚然，Excel软件的功能与性能也在与时俱进，但有时在处理数据海量、结构复杂、步骤烦琐、个性化强的工作时，它总会或多或少地暴露出一些缺憾。此外，市场上还有很多其他商业化的数据处理和分析软件，功能各有所长，操作界面友好，无须编程执行；然而美中不足的是，天下没有免费的午餐，成熟的商业软件的采购成本往往会让不少数据分析爱好者望而却步。

幸运的是，近几年来，大数据、人工智能、机器学习、深度学习等理念不断兴起，使一大批开源的软件日趋流行。Python是其中的典型代表之一，最早由荷兰学者Guido van Rossum在1989年的圣诞节期间，由于种种机缘巧合而开发编写出来，是一种解释型、高级和通用的编程语言。经过三十多年的发展，Python的用途早已不局限在简单的数据处理和分析中，甚至还可以进行Web开发、网络爬虫、自动化运维、人工智能等。它的生态体系也在不断发展，为用户提供了完善的基础代码库，网络上还有不断涌现的第三方库。这意味着如果程序员用Python开发程序，许多功能不必从零编写，直接使用现成的工具库即可。

Pandas是Python中一个基础而重要的库，被使用的频率极高。简单地说，它使用了强大的数据结构，可为用户提供高性能的数据操作。

在数据科学领域，早就流行着这样一句名言：人生苦短，我用Python。这句话说得对吗？个人认为对，也不对。说它对，是因为对具有计算机专业背景的技术人员，或者专业的程序员来讲，与C++、Java等计算机编程语言相比，Python的确简单了很多，易学易用，上手很快；说它不对，是因为对更广大的非计算机专业毕业的技术人员，或者从来不编程的业务分析人员来讲，Python的学习门槛一点也不低。

怎样才能帮助更多的人降低学习Python的门槛，尽快享受到使用Python解决业务问题的乐趣呢？作者的这本新书提出了切实可行的解决方法，给很多想学又怕学Python的人带来了福音。

当前线上和线下的书店里介绍Python软件的书籍不少，大部分出自计算机教授、名家之手。与此不同的是，本书的作者虽然在其从事的专业领域经验十分丰富，但在编程方面原先也是一位新手。本书是作者从自身“从入门到几近放弃，再到精通”的曲折Python学习经历中，提炼出来的智慧结晶，非常适合那些没有太多空闲时间，但又迫切需要学习Python

的人士阅读，同时也可以作为一本词典类工具书，为有一定经验的 Python 程序员服务。它的主要特点有以下 3 个：

(1) 编程的理论概念部分条理清晰，使用逻辑图的形式言简意赅地表达了各种方法及技术之间的关系。不追求面面俱到，而是完全从实用的角度突出重点，由浅入深，便于为读者扫盲。

(2) 编程的动手实践部分贴近现实，用一个通俗易懂的主打案例贯穿全书，带入感强，没有华而不实的技术炫酷，非常便于初学者模仿、练习和理解。

(3) 不是纯粹地为学编程而讲解 Python，而是结合作者多年的工作经验，有机地融入了精益生产、工业工程、物流管理等内容，充分体现了“学以致用”的治学理念。这一点在最后的案例篇表现得尤为明显。

很荣幸能为本书写序言。最后，衷心地希望广大读者能够在阅读本书后，大幅缩短 Python 的学习周期，少走弯路，真切地体会到 Python 编程的乐趣，在大数据的海洋中尽情遨游。同时，也希望作者能够再接再厉，在现有的基础上，归纳总结出 Python 其他工具库的实用技巧，为读者贡献更多的好书。

上海七牛信息技术有限公司数据科学家

周暐

前言

PREFACE

在计算机应用领域，大数据应用是最热门的主题之一；在近几年的计算机流行语言排行榜中，Python是当前最热门的语言之一。在计算机大数据处理方面，Pandas是Python的数据分析利器，它在数据的增、删、改、查及时序分析等方面，功能十分强大且语言相当简单。可以这样说，正是因为Pandas的加入才让Python在数据分析领域有一席之地。

在日常的工作与生活中，Excel因为灵活、高效及易获取性，不管是早期推出的函数与VBA，还是近几年推出的Power BI（内置Power Query、Power Pivot等），都让其因此拥有数量庞大的用户群，从而成为众多数据分析师的首选。如果说Excel是一款数据处理神器，则Pandas同样是一款数据处理与分析神器，它们二者的应用功能存在较高的重叠性，但Pandas更为灵活、功能更强大。此外，Pandas能与Excel、CSV、SQL等日常数据进行高效无缝对接，因而越来越受到数据分析师的追捧。

回想笔者当年学习Python的经历，众多的Python第三方库、可操作Excel库曾让笔者迷糊过，也曾因此有过“从入门到放弃”的经历。直至遇到Pandas，在深入了解Pandas后，才发现原来自己当年走了弯路。这些年来“从入门到放弃”的经历与感悟萌生了笔者想写一本有关“Python数据分析、Pandas数据分析”相关书籍的想法，把那些学习中必要的知识点聚集起来，把那些学习过程的干扰因素一一摒除掉，用一个标准的流程与方法论解释一个完整的学习过程，然后用一个最简单的小数据诠释大数据的应用原理，让所有的读者不再有“从入门到放弃”的经历成为笔者写作本书的动力与目标。

本书主要内容

本书秉承less is more（少即是多）的原则，追求“简约但不简单”的风格。从入门篇到进阶篇的11章，主要围绕着一个简单的“7行8列的数据”进行有效讲解，把Pandas中使用频率最高的或效率最高的80%的函数、方法、属性有效地串接起来，以减少读者理解不同数据源的时间，让更多的精力聚焦于专业知识的学习。最后通过一个实用的案例，把Pandas的重要知识点一一串接起来，并最终轻松转化为实战案例，这也是本书的主要特色。

本书不局限于讲解Pandas语法与Python数据分析，更结合5W1H和IE（工业工程）中的ECRS（删除、合并、重组、简化）与ESIA（删除、简化、整合、自动化）的管理分析方法，通过管理学与数据分析方法的高效融合，最终实现simplicity is the best（简单就是最好的），力争一次性将所有的实战知识点掌握到位。

本书源代码

扫描下方二维码,可获取本书源代码。

本书源代码及数据源

致谢

首先要感谢清华大学出版社赵佳霓编辑,从策划到落地过程中的全面指导,她细致、专业的指导让笔者受益良多。

还要感谢笔者的妻子。本书是笔者利用业余时间完成的,写作的过程中占据了大量的个人时间及家庭时间,她的理解与支持是笔者最大的动力。

感谢笔者的父母,是你们的谆谆教诲才使笔者一步一个脚印地走到今天。

由于时间仓促,书稿虽然经过全面检查,但疏漏之处在所难免,敬请读者批评指正,你们的反馈是笔者进步的动力。

黄福星

2022年3月

目录

CONTENTS

第1篇　入　门　篇

第2篇 基础篇

第 3 篇 基础强化篇

第4篇　进　阶　篇

第5篇　案　例　篇

第1篇　入　门　篇

第1章 Python 简介

Python 是一门解释型,面向对象的编程语言。它可应用于众多领域,例如:Web 开发、大数据处理、人工智能、自动化运维、爬虫、游戏开发、图像处理等。

Python 具备可读性强、简洁、面向对象编程、免费和开源、丰富的库等众多优点。因而涌现了,类似:NumPy、Pandas、Seaborn、Matplotlib、Scikit-learn、BeautifulSoup、Flask、Django、OpenCV 等大量优秀的第三方库。

刚接触 Pandas 时,读者可能会有这样的疑问,Pandas 能干什么?它与 Python 是什么关系?为什么我学了 Python 之后还要学 Pandas? Pandas 数据分析或 Python 数据分析到底是怎么一回事?

接下来先对 Pandas 做一个简单的介绍。

1.1 Pandas 简介

Pandas 是 Python 的一个数据分析包,Pandas 的名称来自于面板数据(Panel Data)和 Python 数据分析(Data Analysis)。

Pandas 中主要有 Series 和 DataFrame 两种数据结构。

Series:一种类似于一维数组的对象,它是由一组数据及一组与之相关的数据标签(索引)组成。

DataFrame:一个表格型的数据结构,类似 Excel、SQL 表格等二维数据结构。含有一组有序的列,每列可以是不同的值类型(数值、字符串、布尔值等),DataFrame 既有行索引也有列索引,可以被看作由 Series 组成的字典。

可以这样说,Pandas 是 Python 数据分析的利器。正是因为 Pandas 的加入才让 Python 在数据分析领域有一席之地。Pandas 在数据的增、删、改、查及时间序列等方面,功能十分的强大。

Pandas 是 Python 的第三方库。按照常规约定,在使用 Pandas 之前,必须导入 Pandas 包,并以 pd 作为其别名。命令如下:

```
import pandas as pd
```

如果 Pandas 在使用过程中同时有用到 NumPy，则须同时导入 NumPy 包，并以 np 作为别名。命令如下：

```
import numpy as np, pandas as pd
```

1.2 Pandas 数据分析

在日常工作与数据分析时，大体会遵循类似下面的这些操作流程：

(1) 确定需求。

(2) 获取数据。

(3) 属性查看。

(4) 清洗数据。

(5) 挖掘数据。

(6) 呈现数据。

(7) 存储结论。

为了能更直观地了解 Python 数据分析的流程与应用，先做一个简单案例演示。原始数据(文件名：demo_. xlsx，sheet：Sheet1)如表 1-1 所示。

表 1-1 原始数据

Date	Name	City	Age	WorkYears	Weight	BMI	Score
2020/12/12	Joe	Beijing	76	35	56	18.86	A
2020/12/12	Kim	Shanghai	32	12	85	21.27	A
2020/12/13	Jim	Shenzhen	55	23	72	20.89	B
2020/12/13	Tom		87	33		21.22	C
2020/12/14	Jim	Guangzhou	93	42	59	20.89	B
2020/12/14	Kim	Xiamen	78	36	65		B
2020/12/15	Sam	Suzhou	65	32	69	22. 89	A

对这些数据的需求情况如下：

(1) 获取整体数据源。

(2) 对指定的两列数据按行进行求和。

(3) 观察整体的数据分布情况。

(4) 为了看起来更直观，对它们进行转置。

(5) 由于表格数据不直观，因此最后实现图形化呈现。

(6) 把数据及生成的图片导入 Excel 中。

需要事先说明的一点是：对于几百兆字节的数据，Python 与 Pandas 处理起来是游刃有余的。为了演示的直观性，让读者把精力更多地聚焦在“数据分析流程、函数、功能用法、结果比对”等方面，在演示过程中所提供的数据均为较小的数据且以少而精为主。

以下的代码是在 Jupyter Notebook 中完成的，代码如下：

```
'''第 1 章 Python 数据分析/案例讲解 '''

import pandas as pd
import matplotlib as mpl
import matplotlib.pyplot as plt
mpl.rcParams['font.sans-serif'] = ['SimHei']

#1.获取数据源
df = pd.read_excel('demo_.xlsx', usecols=['Age', 'BMI']) #自动选择所需列

#2.操作数据源
df['A+B'] = df.sum(1) #df.sum(1)等价于 df.sum(axis=1)

#描述性统计分析
print(df.describe().T)

#3.数据可视化
fig, (ax1, ax2, ax3) = plt.subplots(1, 3, figsize=(16, 4))
fig.suptitle('各值数据分布图', size=20, y=1.02)
df.plot.kde(ax=ax1, title='密度图') #指定图表自动生成
df.plot.box(ax=ax2, title='箱线图')
df.plot.hist(ax=ax3, title='直方图')
fig.savefig(r'e:\a.png', dpi=300, bbox_inches='tight')

#4.数据输出
wt = pd.ExcelWriter(r"e:\保存.xlsx")
df.to_excel(wt, '数据', index=False) #图与表自动保存并区分
(wt.book.add_worksheet('图片').insert_image("A1", r'e:\a.png'))
wt.save()
```

以下是代码的一些输出结果或结论存储。可在操作界面打印描述性统计分析结果，如图 1-1 所示。

	count	mean	std	min	25%	50%	75%	max
Age	7.0	69.428571	20.855512	32.00	60.000	76.000	82.5000	93.00
BMI	6.0	21.003333	1.288187	18.86	20.890	21.055	21.2575	22.89
A+B	7.0	87.431429	20.723474	53.27	76.945	87.890	101.5400	113.89

图 1-1 描述性统计分析

以 Age 为例，均值明显小于中位数且标准差值较大，大概率数据是呈左偏态的。会生成一个保存.xlsx 和 a.png 文件。在保存.xlsx 中，有两个电子表格，分别为数据和图片。在 Excel 中的数据，如表 1-2 所示。

表 1-2 Excel 保存的数据

Age	BMI	A+B
76	18.86	94.86
32	21.27	53.27
55	20.89	75.89
87	21.22	108.22
93	20.89	113.89
78		78
65	22.89	87.89

在电子表格中的图片，如图 1-2 所示。

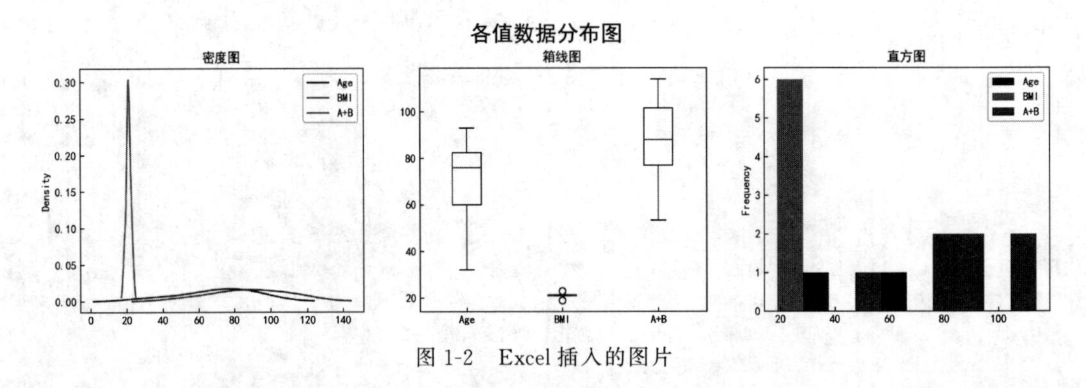

图 1-2 Excel 插入的图片

在图 1-2 中，Age 数据明显呈左偏态，直观地印证了描述性数据分析的结论。

通过表 1-2 和图 1-2，对于本章开头提出的几个疑问，可以这样简要地理解：Python 是一种面向对象的编程语言，它的开源特性使 Pandas、Matplotlib 等大量的第三方库可加入，形成了 Python 的生态圈。Python 好比是搭台的，Pandas、Matplotlib 等好比是唱戏的。在遵守 Python 规则的前提下，在 Python 的舞台上，Pandas、Matplotlib 等可以用尽本领，精彩演出，而 Pandas、Matplotlib 等各有所长、分工搭配，使 Python 生态圈功能越来越强大。

1.3 Jupyter 与 Anaconda

在日常的 Python 分析及使用过程中，会陆续接触到 Jupyter、PyCharm、Spyder、pip 或 conda 等概念，如图 1-3 所示，接下来对它们的关系进行一个简要梳理。

Python 好比是搭台的，所以在生态圈的兴建之初，所有工作基本上自己来完成的。这好比一个园区建设，随着园区的良好口碑及免费入驻政策，因此而新增了很多的业务板块，使园区不得不扩大规模，如图 1-4 所示。

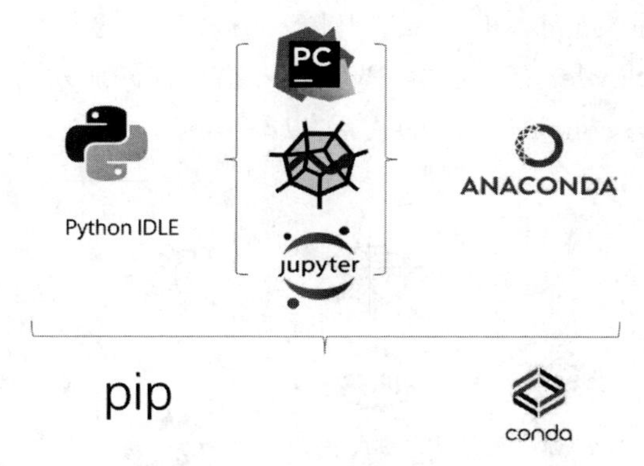

图 1-3 与 Python 相关的 IDE

图 1-4 Python 生态圈的组建(1)

可是,园区原有的工程能力有点跟不上园区的扩建需求了,这时就有很多外面的分包商纷纷加入。它们之间的区别,园区的原有一切用于自用,而分包商的资质除了在这个园区用,也可以在外面的其他工地使用,如图 1-5 所示。

图 1-5 Python 生态圈的组建(2)

后来,分包商实在太多了,为了统一、方便管理,有人站出来成立了分包商协会(Anaconda)。制定了相关准入、更新、退出条款(conda),并考虑到与园区管委会的条款兼容性(pip)。

如果这个协会是 Anaconda，相关条款则是 conda，兼容的条款则是 pip，那么相关的协会会员则是 Jupyter 和 Spyder 等。当然，PyCharm 也是准许加入的。

这就是 Anaconda 与 conda 及 pip 的关系，以及 Jupyter、Spyder 与 PyCharm 的关系，如图 1-6 所示。

图 1-6　Python 生态圈的组建(3)

Python 的开发环境是自带的，称为 IDLE。PyCharm、Spyder、Jupyter 的集成开发环境，称为 IDE，不仅限于 Python。外来的开发环境相比自带的开发环境，提供了更高级的工具和功能，关键看各自的侧重。新入手的读者，建议用 Jupyter，进行数据分析的读者，建议用 Spyder。做大工程的读者，建议用 PyCharm。

1.4　Anaconda、conda 与 pip

1.4.1　Anaconda

Anaconda 是一个打包的集合，里面预装了 conda，所以也称为 Python 的一种发行版。Anaconda 具有跨平台、包管理、环境管理的特点，因此很适合在新机器上快速部署。

1.4.2　conda

conda 是 Anaconda 的包管理器，但它也可以在 Anaconda 之外使用(例如：可以在 Python 中通过 pip 来安装 conda，但不建议这样做)。

conda 和 pip 这两个工具的某些功能重叠，通常被认为几乎完全相同。

(1) pip 是 Python 推荐的安装包工具，可以使用 pip 从 Python 包索引，也可以索引其他安装包。

(2) conda 比 pip 能做更多的事情，conda 可以用于在同一个机器上安装不同版本的软件包及其依赖，并能够在不同的环境之间切换。

conda 和 pip 设计的目的不同。

conda 是一个运行在 Windows 等不同系统上的包管理器和环境管理器，可以安装和管理来自 Anaconda 的 conda 包。conda 包不仅限于 Python 软件。它们还可能包含 C 或 C++库，R 包或任何其他软件。

1.4.3 Anaconda 与 conda

Anaconda 是一个开源的 Python 发行版，其中包含了 conda、Python 等 180 多个科学包及其依赖项。conda 是一个开源的包、环境管理器，可以用于在同一机器上安装不同版本的软件及其依赖，并能够在不同的环境之间切换。

Anaconda 可以进行 Python 环境和包的管理，以及在不同的环境中配置 Spyder 及 Jupyter。

1.5 Anaconda 的下载与安装

从 Anaconda 官网可以下载 Anaconda：

(1) 打开浏览器，在搜索中输入 https://www.anaconda.com/，便可进入 Anaconda 官网。

(2) 单击页面中的 Download 按钮，如图 1-7 所示。

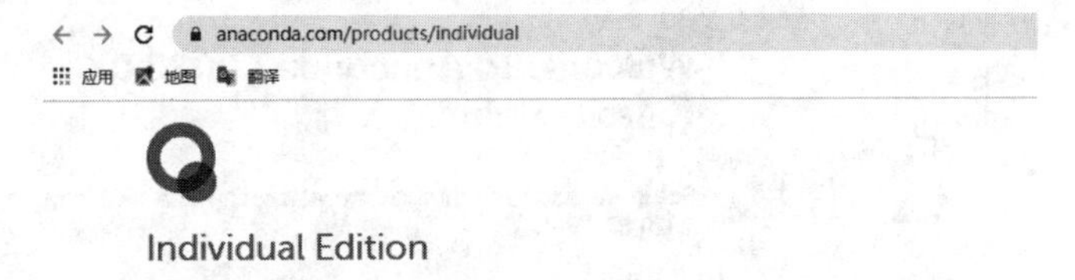

图 1-7 下载 Anaconda

(3) 页面跳转到 Anaconda Installers 后，依据操作系统的版本选择对应的版本，如图 1-8 所示。

(4) 下载。需要一点时间才能完成，取决于你的网速。

图 1-8　选择对应的版本

1.6　Anaconda 安装简介

1.6.1　安装步骤

单击已下载的 Anaconda 安装包，单击 Next 按钮，开始安装，如图 1-9 所示。

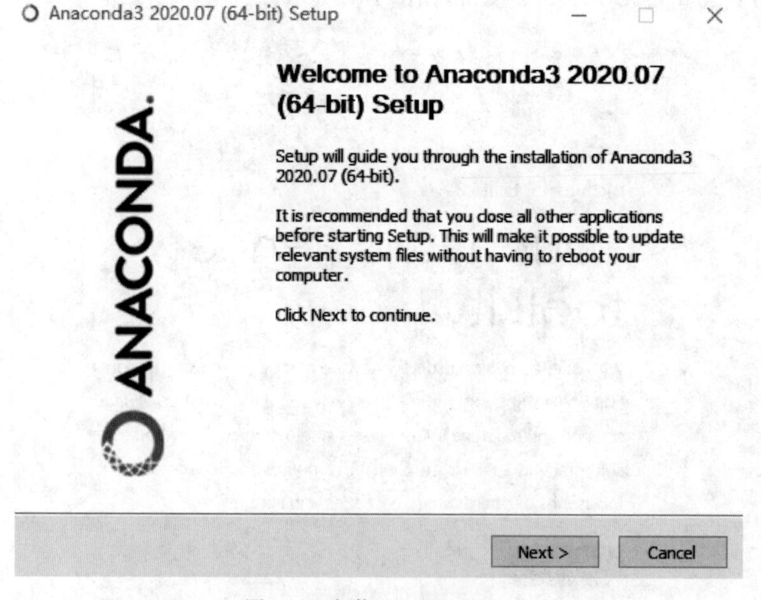

图 1-9　安装 Anaconda(1)

单击 I Agree 按钮，如图 1-10 所示。

此步骤可以不采用系统的推荐方式，而采用管理员权限来安装，选择 All Users，单击 Next 按钮，如图 1-11 所示。

选择程序的安装目录，单击 Next 按钮，如图 1-12 所示。

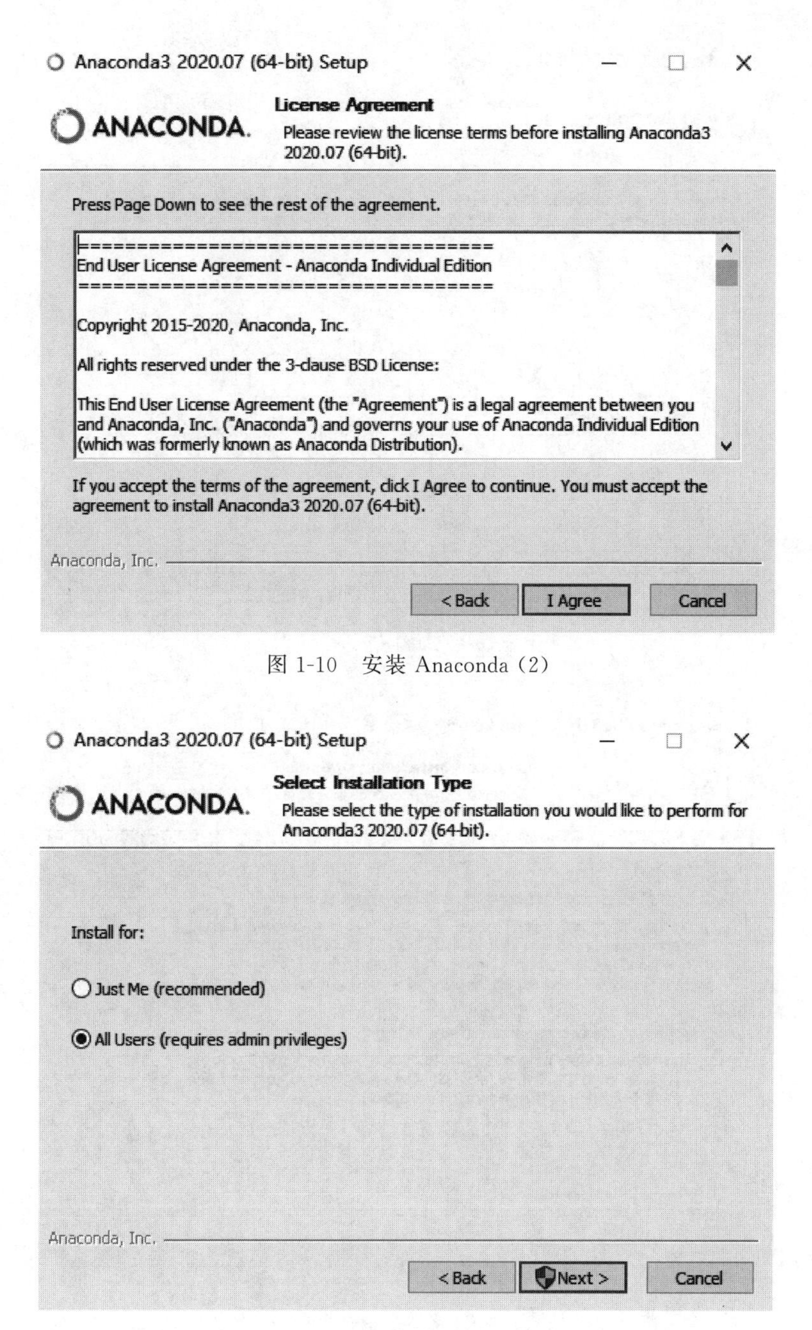

图 1-10 安装 Anaconda (2)

图 1-11 安装 Anaconda(3)

系统推荐的项是 Register Anacoda3 as the system Python 3.8，把 Anaconda 注册为系统的默认 Python 环境。安装时，建议把 Add Anaconda3 to the system PATH environment variable 也勾选上，如图 1-13 所示。

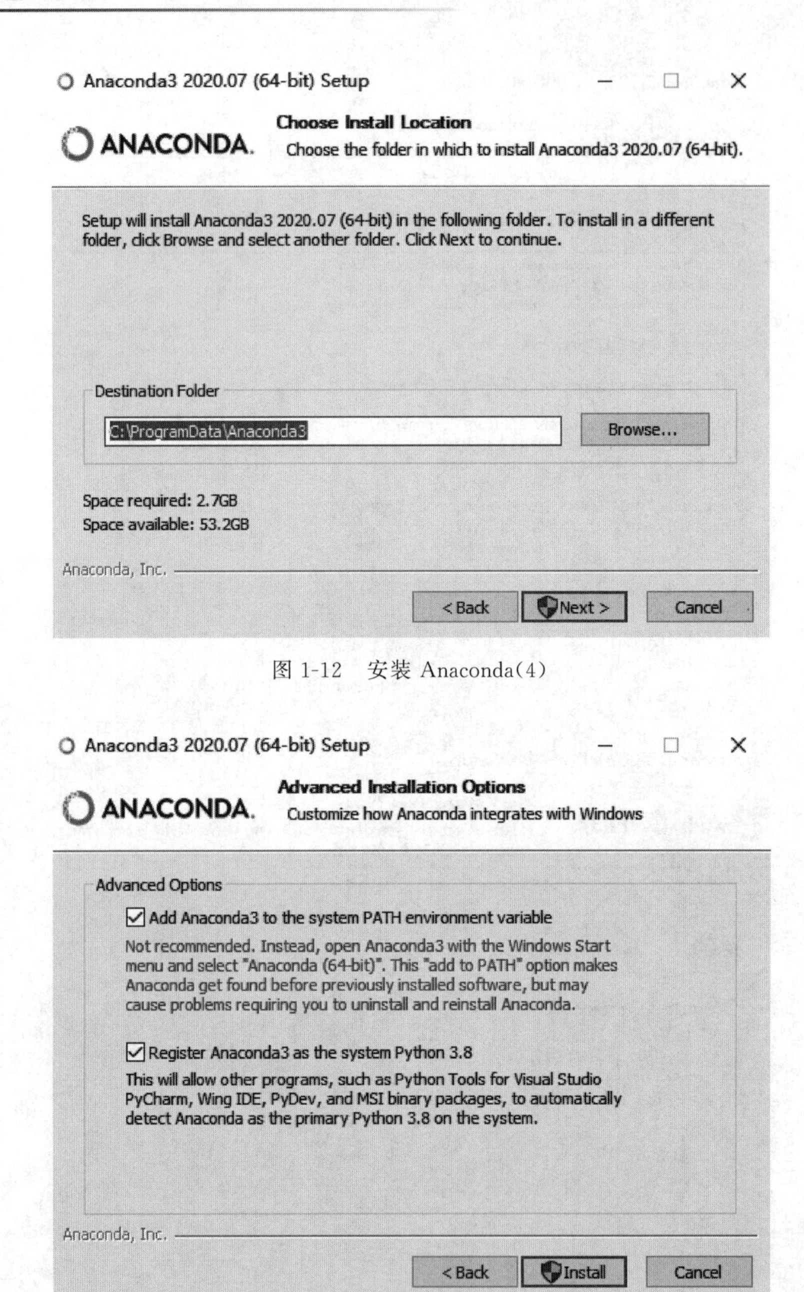

图 1-12 安装 Anaconda(4)

图 1-13 安装 Anaconda(5)

说明：如果勾选了 Add Anaconda3 to the system PATH environment variable，则会发出红字提示警告，可以忽略此警告。

单击 Install 按钮进行安装。安装需要一点时间，时间的长短取决于计算机配置，需要耐心等待，完成安装后如图 1-14 所示。

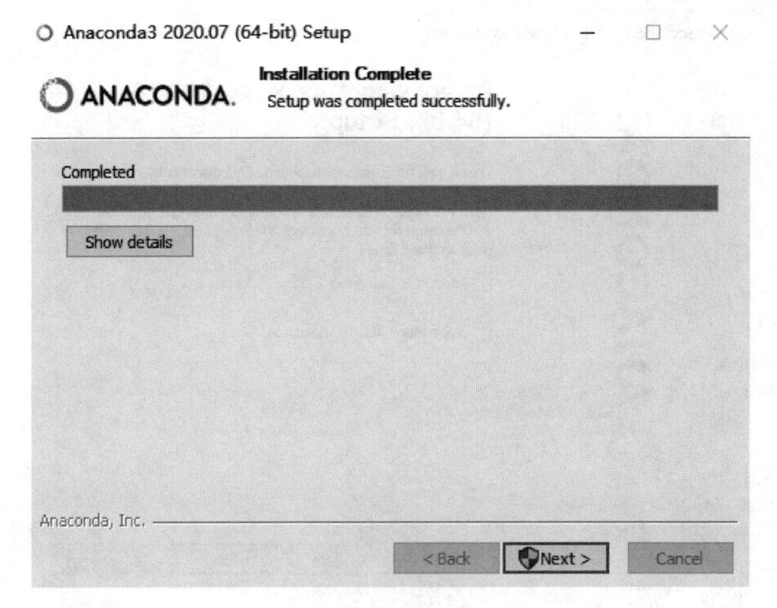

图 1-14 安装 Anaconda(6)

单击 Next 按钮,进入的界面如图 1-15 所示。

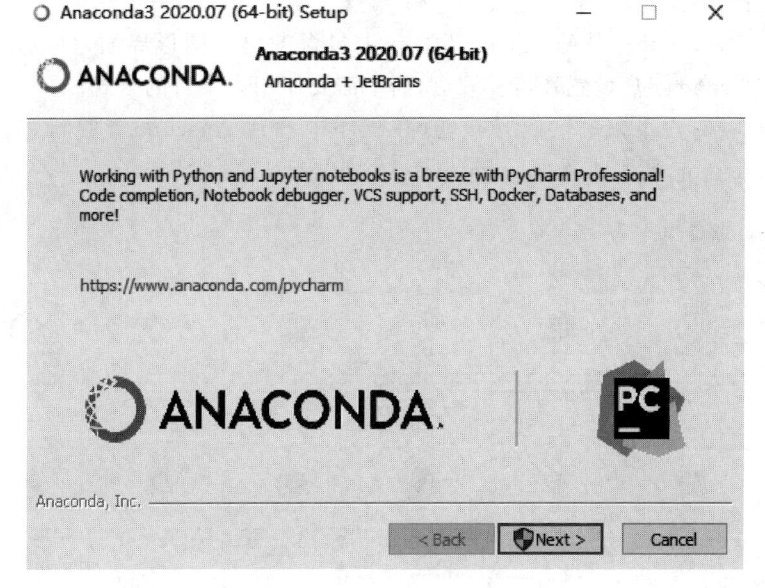

图 1-15 安装 Anaconda(7)

单击 Next 按钮,进入的界面如图 1-16 所示。取消复选框内的勾选,单击 Finish 按钮,完成安装。

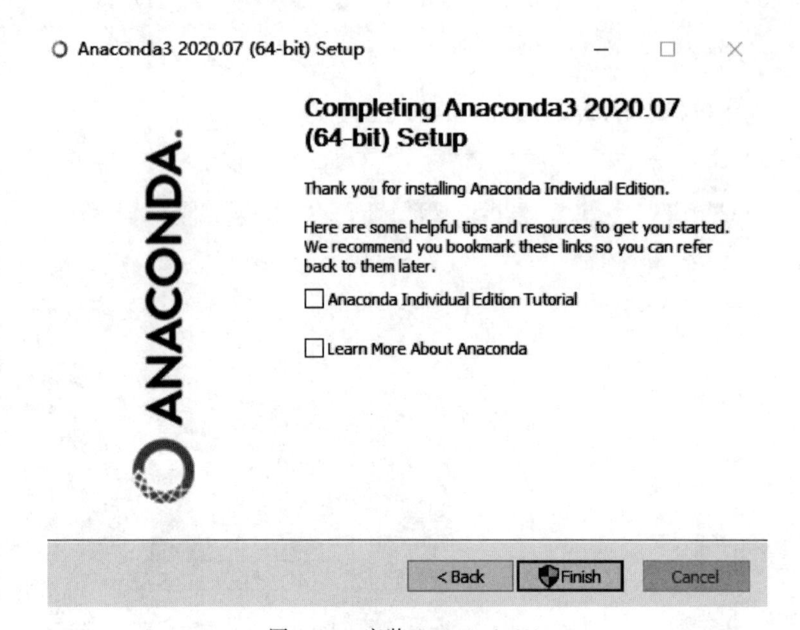

图 1-16　安装 Anaconda(8)

1.6.2　Anaconda Navigator 简介

Anaconda Navigator 是 Anaconda 发行包中包含的桌面图形界面，可以用它来方便地启动应用、管理 conda 包、设置环境和频道，而不需要使用命令行的方式。

单击 Windows 左下角的"开始"按钮，在程序中找到 Anaconda3 目录，单击目录中的 Anaconda Navigator，便可进入 Navigator 界面，如图 1-17 所示。

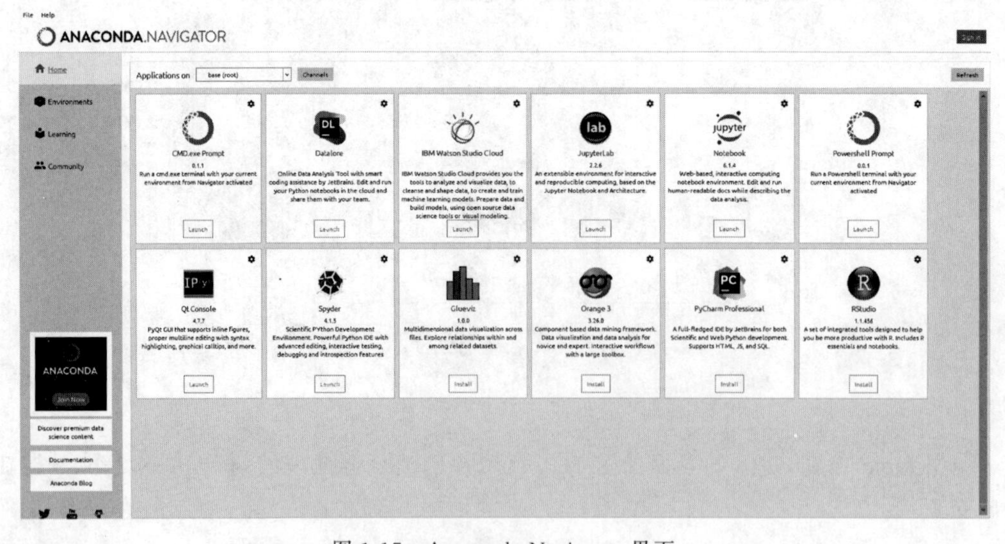

图 1-17　Anaconda Navigator 界面

进入界面后，会发现 Jupyter Notebook、Spyder、PyCharm 都在里面，如图 1-17 所示。有 Install 按钮的需先单击 Install 按钮，相关 IDE 安装完成后才会出现 Launch 按钮，如图 1-18 所示。单击 Launch 按钮，即可启动相关 IDE。

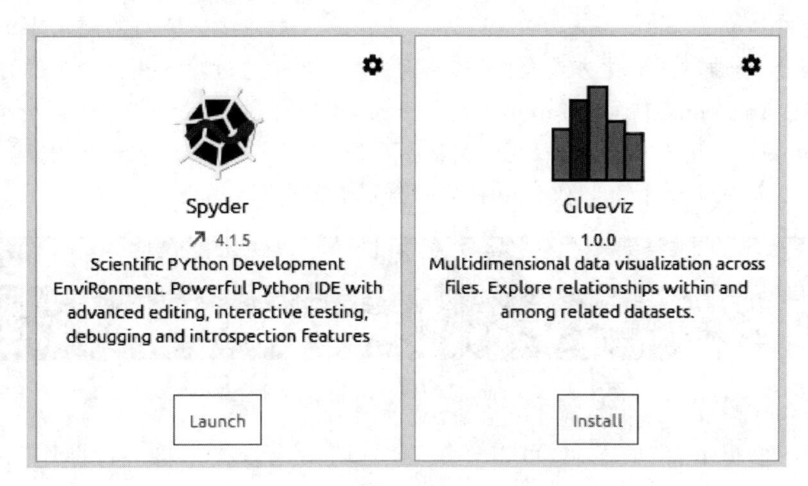

图 1-18　Anaconda Navigator 界面中的 Launch 与 Install

在 Anaconda Navigator 中创建虚拟环境则需以下 3 步操作，如图 1-19 所示。

（1）单击左上角导航栏中的 Environments。

（2）单击左下角的 Create。

（3）在 Create new environment 对话框中命名相关的环境名称（如 dhfx）。

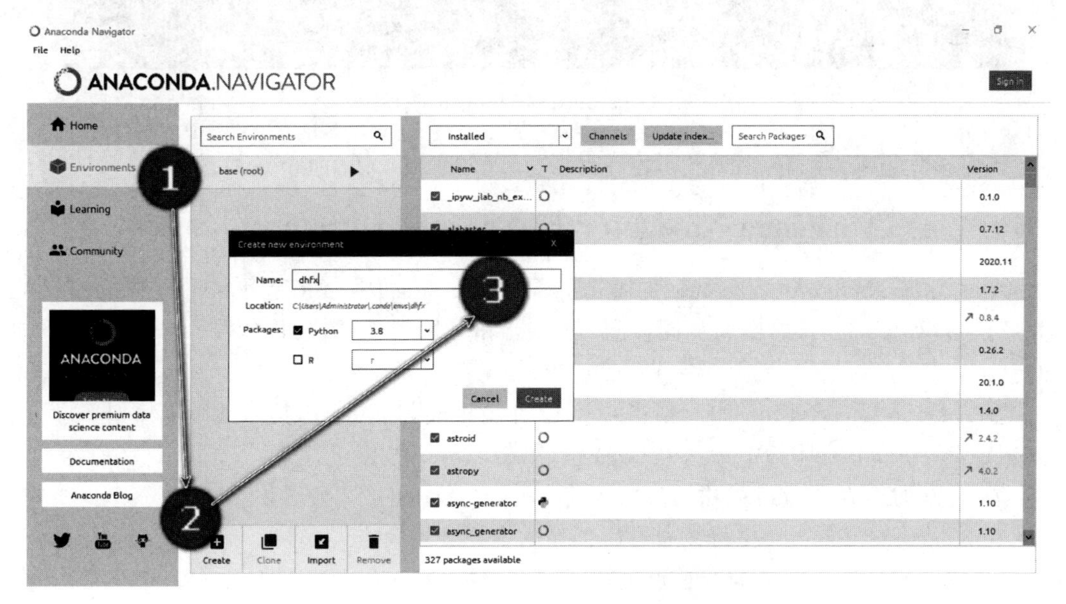

图 1-19　Anaconda Navigator 界面中的虚拟环境创建

1.6.3 Anaconda Prompt 使用简介

在 Anaconda 中，进入 IDE 的方式有两种。一种是通过 Anaconda Navigator 方式进入，另一种是通过 Anaconda Prompt 方式进入。二者的区别在于：相同的需求不同的实现方式。Navigator 是通过图形化方式操作进入，而 Prompt 是通过输入相关命令的方式进行。

例如，在 Anaconda 中运行 Jupyter Notebook，可以通过在 Anaconda Navigator 中单击 Jupyter Notebook 下方的 Launch 进入，也可以在 Anaconda Prompt 中输入 jupyter notebook 命令进入。这个窗口和 cmd 窗口一样的，如图 1-20 所示。

图 1-20　Anaconda Prompt 窗口与命令输入

Prompt 是“提示符”的意思，可以理解为“通过命令行提示符进行操作”。Anaconda Prompt 是一个类似 DOS 的操作，这个窗口和 cmd 窗口是一样的。例如，在 prompt 的 cmd 窗口输入相关 DOS 命令，如图 1-21 所示。

图 1-21　Anaconda promp 中的路径转换

按照指令需求，盘符路径从 C 盘下的相关目录转到了 D 盘的 code 目录。

1.6.4 Anaconda Navigator 与 Anaconda Prompt

Anaconda Navigator 是 conda 的图形界面，Anaconda Prompt 是 conda 的 cmd 窗口的命令行执行界面。二者的作用相同，即包管理器和环境管理器，具体用哪个依据个人习惯而定。

在 Anaconda Navigator 中所创建的 dhfx 环境中安装 Pandas，具体操作步骤如下。

从 Not Installed 明细中找到 Pandas 包，单击 Apply 按钮进行安装，如图 1-22 所示。

安装成功后，在 Installed 中可以找到 Pandas 包，如图 1-23 所示。

在 Anaconda Prompt 中可以查看所创建的虚拟环境及查看安装了哪些包。输入 conda env list 或 conda info -e 查看当前已创建了哪些虚拟环境，如图 1-24 所示。

在 cmd 窗口，进入 dhfx 环境所在的目录(cd c:\ProgramData\Anaconda3\envs\dhfx)，如图 1-25 所示。

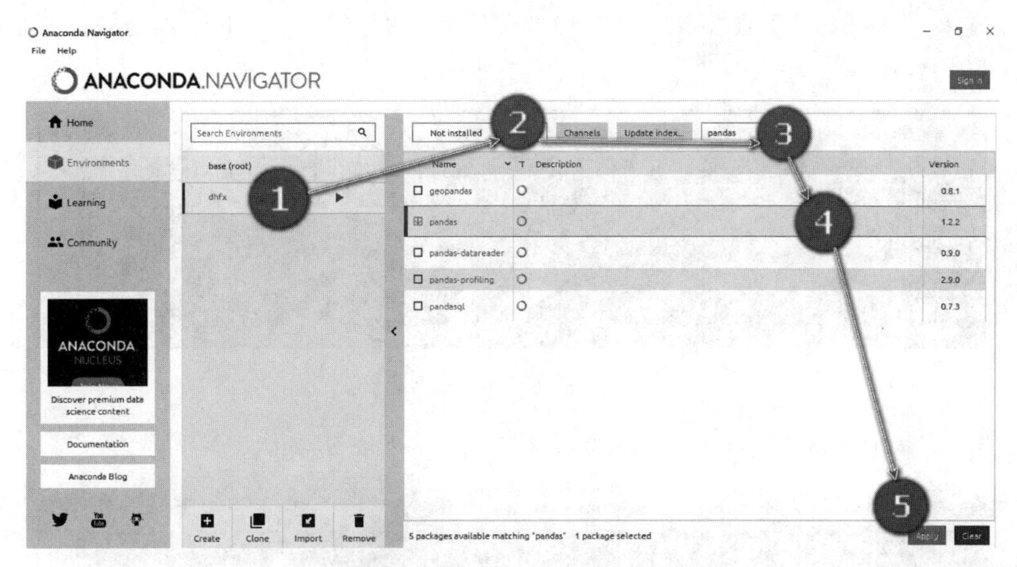

图 1-22　虚拟环境中的第三方库安装

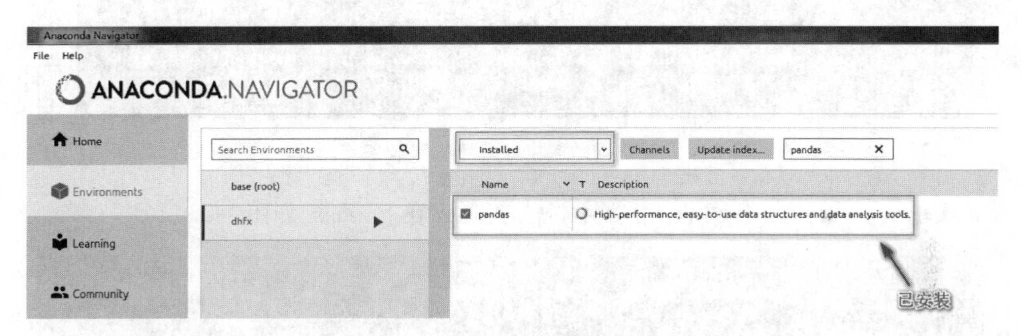

图 1-23　Pandas 安装成功

图 1-24　查看虚拟环境

图 1-25　转换路径

输入 conda list 便可查看当前环境中安装了哪些包及之前安装的 Pandas 包是否包含在内，如图 1-26 所示。

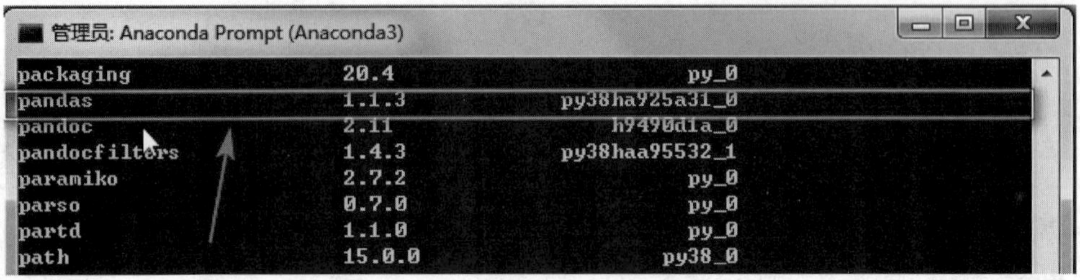

```
管理员: Anaconda Prompt (Anaconda3)
packaging          20.4                  py_0
pandas             1.1.3      py38ha925a31_0
pandoc             2.11           h9490d1a_0
pandocfilters      1.4.3      py38haa95532_1
paramiko           2.7.2                 py_0
parso              0.7.0                 py_0
partd              1.1.0                 py_0
path               15.0.0              py38_0
```

图 1-26　查看当前环境安装包

输入 conda remove pandas 并运行，可移除 pandas 安装包，如图 1-27 所示。

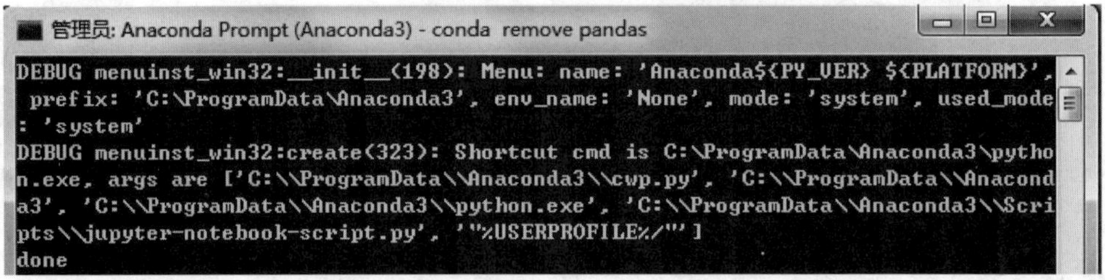

```
管理员: Anaconda Prompt (Anaconda3) - conda  remove pandas
DEBUG menuinst_win32:__init__(198): Menu: name: 'Anaconda${PY_VER} ${PLATFORM}',
 prefix: 'C:\ProgramData\Anaconda3', env_name: 'None', mode: 'system', used_mode
: 'system'
DEBUG menuinst_win32:create(323): Shortcut cmd is C:\ProgramData\Anaconda3\pytho
n.exe, args are ['C:\\ProgramData\\Anaconda3\\cwp.py', 'C:\\ProgramData\\Anacond
a3', 'C:\\ProgramData\\Anaconda3\\python.exe', 'C:\\ProgramData\\Anaconda3\\Scri
pts\\jupyter-notebook-script.py', '"%USERPROFILE%/"']
done
```

图 1-27　移除当前环境安装包

再次输入 conda list 便可查看包明细中是否还存在 Pandas，如图 1-28 所示。

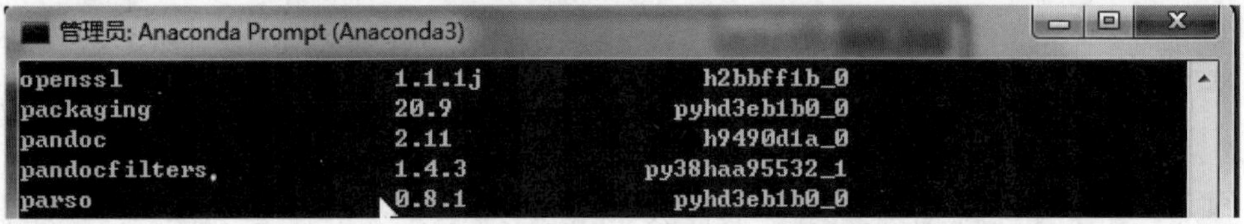

```
管理员: Anaconda Prompt (Anaconda3)
openssl            1.1.1j         h2bbff1b_0
packaging          20.9         pyhd3eb1b0_0
pandoc             2.11           h9490d1a_0
pandocfilters,     1.4.3      py38haa95532_1
parso              0.8.1        pyhd3eb1b0_0
```

图 1-28　查看当前环境安装包

如图 1-28 所示，Pandas 库已被删除。

接下来执行以下操作：

（1）在 Anaconda Prompt 中，查看当前 Python 的版本。

（2）创建一个名为 dh 的虚拟环境。

（3）激活当前 dh 虚拟环境。

（4）安装 Pandas、xlrd、openpyxl 包。

（5）查看当前环境中所安装的包。

（6）查看新增的虚拟环境。

第 1 步：输入 python--version 命令，如图 1-29 所示。

第 2 步：输入 conda create-n dh python=3.8.5 命令，创建虚拟环境，如图 1-30 所示。

图 1-29 查看当前 Python 的版本

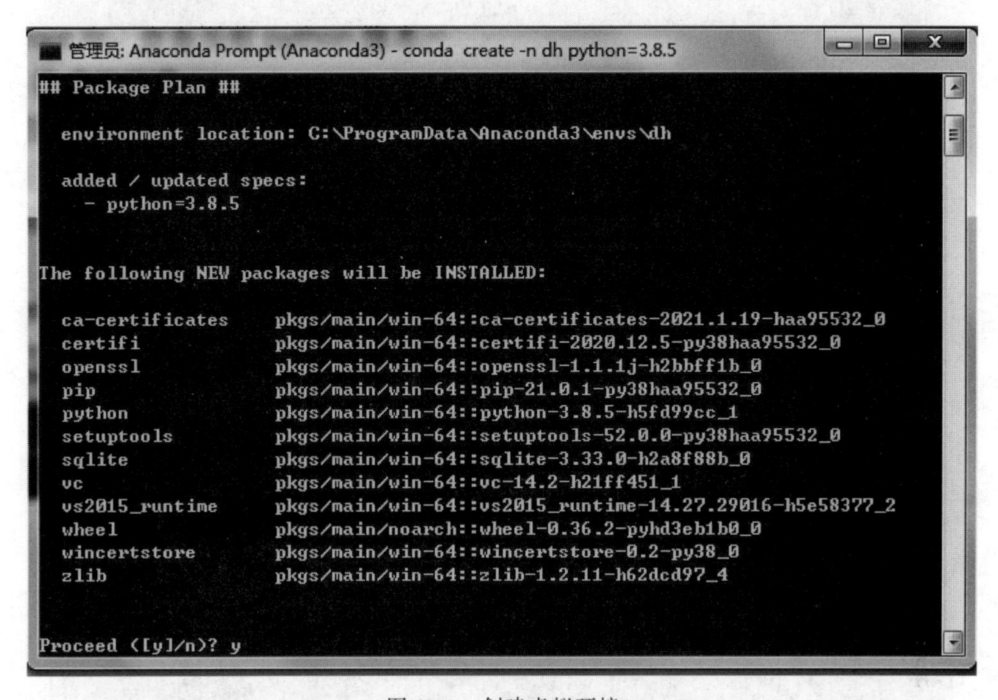

图 1-30 创建虚拟环境

第 3 步：输入 conda activate dh 命令，激活虚拟环境，如图 1-31 所示。

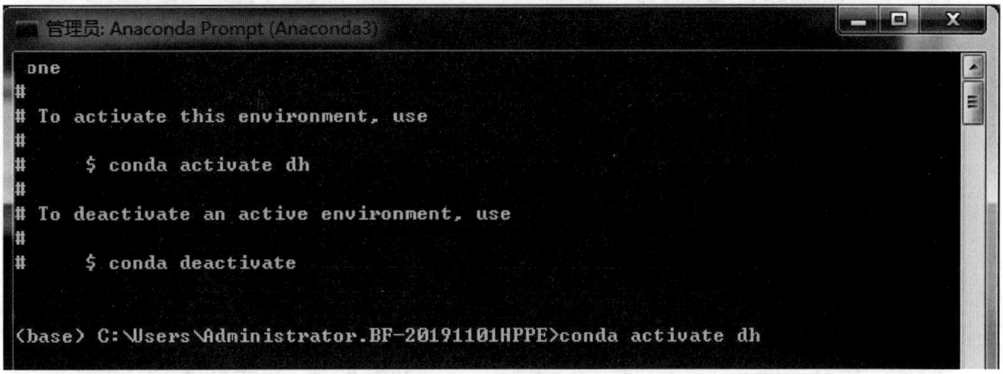

```
管理员: Anaconda Prompt (Anaconda3)
one
#
# To activate this environment, use
#
#     $ conda activate dh
#
# To deactivate an active environment, use
#
#     $ conda deactivate

(base) C:\Users\Administrator.BF-20191101HPPE>conda activate dh
```

图 1-31 激活虚拟环境

第 4 步：输入 conda install -n dh pandas openpyxl xlrd 命令，安装 Pandas、openpyxl、xlrd 包，如图 1-32 所示。

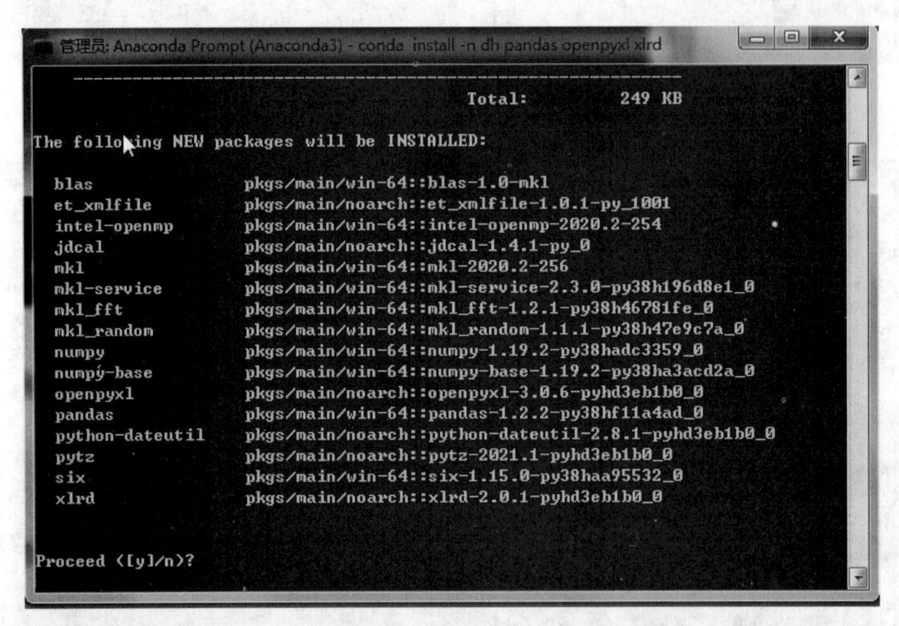

图 1-32 安装 Pandas、xlrd 和 openpyxl 包

第 5 步：输入 conda list 命令，查看当前环境中所安装的包，如图 1-33 所示。

```
管理员: Anaconda Prompt (Anaconda3)
mkl                       2020.2                      256
mkl-service               2.3.0            py38h196d8e1_0
mkl_fft                   1.2.1            py38h46781fe_0
mkl_random                1.1.1            py38h47e9c7a_0
numpy                     1.19.2           py38hadc3359_0
numpy-base                1.19.2           py38ha3acd2a_0
openpyxl                  3.0.6              pyhd3eb1b0_0
openssl                   1.1.1j               h2bbff1b_0
pandas                    1.2.2            py38hf11a4ad_0
pip                       21.0.1           py38haa95532_0
python                    3.8.5                h5fd99cc_1
python-dateutil           2.8.1              pyhd3eb1b0_0
pytz                      2021.1             pyhd3eb1b0_0
setuptools                52.0.0           py38haa95532_0
six                       1.15.0           py38haa95532_0
sqlite                    3.33.0               h2a8f88b_0
vc                        14.2                 h21ff451_1
vs2015_runtime            14.27.29016          h5e58377_2
wheel                     0.36.2             pyhd3eb1b0_0
wincertstore              0.2                      py38_0
xlrd                      2.0.1              pyhd3eb1b0_0
zlib                      1.2.11               h62dcd97_4

(dh) C:\Users\Administrator.BF-20191101HPPE>
```

图 1-33 查看当前环境所安装的包

第 6 步：输入 conda env list 命令，再次查看当前的虚拟环境，如图 1-34 所示。

图 1-34 查看当前的虚拟环境

此时新增的虚拟环境(dh)也在明细中了。

1.6.5 conda 与 pip

创建虚拟环境就是借助虚拟机把一部分内容独立出来，形成一个新的容器。在这个环境或容器中，可以只安装需要的依赖包，与系统既有的或现存的其他环境互相隔离，互不影响。

在实际应用过程中，可能会遇到根据不同的项目去使用不同的 Python 版本、下载并安装各种对应的第三方库的情形。如果多个项目的不同版本、不同的库都放在同一个 Python 环境中，势必造成管理的混乱。如果需要对相关.py 文件打包成小工具，则可能因为大量与打包所需不相关库的存在，到时打包出来的文件体积也会变得很大。

因为某些包不是 Python 自带的，或者不在 conda list 中，所以需要导入它时，就必须用 pip install 或 conda install 的方式。

pip 和 conda 的一般使用流程：当在环境创建时需要用到某些库时，可以先查看它是否存在。对于不存在的库可以安装它，而对于存在的库，则可以查看它的版本。如果库的版本过低，则可以更新它，而对于不需要的库，则可以移除它。

以下将以安装、更新、移除 Pandas 为例，对比二者使用的异同。

安装命令如下：

```
pip install pandas
conda install pandas
```

更新命令如下：

```
pip install pandas --upgrade
conda update pandas
```

可以使用 pip 更新 pip，命令如下：

```
pip install --upgrade pip
```

也可以用 conda 更新所有库、更新 conda 自身及 Anaconda。命令如下：

```
conda update --all
conda update conda
conda update anaconda
```

移除命令如下：

```
pip uninstall pandas
conda remove pandas
```

从版本查看、列表查看方面，二者的用法比较如下。

版本信息命令如下：

```
pip --version
conda --version
```

列表明细命令如下：

```
pip list
conda list
```

位置查询命令如下：

```
where pip
where conda
```

查询已安装库的相关信息，命令如下：

```
pip show pandas
```

1.6.6 Nbextensions

为了加深对 pip 及 conda 的印象，同时扩展 Jupyter Notebook 的功能，接下来安装两个很有用的库 Jupyter_contrib_nbextensions 和 yapf。

安装此库后，可以在 Jupyter 中实现目录导航窗格、代码高亮、代码格式化等众多高效实用的功能。

进入 Anaconda Prompt，安装 Jupyter_contrib_nbextensions。命令如下：

```
pip install Jupyter_contrib_nbextensions
```

进行用户配置，命令如下：

```
Jupyter contrib nbextension install
```

可以将上面两句代码合成一句：

```
pip install Jupyter_contrib_nbextensions && Jupyter contrib nbextension install
```

安装 yapf 库(用于代码格式化),命令如下：

```
pip install yapf
```

在 cmd 界面,输入 jupyter notebook 命令便可进入 Jupyter,这时会发现界面多了一个 Nbextensions 选项卡,如图 1-35 所示。

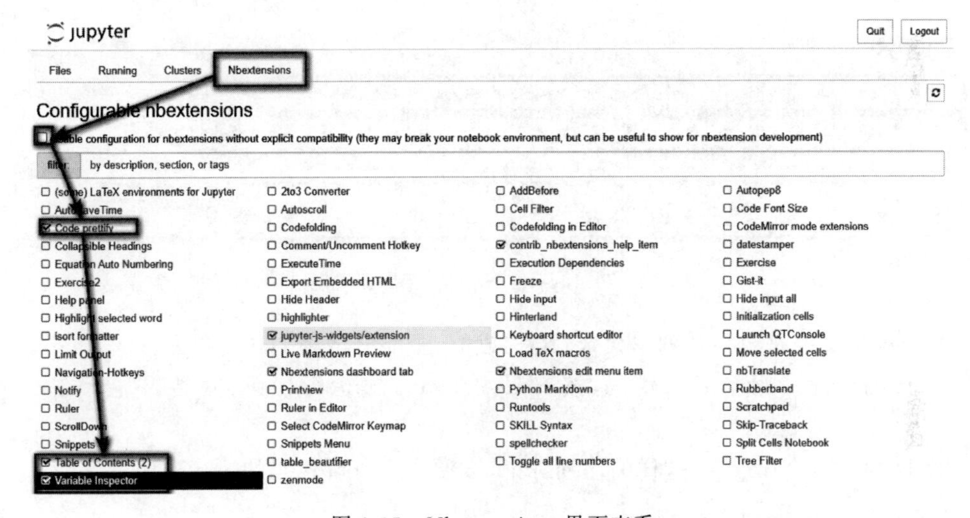

图 1-35 Nbextensions 界面查看

先去掉 disable 前面的勾选,然后选择 Code prettify、Table of Contents(2)、Variable Inspector,再勾选 disable 前面的复选框。

在工具栏界面,可以找到刚才新增的扩展功能,如图 1-36 所示。

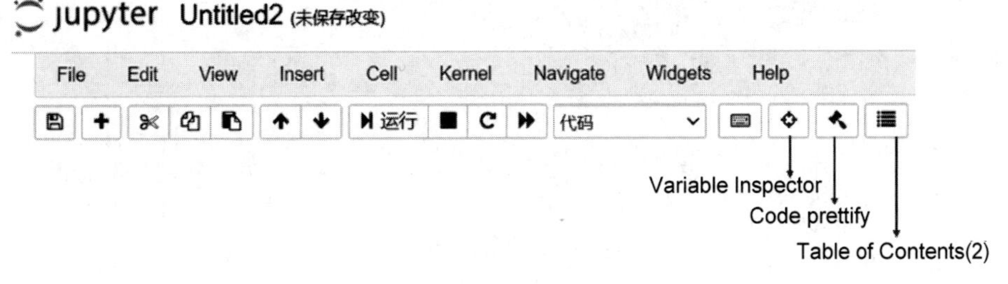

图 1-36 扩展功能

1.7 Jupyter Notebook 简介

Jupyter 脱胎于 IPython。IPython 是 Interactive Python 的简称，即交互式 Python。它是一个增强的、交互式的 Python 解释器。

Jupyter 是 Julia、Python 及 R 语言的组合，意味着它已经不再局限于仅支持 Python 这一种编程语言了，目前它能支持运行的编程语言已多达 40 多种。

Jupyter 有着很多优点，例如：所见即所得、语法高亮、Tab 补全，支持 Markdown、数学公式编写，允许导出文件的格式为 HTML 和 PDF 等。

Jupyter Notebook 的界面主要由菜单栏、工具栏、单元格三大部分组成，如图 1-37 所示。

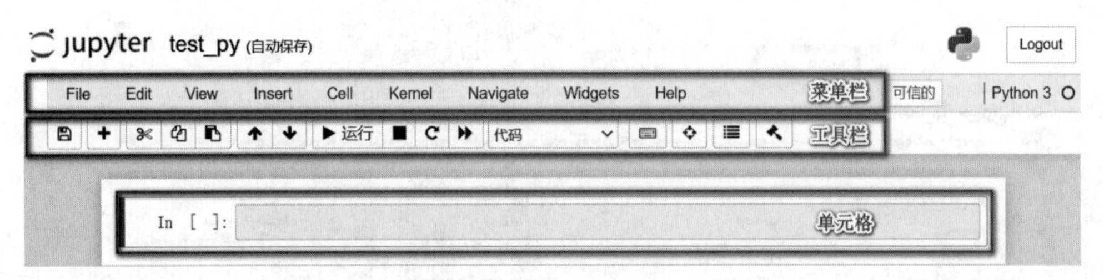

图 1-37 Jupyter Notebook 界面说明

Notebook 文档是由一系列单元(Cell)构成的，主要有两种形式的单元。

(1) 代码单元。用于编写代码，按 Shift＋Enter 键运行代码，其结果显示在本单元下方。

(2) 序列标志。In [ ]：这样的序列标记，方便人们查看代码的执行次序。

1.7.1 代码模式

代码模式的 4 种特征：绿色边框、闪动的光标、代码(下拉菜单)、铅笔图标，如图 1-38 所示。

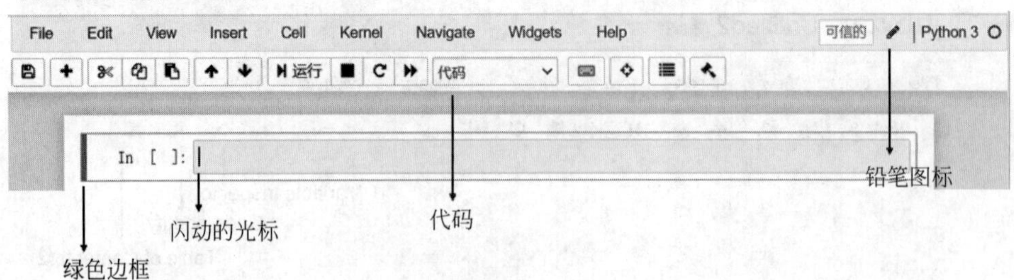

图 1-38 Jupyter Notebook 界面说明

示例代码如下：

```
import time
time.sleep(10)
print(1 + 2)
```

在输入 import time 时，如果出现了%或%%开头的命令，则可按 Esc 键，选择所需的命令。

%和%%称为魔术关键字(Magic Keywords)，用于控制 Notebook 的特殊的命令。它们运行在代码单元中，以 % 或者 %% 开头，前者控制一行，后者控制整个单元。

以下命令在代码中经常会用到：

(1) %timeit，用于获取代码的运行时间。

(2) %ls，用于获取当前目录下所有的文件内容。

(3) %Matplotlib inline，用于在文档中嵌入 Matplotlib 生成的图形。注意：用了这个魔法函数，可以在代码中省略 plt.show()。

(4) %run，运行“.py”格式的 Python 文件。

(5) %load，用外部脚本替换当前单元格。

(6) %pwd，用于获取当前目录。

除了%和%%外还会遇到“!”开头的魔术关键字。常用的命令有以下几种：

(1) !ls，用于获取当前目录下所有的文件内容。

(2) !ls/user/dir，用于列出指定文件夹中的目录。

(3) !pwd，用于打印当前工作目录。

(4) !pip list|grep doc，用于列出当前目录中的第三方库。

(5) 单击“运行”按钮或按 Shift+Enter 键，单元格左侧的[ ]会先变为[*]，再变为[< num >]。[]：表示运行前，[*]：表示运行中，[< num >]：表示已运行结束，< num >代表的是运行结束后当前单元格[]所显示的数字。

[*]运行后会产生 3 种可能的结果：

(1) 报错，会出一串提示。

(2) 运行正常，但无法看到结果。

(3) 运行正常，可以看到运行结果。

报错举例：print(1+"2")，如图 1-39 所示。

```
In  [1]: print(1+"2")

---------------------------------------------------------------------------
TypeError                                 Traceback (most recent call last)
<ipython-input-1-c95492883789> in <module>
----> 1 print(1+"2")

TypeError: unsupported operand type(s) for +: 'int' and 'str'
```

图 1-39 错误提示

如果对变量赋值，则运行结束后，意味着变量已被存入内存，可以在后面直接调用。这是Jupyter强于其他解释器的地方。示例代码如下：

```
a = 3
b = 2+a
b
```

结果为5。再举一个例子，代码如下：

```
a = 6
c = a + b
c
```

结果为11。

运行步骤如图1-40所示。

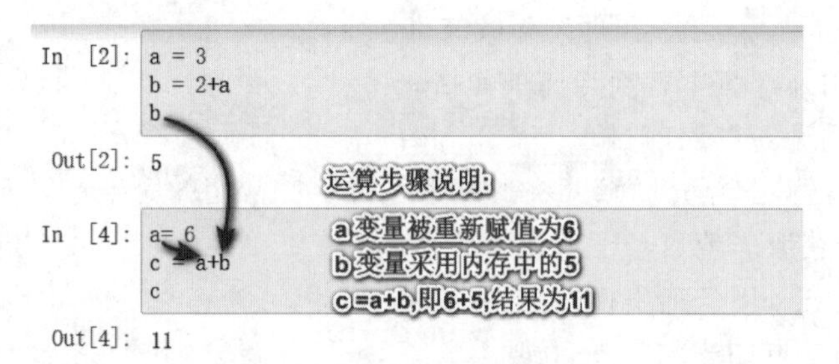

图1-40 运行结果说明

1.7.2 Markdown模式

单击下拉菜单，选择Markdown，如图1-41所示。

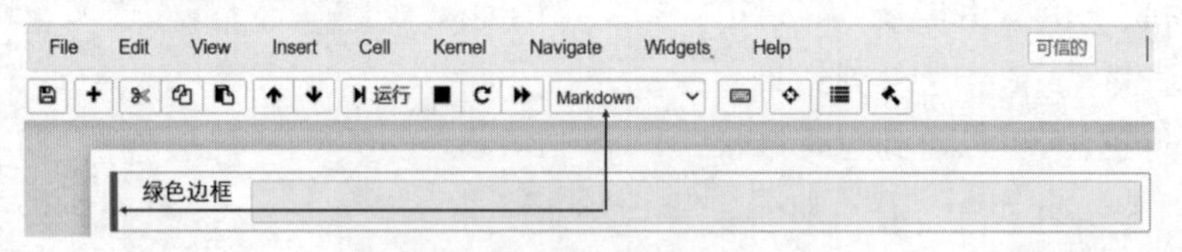

图1-41 Markdown模式说明

Markdown支持对文本进行编辑。采用Markdown的语法规范，可以设置文本格式、插入链接、图片及数学公式。同样使用快捷键Shift+Enter运行Markdown来显示格式化的文本。

在单元格外面单击一下，进入蓝框，或在绿框内，然后按下M键，或选择Markdown，接下来在单元格输入print(1+2)，对比前后的效果，如图1-42所示。

继续以此代码为例。在Markdown模式下运行，示例代码如下：

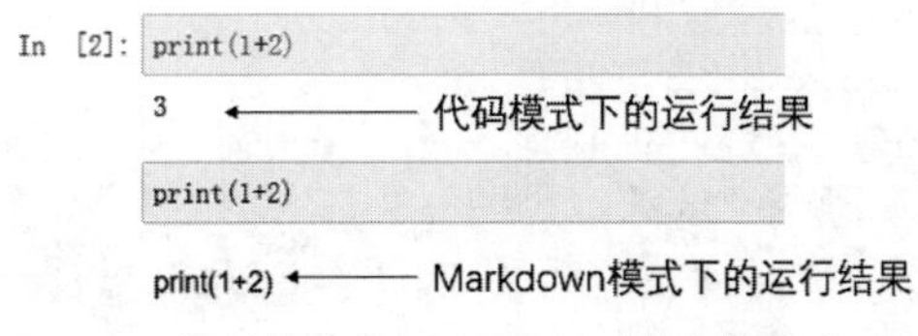

图 1-42 代码模式与 Markdown 模式的输出对比

```
import time
time.sleep(10)
print(1 + 2)
```

然后，复制上面的代码，在第 1 行和第 2 行后面各加一个空格，在 Markdown 模式下运行，示例代码如下：

```
import time
time.sleep(10)
print(1 + 2)
```

从运行结果可发现，二者显示出来的结果是有差异的，如图 1-43 所示。

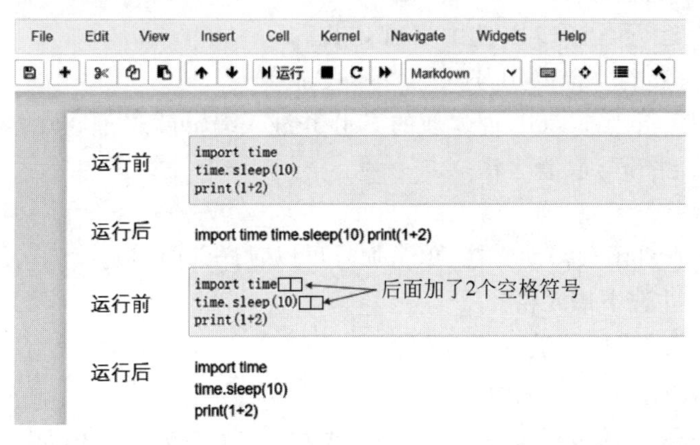

图 1-43 Markdown 模式中末尾带空格与不带空格的输出比较

1.8 Jupyter Notebook 快捷键简介

在 Markdown 模式下，按下 H 键，查看所有快捷键，如图 1-44 所示。

Jupyter Notebook 常用快捷键如下。

A/B：在上/下方添加 Cell。

M：Cell 模式设置为 Markdown。

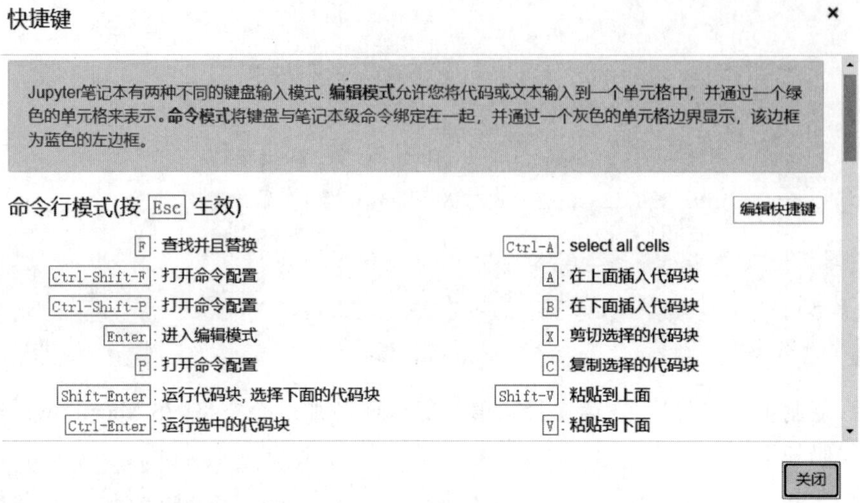

快捷键 ×

Jupyter笔记本有两种不同的键盘输入模式. **编辑模式**允许您将代码或文本输入到一个单元格中，并通过一个绿色的单元格来表示。**命令模式**将键盘与笔记本级命令绑定在一起，并通过一个灰色的单元格边界显示，该边框为蓝色的左边框。

命令行模式(按 Esc 生效) 编辑快捷键

F：查找并且替换	Ctrl-A：select all cells
Ctrl-Shift-F：打开命令配置	A：在上面插入代码块
Ctrl-Shift-P：打开命令配置	B：在下面插入代码块
Enter：进入编辑模式	X：剪切选择的代码块
P：打开命令配置	C：复制选择的代码块
Shift-Enter：运行代码块，选择下面的代码块	Shift-V：粘贴到上面
Ctrl-Enter：运行选中的代码块	V：粘贴到下面

关闭

图 1-44 查看 Jupyter Notebook 中的快捷键

Y：Cell 模式设置为 code。

L：显示当前代码单元格行数。

D+D：删除单元格。

1/2/< num >：设置为一/二/n 级标题。

Ctrl+Enter：运行当前 Cell，选中当前 Cell。

Shift+Enter：运行当前 Cell，选中下一个 Cell。

Alt+Enter：运行当前 Cell，创建新的 Cell 并进入编辑模式。

Ctrl+/：批量注释与取消注释。

Tab：代码提示。

Shift+Tab：查看函数帮助文档(单击加号可以看详细内容)。

Shift+M：合并选中单元格。

Alt+left/right：光标移动到行首/尾。

按住 Alt 拖动鼠标：多行编辑、矩形选框。

说明：后续章节的代码都是以 Jupyter Notebook 演示为主。其中 In []：单元格内，代表的是代码的输入，Out[]：代表的是代码的输出。如果采用的是 PyCharm 或 Spyder 来编译代码，则所有输出部分需要在外面套上 print()才可以在 Jupyter Notebook 中显示结果。

1.9 本章回顾

"人生苦短，我用 Python"固然没错，但 Python 毕竟是一门编程语言，入门容易精通难。一开始接触它时，一定要放弃速成的思想，这样才能走得更远、用得更顺。

第 2 章 NumPy 基础

先谈一下 Python 与 NumPy 及 Pandas 三者之间的关系。NumPy 和 Pandas 都是 Python 的第三方库，NumPy 是一个数值计算的扩展包，Pandas 是一个数据分析包，侧重的领域不同。NumPy 是 Python 生态圈中 Pandas、SciPy、Matplotlib 等第三方库的依赖项。

NumPy 底层使用 C 语言编写，内部解除了 GIL（全局解释器锁），它对数组的操作速度不受 Python 解释器的限制，效率远高于纯 Python 代码。NumPy 提供数组支持，能高效处理数据，使大数据处理与分析变得高效。

2.1 对象、数据、数组

2.1.1 位与字节

1. 位与字节

在计算机内部，信息通常采用二进制的形式进行存储、运算、处理和传输的。信息存储单位有位、字节和字等几种。存储容量单位有 KB、MB、GB 和 TB 等几种。

二进制的一个 0 或一个 1 叫 1 位，每 8 位组成 1 字节。各种信息在计算机中存储、处理至少需要 1 字节，如图 2-1 所示。

位

字节

int8

int16

int32

图 2-1 有符号整型与无符号整型

图 2-1 中，int8 占 1 字节。2^8＝256，表示值介于－128～127 的有符号整数。int16 占 2 字节。2^16＝65536，表示值介于－32768～＋32767 的有符号整数。其他以此类推。

2. 有符号与无符号

整数分为有符号整数和无符号整数,也可称为有符号整型和无符号整型。有符号指的是有正负符号,表示的是正负双边的数据;无符号指的是无正负符号,表示的是0及以上单边的数据。日常用的数据是以有符号的为主。以下是有符号整数与无符号整数的对比。

在Jupyter Notebook中输入以下代码并运行,结果如图2-2所示。

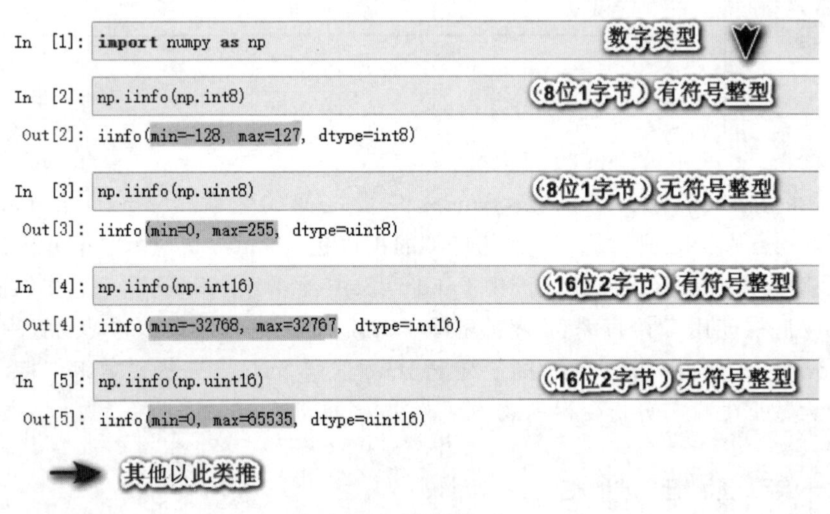

图2-2 数据类型

2.1.2 对象

Python是面向对象的编程语言。面向对象,是一种编程设计的方法,在面向对象兴起之前,编程以面向过程为主。

对象,英文为object,表示任意存在的事物,世间万物均对象。在Python中,一切都是对象。例:具体的事物为对象,字符串、函数等也为对象。

对象的本质是数据加方法,而数据是有数据结构与数据类型之分的。只要是对象,就有它自己的属性和方法,当NumPy对这些属性和方法进行调用时,就可能形成新的对象与方法。

在对象中,对象的静态部分是属性,动态部分是方法。在实际应用过程中,大多数属性后面是不带括号的,而方法后面是要带括号的(即使省略了所有的参数,但括号还得保留,否则会出错)。

2.1.3 数组

1. 维度

一维数组,很像Excel或SQL表中的一行或一列的数据。二维的数组,很像Excel或SQL表中的一个行列组成的表格数据。三维的数组可理解成N张表,如图2-3所示。

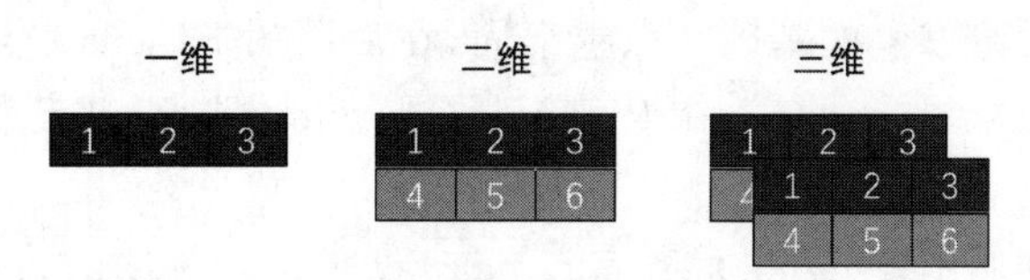

图 2-3 数组的类型

维，也就是维度。通常说数组是几维的，就是指维度数。一维数组只有一个轴，也就是0轴。二维数组有两个轴，行方向是0轴，列方向是1轴。三维数组有3个轴，层方向是0轴，行方向是1轴，列方向是2轴。其他以此类推，如图2-4所示。

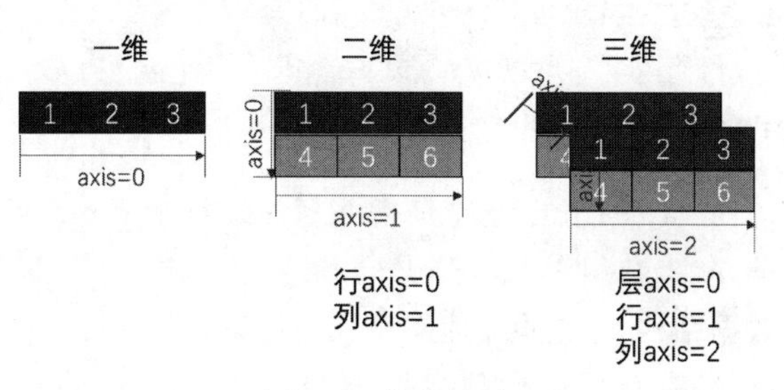

图 2-4 数组的轴

简单地讲：N 为多少，意味着最外层一定有多少个[]。举例如下：一维[1,2,3]，最外层有一个[]。二维[[1,2,3],[4,5,6]]，最外层有两个[]。三维[[[1,2,3],[4,5,6]],[[1,2,3],[4,5,6]]]，最外层有3个[]。

2. 数组的优势

Python内置了列表、字典、元组、集合等多种数据结构，每种数据结构都被封装成一个类。Python之所以能够风行于世，与其多个便捷高效的内置类，尤其是列表有很大关系。

列表是一个有序的集合，它有很多优点，例如：通过偏移来索引、支持嵌套、可变的类型。列表常用于以下操作：切片/索引、生成新列、删除、修改并重新赋值、成员关系的判断、列表推导、可转换为其他的数据结构等。在NumPy和Pandas中常见这些操作。

列表也有它的短板。如果把列表比作仓库中的一箱成品，则列表中的各元素就好像这一箱成品中的各零部件。对列表中各元素的操作，好比是对这一箱成品的各个零件进行操作，它的最大单位是这一箱。如果NumPy仓库中有大量这样的成品须搬运，则一箱一箱地来操作，效率实在太低了，这时用NumPy的数组处理则会很轻松。

NumPy的一维可以类比Python的列表。如果一维效率受限，则可以升维到二维。好比一箱一箱地搬太费力，则可以用整托来搬运。如果二维效率仍受限，则可以升维到三维，用整车来搬运。这就是NumPy中的升维的概念。一维升二维，二维升三维。

一句话概括：数组化是NumPy的一大特色，它的维度取决于使用场景及需要。当数据量越大时它的优势越明显。Python数据分析这几年越来越流行就是因为Python生态圈中有NumPy这样的利器存在。

NumPy是Pandas的依赖项，NumPy中很多高效的方法与工具已被移植到Pandas中。

在学习 Pandas 之前，NumPy 的基础知识越牢固，在后面的 Pandas 学习中越可轻松找到熟悉的感觉，学习效率也能事半功倍。在 Python 数据分析的路上，越走越远。

3. 广播功能函数

对比 NumPy 的通用函数（ufunc），所有与 ndarray 创建相关的函数可以称为广播功能函数。NumPy 中的 numpy. ndarray 是核心。ndarray 的创建有一般创建和特殊创建的区分。

（1）一般创建：np. array()。

（2）特殊创建：np. arange()、np. linspace()、np. zeros()、np. ones()等。

2.2 数组的创建方式

2.2.1 ndarray

ndarray ＝ N＋d＋ array 的组合。N 是指 N 个；d 是指 dimension（维度）；array 是数组。组合起来的意思是，N 维数组。

nd 是 NumPy 的数据结构。在面向对象编程的语言中，如 2.1.2 节中所讲，对象的本质就是数据加方法，而数据是有数据结构与数据类型之分的。在 NumPy 中数据结构可以用 ndim、size、shape 等做属性进行查看。

array 好比一个大容器，里面装满了数据。每对数组数据都有对应的数据类型。可以通过 dtype 等做属性查看。在数据创建过程中，数据类型可以用属性参数来指定。

2.2.2 np. array()

np. array()是 numpy. array()的简写，是 NumPy 中 ndarray 的一个最基本的数组创建方法。如图 2-5 所示，相比列表运算，数组运算更高效。

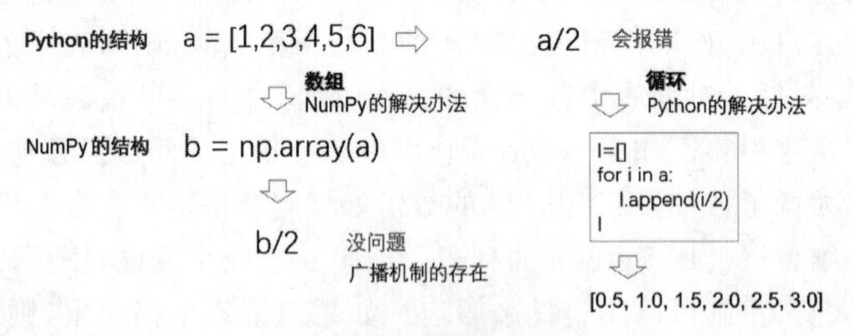

图 2-5 数组运算的优势

如图 2-6 所示，当对某列表直接做四则运算时，会报错，示例代码如下：

```
a = [1,2,3,4,5,6]
a/2
```

```
---------------------------------------------------------------------------
TypeError                                 Traceback (most recent call last)
<ipython-input-1-d1d0dd84920b> in <module>
      1 a =[1,2,3,4,5,6]
----> 2 a/2

TypeError: unsupported operand type(s) for /: 'list' and 'int'
```

图 2-6 列表运算报错提示

1. 数组运算

Python 列表无法直接进行数值运算，这是因为 Python 允许列表中的每个元素为任意的对象，这是它灵活的地方，所以列表常会遇到将数值、文本及其他更多类型的数据存于同一列表(数据结构)中的情形。为了能将它们区分开来，Python 不得不为列表中的每个对象配备指针，每个指针指定一个对象。如此下来，过于灵活的同时也带来了效率的下降。

对于图 2-6 的报错，Python 的解决方案是，采用列表循环的方式，代码如下：

```
[i/2 for i in [1,2,3,4,5,6]]
```

运行上述代码，结果如下：

```
[0.5,1.0,1.5,2.0,2.5,3.0]
```

采用循环方式需遍历列表中的每个元素，当数据量增大时，运行效率将是个大问题。这时 NumPy 横空出世，在继承 Python 列表操作便捷、灵活的基础上，提供了大量的广播函数，同时增加了一些有益的限制(例：同一数组内的数据类型是一致的，数组一旦创建，元素的数量就不能再改变等)，使 NumPy 在数据分析时具有极高的运行效率。

np.array()是最简单的数组生成方式，它可以接收任意数据类型的数据源。相关语法如下：

```
array(object, dtype = None,  * , copy = True, order = 'K', subok = False, ndmin = 0)
```

用到的参数如下。

object：数组或嵌套的数列、列表或元组。

dtype：数组元素的数据类型，默认值为 None。

copy：对象是否需要复制，默认值为 True。

order：顺序{'K','A','C','F'}，C 为行方向，F 为列方向，K 和 A 为任意方向。

subok：默认返回一个与基类类型一致的数组，默认值为 False。

ndmin：指定生成数组的最小维度，值为 int。

以数据源是列表为例，如图 2-7 所示，列表转换为数组后，可对数组直接进行数据运算。

图 2-7 是对一维数组的直接运算，图 2-8 是对二维数组的直接运算，更高维的数组运算也是可以的，而在 Python 的 list 中，对于二维 list 需要双层 for 循环嵌套才能完成，更高维

的 list 的元素级运算则需要更多层的 for 循环嵌套来完成。对比后更能发现数组运算的优势所在。

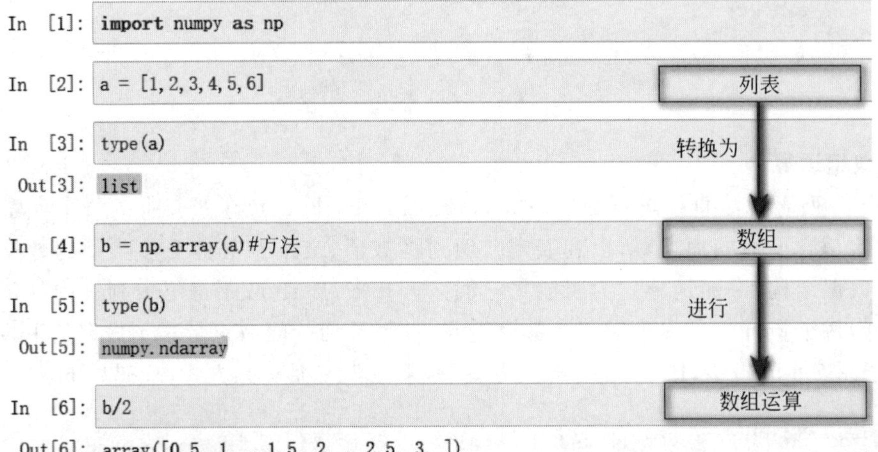

图 2-7 数组运算

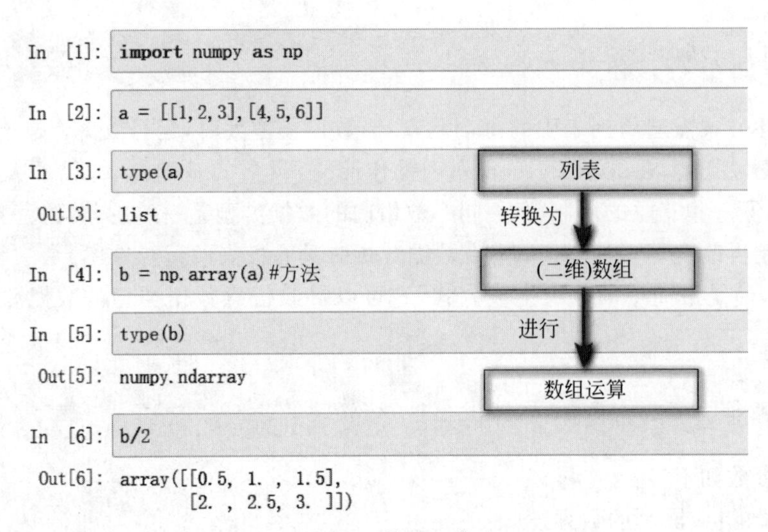

图 2-8 数组运算

2. 数组结构转换

数组结构转换可通过 np.array().tolist()方法实现。

NumPy 数组转换为 list 类型是简单的一件事情。如图 2-9 所示，采用 tolist()方法，可以轻松实现相同维度的数组向列表的转换。

数据分析过程中数据结构间的相互转换会经常用到。例如：将列表转换为数组，以及将数组转换为列表等。

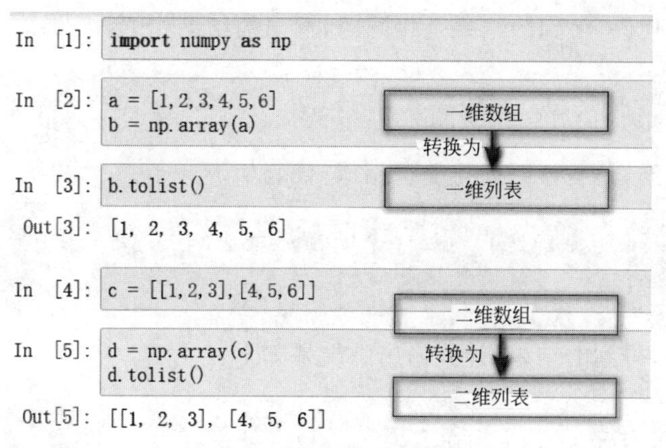

图 2-9　数据结构转换

3. 数据类型的指定

1）dtype 参数的设置

利用 np.array()方法的第 2 个参数 dtype，可以在数据结构转换的同时对数据类型进行指定，如图 2-10 所示。

```
In [1]: import numpy as np

In [2]: a= [1,2,3,4,5,6]

In [3]: np.array(a,dtype=int)
Out[3]: array([1, 2, 3, 4, 5, 6])

In [4]: np.array(a,dtype=float)
Out[4]: array([1., 2., 3., 4., 5., 6.])

In [5]: np.array(a,dtype='uint')
Out[5]: array([1, 2, 3, 4, 5, 6], dtype=uint32)
```

图 2-10　数据类型指定

图 2-10 指定了 int、float、uint 共 3 种数据类型。其中 int 与 float 外面没有加引号，而 uint 外面加了引号。其实，int 与 float 外面加引号也能正常显示，而 uint 如果外面没有引号，则无法正常显示，具体原因说明见后面的表 2-1。

在 dtype 的指定过程中，有多种等效的写法。例如 dtype＝int、dtype＝'int'与 dtype＝np.int 等效。dtype＝'int8'与 dtype＝np.int8、dtype＝'i1'等效。dtype＝'uint'与 dtype＝np.uint 等效，具体可对照表 2-1。代码演示如下：

```
np.iinfo('i1')          #i 代表的是整型(integer),1 代表的是 1 字节,相当于 8 位
np.iinfo('int8')        #int 代表的是整型(integer),8 代表的是 8 位,相当于 1 字节
np.iinfo(np.int8)       #np 代表的是 NumPy,np.int8 代表的是 NumPy 的表达方式
```

逐行运行上述代码，得到的结果是相同的，输出的结果如下：

```
iinfo(min = - 128, max = 127, dtype = int8)
```

对于浮点型数据，其运行原理与整型相似，代码如下：

```
np.finfo('f2')   #f 代表的是浮点型(float),2 代表的是 2 字节,相当于 16 位
np.finfo(np.float16)
```

运行上述代码，得到的结果相同，输出的结果如下：

```
finfo(resolution = 0.001, min = - 6.55040e + 04, max = 6.55040e + 04, dtype = float16)
```

其中 int、float 等调用的是 Python 默认的数据大类，'int'、'uint'、'int8'等调用的是 Python 默认的数据子类。np.int、np.int8 等则采用的是 NumPy 中的数据类型调用，可参见表 2-1。

表 2-1　NumPy 中的数据类型对照表

类别	主类	子类	NumPy 数据类型		类型代码	Python
"number" (np.number)	integers	所有	np.integer	"integer"		
		64		"int"		int
			np.int64	"int64"		
			np.int0	"int0"		
			np.int	"int_"		
		32	np.int32	"int32","uint32"	"i4","u4"	
		16	np.int16	"int16","uint16"	"i2","u2"	
		8	np.int8,np.uint8	"int8","uint8"	"i1","u1"	
	floats	所有	np.floating	"floating"		
		128	np.float128	"float128"		
		64	np.float64	"float64"	"d"或 f8	
		64	np.float	"float_ "		
		64		"float"		float
		32	np.float32	"float32"	“f"或"f4"	
		16	np.float16	"float16"	"f2"	
object	object		np.object	"object"		
				"O"		
datetime	datetime	64	np.datetime64	"datetime64"		
				"datetime"		
timedelta	timedelta	64	np.timedelta64	"timedelta64"		
				" timedelta"		

int、'int'代表的是有符号整型，'uint'代表的是无符号整型，'int8'代表的是 8 位有符号整

型,'uint8'代表的是8位无符号整型,其他以此类推。参见表2-1。在Pandas最新的版本中,已经开始在强制用np.int64代替早期的np.int、用np.float64代替早期的np.float。

2) 数据类型的对照

NumPy数据类型及子类对照表如表2-1所示。

以上所有数据类型的字符码可通过np.sctypeDict.keys()函数来查看。在后续的select_dtypes()、astype()和describe()等方法中经常会用到数据类型的指定。

在np.array()数组创建过程中,数据类型可直接指定到子类,如图2-11所示。

```
In  [3]: np.array(a, dtype='int8')
Out[3]: array([1, 2, 3, 4, 5, 6], dtype=int8)

In  [4]: np.array(a, dtype='uint16')
Out[4]: array([1, 2, 3, 4, 5, 6], dtype=uint16)

In  [5]: np.array(a, dtype='float32')
Out[5]: array([1., 2., 3., 4., 5., 6.], dtype=float32)
```

图2-11　数据类型指定

在默认数据类型的基础上,增加一些数据子类型能够减少一些不必要的存储空间的浪费,如图2-12所示。

```
In  [1]: import numpy as np

In  [2]: np.array([[1,2,3],[4,5,6]],dtype='int').nbytes
Out[2]: 24      24 = (32/8)*6  int默认是32位(占4字节),6是数组中的6个元素

In  [3]: np.array([[1,2,3],[4,5,6]],dtype='int32').nbytes
Out[3]: 24      同上

In  [4]: np.array([[1,2,3],[4,5,6]],dtype='int16').nbytes
Out[4]: 12      12 = (16/8)*6  int默认是32位(占2字节),6是数组中的6个元素

In  [5]: np.array([[1,2,3],[4,5,6]],dtype='int8').nbytes
Out[5]: 6       12 = (8/8)*6  int默认是32位(占1字节),6是数组中的6个元素
```

图2-12　数据类型与字节数

通过图2-12查看各类数据的存储占用情况后发现：位数越高,内存与存储占用得越多。指定数据子类型的好处在于：量体裁衣。如果量体对象是小孩,你给他穿童服则很合身；如果你给他穿成人服,则他照样能穿但不合身,会造成资源的浪费。反之,如果量体对象是成人,你给他穿童服则肯定穿不下,而给他穿成人服则合身。

同样的道理,如果事先知道数据对象的具体类型,通过具体的指定,肯定能节省数据的

内存与存储容量，当数据量大时，能够明显地提升效率。当事先不知道或未指定具体的数据类型时，系统将采用就大不就小的原则进行对应的数据类型指定，这会造成存储容量与内存的浪费，同时会影响运行中的时效。

4. 数组维度的指定

运行代码，实现一维列表转二维数组，代码如下：

```
( np.array(
    [1,2,3,4,5,6],
    ndmin = 2)
  )
```

结果如图 2-13 所示。

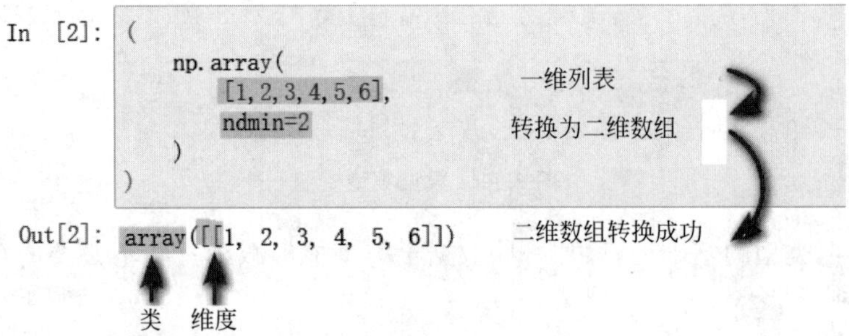

```
In  [2]: (
             np.array(
                 [1,2,3,4,5,6],
                 ndmin=2
             )
         )
Out[2]: array([[1, 2, 3, 4, 5, 6]])
```

一维列表

转换为二维数组

二维数组转换成功

类 维度

图 2-13 数组的维度转换

运行代码，实现二维数组转三维数组，代码如下：

```
(np
  .array(
    [[1,2,3],[4,5,6]],
    ndim = 3)
)
```

结果如图 2-14 所示。

5. 类型及维度的指定

运行代码，在数组中指定数据类型及数组维度，代码如下：

```
(
    np
    .array(
        [[1,2,3],[4,5,6]],
        dtype = 'float16',    # 数据类型指定
        ndmin = 3             # 数组的维度指定
))
```

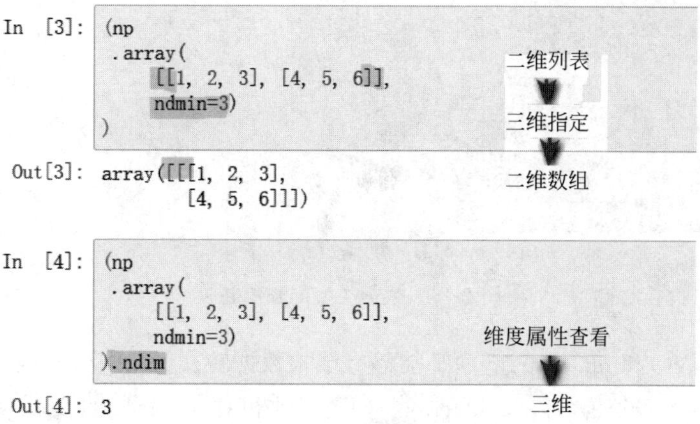

```
In [3]: (np
         .array(
             [[1, 2, 3], [4, 5, 6]],
             ndmin=3)
        )
Out[3]: array([[[1, 2, 3],
                [4, 5, 6]]])
```



```
In [4]: (np
         .array(
             [[1, 2, 3], [4, 5, 6]],
             ndmin=3)
        ).ndim
Out[4]: 3
```


图 2-14　数组的维度转换

结果如图 2-15 所示。

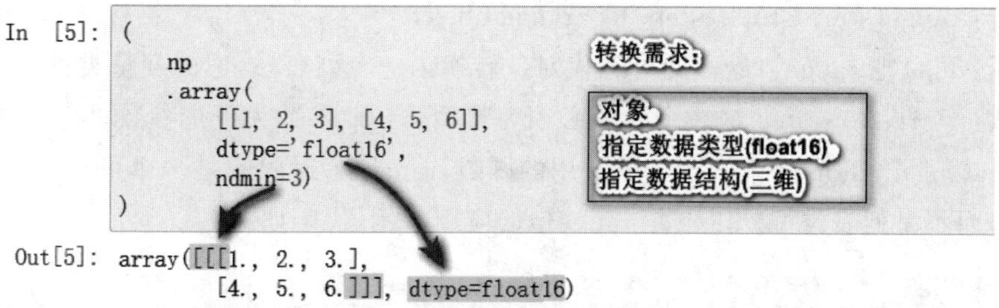

```
In [5]: (
            np
            .array(
                [[1, 2, 3], [4, 5, 6]],
                dtype='float16',
                ndmin=3)
        )
Out[5]: array([[[1., 2., 3.],
                [4., 5., 6.]]], dtype=float16)
```


图 2-15　数据类型与数组维度转换

运行代码，对已生成的数组用 astype()方法进行强制数据类型的转换，代码如下：

```
(
    np
    .array(
        [[1,2,3],[4,5,6]],
        dtype = 'float16',
        ndmin = 3
).astype('int8')    #数据类型的强制转换.在 Pandas 会经常用到
```

结果如图 2-16 所示。

6. 数组创建知识点小结

(1) ndarray 是一个类，其默认构造函数是 np. ndarray()。np. array 只是一个便捷的函数，用来创建一个 ndarray，它本身不是一个类。

(2) NumPy 提供了一系列的创建 ndarray 对象的函数，np. array()就是其中的一种，其他的还有 np. arange()、np. linspace()、np. ones()等。

```
In [6]: (
            np
            .array(
                [[1, 2, 3], [4, 5, 6]],
                dtype='float16',
                ndmin=3)
        ).astype('int8')

Out[6]: array([[[1, 2, 3],
                [4, 5, 6]]], dtype=int8)
```

图 2-16 数据类型的强制转换

（3）np.array()和 np.ndarray()都能够将结构数据转换为 ndarray，建议用 np.array()函数而非 np.ndarray()函数，np.ndarray()构造函数相对 np.array()更低级一些。

2.2.3 np.arange()

1. range

语法：range(start,stop[,step]) →range object。

作用：可以把 range()返回的可迭代对象转换为一个列表，返回的变量类型为列表。

参数：start、stop、step 这 3 个参数必须为整型。step 参数为可选参数，可为负数。

range()是 Python 内置的一个很好用的函数，range() 返回的是一个可迭代对象(类型是对象)，而不是列表类型。以下是 range()的应用举例，代码如下：

```
import numpy as np
print(type(range(10)))
print(type(list(range(10))))
print(range(10))
print(list(range(10)))
```

运行上面的代码，输出的结果如下：

```
<class 'range'>
<class 'list'>
range(0, 10)
[0,1, 2, 3, 4, 5, 6, 7, 8, 9]
```

在输出结果中，class 代表的是类。class(类)，它是 Python 中用来描述具有相同属性和方法的对象的集合，它定义了该集合中每个对象所共有的属性和方法。

range()可以像 list 一样进行下标操作，生成一个左闭右开的范围，代码如下：

```
print(range(10)[3:])      #等效于 range(3,10),即 start = 3,end = 10,step = 1
print(range(3,10)[3:])    #先通过 range 取值,再切片取值
```

输出的结果如下：

```
range(3, 10)
range(6, 10)
```

直接对列表做四则运算时会报错。同理，直接对迭代对象做四则运算也会报错。代码演示及报错提示如图 2-17 所示。

```
---------------------------------------------------------------------------
TypeError                                 Traceback (most recent call last)
<ipython-input-13-d2b530ee5aed> in <module>
----> 1 range(10)/2

TypeError: unsupported operand type(s) for /: 'range' and 'int'
```

图 2-17　列表运算报错提示

上述问题的解决办法：使用 for 循环，循环出 range()中的每个值，代码如下：

```
>>> [i/2 for i in range(2,10,3)]
[1.0, 2.5, 4.0]
>>> [i for i in range(3,10)[3:]]
[6, 7, 8, 9]
```

说明：以上代码是用 Anaconda Prompt 演示的，所有输入部分带>>>标识。使用方法：在 Anaconda Prompt 界面，首先输入 python 并运行，然后输入上述代码并运行。本章后续有些代码出于版面简洁性考虑，会用 Anaconda Prompt 来演示。读者也可以直接在 Jupyter Notebook 中完成。

2. arange()

语法：arange([start,] stop[,step,],dtype=None, * ,like=None)。

作用：生成一个(左闭右开的)ndarray。

以下代码用于演示 np.arange()的用法，示例代码如下：

```
>>> np.arange(10)
array([0, 1, 2, 3, 4, 5, 6, 7, 8, 9])
>>> np.arange(2,8,dtype = 'float32')
array([2., 3., 4., 5., 6., 7.], dtype = float32)
>>> np.arange(2, 8, 2, dtype = 'float32')
array([2., 4., 6.], dtype = float32)
>>> np.arange(2, 8, 2.5, dtype = 'float32')
array([2. , 4.5, 7. ], dtype = float32)
>>> np.arange(8,dtype = 'float32')
array([0., 1., 2., 3., 4., 5., 6., 7.], dtype = float32)
```

注意：arange()的方法与 Python 的内置函数 range()都能均匀地等分区间。其区别在于：range()采用循环方式实现，而 arange()采用数组方式实现。

与 np. array([1,2,3,4,5])的生成方式比较而言，np. array 中的调用对象必须事先存在或手工指定，而 np. arange()则可以以一定的规则自动生成。例：np. arange(1,6)中对应的各值与 np. array([1,2,3,4,5])中对应的各值是相等的。在不同的适用场合，各有各的优势。

2.2.4 np. linspace()

语法：np. linspace(start, stop, num = 50, endpoint = True, retstep = False, dtype = None)。

作用：用于创建等差数列。在起止数据区间内(闭区间)，返回 num 个等距样本。

说明：在默认情况下，linspace()函数可以生成元素数量为 50 的等间隔数列。

在日常使用过程中可以使用 np. arange()、np. linspace()来生成变形(reshape)多维数组。以下代码用于演示 np. linspace()的用法，代码如下：

```
>>> np.linspace(1,10,4)
array([ 1., 4., 7., 10.])
>>> np.linspace(1,10,num = 4)
array([ 1., 4., 7., 10.])
>>> np.linspace(1,10,4,endpoint = False)
array([1. , 3.25, 5.5 , 7.75])
>>> np.linspace(1,10,4,endpoint = False,retstep = True)
(array([1. , 3.25, 5.5 , 7.75]), 2.25)
```

注意：np. arange()的数据区间为左闭右开，而 np. linspace()的数据区间为闭区间。当然也可以在 np. linspace()中指定 endpoint=False，使数据区间为左闭右开。

2.2.5 np 的特殊函数

NumPy 可以使用这些特殊函数生成指定维度和填充固定数值的数组，如表 2-2 所示。

表 2-2 数组创建的一些特殊函数

函数名	函数名_like
zeros	zeros_like
ones	ones_like
full	full_like
empty	empty_like

相关语法与讲解如下：

1. np. zeros()

语法：zeros(shape,dtype=float,order='C')。

作用：返回一个给定形状和类型的用 0 填充的数组。

参数如下。

dtype：数据类型，默认为 numpy.float64。

order：可选参数，C 代表与 C 语言类似，行优先；F 代表与 Fortran 语言类似，列优先。

以下代码用于演示 np.zeros()的用法，代码如下：

```
>>> np.zeros(6)                    #生成全为 0 的一维数组
array([0., 0., 0., 0., 0., 0.])
>>> np.zeros((2, 3))               #生成二行三列的全为 0 的二维数组
array([[0., 0., 0.],
       [0., 0., 0.]])
>>> np.zeros((2, 3),dtype = 'i')  #指定数据类型为 int32 的二维数组
array([[0, 0, 0],
       [0, 0, 0]], dtype = int32)
>>> np.zeros((2,3),dtype = 'f')
array([[0., 0., 0.],
       [0., 0., 0.]], dtype = float32)
>>> np.zeros((2, 3), dtype = [('x', 'i2'),('y', 'f4')])
array([[(0, 0.), (0, 0.), (0, 0.)],
       [(0, 0.), (0, 0.), (0, 0.)]], dtype = [('x', '< i2'), ('y', '< f4')])
```

2. np.ones()

语法：np.ones(shape,dtype=None,order='C')。

作用：返回一个给定形状和类型的用 1 填充的数组。

以下代码用于演示 np.ones()的用法，代码如下：

```
>>> np.ones(6)
array([1., 1., 1., 1., 1., 1.])

>>> np.ones((2, 3))
array([[1., 1., 1.],
       [1., 1., 1.]])
```

3. np.full()

语法：np.full(shape,fill_value,dtype=None,order='C')。

作用：np.full(shape,fill_value)可以生成一个元素为 fill_value，形状为 shape 的 array。

参数如下。

Shape：int、int 元组或列表。

fill_value：填充到数组中的值。

order：{'C','F'}。以 C 或 Fortran 语言连续存储多维数据，(按行或按列)顺序在内

存中。

以下代码用于演示 np.full()的用法，采用一维数组填充，代码如下：

```
>>> np.full(3,6)      #3 为 shape,为(1,3)的简写.6 为填充值
array([6, 6, 6])
```

采用二维数组填充，代码如下：

```
>>> np.full([2,3],6)    #[2,3]为 shape,代表 2 行 3 列的数组.6 为填充值
array([[6, 6, 6],
       [6, 6, 6]])

>>> np.full((2,3),6)    #(2,3)为 shape,代表 2 行 3 列的数组.6 为填充值
array([[6, 6, 6],
       [6, 6, 6]])
```

采用三维数组填充，代码如下：

```
>>> np.full([1,2,3],6)      #[1,2,3]为 shape,代表 1 个 2 行 3 列的数组,等价于[2,3]
array([[[6, 6, 6],
        [6, 6, 6]]])

>>> np.full([2,2,3],6)      #[2,2,3]为 shape,代表 2 个 2 行 3 列的数组.6 为填充值
array([[[6, 6, 6],
        [6, 6, 6]],

       [[6, 6, 6],
        [6, 6, 6]]])
```

填充过程中可以同时指定数据的类型，代码如下：

```
>>> np.full([2,2,3],6,np.float16)    #np.float16 为指定的数据类型
array([[[6., 6., 6.],
        [6., 6., 6.]],

       [[6., 6., 6.],
        [6., 6., 6.]]], dtype=float16)
```

指定列表或元组类型填充值，代码如下：

```
>>> np.full([2,2,3],[1,2,3],np.float32)    #[1,2,3]为填充值
array([[[1., 2., 3.],
        [1., 2., 3.]],

       [[1., 2., 3.],
```

```
        [1., 2., 3.]]], dtype=float32)

>>> np.full((2,2,3),[1,2,3],np.float32)
array([[[1., 2., 3.],
        [1., 2., 3.]],

       [[1., 2., 3.],
        [1., 2., 3.]]], dtype=float32)
```

当 fill_value 是数值的时候，np.full(shape,fill_value)和 np.ones(shape * fill_value)是等价的，但是当 fill_value 是字符串的时候，np.ones 就无法做到这个效果了。

示例代码如下：

```
>>> np.full([2,2,3],"a")
array([[['a', 'a', 'a'],
        ['a', 'a', 'a']],

       [['a', 'a', 'a'],
        ['a', 'a', 'a']]], dtype='<U1')

>>> np.ones(3) * 6 == np.full(3,6)
array([ True, True, True])
```

在上述的输出结果中：<表示字节顺序，小端(最小有效字节存储在最小地址中)；U 表示 Unicode，为数据类型；1 表示元素位长，为数据大小。

4. np.empty()

语法：empty(shape,dtype=float,order='C')。

作用：依给定的 shape 和数据类型 dtype，返回一个一维或者多维的、非空值的、随机数的数组。

以下代码用于演示 np.empty()的用法，代码如下：

```
>>> np.empty((2,3,2))                    #(2,3,2)为 shape,2 个 3 行 2 列的数组
array([[[6.23042070e-307, 3.56043053e-307],
        [1.60219306e-306, 7.56571288e-307],
        [1.89146896e-307, 1.37961302e-306]],

       [[1.05699242e-307, 1.78022342e-306],
        [1.05700345e-307, 1.11261977e-306],
        [1.69113762e-306, 1.33511562e-306]]])
```

从上述 4 个函数(np.zeros()、np.ones()、np.full()、np.empty())的语法对比后可以发现，它们的参数基本相似，第一参数均为 shape。

shape是ndarray的一个重要属性，通过shape来查看数组的维度，也可以通过reshape来变换它的形状。数组的维度，常称为(axis)。

计算机可以依据语法规则构建无限多维的数组，但人类易于理解的是三维及以下的数组。

关于shape的描述，如图2-18所示。

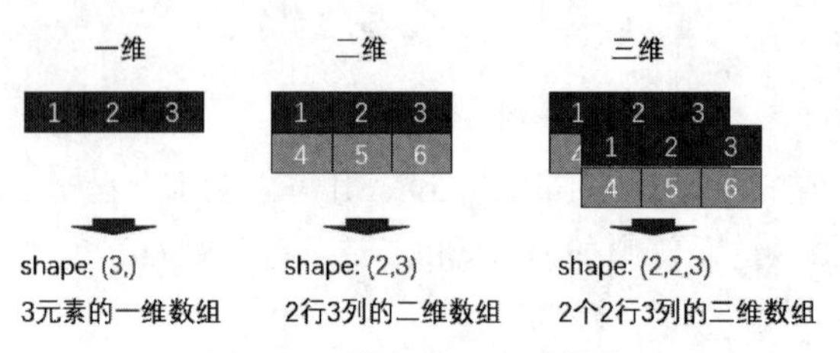

图2-18 数组的shape描述

以下代码用于演示shape属性的用法，代码如下：

```
>>> a = np.array([[1, 2, 3], [4, 5, 6], [7, 8, 9]])
>>> a.shape
(3, 3)
>>> a[1]
array([4, 5, 6])
>>> a[:,1]
```

图解shape属性的应用，如图2-19所示。

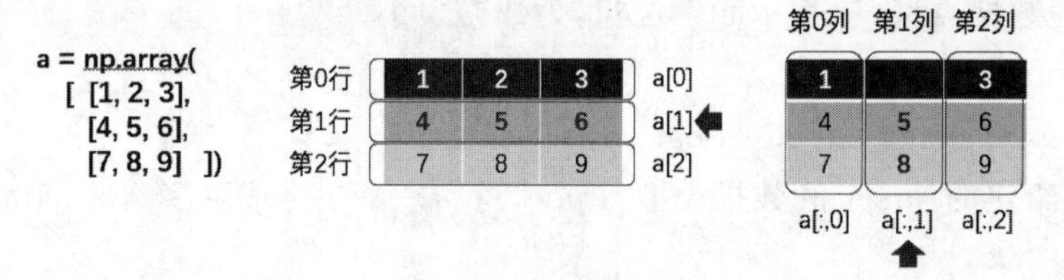

图2-19 shape属性的应用

5. array_like()特殊数组创建

zeros_like()、ones_like()、full_like()、empty_like()，这几个函数具备类似的语法结构(用于创建形状和类型与给定数组相同的新数组)，及类似的功能(返回形状和大小与给定数组相似的数组)。

它们的语法结构如下。

np.zeros_like的语法结构：np.zeros_like(array_like,dtype=None,order='K',subok=True,shape=None)。

np.ones_like的语法结构：np.ones_like(array_like,dtype=None,order='K',subok=True,shape=None)。

np. full_like 的语法结构：np. full_like(array_like, fill_value, dtype=None, order='K', subok=True, shape=None)。

np. empty_like 的语法结构：np. empty_like(prototype, dtype=None, order='K', subok=True, shape=None)。

导入 NumPy 库，创建 a 和 b 两个数组，代码如下：

```
>>> import numpy as np
>>> a = [[1,2,3], [4,5,6]]
>>> b = np.array([[1,2,3,4], [5,6,7,8]])
```

在 np. zeros_like()中分别调用 a 和 b 变量。代码及运行结果如下：

```
>>> np.zeros_like(a)
array([[0, 0, 0],
       [0, 0, 0]])
>>> np.zeros_like(b)
array([[0, 0, 0, 0],
       [0, 0, 0, 0]])
```

在 np. ones_like()中分别调用 a 和 b 变量。代码及运行结果如下：

```
>>> np.ones_like(a)
array([[1, 1, 1],
       [1, 1, 1]])
>>> np.ones_like(b)
array([[1, 1, 1, 1],
       [1, 1, 1, 1]])
```

在 np. full_like()中分别调用 a 和 b 变量。代码及运行结果如下：

```
>>> np.full_like(a,6)
array([[6, 6, 6],
       [6, 6, 6]])
>>> np.full_like(b,6)
array([[6, 6, 6, 6],
       [6, 6, 6, 6]])
```

在 np. empty_like()中分别调用 a 和 b 变量，并将数据类型设置为'u1'。代码及运行结果如下：

```
>>> np.empty_like(a,'u1')
array([[ 48, 217, 197],
       [ 24, 116, 2]], dtype = uint8)
>>> np.empty_like(b,'u1')
```

```
array([[ 0, 0, 128, 63],
       [ 0, 0, 128, 63]], dtype = uint8)
```

2.3 数据的基本属性

2.3.1 NumPy 数组属性

常见的数组属性如表 2-3 所示。

表 2-3 常见的数组属性

属性	说明
ndarray. dtype	数组的数据类型
ndarray. shape	数组的结构,也可以理解为数组的形状
ndarray. size	数组的元素个数
ndarray. itemsize	每个元素占用内存的大小,以字节为单位
ndarray. ndim	数组的维度数,也叫秩
ndarray. real,ndarray	元素的实部
ndarray. imag	ndarray 元素的虚部

输入以下代码:

```
>>> import numpy as np
>>> ar = np.arange(15).reshape(5,3)
>>> ar
array([[ 0, 1, 2],
       [ 3, 4, 5],
       [ 6, 7, 8],
       [ 9, 10, 11],
       [12, 13, 14]])
```

运行代码,查看数组属性:

```
>>> ar.ndim
2

>>> ar.shape
(5, 3)

>>> ar.size
15

>>> type(ar)
```

```
<class 'numpy.ndarray'>

>>> ar.dtype
dtype('int32')

>>> ar.itemsize     # 数组中每个元素的字节大小
4

>>> ar.nBytes       # 数组元素消耗的总字节数
60
```

运行代码，查看数组的实部和虚部：

```
>>> ar.real
array([[ 0,  1,  2],
       [ 3,  4,  5],
       [ 6,  7,  8],
       [ 9, 10, 11],
       [12, 13, 14]])

>>> ar.imag
array([[0, 0, 0],
       [0, 0, 0],
       [0, 0, 0],
       [0, 0, 0],
       [0, 0, 0]])
```

2.3.2 改变数组的形状

在面向对象编程语言中，只要是对象，就有它自己的属性和方法。在对象中，对象的静态部分是属性，而动态部分是方法，它们常连接在对象的后面。在实际应用过程中，大多数属性后面不带括号，而带括号的多为方法。例如：np. arange(15)和 arange()是方法。ar. reshape(5,3)和 reshape()也是方法，但 ar. shape 和 shape 是属性。

Python 中函数(Function)与方法(Method)的区别。从本质上来讲，函数与方法的区别是：函数属于 FunctionObject，而方法是属于 PyMethodObject。方法是与特定实例绑定的函数，方法常接在具体对象后面，而普通函数却不与实例绑定。例如 ar. reshape(5,3)中，reshape()是函数也是方法，但称其为方法更贴切。

所有 Python 的内置函数都是普通函数，常称它们为函数。它可以通过 Python 的 IDLE 或在 Jupyter、Spyder 等 IDE 的控制台中用 dir(__builtins__)来查看。例如 print()、input()、len()、range()、list()、type()、zip()、format()、sum()、max()等，这些都是函数。

在 NumPy 中，常见的数组处理函数有不少。例如：修改形状(reshape、resize)、转置

transpose与交换轴swapaxes、修改维度(ravel、flatten)等。

1. 改变形状：np.reshape()、np.resize()

1) np.reshape()

语法：np.reshape(a,newshape,order='C')或ndarray.reshape(shape[,order])。

作用：在原始数据不发生变化的前提下，改变数组的形状，返回的是一维或多维的数组。

参数如下。

a：数组(array或array_like)。

newshape或shape：新的数组。详见上面各小节关于shape的描述。

order：可选为(C、F、A、K)，详见上面各小节关于order的描述。

reshape()的应用举例，代码如下：

```
>>> np.reshape(np.arange(15),(3,5))
array([[ 0, 1, 2, 3, 4],
       [ 5, 6, 7, 8, 9],
       [10, 11, 12, 13, 14]])

>>> np.arange(15).reshape(3,5)
array([[ 0, 1, 2, 3, 4],
       [ 5, 6, 7, 8, 9],
       [10, 11, 12, 13, 14]])
```

reshape()中newshape参数的应用，代码如下：

```
>>> np.arange(16).reshape(16,)
array([ 0, 1, 2, 3, 4, 5, 6, 7, 8, 9, 10, 11, 12, 13, 14, 15])

>>> np.arange(16).reshape(2,8)
array([[ 0, 1, 2, 3, 4, 5, 6, 7],
       [ 8, 9, 10, 11, 12, 13, 14, 15]])

>>> np.arange(16).reshape(2,2,4)
array([[[ 0, 1, 2, 3],
       [ 4, 5, 6, 7]],

       [[ 8, 9, 10, 11],
        [12, 13, 14, 15]]])
```

newshape参数说明：

(16,)生成的是一维数组，(2,8)生成的是二行八列的二维数组，(2,2,4)生成的是两个二行四列的三维数组。若shape为(2,2,2,2)，则生成四维数组(内有两个二行二列的三维数组)。

reshape()中 order 参数的应用,代码如下:

```
np.reshape(np.arange(16),(2,8),'C')

np.reshape(np.arange(16),(2,8),'F')
```

运行上述代码,如图 2-20 所示。

```
In  [1]:   1  np.reshape(np.arange(16), (2,8),'C')
Out[1]:  array([[ 0,  1,  2,  3,  4,  5,  6,  7],
                [ 8,  9, 10, 11, 12, 13, 14, 15]])

In  [2]:   1  np.reshape(np.arange(16), (2,8),'F')
Out[2]:  array([[ 0,  2,  4,  6,  8, 10, 12, 14],
                [ 1,  3,  5,  7,  9, 11, 13, 15]])
```

order='C',按行方向来填充

order='F',按列方向来填充

图 2-20 np.reshape()的 order 参数

2) np.resize()

语法:np.resize(a,new_shape)。

作用:给定一个数组和特定维度,将会返回一个给定维度形式的新数组(如果新数组比原数组大,则将会复制原数组中的值并对新数组进行填充)。

resize()的应用,代码如下:

```
>>> a = np.array([[1,2,3],[4,5,6]])
>>> np.resize(a,(2,4))
array([[1, 2, 3, 4],
       [5, 6, 1, 2]])

>>> np.resize(a,(1,5))
array([[1, 2, 3, 4, 5]])

>>> np.resize(a,(2,5))
array([[1, 2, 3, 4, 5],
       [6, 1, 2, 3, 4]])
```

2. 翻转形状:np.transpose()

语法:numpy.transpose(a,axes=None)。

作用:行、列转置。如果不带参数,则它与 ndarray.T 的属性是一致的。

transpose()的应用,代码如下:

```
>>> a = np.array([[1,2,3],[4,5,6]])
>>> a
```

```
array([[1, 2, 3],
       [4, 5, 6]])

>>> np.transpose(a)
array([[1, 4],
       [2, 5],
       [3, 6]])
```

3. 改变维度(降维)

相同点：两者的功能是一致的，即将多维数组降为一维。

区别点：返回复制的矩阵还是返回视图。np.flatten()返回一份复制的矩阵，对复制的矩阵所做的修改不会影响原始矩阵，而np.ravel()返回的是视图，修改时会影响原始矩阵。

改变数组维度，代码如下：

```
>>> a = np.array([[1,2,3],[4,5,6]])
>>> a
array([[1, 2, 3],
       [4, 5, 6]])
>>> b = a.flatten()
>>> b
array([1, 2, 3, 4, 5, 6])

>>> c = a.ravel()
>>> c
array([1, 2, 3, 4, 5, 6])

>>> b[0] = 7
>>> a
array([[1, 2, 3],
       [4, 5, 6]])

>>> c[0] = 7

>>> a
array([[7, 2, 3],
       [4, 5, 6]])
```

简要总结NumPy的维度。一列或一行数据就是一维；由一个几行几列组成的表就是二维；由多张几行几列的表所组成的矩阵就是三维，以此类推。

简要总结NumPy的升降维。对某行或某列进行聚合运算而得到一个值是降维(一维变零维)；把二张表合成一张表也是降维(三维变二维)；把一张表拆分成二张表是升维(二维变三维)。其他以此类推。

沿着此思路接下来要对表格进行连接(stack、hstack、vstack、concateate)与拆分(split、

hsplit、vsplit)操作。

2.3.3 数组堆叠与分割

1. 数组堆叠

在 2.1.3 节讲过：二维数组有两个轴，行方向是 0 轴(axis=0)，列方向是 1 轴(axis=1)。不管是在现在的 NumPy 中的数组堆叠或运算，还是在后面的 Pandas 中的 DataFrame 堆叠或运算会经常性地用到它。在 NumPy 中，也可以把 axis=0 视为第一轴，axis=1 视为第二轴。

hstack 是 horizontal(水平)+stack(堆叠)的英文简写，称为水平(方向)堆叠。类似 Pandas 中的 pd. merge()等函数，但 pd. merge()的功能更强大。

vstack 是 vertical(垂直)+stack(堆叠)的英文简写，称为垂直(方向)堆叠。类似 Python 中的 append。

其实，这两个函数也可以用一个 concatenate()函数来完成，而且功能是等效的。concatenate 中有一个 axis 参数(当 axis=1 时可以按水平方向堆叠与拼接，当 axis=0 时可以按垂直方向堆叠与拼接)。在 Pandas 中，pd. concat()与 np. concatenate()的功能与用法类似，但更强大。

顺便说一下，也可以用 row_stack 表示 hstack，用 column_stack 表示 vstack，二者的功效是一致的，代码如下：

```
>>> a = np.arange(15).reshape(3,5)
>>> a
array([[ 0, 1, 2, 3, 4],
       [ 5, 6, 7, 8, 9],
       [10, 11, 12, 13, 14]])

>>> b = np.ones((3,5),dtype = int)
>>> b
array([[1, 1, 1, 1, 1],
       [1, 1, 1, 1, 1],
       [1, 1, 1, 1, 1]])

>>> np.hstack((a,b))    #(a,b)外面的括号不可少
array([[ 0, 1, 2, 3, 4, 1, 1, 1, 1, 1],
       [ 5, 6, 7, 8, 9, 1, 1, 1, 1, 1],
       [10, 11, 12, 13, 14, 1, 1, 1, 1, 1]])
```

注意：当 NumPy 使用 concatenate()函数时，axis 的默认参数值是 0，所以当 NumPy 不写 axis 参数时，系统会默认指定 axis=0 并获得正确的结果。

以下是代码 np. hstack((a,b))的运行图解说明，如图 2-21 所示。

图 2-21 中数组的横向合并也可以采用 concatenate()。当 np. concatenate()的 axis=1

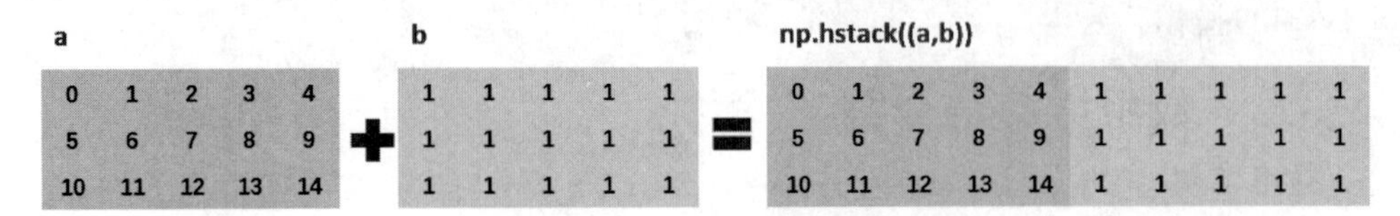

图 2-21 数组的横向合并

时，其效果等同于 np.hstack()，代码如下：

```
>>> np.concatenate((a,b),axis = 1)
array([[ 0, 1, 2, 3, 4, 1, 1, 1, 1, 1],
       [ 5, 6, 7, 8, 9, 1, 1, 1, 1, 1],
       [10, 11, 12, 13, 14, 1, 1, 1, 1, 1]])
```

当 np.concatenate()的 axis=0 或省略时，其效果是等同于 np.vstack()，代码如下：

```
>>> np.vstack((a,b))
array([[ 0, 1, 2, 3, 4],
       [ 5, 6, 7, 8, 9],
       [10, 11, 12, 13, 14],
       [ 1, 1, 1, 1, 1],
       [ 1, 1, 1, 1, 1],
       [ 1, 1, 1, 1, 1]])

>>> np.concatenate((a,b),axis = 0)
array([[ 0, 1, 2, 3, 4],
       [ 5, 6, 7, 8, 9],
       [10, 11, 12, 13, 14],
       [ 1, 1, 1, 1, 1],
       [ 1, 1, 1, 1, 1],
       [ 1, 1, 1, 1, 1]])
```

在数组的横向堆叠过程中，0 轴的尺寸必须一致，1 轴的尺寸可以不一致，代码如下：

```
>>> a = np.arange(15).reshape(3,5)
>>> c = np.zeros((3,2),dtype = int)
>>> c
array([[0, 0],
       [0, 0],
       [0, 0]])

>>> np.hstack((a,c))
array([[ 0, 1, 2, 3, 4, 0, 0],
       [ 5, 6, 7, 8, 9, 0, 0],
       [10, 11, 12, 13, 14, 0, 0]])
```

```
>>> np.concatenate((a,c),axis = 1)
array([[ 0, 1, 2, 3, 4, 0, 0],
       [ 5, 6, 7, 8, 9, 0, 0],
       [10, 11, 12, 13, 14, 0, 0]])
```

但是，当两个堆叠的数组的0轴的尺寸不一致时，即使1轴的尺寸一致也会报错。代码与报错提示如下：

```
>>> a =  np.arange(8).reshape(2,4)
>>> c =  np.zeros((3,4),dtype = int)
>>> np.hstack((a,c))
Traceback (most recent call last):
……(省略部分)
ValueError: all the input array dimensions for the concatenation axis must match exactly, but
along dimension 0, the array at index 0 has size 2 and the array at index 1 has size 3
```

同理，当纵向堆叠时，如果1轴的尺寸不一致，则会报错。代码与报错提示如下：

```
a =  np.arange(8).reshape(4,2)
>>> c =  np.zeros((4,4),dtype = int)
>>> np.vstack((a,c))
Traceback (most recent call last):
……(省略部分)
ValueError: all the input array dimensions for the concatenation axis must match exactly, but
along dimension 1, the array at index 0 has size 2 and the array at index 1 has size 4
```

2. 数组分割

在后续的数据处理过程中会发现有很多互逆的功能或过程。例如：有 concatenate 就有 split，有 stack 就有 unstack 等，从而让数据处理变得更为灵活与高效。

在 NumPy 中要讲解的 split 就是与上面的 concatenate 或 stack 互为逆操作。同理，hsplit 是 horizontal(水平)＋split(拆分)的英文简写，即水平(方向)拆分的意思。vsplit 是 vertical(垂直)＋split (拆分)的英文简写，即垂直(方向)拆分的意思。

在 2.2 节没列出 np.concatenate()、np.hstack ()、np.vstack ()的语法，在本节未列出 np.hsplit ()、np.vsplit ()的语法，但这不影响对 NumPy 的学习，在 1.8 节时讲过，在 Jupyter Notebook 中可以用快捷键 Shift＋Tab 查看函数的帮助文档(单击加号可以查看详细内容)。

以 np.hsplit 为例，NumPy 只须在 np.hsplit()函数的括号旁按下快捷键 Shift＋Tab，马上就会弹出 Signature：np.hsplit(ary,indices_or_sections)，这样便可获得此函数的相关语法文档。基于帮助文档功能的存在，后续讲解 NumPy 时会减少对函数与方法的讲解，从而将更多地聚焦实例的应用。

创建一个数组变量，代码如下：

```
>>> a = np.arange(12).reshape(3,4)
>>> a
array([[ 0, 1, 2, 3],
       [ 4, 5, 6, 7],
       [ 8, 9, 10, 11]])
```

对数组做垂直切分，代码如下：

```
>>> np.vsplit(a,3)          #等分成 3 份
[array([[0, 1, 2, 3]]), array([[4, 5, 6, 7]]), array([[ 8, 9, 10, 11]])]
>>> np.vsplit(a,(1,2))    #(1,2)指定分割的位置
[array([[0, 1, 2, 3]]), array([[4, 5, 6, 7]]), array([[ 8, 9, 10, 11]])]
```

对数组做水平切分，代码如下：

```
>>> np.hsplit(a,2)         #等分成 2 份
[array([[0, 1],
       [4, 5],
       [8, 9]]), array([[ 2, 3],
       [ 6, 7],
       [10, 11]])]

>>> np.hsplit(a,(1,3)) #(1,3)指定分割的位置
[array([[0],
       [4],
       [8]]), array([[ 1, 2],
       [ 5, 6],
       [ 9, 10]]), array([[ 3],
       [ 7],
       [11]])]
```

2.3.4 广播机制

1. 索引与切片

NumPy、Python 及后面讲解的 Pandas，其切片与索引操作的原理与用法都是一样的。

序列中的每个元素都有一个编号，也称为索引。索引有从正数表示和负数表示两种方式，所以序列中的每个元素其实都对应着 2 个下标。用正数表示时是从 0 开始递增的，第 1 个元素是 0，第 2 个元素是 1，从左向右，依此递增。用负数表示时，从 −1 开始，从右向左，倒数第 2 个元素是 −2，以此类推。

通过索引可以访问序列中的任何元素。例：a = ['Kim','Jim','Joe','Sam']，则 a[2]为 'Joe'（正向索引），a[−1]为 'Sam'（反向索引）。

切片是访问序列元素的另一种方法。它可以访问一定范围的元素。实现切片操作的语法：[start：end：step]。参数 start：切片开始的位置(默认从 0 开始)；参数 end：切片截止的位置(默认为序列的长度)；参数 step：切片的步长(默认为 1)。步长为正时，从左向右取值；步长为负时，反向取值(从右向左)。

索引与切片原理，如图 2-22 所示。

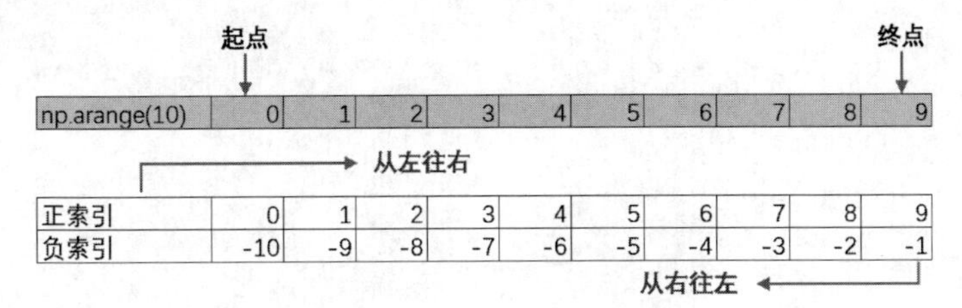

图 2-22 索引与切片的应用原理

依据图 2-22 的原理，案例讲解如图 2-23 所示。

	正索引	0	1	2	3	4	5	6	7	8	9
	负索引	-10	-9	-8	-7	-6	-5	-4	-3	-2	-1
[1:5]		0	1	2	3	4	5	6	7	8	9
[:5]		0	1	2	3	4	5	6	7	8	9
[-3:]		0	1	2	3	4	5	6	7	8	9
[-7:8]		0	1	2	3	4	5	6	7	8	9
[:-3:]		0	1	2	3	4	5	6	7	8	9
[::3]		0	1	2	3	4	5	6	7	8	9

图 2-23 索引与切片的应用案例

对于图 2-23，运行以下代码并查看结果：

```
>>> a = np.arange(10)
>>> a
array([0, 1, 2, 3, 4, 5, 6, 7, 8, 9])

>>> a[1:5]
array([1, 2, 3, 4])

>>> a[:5]
array([0, 1, 2, 3, 4])

>>> a[-3:]
array([7, 8, 9])

>>> a[-7:8]
array([3, 4, 5, 6, 7])

>>> a[:-3:]
array([0, 1, 2, 3, 4, 5, 6])
```

```
>>> a[: - 3: - 1]
array([9, 8])

>>> a[::3]
array([0, 3, 6, 9])

>>> a[:: - 3]
array([9, 6, 3, 0])

>>> a.reshape(2,5)[0, - 3:]
array([2, 3, 4])

>>> a[(a > 2) & (a < 8)]
array([3, 4, 5, 6, 7])
```

2. 向量与广播

广播机制使通用函数可以用来处理不同形状的数组，让运算变得更为灵活与高效。

所谓广播，就是将较小的阵列广播到与较大阵列相同的形状尺度上，使它们对等，以便可以进行数学计算。广播提供了一种向量化的操作方式，因此不需要 Python 循环，通常执行效率非常高，代码如下：

```
>>> np.array([1,2,3]) + 3
array([4, 5, 6])
```

数组的广播机制如图 2-24 所示。

图 2-24　数组的广播机制(1)

例如，np.array([1,2,3,4,5,6])/2 就是广播原理的应用，以下代码也运用了广播机制：

```
>>> np.arange(1, 10).reshape(3, 3) + np.arange(3, 6)
array([[ 4, 6, 8],
       [ 7, 9, 11],
       [10, 12, 14]])
```

数组的广播机制，如图 2-25 所示。

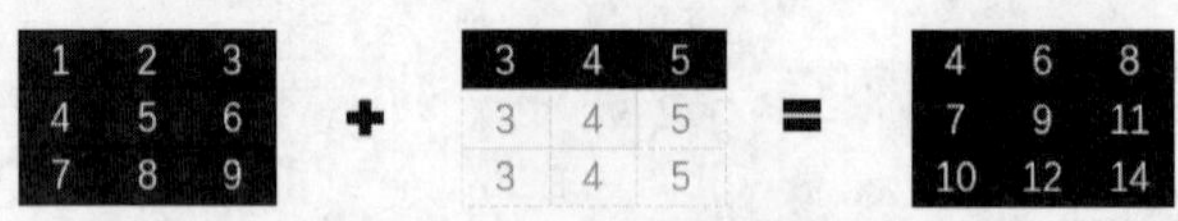

图 2-25　数组的广播机制(2)

数组的广播应用,代码如下:

```
>>> np.array([1, 4, 7]).reshape(3,1) + np.arange(3, 6)
array([[ 4, 5, 6],
       [ 7, 8, 9],
       [10, 11, 12]])
```

实现原理,如图 2-26 所示。

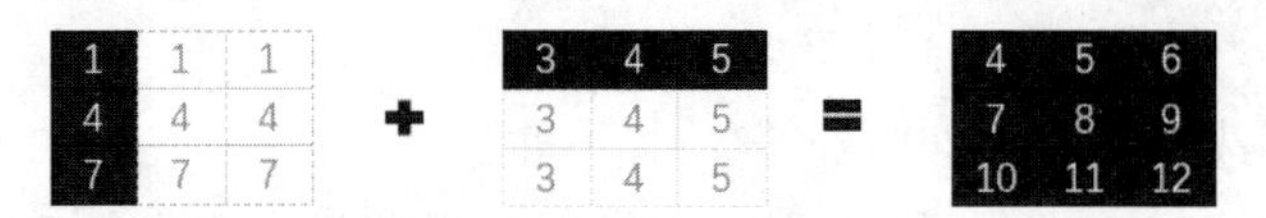

图 2-26 数组的广播机制(3)

通过以上 3 个例子开始逐步整理一下广播机制的相关规则。

形状相同的,直接进行元素级的基本运算,代码如下:

```
np.ones((2,3)) + np.array([[1,2,3],[4,5,6]])
```

如果是标量,则会广播到整个数组上,代码如下:

```
np.array([[1,2,3],[4,5,6]]) * 3
```

相同维度,但其中某一个或多个维度的长度为 1,那么小维度数组的形状将会在最左边进行补加,代码如下:

```
np.array([[1,2,3],[4,5,6]]) + np.arange(2).reshape(2,1)
```

如果两个数组的形状在任何一个维度上都不匹配,则较少的维度默认在其前面追加长度为 1 的维度(扩展以匹配另外一个数组的形状),代码如下:

```
np.array([[1,2,3],[4,5,6]]) + np.arange(3)
```

如果两个数组的形状在任何一个维度上都不匹配并且没有任何一个维度等于 1,则会引发异常,代码如下:

```
np.array([[1,2,3],[4,5,6]]) + np.arange(4)
```

NumPy 因为 ndarray 对象、广播机制及大量内置的通用函数的存在,使 NumPy 的运算功能十分强大且高效。对于不同维度的数组经常会将数组扩展到较大的维度再进行通用函数操作,这与广播机制有异曲同工之妙,但面对复杂场景时更加灵活与个性化。

2.4 通用函数(ufunc)

通用函数(简称 ufunc)是 universal function 的简写,它是一种能够对数组中所有元素进行操作的函数。支持数组广播、类型转换和其他几个标准功能。

2.4.1 排序函数

1. 普通排序

排序函数及用法说明如表 2-4 所示。

表 2-4 排序函数

排序函数	说明
np. sort(ndarray)	排序,返回副本
np. unique(ndarray)	返回 ndarray 中的元素,排除重复元素之后再进行排序

代码如下:

```
>>> a = np.array([1,3,9,1,8,2])
>>> b = np.array([1,3,6,1,3,2])
>>> np.sort( a)
array([1, 1, 2, 3, 8, 9])
>>> np.unique(a)
array([1, 2, 3, 8, 9])
```

2. 集合操作与排序

集合操作及用法说明如表 2-5 所示。

表 2-5 集合操作

集合操作	说明
np. intersect1d(ndarray1,ndarray2)	返回二者的交集并排序
np. union1d(ndarray1,ndarray2)	返回二者的并集并排序
np. setdiff1d(ndarray1,ndarray2)	返回二者的差
np. setxor1d(ndarray1,ndarray2)	返回二者的对称差

集合操作,代码如下:

```
>>> import numpy as np
>>> a = np.array([1,2,3,4,5])
>>> b = np.array([1,3,5,7,9])
>>> np.union1d( a, b)        #并集
array([1, 2, 3, 4, 5, 7, 9])
```

```
>>> np.intersect1d( a, b)          #交集
array([1, 3, 5])

>>> np.setxor1d( a, b)             #对称差
array([2, 4, 7, 9])

>>> np.setdiff1d( a, b)            #差集(a-b)
array([2, 4])

>>> np.setdiff1d( b, a)            #差集(b-a)
array([7, 9])
```

2.4.2 一元函数

一元函数及用法如表 2-6 所示。

表 2-6 一元函数

一元函数	说明
np.abs(ndarray) np.fabs(ndarray)	计算绝对值 计算绝对值(非复数)
np.mean(ndarray)	求平均值
np.sqrt(ndarray)	计算 x^0.5
np.square(ndarray)	计算 x^2
np.exp(ndarray)	计算 e^x
log、log10、log2、log1p	计算自然对数、底为 10 的 log、底为 2 的 log、底为(1+x)的 log
np.sign(ndarray)	计算正负号：1(正)、0(0)、-1(负)
np.ceil(ndarray) np.floor(ndarray) np.rint(ndarray)	计算大于或等于该值的最小整数 计算小于或等于该值的最大整数 四舍五入法精确到最近的整数，保留 dtype
np.modf(ndarray)	将数组的小数和整数部分以两个独立的数组方式返回
np.isnan(ndarray)	返回一个判断是否是 NaN 的 bool 型数组
np.isfinite(ndarray) np.isinf(ndarray)	返回一个判断是否是有穷(非 inf，非 NaN)的 bool 型数组 返回一个判断是否是无穷的 bool 型数组
cos、cosh、sin、sinh、tan、tanh	普通型和双曲型三角函数
arccos、arccosh、arcsin、arcsinh、arctan、arctanh	反三角函数和双曲型反三角函数
np.logical_not(ndarray)	计算各元素 not x 的真值，相当于-ndarray

一元函数应用，代码如下：

```
>>> c = np.array(
... [1, -3,9, -1,8, -2])
>>> np.abs( c)
array([1, 3, 9, 1, 8, 2])

>>> np.fabs(c)
array([1., 3., 9., 1., 8., 2.])
```

2.4.3 多元函数

多元函数及用法说明如表 2-7 所示。

表 2-7 多元函数

多元函数	说明
np.add(ndarray,ndarray)	相加
np.subtract(ndarray,ndarray)	相减
np.multiply(ndarray,ndarray)	乘法
np.divide(ndarray,ndarray)	除法
np.floor_divide(ndarray,ndarray)	圆整除法(丢弃余数)
np.power(ndarray,ndarray)	次方
np.mod(ndarray,ndarray)	求模
np.maximum(ndarray,ndarray) np.fmax(ndarray,ndarray) np.minimun(ndarray,ndarray) np.fmin(ndarray,ndarray)	求最大值 求最大值(忽略 NaN) 求最小值 求最小值(忽略 NaN)
np.copysign(ndarray,ndarray)	将参数 2 中的符号赋予参数 1
np.greater(ndarray,ndarray) np.greater_equal(ndarray,ndarray) np.less(ndarray,ndarray) np.less_equal(ndarray,ndarray) np.equal(ndarray,ndarray) np.not_equal(ndarray,ndarray)	> >= < <= == !=
np.logical_and(ndarray,ndarray) np.logical_or(ndarray,ndarray) np.logical_xor(ndarray,ndarray)	& | ^
np.dot(ndarray,ndarray)	计算两个 ndarray 的矩阵内积

多元函数应用,代码如下:

```
>>> import numpy as np
>>> a = np.array([1,3,9,1,8,2])
```

```
>>> b = np.array([1,3,6,1,3,2])
>>> np.add(a, b)
array([ 2, 6, 15, 2, 11, 4])

>>> np.maximum(a, b)
array([1, 3, 9, 1, 8, 2])

>>> np.copysign(a, b)
array([1., 3., 9., 1., 8., 2.])

>>> np.greater(a, b)
array([False, False, True, False, True, False])

>>> np.logical_and(a, b)
array([ True, True, True, True, True, True])

>>> np.dot( a, b)
93
```

2.4.4 数学函数

数学函数及用法说明如表 2-8 所示。

表 2-8 数学函数

数学函数	说明
ndarray.mean(axis=0)	求平均值
ndarray.sum(axis= 0)	求和
ndarray.cumsum(axis=0) ndarray.cumprod(axis=0)	累加 累乘
ndarray.std() ndarray.var()	标准差 方差
ndarray.max() ndarray.min()	最大值 最小值
ndarray.argmax() ndarray.argmin()	最大值索引 最小值索引
ndarray.any() ndarray.all()	是否至少有一个 True 是否全部为 True
ndarray.dot(ndarray)	计算矩阵内积

数学函数及代码如下：

```
>>> a = np.array([[1,2,3],[4,5,6]])
>>> a.sum()
```

```
21

>>> a.max()
6

>>> a.argmax()
5

>>> a.std()
1.707825127659933
```

继续代码举例如下：

```
>>> a = np.array([[1,2,3],[4,5,6]])
>>> a.sum(1)
array([ 6, 15])
```

在数据聚合过程中是可以控制轴方向的，如图 2-27 所示。

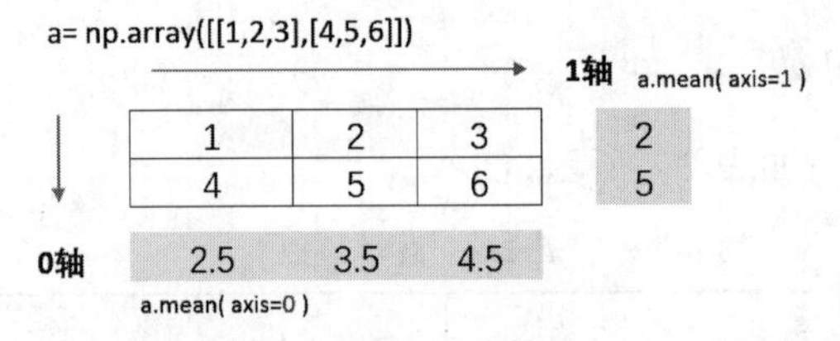

图 2-27　数学函数中的轴控制(axis，轴)参数

累积函数的应用，代码如下：

```
>>> a = np.array([[1,2,3],[4,5,6]])
>>> a.cumsum()
array([ 1, 3, 6, 10, 15, 21], dtype = int32)

>>> a.cumprod()
array([ 1, 2, 6, 24, 120, 720], dtype = int32)

>>> a.dot(3)
array([[ 3, 6, 9],
      [12, 15, 18]])
```

any 函数的应用，代码如下：

```
>>> a = np.array([[1,2,3],[4,5,6]])
>>> a.any()
True
```

2.4.5 随机函数

在 Excel 中会经常用 randbetween 生成指定范围的随机整数，用 rand 生成 0～1 的随机数；在 Office 365 中也可以用 randarray 函数，指定要填充的行数和列数、最小值和最大值，以及是否返回整数或小数值。这些函数给 Excel 使用者带来了极大的便利。

NumPy 同样提供了丰富且功能强大的随机函数(np.random)，如表 2-9 所示。

表 2-9 随机函数

函　数	说　明
seed() seed(int) seed(ndarray)	确定随机数生成种子
permutation(int) permutation(ndarray)	返回一个一维从 0～9 的序列的随机排列 返回一个序列的随机排列
shuffle(ndarray)	对一个序列就地随机排列
rand(int) randint(begin,end,num=1)	生成 int 个均匀分布的样本值 从给定的 begin 和 end 随机选取 num 个整数
randn(N,M,...)	生成一个 N * M *...的正态分布(平均值为 0，标准差为 1)的 ndarray
normal(size=(N,M,...))	生成一个 N * M *...的正态(高斯)分布的 ndarray
beta(ndarray1,ndarray2)	产生 beta 分布的样本值，参数必须大于 0
chisquare()	产生卡方分布的样本值
gamma()	产生 gamma 分布的样本值
uniform()	产生在[0,1)中均匀分布的样本值

随机函数应用，代码如下：

```
>>> np.random.seed(10)
>>> np.random.randint(2,8,(2,3))
array([[3, 7, 6],
       [2, 3, 5]])

>>> np.random.permutation(8)
array([2, 7, 3, 6, 0, 5, 1, 4])
```

2.4.6 字符串函数

字符串函数(np.char)是基于 Python 内置的标准字符串函数，用于对 dtype 为 string_ 或 unicode_的数组执行向量化字符串操作。字符串函数及用法说明如表 2-10 所示。

表 2-10 字符串函数

函 数	说 明
add()	逐个地对两个数组的字符串元素进行连接
multiply()	返回按元素多重连接后的字符串
center()	居中字符串
capitalize()	将字符串第 1 个字母转换为大写
title()	将字符串的每个单词的第 1 个字母转换为大写
lower()	将数组元素转换为小写
upper()	将数组元素转换为大写
split()	指定分隔符对字符串进行分割,并返回数组列表
splitlines()	返回元素中的行列表,以换行符分割
strip()	移除元素开头或者结尾处的特定字符
join()	通过指定分隔符来连接数组中的元素
replace()	使用新字符串替换字符串中的所有子字符串
decode()	数组元素依次调用 str. decode
encode()	数组元素依次调用 str. encode

字符串函数的应用,代码如下:

```
>>> a = ['Kim','Jim','Joe']
>>> b = ['SH','SZ','BJ']
>>> np.char.add(a,b)
array(['KimSH', 'JimSZ', 'JoeBJ'], dtype='<U5')

>>> np.char.lower(['Kim','Jim','Joe'])
array(['kim', 'jim', 'joe'], dtype='<U3')

>>> np.char.replace(a,"J",'j')
array(['Kim', 'jim', 'joe'], dtype='<U3')
```

2.4.7 条件操作

np. where 的用法类似于 Excel 中的 if 函数,它有 3 个参数。第 1 个参数表示条件,第 2 个参数表示当条件成立时 where 方法的返回值,第 3 个参数表示当条件不成立时 where 方法的返回值。

第 1 个参数的条件可以是单条件,也可以是多条件(用 &、| 作为多条件的连接),代码如下:

```
>>> import numpy as np
>>> c = np.array([[1,2,3],[4,5,6]])
>>> np.where(c < 5, c, 8)
```

```
array([[1, 2, 3],
       [4, 8, 8]])

>>> np.where([[True, False],
...           [False, True]],
...           [[1, 2], [3, 4]],
...           [[9, 8], [7, 6]])
array([[1, 8],
       [7, 4]])
```

2.4.8 高阶操作

1. reduce()

reduce()是 Python 内置的一个高阶函数，reduce()函数会对参数序列中的元素进行累积，最后返回单值。从 Python 3.0 起，reduce 函数已被移到了 functools 模块中。在 NumPy 中可使用 reduce()实现数组的降维。数值累加举例，代码如下：

```
>>> np.add.reduce(np.array([1,2,3])) #
6
>>> a = np.array([1,2,3])
>>> np.add.reduce(a)
6
```

上面的 add.reduce 所实现的数组降维操作相当于 sum 函数。在运算的过程中，先调用 add 再调用 reduce，其运行速度快于 sum 函数。

下面对文本累加举例，代码如下：

```
>>> b = np.array(['Kim', 'Jim', 'Joe'], dtype = 'object')
>>> np.add.reduce(b)
'KimJimJoe'
```

依据 add.reduce 运算原理：先在每列上连续做 add 操作，然后对连续执行的结果 reduce 进行聚合。

2. accumulate()

accumulate()函数用于生成一个迭代器，该迭代器返回累加和或累加结果，代码如下：

```
>>> a = np.array([1,2,3])
>>> np.add.accumulate(a)
array([1, 3, 6], dtype = int32)
```

上面的 add.accumulate 所实现的功能相当于 cumsum 函数，但 add.accumulate 的速度更快。accumulate 与 reduce 的区别在于，reduce 实现的是降维操作，而 accumulate 可保留

原有数据结构的维度但对数据进行累加操作。

2.5 本章回顾

面向对象编程的语言,对象的本质就是数据加方法,而数据是有数据结构与数据类型之分的。其中,数据结构可以用 ndim、ndimin 等属性来指定或查看,而数据类型则可以用 info、dtype 等属性来指定或查看。

不同的数据类型所占用的字节数是不同的,在符合语法规则的前提下,不同的数据结构间是可以相互转换的。例如:数组与列表间的转换,以及不同维度的数组间的转换。

在 NumPy 中,np.ndarray()是 NumPy 的核心。其中,ndarray 的创建有一般创建与特殊创建之分,例如:np.array()、np.arange()等方法的应用。

NumPy 的数组创建基于同质型数据。创建后的数组是可以改变形状的,可以进行升维、可以进行降维,也可以进行索引与切片等操作;数组间可以横向或纵向堆叠,也可以横向或纵向切割等。例如:np.reshape()、np.concatenate()等方法的应用。同理,在遵守相应语法规则的前提下,创建后的数组也可以改变数据类型。例如:整型与浮点型间的转换,以及浮点子类间的类型转换等。

NumPy 能够提供数组支持,数据处理的速度远高于 Python 原生态。同时,NumPy 提供了大量的通用函数,可应用于各类操作场景,使它成为 Python 生态圈中众多数据分析与数据科学的依赖项。

NumPy 提供了 ndarray 和 ufunc 两种基本的对象。ufunc(通用函数)是一种能对数组的每个元素进行操作的函数。NumPy 的通用函数有两个显著的特点:一,它们是用 C 语言实现的,因此计算速度非常快;二,它比 Python 的 Math 模块中的函数更灵活。

第2篇　基　础　篇

第3章

Pandas 入 门

NumPy作为Python科学计算的基础软件包，它的功能非常强大，但它不支持异构列表数据。什么是异构？简单地说就是指一个整体中包含不同的成分的特性，即这个整体由多个不同的成分构成。

在实际工作及生活中，使用的数据大多数是二维异构列表数据。二维异构列表数据是指在一个二维数据结构中允许不同的列拥有不同的数据类型。Pandas正是为处理此类数据而生的，它能够灵活、高效地处理和SQL、Excel电子表格类似的二维异构列表数据，使Pandas迅速成为Python的核心数据分析支持库。

以下是Pandas的特色及NumPy与Pandas的区别说明。

1. Pandas的特色

Pandas是Python生态环境下非常重要的数据分析包。它是一个开源的、有开源协议的库。正因为有了它的存在，基于Python的数据分析才大放异彩，为世人瞩目。

Pandas吸纳了NumPy中的很多精华，同时又能支持图表和混杂数据运算。这是强于NumPy的地方。因为NumPy数组中只能支持单一的某种数据类型(例如：整型或浮点型)。Pandas是基于NumPy构建的数据分析包，但包含了比ndarray更高级的数据结构和操作工具。正是因为series与DataFrame的存在，才使Pandas在进行数据分析时，十分便捷与高效。

2. NumPy和Pandas的区别

NumPy生成的是ndarray数组，而Pandas则可基于NumPy生成两种对象(Series，DataFrame)。Series是一维数组，它能保存不同种类的数据类型(字符串、boolean值、数字等)，而NumPy只能存储同类型数据。DataFrame是二维的表格型数据结构，DataFrame的每一列都是一个Series。

3.1 Series

Series的中文含义是"次序、顺序、连续"，在后面的所有章节会直接采用英文Series。DataFrame(结构)与Series(结构)都有一个Index，Index也是Pandas的数据结构之一。

注意：在 Pandas 中，DataFrame、Series、Index 这 3 种数据结构的首字母均须大写。

3.1.1 Series 基础知识

1. Series 结构

Series 是由一组同类型的数据和一组与数据对应的 Index(标签)所组成的。也就是说：Series(结构)＝Index(结构)＋ data(类似于一组数组的数据结构)，它是 Pandas 的核心结构之一，也是 DataFrame 结构的基础。Series 的语法说明如下：

```
pd.Series(
    data = None,        # 传入数组,可迭代对象、字典或标量值
    index = None,       # 以数组或列表形式传入自定义索引,若不传值,则按系统默认值
    dtype = None,       # 指定数据类型.如果为 None,则默认为 object
    name = None,        # 自定义 series 的名字,默认为 none
    copy = False,       # 一个布尔值.如果值为 True,则复制输入的数据 data
    fastpath = False,
)
```

作用：通过对各类数据结构转换后，生成 Pandas 的 Series 数据结构。

注意：创建 Series 是用 pd. Series()实现的，而不是用 df. Series()。

pd. Series()语法的图解说明如图 3-1 所示。

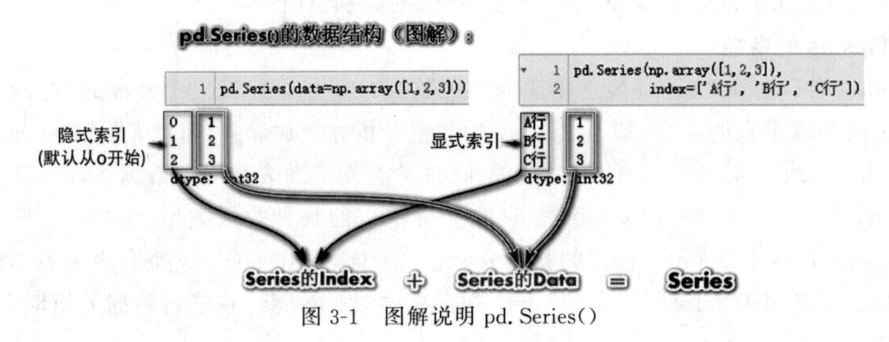

图 3-1 图解说明 pd. Series()

注意：当指定索引时，索引的长度一定要与 Series 中的 data 长度相等，否则会报错。

当输入的是 pd. Series(np. array([1,2,3,]),index=['A 行','B 行','C 行','D 行'])时，会报错，如图 3-2 所示。

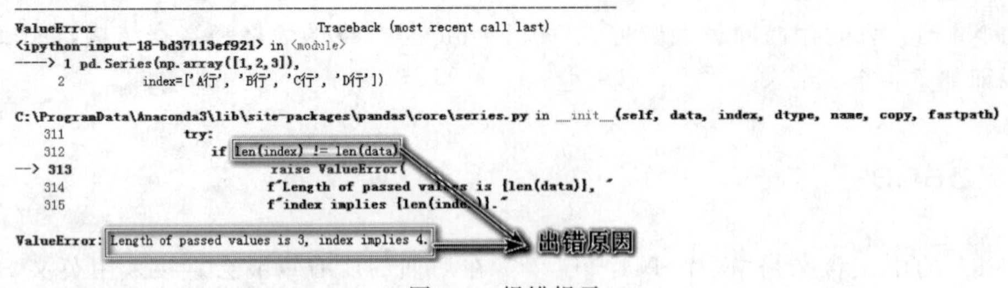
```
ValueError                                Traceback (most recent call last)
<ipython-input-18-bd37113ef921> in <module>
----> 1 pd.Series(np.array([1, 2, 3]),
      2           index=['A行', 'B行', 'C行', 'D行'])

C:\ProgramData\Anaconda3\lib\site-packages\pandas\core\series.py in __init__(self, data, index, dtype, name, copy, fastpath)
    311             try:
    312                 if len(index) != len(data):
--> 313                     raise ValueError(
    314                         f"Length of passed values is {len(data)}, "
    315                         f"index implies {len(index)}."

ValueError: Length of passed values is 3, index implies 4.
```


图 3-2 报错提示

以下是 pd. Series()的代码演示：

```
>>> import pandas as pd
>>> #1. Series 的索引默认从 0 开始,步长为 1 的整型序列
>>> print(pd.Series(data = np.array([1,2,3])))
0    1
1    2
2    3
dtype: int32

>>> print(pd.Series(np.array([1,2,3])))
0    1
1    2
2    3
dtype: int32

>>> print(pd.Series(np.array([1,2,3]), index = ['A行', 'B行', 'C行']))
A行    1
B行    2
C行    3
dtype: int32

>>> #2. 当指定索引时,Series 会按指定的索引进行排列
>>> print(pd.Series(np.array([1,2,3]),
...             index = ['A行', 'B行', 'C行'],
...             dtype = float))
A行    1.0
B行    2.0
C行    3.0
dtype: float64

>>> #3. 为 Series 命名是允许的,默认为 none
>>> print( pd.Series(np.array([1,2,3]),
...             index = ['A行', 'B行', 'C行'],
...             dtype = float,
...             name = '第 1 个 Series'))
A行    1.0
B行    2.0
C行    3.0
Name: 第 1 个 Series, dtype: float64

>>> #4. 将 copy 参数设置为 True, 注意 True 的首字母为大写
>>> print( pd.Series(np.array([1,2,3]),
...             index = ['A行', 'B行', 'C行'],
...             dtype = float,
...             name = '第 1 个 Series',
```

```
...            copy = True))
A行     1.0
B行     2.0
C行     3.0
Name: 第 1 个 Series, dtype: float64
```

注意：在 Python 中，True 与 False 的首字母必须大写，否则会报错。

2. Series 与 NumPy 的初步比对

NumPy 是 Pandas 的基础及重要依赖项，所以在 Pandas 中随时可以找到 NumPy 的“身影”。首先导入 NumPy 及 Pandas 的第三方库，代码如下：

```
import numpy as np
import pandas as pd
```

Pandas 与 NumPy 的一些属性对比，如图 3-3 所示。

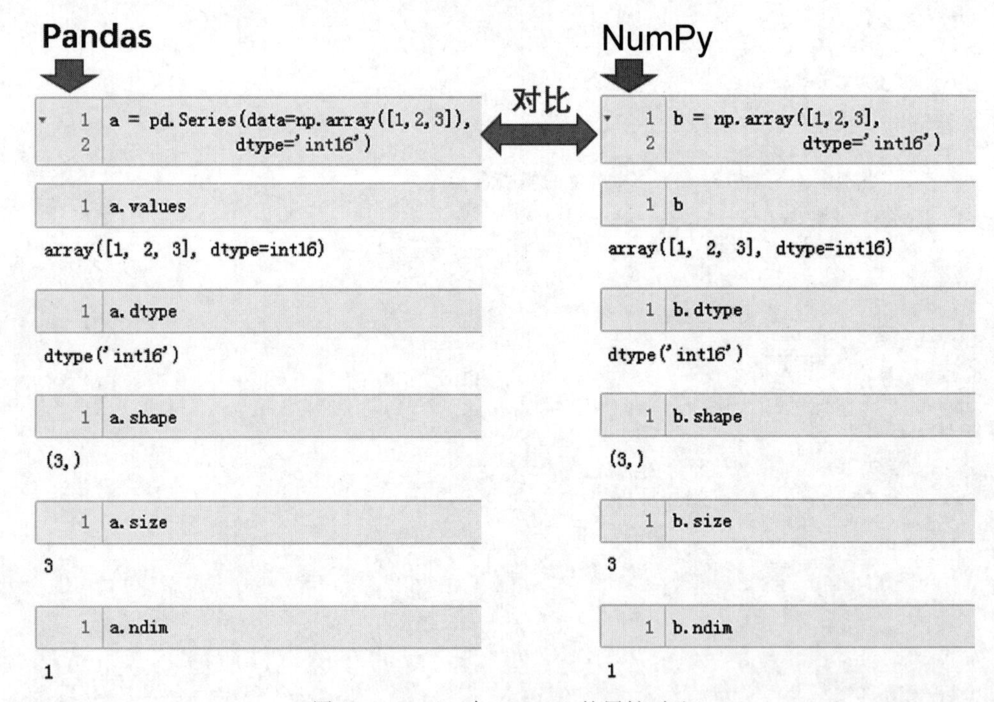

图 3-3 Pandas 与 NumPy 的属性对比

在图 3-3 中，Series.values()与 NumPy 的 array 存在关联性。np.array()相关的属性，例如：dtype、shape、size、ndim、nBytes、T 等属性均适用于 Series 或 DataFrame。当然，Pandas 在 ndarray 的基础上，也新增了不少新的属性，例如：index、memory_usage、hasnans、empty、flags、set_flags、name 等。

3.1.2　Series的构建

Series是一个类似于一维数组的对象，可以把它理解为一组带索引的NumPy一维数组。常见的创建的方式有列表转Series、字典转Series、ndarray转Series。在创建的过程中可能同时要考虑是否须特别指定index、是否须设置数据类型等。

一维数组与Series之间最大的区别在于：Series附带索引列(Index)。Series的索引所附带的信息作为一个有效的标识而经常用到(例如：表间关系型的应用)，这是单纯的一维数组所不具备的。

1．列表(List)转Series

以下列举了List转Series的5种场景，代码如下：

```
#场景一
>>> pd.Series(list('456'))
0    4
1    5
2    6
dtype: object

#场景二

>>> pd.Series(['a','b','c'],index = [0,1,2])
0    a
1    b
2    c
dtype: object

#场景三
>>> pd.Series(index = list('0a2b'), data = np.arange(4))
0    0
a    1
2    2
b    3
dtype: int32

#场景四
>>> pd.Series([1,2,3])
0    1
1    2
2    3
dtype: int64

#场景五
>>> pd.Series([1, 2, 3, 8], index = [5,2,3,1])
```

```
5    1
2    2
3    3
1    8
dtype: int64
```

下面的这几种情形需特别注意,代码如下:

```
#list * n
>>> pd.Series([2] * 3)
0    2
1    2
2    2
dtype: int64

#list * n
>>> pd.Series([1,2,3] * 3)
0    1
1    2
2    3
3    1
4    2
5    3
6    1
7    2
8    3
dtype: int64

#Series * n
>>> pd.Series([1,2,3,]) * 3
0    3
1    6
2    9
dtype: int64
```

在 pd.Series([2] * 3)与 pd.Series([1,2,3] * 3)中,它们的 * 3 是以列表[2]和[1,2,3]为对象的。在 Python 中,使用数字 n 乘以一个序列会生成新的序列。新序列的内容为原来序列被重复 n 次的结果。例:[2] * 3 的结果为[2,2,2];[1,2,3]结果为[1,2,3,1,2,3,1,2,3]。

pd.Series([1,2,3,]) * 3 中,它的 * 3 是对 Series 进行操作,而 pd.Series().values 其实是一个 NumPy 数组,而数组是具备广播功能的,所以值为 np.array([3,6,9])。

2. 元组(Tuple)转 Series

元组转 Series,代码如下:

```
>>> pd.Series((1,2,3))
0    1
1    2
2    3
dtype: int64
```

3. 字典(Dist)转 Series

在 Python 中,字典是放在花括号{}内的一系列键值对;在字典中,想存放多少个键值对取决于需求。在字典中,每个键都与一个值相关联,键与值之间用冒号分隔,而键值对之间用逗号分隔。这些对应的值可以是"数字、字符串及其他",代码如下:

```
>>> pd.Series({
...     "Joe":'Beijing',
...     "Kim":'Shanghai',
...     "Jim":'Guangzhou'
... })
Joe    Beijing
Kim   Shanghai
Jim  Guangzhou
dtype: object
```

4. ndarray 转 Series

以下列举了 4 种应用场景,后 3 种侧重于 Index 的指定,代码如下:

```
#场景一
>>> pd.Series(np.array((1,2,3)))
0    1
1    2
2    3
dtype: int32

#场景二
>>> pd.Series(np.arange(4,9),index = list('abcde'))
a    4
b    5
c    6
d    7
e    8
dtype: int32

#场景三
>>> pd.Series(np.arange(4,9),index = np.arange(6,11))
6     4
7     5
```

```
8     6
9     7
10    8
dtype: int32

#场景四
>>> pd.Series(np.linspace(0,9,5),['A','B','C','D','E'])
A    0.00
B    2.25
C    4.50
D    6.75
E    9.00
dtype: float64
```

5. 常量转 Series

常量转 Series,代码如下:

```
>>> pd.Series(5, index = np.arange(4))
0    5
1    5
2    5
3    5
dtype: int64
```

3.1.3 Series 的常用转换方法

在 Pandas 中,以下转换方法适用于 Series 及 DataFrame。

1. astype()

astype()用于对 Series 中的数据类型进行强制转换,代码如下:

```
>>> s = pd.Series([1, 2, 3],dtype = 'int32')
>>> s.dtype
dtype('int32')

>>> s.astype('uint32').dtype
dtype('uint32')
```

2. convert_dtypes()

convert_dtypes()用于对 DataFrame 或 Series 中的数据类型进行强制转换,代码如下:

```
>>> s = pd.Series([1, 2, 3], dtype = np.dtype("float32"))
>>> s.convert_dtypes()
0    1
1    2
```

```
2    3
dtype: Int64
```

通过 convert_dtypes()，自动转换到最可能的数据类型。这个功能在 DataFrame 的数据导入过程中会经常用到。需要说明的是：在 NumPy 中，当未做数据的子类型指定时，整型数据多数情况下为 32 位；经 convert_dtypes()转换后，数据类型默认为 64 位。在 NumPy 和 Pandas 中，浮点型的数据类型默认为 float64。

3. to_x()

在 Pandas 中，to_x()系列有 pd.to_x()和 df.to_()两大类。常用的有 df.to_numpy()、df.to_list()、pd.to_period()、pd.to_timestamp()、pd.to_numeric()等，代码如下：

```
>>> pd.Series(pd.Categorical(['a', 'b', 'a', 'c'])).to_numpy()
array(['a', 'b', 'a', 'c'], dtype = object)

>>> pd.Series(np.array([1, 2, 3], dtype = 'int')).to_numpy(dtype = object)
array([1, 2, 3], dtype = object)

>>> pd.Series(np.array([1, 2, 3])).to_list()
[1, 2, 3]
```

Series 与 DataFrame 的 to_x()系列中还有很多，例如：to_excel()、to_csv()、to_sql()、to_json()、to_dist()等，这里面的很多方法在接触 DataFrame 时会经常使用到。

在 Pandas 中，read 与 to 是一对黄金搭档。读取文件的方法以 pd.read_x()为主，而写入的方法以 df.to_x()为主，如表 3-1 所示。

表 3-1 Pandas 中常用的读取与写入方法

数据类型	描述符	读取方法	写入方法
文本	CSV	pd.read_csv()	df.to_csv()
文本	JSON	pd.read_json()	df.to_json()
文本	HTML	pd.read_csv()	df.to_csv()
文本	剪切板	pd.read_clipboard()	df.to_clipboard()
二进制	Excel	pd.read_excel()	df.to_excel()
二进制	HDF5	pd.read_hdf()	df.to_hdf()
二进制	PKL	pd.read_pickle()	df.to_pickle()
SQL	SQL	pd.read_sql()	df.to_sql()

3.1.4 Series 的“十八招”

在中国的传统武术中有“十八般武艺”之说，现在一般多用来比喻各种技能。Pandas 也有它的“十八般武艺”，例如：筛选、删除、保留、填充、修改、转换、排序、计算等。

本节所罗列的十八招(含文本处理的“一招九式”)为 Pandas 的“十八般武艺”。以下均以 Series 对象做演示，其目的是让读者先对 Pandas 的常见功能有个大体、直观的了解，达到“纲举目张”的效果。以下十八招来源于笔者日常数据分析的使用流程及经验的累积，同时又兼顾了理解的容易性及招数的实战性。以下是十八招的着力点。

(1) 在行与列的优先序方面，优先处理列。如果知道导出的数据哪一个区间段的列是所需的，完全可以采取切片的方式；如果列名是有规律的，则可以采用 filter 或其他函数的方式，选取所需的列；如果整列为空的，则可以采取 drop 方法。

(2) 对行进行筛选。行筛选的方式主要有指定前/后所保留的行数、条件筛选(例如：any/all、isin/between 等)、比较条件筛选(例如：>、<、=等)等。

(3) 行列处理后的值可能需要进行二次清洗工作。例如：删除(空值、重复值、异常值等)；如果某些空值是不能删除的，就需要按指定规则对其进行填充。

(4) 转换环节。首先，对文本进行转换，抽取复合型文本中的数字，对特定文本进行拆分与合并，然后，要对数据进行转换，进入对应的四则运算及格式转换。

(5) 对规整的数据进行各式各样的处理(例如：排序、分组、聚合)，也可以在此基础上进行挖掘与图形化呈现。

第 1 招：筛选

filter()是一个 Python 的内置函数，用于过滤掉不符合条件的元素，代码如下：

```
>>> s = pd.Series([1,2,3],index = ['A','B1','B2'])
>>> s.filter(like = 'B')
B1    2
B2    3
dtype: int64
```

filter()是一个很好用且很有用的数据筛选方法。它里面有 items、like、regex 这 3 种互为冲突的选择模式(也就是说：三者只能选一)，用于处理不同的选择模式。其中，items 适用于 list-like，like 适用于 str，regex 适用于正则。

(1) item 参数的用法。在 DataFrame 中，items 中的 list-like 用于按名字筛选列。

s. filter(items=['B1','B2'])与 s. filter(like='B')等效。

例：df. filter(items=['Name','City'])，用于筛选 df 中的 Name、City 两列。

(2) like 参数的用法。在 filter 中，like 参数可以与 axis 参数一起使用。

例：df. set_index('Name'). filter(like='im',axis=0)，筛选出索引中含 im 的所有名字。

(3) regex 参数的用法。regex 参数可以与 axis 参数一起使用，regex 代表的是正则。

df. set_index('Name'). filter(regex='im $ ',axis=0)，筛选出索引中含 im 的所有名字。

df. set_index('Name'). filter(regex='e $ ',axis=1)，筛选出列名中以 e 结尾的所有

字段。

除了 filter()方法，Pandas 中还有 select_dtypes()方法，此方法用于列筛选，依据指定的数据类型选择对应的列。需要注意的是：在 Series 中查看数据类型用 dtype，但在 DataFrame 中查看数据类型则用 dtypes，代码如下：

```
>>> pd.Series([1,2,3],index = ['A','B1','B2']).dtype
dtype('int64')
```

注意：Series 中没有类似 select_dtype()之类的方法。

第 2 招：保留

1. head()

head( )函数只能读取前 5 行数据，也可另行指定前几行。head(2)为前 2 行，代码如下：

```
>>> s = pd.Series([1,2,3],index = ['A','B1','B2'])
>>> s.head(2)
A     1
B1    2
dtype: int64
```

2. tail()

tail()方法默认显示数据集的最后 5 行，也可另行指定后几行，代码如下：

```
>>> s.tail(2)
B1    2
B2    3
dtype: int64
```

尽管本书一直在用小数据做演示，但在实际数据处理分析时，肯定会碰到大数据。如果只想查看前几行，则可以用.head()方法；如果想看最后几行，则可以用.tail()方法。

3. 索引与切片

以下是常见的 3 种下标索引方式，代码如下：

```
>>> s = pd.Series(np.random.normal(size = 5))
>>> s[0]
0.608344392668116

>>> s.loc[0]
0.608344392668116

>>> s.iloc[0]
0.608344392668116
```

布尔索引也是常用的一种索引方式，代码如下：

```
>>> s = pd.Series(np.arange(3))
>>> s[s > 1]
2    2
dtype: int32
```

以下是切片的应用举例，代码如下：

```
#索引与切片
>>> s = pd.Series(np.random.normal(size = 5))
>>> s[:3]
0   - 0.304613
1     1.067088
2   - 1.260125
dtype: float64
```

第3招：判断

在计算机语言中，判断的返回值只有两种：是(True)或否(False)。在计算机语言中，以is开头的函数多为信息函数，其返回值为True或False。

1. isnull()

df.isnull()用于检查数据是否有缺失；df.notnull()用于判断是否未缺失；df.isnull()与df.notnull()互为逻辑的对立面，代码如下：

```
>>> s = pd.Series(['R','G','B'],index = [1,3,np.nan])
>>> s.isna()
1.0     False
3.0     False
NaN     False
dtype: bool

>>> s.isnull()
1.0     False
3.0     False
NaN     False
dtype: bool

>>> s.notna()      #等价于 s.notnull()
1.0     True
3.0     True
NaN     True
dtype: bool
```

```
>>> s.notna().sum()
3
```

通过缺失值检测(isna 或 notna)后生成布尔值,返回值为 True 或 False。

2. isin()

isin()用于查看 Series 中是否包含某个字符串,返回布尔值,代码如下:

```
>>> s = pd.Series(['R',np.nan,'G'],index = np.arange(3))
>>> s.isin(['R', 'G', 'B', 'nan',36])
0     True
1    False
2     True
dtype: bool

>>> s = pd.Series([2, 0,np.nan])
>>> s.between(1, 4,inclusive = False)
0     True
1    False
2    False
dtype: bool
```

isin()用于接受一个列表,并且判断该列中元素是否在列表中。

3. 比较

在 Pandas 中相同长度的 Series 之间,组间比较是允许的,代码如下:

```
>>> a = pd.Series([1, 2, np.nan, 5], index = ['a', 'b', 'd', 'e'])
>>> b = pd.Series([0, 4, np.nan, 5], index = ['a', 'b', 'd', 'f'])
>>> a.lt(b, fill_value = 0)
a    False
b     True
d    False
e    False
f     True
dtype: bool
```

Pandas 中比较运算及数值运算所对应的方法,如表 3-2 所示。

表 3-2 比较运算及数值运算所对应的方法

运算类别	运算符	方法名称
比较运算	<、>、<=、>=、==、!=	.lt()、.gt()、.le()、.ge()、.eq()、.ne()
数值运算	+、-、*、/、//、%、**	.add、.sub、.mul、.div、.floordiv、.mod、.pow

Series 与 DataFrame 中常用的 6 个比较运算符对应的英文全称及中文含义如表 3-3 所示。

表 3-3 常用的 6 个比较运算符

方法	对应的运算符	英文全称	中文含义
.lt()	<	less then	小于
.gt()	>	greater than	大于
.le()	<=	less than or equal to	小于或等于
.ge()	>=	greater than or equal to	大于或等于
.eq()	==	equal to	等于
.ne()	!=	not equal to	不等于

4. any 与 all

any()用于当 Series 中只要有一个值满足条件时其返回值为 True；all()用于当 Series 中所有值均满足条件时其返回值为 True，代码如下：

```
>>> s_ = pd.Series([9,10,11,12])
>>> s_[s_>8].all()
True

>>> s_[s_>12].any()
False
```

第 4 招：删除

当 Series 存在缺失值时，依据指定的方式进行删除，代码如下：

```
>>> s = pd.Series(['R','G','R', np.nan],index=[1,'A',np.nan,5])
>>> s
1      R
A      G
NaN    R
5      NaN
dtype: object

>>> s.drop(labels=['A',np.nan])
1      R
5    NaN
dtype: object

>>> s.dropna(how='any')
1      R
A      G
NaN    R
dtype: object
```

当 Series 的(axis=0)和 DataFrame 的(行方向 axis=0,列方向 axis=1)存在缺失值时,会按指定的 axis 有针对性地删除空值(how='all',所在方向的所有数据都为缺失值时;how='any',所在方向只要有数据为缺失值时)。

除了用 how='all'或 how='any',还可以采用 thresh=n 的方式,例如:thresh=3,当数据所在方向的有效值低于 3 时,删除该行或该列的数据。

第 5 招:去重

drop_duplicate()方法是用于去除特定列下面的重复行,代码如下:

```
>>> s = pd.Series(['R','G','R', np.nan],index=[1,'A',np.nan,5])
>>> s
1         R
A         G
NaN       R
5         NaN
dtype: object

>>> s_ = s.drop_duplicates(keep='last')
>>> s_
A         G
NaN       R
5         NaN
dtype: object

>>> s_.drop_duplicates(keep=False, inplace=True)
>>> s_
A         G
NaN       R
5         NaN
dtype: object

>>> s
1         R
A         G
NaN       R
5         NaN
dtype: object
```

keep 有 first、last、False 三个选项,默认为 first;参数 False 表示删除所有重复值。inplace 参数的默认值为 False,inplace=True 代表就地删除(会直接影响数据源)。

第 6 招:填充

填充的模式主要有 bfill(或 backfill)、ffill(或 pad)、None 这 3 种,代码如下:

```
>>> s = pd.Series(['R','G','B'],index = [1,3,5])
>>> s
1    R
3    G
5    B
dtype: object

>>> s = s.reindex(np.arange(0,7),method = 'ffill')
>>> s
0    NaN
1      R
2      R
3      G
4      G
5      B
6      B
dtype: object
```

在 Pandas 中：可通过 method＝'ffill'或 method＝'pad'实现自动向下空值填充，而自动向上空值填充则可通过 method＝'bfill'或 method＝'backfill'实现。

填充模式的图解说明如图 3-4 所示。

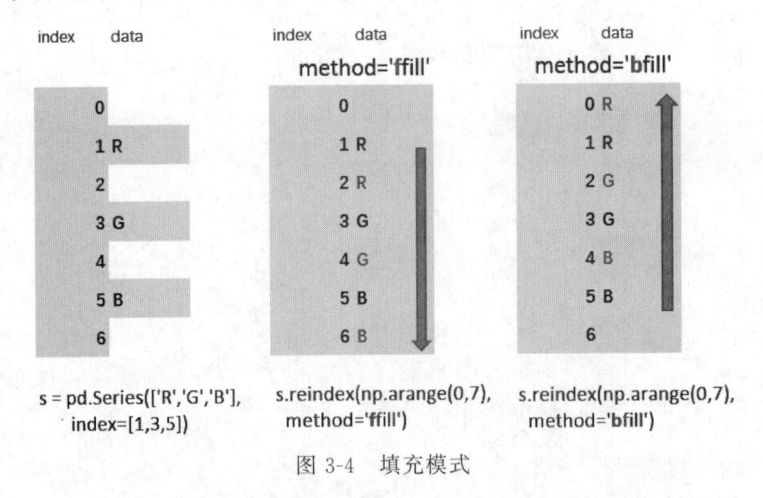

图 3-4 填充模式

第 7 招：修改

在 Pandas 中奉行的是无则新增，有则修改的原则。对于原有数据的重新赋值则意味着修改原有的数据，代码如下：

```
>>> s = pd.Series(['R',np.nan,'G'],index = np.arange(3))
>>> s[5] = 83
>>> s
```

```
0       R
1     NaN
2       G
5      83
dtype: object

>>> s[len(s)] = 69      # 按索引顺序在最后增加
>>> s
0       R
1     NaN
2       G
5      83
4      69
dtype: object

>>> s.add_prefix('idx_')
idx_0       R
idx_1     NaN
idx_2       G
idx_5      83
idx_4      69
dtype: object

>>> s.add_suffix('_idx')
0_idx       R
1_idx     NaN
2_idx       G
5_idx      83
4_idx      69
dtype: object
```

第 8 招：追加

append()方法用于在列表末尾添加新的对象，代码如下：

```
>>> s1 = pd.Series([1,2,3])
>>> s2 = pd.Series([2] * 3)
>>> s1.append(s2)
0    1
1    2
2    3
0    2
1    2
2    2
dtype: int64
```

第 9 招：变形

经过变形与转换，数据结构会发生改变。常用于数据结构转换的函数有 stack()、unstack()、swaplevel()、ravel()等，代码如下：

```
>>> s = pd.Series(
... [1, 2, 3, 4],
... index = pd.MultiIndex.from_product([
...             ['A', 'B'],['a', 'b']]))
>>> s
A  a    1
   b    2
B  a    3
   b    4
dtype: int64

>>> s.unstack(level = 0)
   A  B
a  1  3
b  2  4

>>> s.unstack(level = -1)
   a  b
A  1  2
B  3  4

>>> s.ravel()
array([1, 2, 3, 4], dtype = int64)

>>> s.reorder_levels([1,0])
a  A    1
b  A    2
a  B    3
b  B    4
dtype: int64

>>> s.swaplevel()
a  A    1
b  A    2
a  B    3
b  B    4
dtype: int64
```

第 10 招：文本

字符串是 Python 中最常用的数据类型之一。相同字符串内或不同字符串间可以进行字符串运算或格式转换，代码如下：

```
>>> s = pd.Series(['wo', np.nan, 'Wo De', 'Zuguo'])
>>> s.str.upper()
0       WO
1      NaN
2    WO DE
3    ZUGUO
dtype: object

>>> s.str.title()
0       Wo
1      NaN
2    Wo De
3    Zuguo
dtype: object
```

Pandas 中的文本操作是一个很值得深入探索的主题，Pandas 中的文本操作一般以 Series 为单位，通过 Series 的 str 属性来完成。通过 Series.str 属性的转换操作，可用于完成一般的字符大小写转换、空值删除等日常性操作，也可用于拼接(cat)、连接(join)、拆分(split)、包含(contains)、匹配(match)、查找(find)、提取(extract)、替换(replace)、重复(repeat)等更多的复杂操作。在这些操作方法中，有些支持正则应用。

第 1 式：find(查找)

find 不支持正则，返回的是索引位置。findall 支持正则，返回的是一个列表，代码如下：

```
>>> s = pd.Series(['a1', 'b2', 'c3'])
>>> s.str.find('a')
0    0
1   -1
2   -1
dtype: int64

>>> s.str.findall('a1')
0    [a1]
1      []
2      []
dtype: object

>>> s.str.findall('a1').str[0]
0     a1
1    NaN
2    NaN
dtype: object
```

第2式：join(连接)

组内与组间字符串连接的应用举例，代码如下：

```
>>> pd.Series(['Kim','Jim','Joe']).str.join('-')
0    K-i-m
1    J-i-m
2    J-o-e
dtype: object

>>> pd.Series([['Kim','Jim','Joe'],['SH','SZ','BJ']]).str.join('-')
0    Kim-Jim-Joe
1       SH-SZ-BJ
dtype: object
```

s.str.join()只有一个参数(分隔符 sep=)，返回的值是Series。

第3式：cat(拼接)

str.cat()方法主要有两个重要参数，sep=' '用于指定分隔符，na_rep=' '用于指定空值，代码如下：

```
>>> s = pd.Series(['wo', np.nan, 'Wo De', 'Zuguo'])
>>> s.str.cat(sep=' ')
'wo Wo De Zuguo'

>>> s.str.cat(sep=' ', na_rep='?')
'wo ? Wo De Zuguo'

>>> t = pd.Series(['d', 'a', 'e', 'c'], index=[3, 0, 4, 2])
>>> s.str.cat(t, join='left',sep=' ', na_rep='-')
0       wo a
1        - -
2    Wo De c
3    Zuguo d
dtype: object
```

第4式：repeat(重复)

str.repeat(repeats)用于复制字符串。参数repeats可为整型或向量。整型表示每个字符串都复制相同的次数，向量则是可以设置每个元素重复的次数，代码如下：

```
>>> s = pd.Series(['a', 'b', 'c'])
>>> s
0    a
1    b
2    c
```

```
dtype: object

>>> s.str.repeat(repeats = 2)
0    aa
1    bb
2    cc
dtype: object

>>> s.str.repeat(repeats = [1, 2, 3])
0      a
1     bb
2    ccc
dtype: object
```

第 5 式：contains(包含)

str.contains()相当于 SQL 中的 like,用于字符串的模糊筛选,代码如下：

```
>>> s = pd.Series(['wo', 'ai','wo', 'de', 'zuguo'])
>>> s.str.contains('o', regex = False)
0     True
1    False
2     True
3    False
4     True
dtype: bool
```

判断字符是否有包含关系,经常用在数据筛选中,支持正则。

第 6 式：match(匹配)

str.match()的语法为 str.match(pat,case,flags,na),用于确定 Series 对象中的每个字符串是否与正则表达式匹配,代码如下：

```
>>> s = pd.Series(['a1', 'b2', 'c3'])
>>> s.str.match('a')
0     True
1    False
2    False
dtype: bool

>>> s.str.match('a1')
0     True
1    False
2    False
dtype: bool
```

参数 pat 是具有捕获组的正则表达式模式；参数 case 用于区分大小写；参数 flags 可为 re.I、re.G、re.M；na 为缺失值的填充方式。

第 7 式：replace(替换)

str.replace()的语法为 str.replace(pat,repl,regex)，用于字符串的替换。参数 pat 为查找的内容，一般为正则表达式；repl 为要替的字符串，代码如下：

```
>>> (pd.Series(
...   ['wo','ai','wo','de','zuguo'])
...   .str.replace('w.', 'Wo',
...     regex = True))
0        Wo
1        ai
2        Wo
3        de
4     zuguo
dtype: object

>>> (pd.Series(
...   ['wo','ai','wo','de','zuguo'])
...   .str.replace('w.', 'Wo',
...     regex = False))
0        wo
1        ai
2        wo
3        de
4     zuguo
dtype: object
```

可用于文本替换，支持正则。当不想使用正则功能时，可以使用参数 regex=False 来关闭。

第 8 式：split(拆分)

str.split()的语法结构为 str.split(pat,n,expand)，用于字符串的拆分，类似于 Excel 中的拆分列功能。pat 为字符串或正则表达式，n 默认为-1，expand 默认值为 True，代码如下：

```
>>> pd.Series(['wo ai wo de zuguo']).str.split(" ")
0    [wo, ai, wo, de, zuguo]
dtype: object

>>> pd.Series(['wo ai wo de zuguo']).str.split(n = 4,expand = True)
    0  1  2  3      4
0  wo  ai  wo  de  zuguo
```

第 9 式：exact（提取）

str.extract()的语法为 str.extract(pat,flags,expand)，用于从字符数据中抽取匹配的数据。pat 参数为字符串或正则表达式，代码如下：

```
>>> s = pd.Series(['a1', 'b2', 'c3'])
>>> s.str.extract(r'([abc])(\d)')
   0  1
0  a  1
1  b  2
2  c  3

>>> s.str.extract(r'([ab])?(\d)')
     0  1
0    a  1
1    b  2
2  NaN  3

>>> s.str.extract(r'[abc](\d)', expand = True)
   0
0  1
1  2
2  3

>>> s.str.extract(r'[abc](\d)', expand = False)
0    1
1    2
2    3
dtype: object
```

str.extract 可以利用正则将文本中的数据提取出来，从而形成单独的列，支持正则。如果 expand 参数为 True，则返回一个 DataFrame，不管是一列还是多列，当 expand 参数为 False 且只有一列时才会返回一个 Series/Index。

第 11 招：映射

apply 函数是 Pandas 中自由度最高的一个函数，它的语法结构为 df.apply(func, axis,..., ** kwds)，代码如下：

```
>>> s = pd.Series([1, 2, 3])
>>> def sq(x):
...                     return (0.98 * x) ** 2
s.apply(sq)
0    0.9604
1    3.8416
2    8.6436
```

```
dtype: float64

>>> s = pd.Series([[1, 2, 3],[4,5,6]])
>>> s.apply(np.max)
0    3
1    6
dtype: int64
```

除 apply 之外，后续还会运用较多的映射类函数，如 applymap、map 函数及相关联的 transform、pipe 函数。

第 12 招：排序

sort_values()是 Pandas 中使用频率较高的一种排序方法，代码如下：

```
>>> s = pd.Series([1, 2, np.nan, 5])
>>> s
0    1.0
1    2.0
2    NaN
3    5.0
dtype: float64

>>> s.sort_values(ascending = True)
0    1.0
1    2.0
3    5.0
2    NaN
dtype: float64

>>> s.sort_values(ascending = True,
...                 na_position = 'first')
2    NaN
0    1.0
1    2.0
3    5.0
dtype: float64
```

它的语法结构为 DataFrame. sort_values(by, axis＝0, ascending＝True, inplace＝False, kind＝'quicksort', na_position＝'last', ignore_index＝False, key＝None)。

sort_values()的 ascending 参数，默认升序为 True，降序则为 False。如果是列表，则需与 by 所指定的列表数量相同，指明每一列的排序方式。

sort_values()的 na_position 参数，有 first 与 last 两种选择模式，默认值为 last。当指

定的排序列有 nan 值时，nan 值放在序列中第 1 个或最后一个。

第 13 招：计算

加、减、乘、除四则运算是使用频率最高的运算，Pandas 支持不同 Series 间的组间运算，可以采用运算符方式，也可以用函数的方式进行计算，代码如下：

```
>>> s1 = pd.Series([1,2,3])
>>> s2 = pd.Series([2] * 3)
>>> s3 = s1 + s2 * 4
>>> s3
0     9
1    10
2    11
dtype: int64

>>> s4 = pd.Series(666, index = [ 1,2,'C'])
>>> s4
1    666
2    666
C    666
dtype: int64

>>> s3 + s4
0      NaN
1    676.0
2    677.0
C      NaN
dtype: float64

>>> s3.add(s4,fill_value = 0)
0      9.0
1    676.0
2    677.0
C    666.0
dtype: float64
```

当两个 Series 间不存在空值时，无论是采用运算符方式还是采用函数方式其输出的结果都是一致的，但当两个 Series 间有一个 Series 存在空值或 Index 不一致时，则直接运算后的结果为 nan，可以在 add()及其他函数中用 fill_value=0 解决此问题。

以上代码的图解说明如图 3-5 所示。

Pandas 中，更多的运算函数如表 3-4 所示。

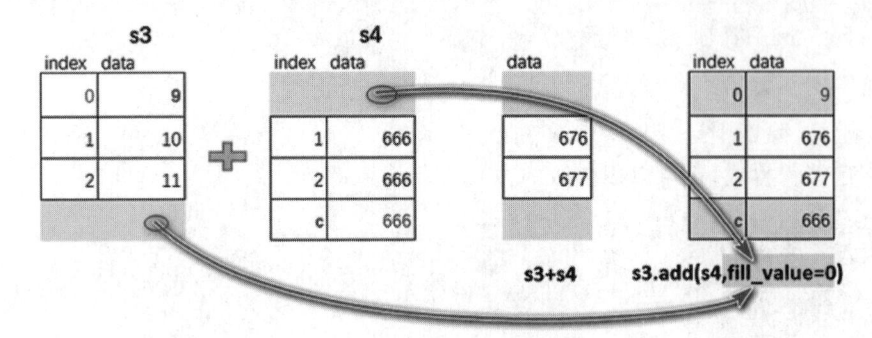

图 3-5 位与字节

表 3-4 Pandas 中的运算函数

add(),radd()
sub(),rsub()
mul(),rmul()
div(),rdiv(),truediv(),rtruediv(),floordiv(),rfloordiv()
mod(),rmod()
pow(),rpow()
combine(),combine_first()
round()
product()
dot()

上面的 radd()、rsub()等首字母为 r 的函数，其中的 r 代表的是 reverse(反转、使次序颠倒)的意思。例如：pd. Series([1,2,3]). div(0)，结果全为 inf；pd. Series([1,2,3]). rdiv(0)，结果全为 0.0。其中的差别在于 div(0)中 0 是除数，rdiv(0) 中 0 是被除数。除数为 0，结果为无穷大；被除数为 0(除数不为 0 时)，结果为 0。

第 14 招：描述

df. describe()用以完成统计学中的描述性统计分析，用于观测数据的整体趋势，代码如下：

```
>>> s = pd.Series([1,2,3])
>>> s.describe()
count    3.0
mean     2.0
std      1.0
min      1.0
25 %     1.5
50 %     2.0
75 %     2.5
max      3.0
dtype: float64
```

与上述描述性统计分析相对应的函数还有很多。

（1）与趋势相关的(离中、趋中)：corr()、cov()、kurt()、max()、mean()、median()、min()、mod()、sem()、skew()、std()、var()、kurtosis()、count()、quantile()、nlargest()、nsmallest()、nunique()、value_counts()等。

（2）与累计相关的：sum()、cummax()、cummin()、cumsum()、cumprod()等。

（3）与布尔相关的：is_unique()、is_monotonic()、is_monotonic_increasing()、is_monotonic_decreasing()等。

第15招：聚合

第1式：groupby()

Pandas 的 groupby()功能十分强悍与好用，代码如下：

```
>>> s = pd.Series([1,3,9,2,5],
...       index = ['Kim', 'Jim', 'Joe', 'Tom','Sam'], name = 'ename')
>>> s
Kim    1
Jim    3
Joe    9
Tom    2
Sam    5
Name: ename, dtype: int64

>>> s.groupby(["a", "b", "a", "b",'b']).mean()
a     5.000000
b     3.333333
Name: ename, dtype: float64

>>> s.groupby(level = 0).mean()
Jim    3
Joe    9
Kim    1
Sam    5
Tom    2
Name: ename, dtype: int64

>>> s.groupby(s > 4).mean()
ename
False    2
True     7
Name: ename, dtype: int64
```

它的语法结构为 DataFrame.groupby(by=None，axis=0，level=None，as_index=True，sort=True，group_keys=True，squeeze=False，** kwargs)。

第 2 式：agg()

agg 是 aggregate 的简写。在 Pandas 中，df. groupby. agg()与 df. groupby. aggregate()是完全等效的。应用 agg()方法后，可以一次性使用多种汇总方式，可以针对不同的列采用不同的汇总方式，可以支持函数的多种写法，代码如下：

```
>>> s = pd.Series([1,2,3])
>>> s
0    1
1    2
2    3
dtype: int64

>>> s.agg('min')
1

>>> s.agg(['min', 'max'])
min    1
max    3
dtype: int64

>>> s.aggregate('min')
1

>>> s.aggregate(['min', 'max'])
min    1
max    3
dtype: int64

>>> s.aggregate(['min', 'max']) == s.agg(['min', 'max'])
min    True
max    True
dtype: bool
```

第 16 招：日期

Pandas 继承了 NumPy 库和 datetime 库中与时间相关的模块，能更高效地处理时间序列数据，代码如下：

```
>>> ts = pd.Series(
...     pd.date_range('2021-03-01',
...         periods=4, freq='2M'))
>>> ts
0   2021-03-31
1   2021-05-31
2   2021-07-31
```

```
3   2021-09-30
dtype: datetime64[ns]

>>> ts = pd.DataFrame(
...     pd.date_range('2021-03-01',
...         periods=4, freq='2M')).set_index(0)
ts.index
DatetimeIndex(['2021-03-31', '2021-05-31', '2021-07-31', '2021-09-30'], dtype=
'datetime64[ns]', name=0, freq=None)
```

第17招：时间

时间索引同样可用于序列索引及时间偏移等相关操作，代码如下：

```
>>> ts = pd.Series( index=
...     pd.date_range('2021-03-01',
...         periods=4, freq='36T'),
...         data=[1,2,3,4])

>>> ts.between_time('1:10', '2:45')
2021-03-01 01:12:00    3
2021-03-01 01:48:00    4
Freq: 36T, dtype: int64

>>> ts.shift(periods=1, freq='H')
2021-03-01 01:00:00    1
2021-03-01 01:36:00    2
2021-03-01 02:12:00    3
2021-03-01 02:48:00    4
Freq: 36T, dtype: int64
```

第18招：图表

在Pandas内可直接调用plot()方法，代码如下：

```
s = pd.Series([1, 2, 3,4,5,6])
def sq(x):
    return (0.98*x) ** 3
s.apply(sq).plot()
```

输出的图形如图3-6所示。

以上十八招可以串起来理解：整体的数据分析是由“清洗、运算、挖掘”三部分完成的。当接触到一个新数据时可以按以下步骤处理。

第1步：识别数据类型是否存在空值或异常值等。对空值行统计、填充或删除；对异常值进行去重或按条件筛选、切片等，完成相关清洗工作。

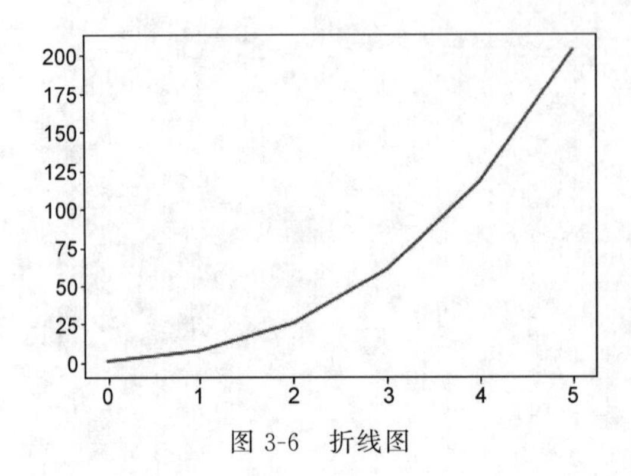

图 3-6　折线图

第 2 步：以目标为导向，对数据进行计算处理与结构转换，完成相关数据的运算工作。

第 3 步：对数据进行描述性分析、探索性挖掘、图形化交互与挖掘工作。

虽然上面列出了这么多招式，但是要强调的是，所有的数据分析与挖掘必须以熟悉业务及明确需求为前提。毕竟，数据分析与挖掘的本质是数据乘以业务，所有（与数据相关的）招式就好比工具，工具一旦离开了它的（业务）应用场景，其（数据分析与挖掘）效果是很难预判的。

3.2 DataFrame

3.2.1 DataFrame 基础知识

DataFrame 是一个表格型的数据结构，它含有一组有序的列。它的每一列可以是不同的值类型，但同一列必须是相同的值类型（数值、日期、object 类型）。其中 object 类型可以保存任何 Python 对象，例如字符串等。

DataFrame 既有行索引，又有列索引。它可以被看作 n 个 Series 组成的字典（共用同一个行索引）。也就是说：DataFrame（结构）＝Index（结构）＋ data（类似于二组数组的数据结构）。以下是 DataFrame 的语法说明，代码如下：

```
pd.DataFrame(
    data = None,          #要传入的数据，必选参数
      #data 可为 ndarray、series、map、lists、dist、常量和另外一个 DataFrame
    index = None,         #行索引，可选参数
      #默认值 np.arange(n)，即 0,1,2,3 …
    columns = None,       #列索引，可选参数
      #默认为 np.arange(n)，即 0,1,2,3 …
    dtype = None,         #每列的数据类型，可选参数
    copy = False,         #从 input 输入中复制数据
)
```

作用：通过对各类数据输入或结构转换后，生成 Pandas 的 DataFrame 数据结构。

DataFrame 的结构如图 3-7 所示。

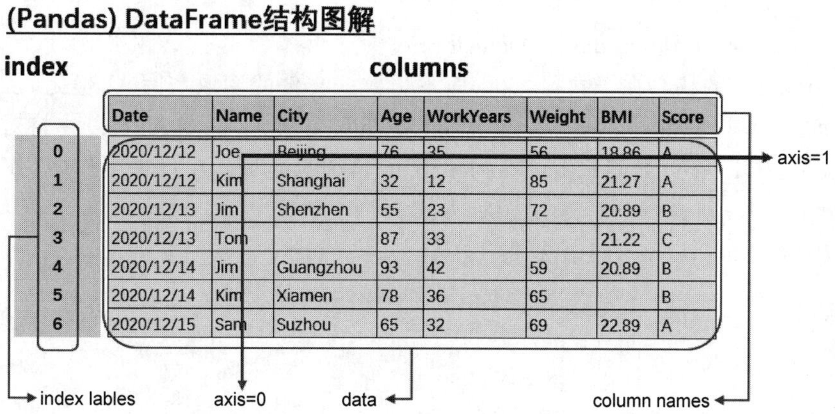

(Pandas) DataFrame结构图解

index　columns

	Date	Name	City	Age	WorkYears	Weight	BMI	Score
0	2020/12/12	Joe	Beijing	76	35	56	18.86	A
1	2020/12/12	Kim	Shanghai	32	12	85	21.27	A
2	2020/12/13	Jim	Shenzhen	55	23	72	20.89	B
3	2020/12/13	Tom		87	33		21.22	C
4	2020/12/14	Jim	Guangzhou	93	42	59	20.89	B
5	2020/12/14	Kim	Xiamen	78	36	65		B
6	2020/12/15	Sam	Suzhou	65	32	69	22.89	A

axis=1

index lables　axis=0　data　column names

图 3-7　DataFrame 数据结构

Pandas 的 DataFrame 是与 Excel、SQL 等类似的表格型数据结构，由 index、columns、data 三部分组成。其中，DataFrame 的 data 部分与 NumPy 的 ndarray 是一致的。

在 DataFrame 中，axis=0 与 axis="index"是等价的，axis=1 与 axis="columns"是等价的。例如：在 df.iloc[:,3:7].sum(1)中，sum(1)的 1 代表的就是 axis=1 的方向，这是一种简写方式。

3.2.2 创建

1. 文件导入生成

pd.read_excel(io,sheet_name=0,...)默认打开的 sheet_name 是导入的 Excel 对象中的第 1 个电子表格，可以省略不写，代码如下：

```
pd.read_excel('demo_.xlsx')
```

输出的结果如下：

```
        Date     Name     City     Age  WorkYears  Weight   BMI   Score
0 2020-12-12     Joe    Beijing     76      35       56.0   18.86    A
1 2020-12-12     Kim    Shanghai    32      12       85.0   21.27    A
2 2020-12-13     Jim    Shenzhen    55      23       72.0   20.89    B
3 2020-12-13     Tom      NaN       87      33        NaN   21.22    C
4 2020-12-14     Jim   Guangzhou    93      42       59.0   20.89    B
5 2020-12-14     Kim     Xiamen     78      36       65.0    NaN     B
6 2020-12-15     Sam     Suzhou     65      32       69.0   22.89    A
```

为了让读者聚焦于语法及便于理解返回的值，本书的大部分代码演示围绕着上面这 7

行 8 列的数据展开。

pd.read_excel():

作用：将 Excel 读到 Pandas 的 DataFrame。

说明：Pandas 的核心在于数据分析，而不是数据文件的读取与写入，但是，从外部文件中读写数据，仍属于 Pandas 的重要组成部分。Pandas 提供了很多 API，以支持对外部数据(Excel、CSV、SQL、JSON、HTML、Picklle、HDF 等)的读写。在日常工作中，使用最多的是 pd.read_excel()和 pd.read_csv()两种方式。

以下是 pd.read_excel()的语法说明：

```
pd.read_excel(
    io,                    # 相关 Excel 文件的存储路径
    sheet_name = 0,        # 要读取的工作表名称
    header = 0,            # 用哪一行作为列名
    names = None,          # 自定义最终的列名
    index_col = None,      # 用作索引的列
    usecols = None,        # 需要读取哪些列
    squeeze = False,       # 当数据仅包含一列
    dtype = None,          # 指定的数据类型
    … …
)
```

更多的参数说明与解析，会在第 7 章进行讲解。

2. Series 创建

在 Series 构建或转换为 DataFrame 的过程中，可以有多种构建或转换方式。

1) 单个 Series 创建

Series 创建 DataFrame，代码如下：

```
pd.Series([32,55,65],name = "Age").to_frame()
# 将一个 Seires 转换为只有一列的表格
```

输出的结果如下：

```
   Age
0  32
1  55
2  65
```

2) 多个 Series 创建

以下是由多个 Series 合并为一个 DataFrame 的应用，代码如下：

```
>>> s1 = pd.Series(['Kim','Jim','Sam'])
>>> s2 = pd.Series((32,55,65))
```

```
>>> s3 = pd.Series(('Shanghai','Shenzhen','Suzhou'))
>>> pd.DataFrame(zip(s1,s2,s3),
...              columns = ['Name','Age','City'])
>>> #分别将不同的 Series 写在 zip 中以便转换与创建
  Name  Age     City
0  Kim   32  Shanghai
1  Jim   55  Shenzhen
2  Sam   65    Suzhou

>>> pd.DataFrame(zip( * [s1,s2,s3]),
...              columns = ['Name','Age','City'])
>>> #多个 Series 在容器中的转换与创建
  Name  Age     City
0  Kim   32  Shanghai
1  Jim   55  Shenzhen
2  Sam   65    Suzhou
```

3. 字典创建

以下是通过字典数据创建 Dataframe 的应用，代码如下：

```
pd.DataFrame({
    "Name":["Kim",'Jim', 'Sam'],
"Age":[32,55,65],
"City":["Shanghai",'Shenzhen','Suzhou']
})
```

输出的结果如下：

```
  Name  Age     City
0  Kim   32  Shanghai
1  Jim   55  Shenzhen
2  Sam   65    Suzhou
```

4. (二维)列表创建

以下是通过二维列表创建 Dataframe 的应用，代码如下：

```
df  =  pd.DataFrame([
    ["Kim",'Jim','Sam'],
    [32,55,65],
    ["Shanghai",'Shenzhen','Suzhou']],
    index = ['Name','Age','City'])
df.T
```

输出的结果如下：

```
  Name Age      City
0  Kim  32  Shanghai
1  Jim  55  Shenzhen
2  Sam  65    Suzhou
```

5. 元组创建

以下是通过元组创建 DataFrame 的应用,代码如下:

```
pd.DataFrame(
    data = (
        ('Kim',32,'Shanghai'),
        ('Jim',55,'Shenzhen'),
        ('Sam',65,'Suzhou')),
    columns = ['Name','Age','City']
)
```

输出的结果如下:

```
  Name  Age      City
0  Kim   32  Shanghai
1  Jim   55  Shenzhen
2  Sam   65    Suzhou
```

3.2.3 DataFrame 相关知识

1. to_x()回顾

在 Series 中,有 astype()、convert_dtypes()、to_x()等转换方法。在 DataFrame 中,有 to_numpy()、to_dict()、to_string()等转换方法。

代码如下:

```
>>> df = pd.read_excel('demo_.xlsx').head(3)
>>> df.to_numpy()
array([[Timestamp('2020-12-12 00:00:00'), 'Joe', 'Beijing', 76, 35, 56.0,
        18.86, 'A'],
       [Timestamp('2020-12-12 00:00:00'), 'Kim', 'Shanghai', 32, 12,
        85.0, 21.27, 'A'],
       [Timestamp('2020-12-13 00:00:00'), 'Jim', 'Shenzhen', 55, 23,
        72.0, 20.89, 'B']], dtype=object)

>>> df.to_dict()
{'Date': {0: Timestamp('2020-12-12 00:00:00'), 1: Timestamp('2020-12-12 00:00:00'),
2: Timestamp('2020-12-13 00:00:00')}, 'Name': {0: 'Joe', 1: 'Kim', 2: 'Jim'}, 'City': {0:
'Beijing', 1: 'Shanghai', 2: 'Shenzhen'}, 'Age': {0: 76, 1: 32, 2: 55}, 'WorkYears': {0: 35, 1: 12,
2: 23}, 'Weight': {0: 56.0, 1: 85.0, 2: 72.0}, 'BMI': {0: 18.86, 1: 21.27, 2: 20.89}, 'Score':
{0: 'A', 1: 'A', 2: 'B'}}
```

从输出的结果来看：to_numpy()生成的是ndarray对象，to_dict()生成的是dict(字典)对象，而to_string()生成的是str对象。

如何部分截取DataFrame中的内容，如图3-8所示。

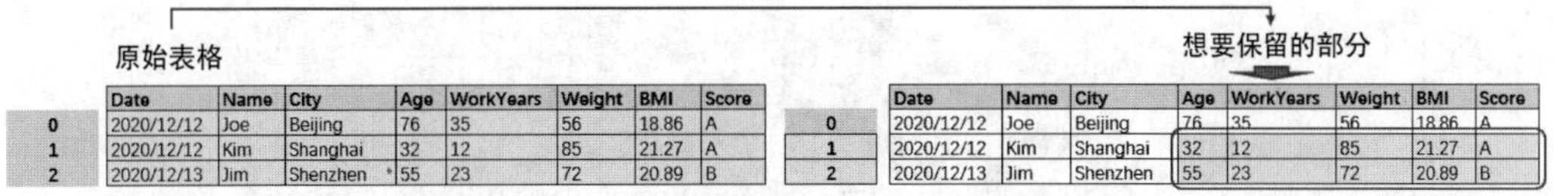

原始表格

	Date	Name	City	Age	WorkYears	Weight	BMI	Score
0	2020/12/12	Joe	Beijing	76	35	56	18.86	A
1	2020/12/12	Kim	Shanghai	32	12	85	21.27	A
2	2020/12/13	Jim	Shenzhen	55	23	72	20.89	B

想要保留的部分

	Date	Name	City	Age	WorkYears	Weight	BMI	Score
0	2020/12/12	Joe	Beijing	76	35	56	18.86	A
1	2020/12/12	Kim	Shanghai	32	12	85	21.27	A
2	2020/12/13	Jim	Shenzhen	55	23	72	20.89	B

图3-8　部分截取DataFrame中的内容

代码如下：

```
>>> pd.DataFrame(df.iloc[1:, 3:].to_dict())
   Age  WorkYears  Weight   BMI   Score
1  32      12       85.0   21.27    A
2  55      23       72.0   20.89    B

>>> pd.DataFrame(df.to_numpy()[1:, 3:],
...          columns = ['Age', 'WorkYears', 'Weight', 'BMI', 'Score'])
   Age  WorkYears  Weight   BMI   Score
0  32      12        85    21.27    A
1  55      23        72    20.89    B
```

关于df.to_x()方法，在使用过程中稍留心会发现有20多种。能够轻松驾驭数据结构间的相互转换将使数据分析变得更为灵活高效，代码如下：

```
>>> pd.Series(
...     df['Name'].to_numpy(),
...     index = df['City'])
City
Beijing     Joe
Shanghai    Kim
Shenzhen    Jim
dtype: object

>>> pd.DataFrame(
...     pd.Series(df['Name'].to_numpy(), index = df['City']),
...     columns = ["Name"]
... ) # 注意: "Name"外面的[]不可省,否则会报错
          Name
City
Beijing   Joe
Shanghai  Kim
Shenzhen  Jim
```

2. index()相关

1）index_col 设置

导入时可直接设置索引列，代码如下：

```
>>> pd.read_excel('demo_.xlsx',index_col = 'City').head(2)
              Date      Name  Age  WorkYears  Weight   BMI    Score
City
Beijing   2020-12-12   Joe   76       35      56.0    18.86     A
Shanghai 2020-12-12   Kim   32       12      85.0    21.27     A
```

2）set_index 与 reset_index()

先导入数据再设置索引列，代码如下：

```
pd.read_excel('demo_.xlsx').set_index("City")
```

结果如图 3-9 所示。

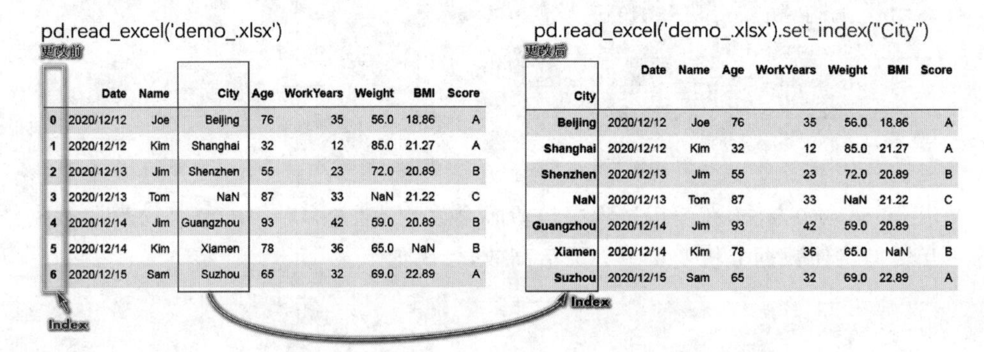

	Date	Name	City	Age	WorkYears	Weight	BMI	Score
0	2020/12/12	Joe	Beijing	76	35	56.0	18.86	A
1	2020/12/12	Kim	Shanghai	32	12	85.0	21.27	A
2	2020/12/13	Jim	Shenzhen	55	23	72.0	20.89	B
3	2020/12/13	Tom	NaN	87	33	NaN	21.22	C
4	2020/12/14	Jim	Guangzhou	93	42	59.0	20.89	B
5	2020/12/14	Kim	Xiamen	78	36	65.0	NaN	B
6	2020/12/15	Sam	Suzhou	65	32	69.0	22.89	A

City	Date	Name	Age	WorkYears	Weight	BMI	Score
Beijing	2020/12/12	Joe	76	35	56.0	18.86	A
Shanghai	2020/12/12	Kim	32	12	85.0	21.27	A
Shenzhen	2020/12/13	Jim	55	23	72.0	20.89	B
NaN	2020/12/13	Tom	87	33	NaN	21.22	C
Guangzhou	2020/12/14	Jim	93	42	59.0	20.89	B
Xiamen	2020/12/14	Kim	78	36	65.0	NaN	B
Suzhou	2020/12/15	Sam	65	32	69.0	22.89	A

图 3-9 设置索引列

取消原有索引列，重置并将多列设置为索引列，代码如下：

```
df.reset_index().set_index(['Name', 'City'], drop = False)
```

结果如图 3-10 所示。

City	Date	Name	Age	WorkYears	Weight	BMI	Score
Beijing	2020/12/12	Joe	76	35	56.0	0.86	A
Shanghai	2020/12/12	Kim	32	12	85.0	1.27	A
Shenzhen	2020/12/13	Jim	55	23	72.0	0.89	B
NaN	2020/12/13	Tom	87	33	NaN	1.22	C
Guangzhou	2020/12/14	Jim	93	42	59.0	0.89	B
Xiamen	2020/12/14	Kim	78	36	65.0	NaN	B
Suzhou	2020/12/15	Sam	65	32	69.0	0.89	A

Name	City	City	Date	Name	Age	WorkYears	Weight	BMI	Score
Joe	Beijing	Beijing	2020/12/12	Joe	76	35	56.0	18.86	A
Kim	Shanghai	Shanghai	2020/12/12	Kim	32	12	85.0	21.27	A
Jim	Shenzhen	Shenzhen	2020/12/13	Jim	55	23	72.0	20.89	B
Tom	NaN	NaN	2020/12/13	Tom	87	33	NaN	21.22	C
Jim	Guangzhou	Guangzhou	2020/12/14	Jim	93	42	59.0	20.89	B
Kim	Xiamen	Xiamen	2020/12/14	Kim	78	36	65.0	NaN	B
Sam	Suzhou	Suzhou	2020/12/15	Sam	65	32	69.0	22.89	A

df.reset_index().set_index(['Name', 'City'], drop=False)

图 3-10 重设索引列并保留原索引列

DataFrame 的 set_index 函数会将其一个或多个列转换为行索引，并创建一个新的 DataFrame。默认情况下，那些列会从 DataFrame 中移除，但也可以用 drop=False 将其保留下来。

3. 属性

DataFrame 中的部分属性如图 3-11 所示。

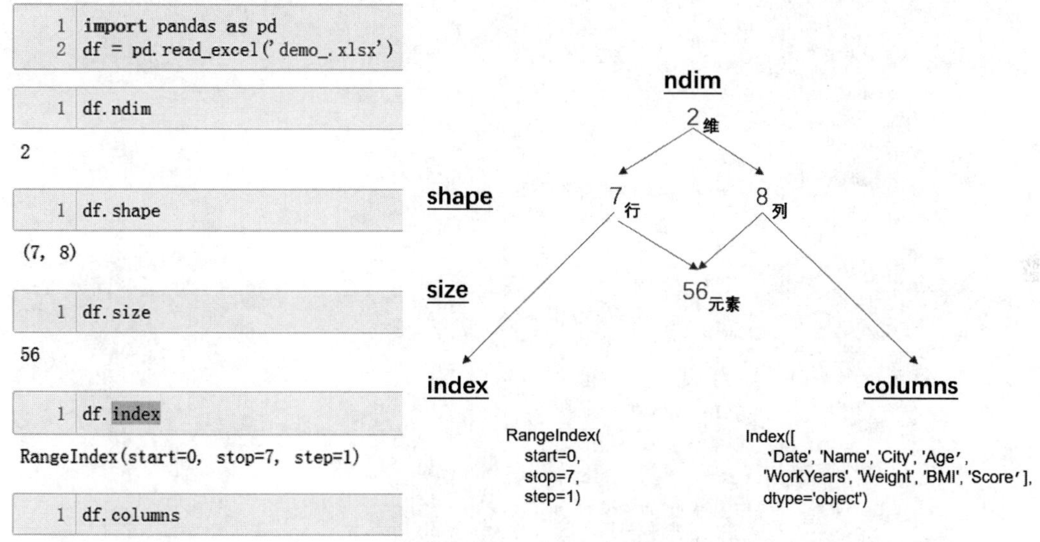

Index(['Date', 'Name', 'City', 'Age', 'WorkYears', 'Weight', 'BMI', 'Score'], dtype='object')

图 3-11 DataFrame 的属性

如果想查看各列的数据类型，可以用 dtypes 属性(注意：查看 Series 的数据类型可采用 dtype，而查看 DataFrame 的数据类型采用的是 dtypes)；如果想知道 DataFrame 中数据类型的总数，则可以在 dtypes 属性后再加上 value_counts()方法。演示代码如下：

```
>>> df = pd.read_excel("demo_.xlsx")
>>> df.dtypes
Date         datetime64[ns]
Name                 object
City                 object
Age                   int64
WorkYears             int64
Weight              float64
BMI                 float64
Score                object
dtype: object

>>> df.dtypes.value_counts()
object          3
```

```
int64              2
float64            2
datetime64[ns]      1
dtype: int64

>>> df.Date.dtype
dtype('<M8[ns]')

>>> df.info()
<class 'pandas.core.frame.DataFrame'>
RangeIndex: 7 entries, 0 to 6
Data columns (total 8 columns):
#Column      Non-Null Count  Dtype
--   -------        --------------   -----
0   Date        7 non-null       datetime64[ns]
1   Name        7 non-null       object
2   City        6 non-null       object
3   Age         7 non-null       int64
4   WorkYears   7 non-null       int64
5   Weight      6 non-null       float64
6   BMI         6 non-null       float64
7   Score       7 non-null       object
dtypes: datetime64[ns](1), float64(2), int64(2), object(3)
memory usage: 576.0+ Bytes
```

从图3-11可以发现：这个DataFrame共由7行8列组成(列名有Date和Name等)，这8列中：float64有2列，int64有2列，object有4列(float64、int64、object为数据类型，可以用.dtype属性查看)。例如：输入df.Date.dtype，输出为dtype('O')，直接查看的是df['Date']列的数据属性。

3.3 本章回顾

Pandas在数据处理与分析及图形化呈现方面，功能十分强大。当然，Pandas之所以能有如此强大的功能与其有着丰富的方法与属性分不开。

十八般武艺并非局限18种武艺，十八般武艺只是众多武艺的一个概说。以上列出的十八招及文本操作的一招九式，也只是Pandas库里丰富的方法与属性应用的一个缩影。掌握好十八招是Pandas入门的必经之路，这中间少不了对语法及参数的掌握及反复使用所形成的肌肉记忆，最后逐步形成自己的知识体系并相互融会贯通，让Pandas真正实现由了解到强大再过渡到真正应用上的强大。

Pandas本身就好比一个有着器灵存在的上品神器，它具备力量法则、空间法则、时间法则等加持于一身，使之具备越阶作战的能力。具备众多的API及与第三方库无缝链接，使之力量备受加持，是力量法则的体现，即管理学所讲的“赋能”。众多应用场景中的各类花式的数据的筛选与转换，是空间法则的体现。Pandas 中强大的时间序列功能，通过各类频率的转换、重采样、时间窗口等功能，让时间拉长、变短、偏移等，是时间法则的体现。同时，它拥有攻击属性和防护属性于一体，攻击属性体现在其强大的数据分析与挖掘能力，防护属性体现在其灵活的数据批量获取与存储、数据的结构与类型转换等。

面对如此功能强大的上品神器，读者就是它的新认主人，是否打算立马炼化它？总之，纸上得来终觉浅，绝知此事须躬行。

第4章 数据筛选

接触过工厂“产线平衡”(Line Balance)的人都知道：在处理生产产线的“浪费、超负荷、不均衡”时，经常会用到ECRS方法(取消不必要的工序。如果不能取消，则考虑能否与其他工序合并。接下来可以通过工序调整，减少不必要的动作浪费等，实现工序或动作的简化)。

在使用ECRS分析与改善之前，必须对现状摸底、数据采集及问题识别。在实施ECRS改善与成果固化之后，若涉及新设备、新技术的引入或二次改善的需要，则可以用ESIA方法做流程的二次优化(消除不必要的不增值活动、简化增值活动的流程、对流程做整合使之更流畅、实现流程的自动化)。

ECRS和ESIA都是IE(Industrial Engineering，工业工程)的流程优化方法。这一整套成熟的解题方法同样适用于数据清洗与分析实现。不过，因为实施的对象不同，所实现的方式会有所差异。

图4-1是基于I(Identify，识别)加ECRS及ESIA工作流程所整理出来的一套数据分析方法，后续的各章节讲解会依此展开。

相关术语及简写说明：

5W1H：What(什么)、Why(为什么)、Who(谁)、When(何时)、Where(在哪)、How(如何)，侧重的是项目背景、目标及实施要求。

3MU：Muri(超负荷)、Muda(浪费)、Mura(不均衡)。Muri针对的是项目数据中多余的列、无用的行及其他导致拖累数据分析速度的因素。Muda是指项目数据的不增值因素，Mura指的是项目数据的清洗过度或无效清洗与转换等。属于问题的识别与鉴定(Identify)阶段。

ECRS：Eliminate(取消)、Combine(合并)、Rearrange(调整顺序)、Simplify(简化)。

ESIA：Eliminate(消除)、Simply(简化)、Integrate(整合)和Automate(自动化)。

以上流程与使用方法其实也符合计算机与数据发展趋势。在MRP与ERP流行的年代，那时候的数据分析与应用以IE+IT(Information Technology，信息技术)为主，更多地侧重于ECRS层面。当进入“互联网+DT(Data Technology，数据技术)”的时代后，大家所面对的数据呈爆炸式增长，小数据层面仍可采用ECRS方法，而面对较大的数据或大数据

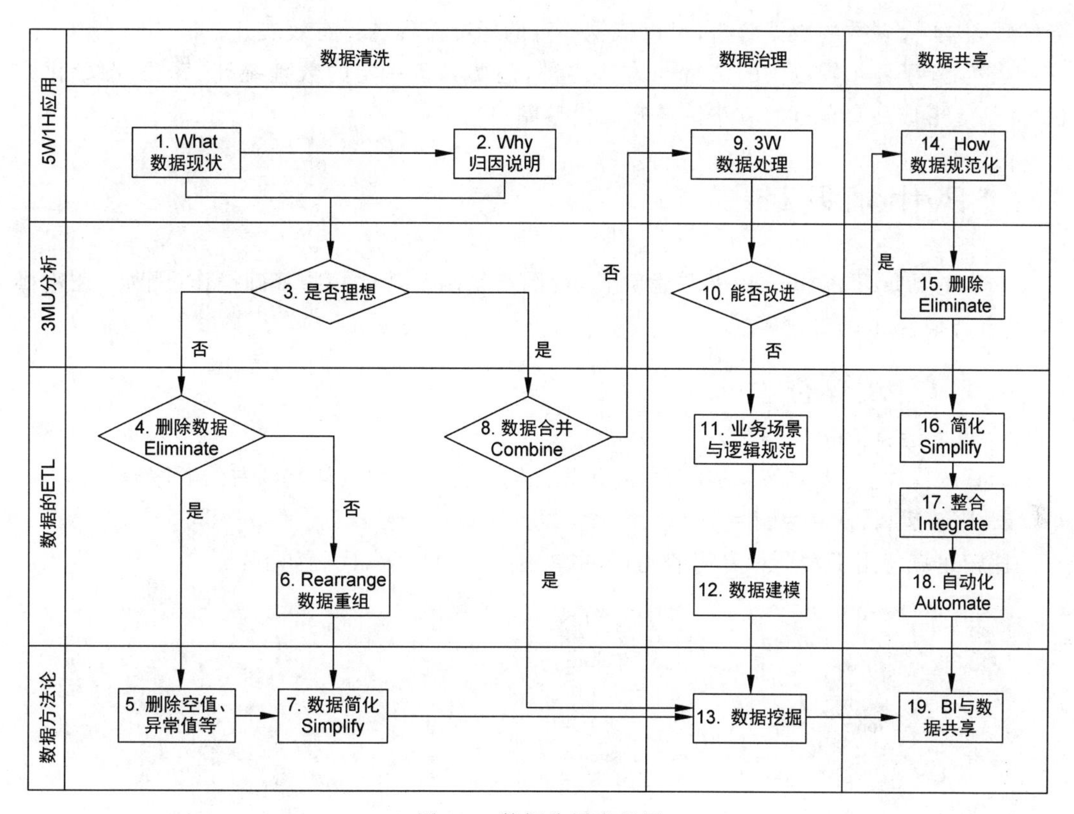

图 4-1 数据分析流程图

时，更倾向于以 IE+DT 为主，侧重于 ESIA 层面。

结合上述流程，以 Pandas 的数据分析为例，简要举例如下：

在做数据分析前，首先要保证数据的质量，确保数据分析的结论不受“缺失值、重复值、异常值”等的影响，所以在数据分析之前，要对数据的现状进行摸底。

在导入数据源之后，经常会先采用：df. shape、df. columns 等属性和 df. head()、df. tail()、df. info()、df. isnull(). sum()等方法，其实就是对数据源的一种摸底。基于列比行贵的理念，仅选择导入与后续计算相关的列，以便减少不必要的内存占用。先删除不必要的列或选择特定条件的列，再对现存列进行行值条件筛选，这是一种很高效的数据导入方式。

当导入的列存在缺失值时，需要从业务流程的角度来了解缺失值产生的原因(这也是一贯所强调的，即做数据分析之前一定要懂业务)。在了解了原因之后，接下来要确认这些空值是否可以删除？如果可以删除，则只对部分删除还是对整体删除？(也就是说，在确认用. dropna()方法的同时，还要考虑：how='all'、how='any'或 thresh，以及 axis=0 还是 axis=1)。

如果不准备删除这些缺失值，则应如何填充它们呢？是准备对缺失值进行常量值填充还是对均值填充或其他？(例如：fillna(method='ffill')或 fillna(method='bfill'))。在填充的过程中，axis=0 还是 axis=1？是否就地修改(inplace=True)等。一旦用多用熟之后会发现,其实大多数的数据分析,可以依据一定的标准流程进行有效展开。

当然,除了要了解以上的流程与方法之外,还要具备一定的数理统计、算法、图形化知识,并最终形成一套自有的方法论与知识模型库。

4.1 Python 基础

本节主要介绍 Python 中 7 种运算符、视图与复制及其他一些基础操作(例如:逻辑操作、逻辑转换、nan 值处理等)。

4.1.1 运算符

1. 算术运算符(+ - * / // **)

运算的优先级,先乘除后加减,括号优先。同一优先级则按从左到右的顺序运行。

2. 比较运算符(==、!=、<>、>=、<=、>、<)

比较运算符用于两个对象间的比较,主要有==、!=等,代码如下:

```
None == None                    # => True
5 < 10 and 3 > 4                # => False
True and 3 > 4                  # => False
3 == 3 and None is None         # => True
3 == 3 and None!= 3             # => True
```

3. 逻辑运算符(and、or、not)

Python 中的布尔逻辑运算符为 and、or 和 not,这 3 种逻辑运算的优先级为 not>and>or,代码如下:

```
True            # => True
not True        # => False
False           # => False
not False       # => True
True and False  # => False
True and True   # => True
True or False   # => True
```

4. 赋值运算符(=,+=,-=,…)

Python 中最基本的赋值运算符是等号=,代码如下:

```
>>> s = pd.Series([1,3,8,2,3,9])
>>> s[3] = 6
>>> s
0    1
1    3
```

```
2    8
3    6                            #对应的位置已被赋值为 6
4    3
5    9
dtype: int64
```

5. 位运算符(&、|、^、~、<<、>>)

& 与、| 或、^ 异或、~ 取反、<<右移>>、>>左移是位运算符，代码如下：

```
(5 < 10) & (3 > 4)                    # => False
(5 < 10) | (3 > 4)                    # => True
(5 < 10) ^(3 > 4)                     # => True
~False == -1                          # => True
~(10 < 5)                             # => -1
5 << 10   #左移动运算符                 # => 5120
1000 >> 4   #右移动运算符               # => 62
(5 << 10)|(1000 >> 4)                 # => 5182
```

6. 成员运算符(in、not in)

对于成员运算符 in，如果该值存在于指定的列表中则返回值为 True，否则返回值为 False。对于成员运算符 not in，如果该值不存在于指定的列表中，则返回值为 True，否则返回值为 False，代码如下：

```
3 in range(5)          # => True
3 not in range(5)      # => False
```

7. 身份运算符(is、is not)

在 Python 中，== 与!=对比的是变量的值，is 与 is not 对比的是变量的内存地址，代码如下：

```
>>> a = 'Kim'
>>> b = 'Kim'
>>> c = 'kim'
>>> print(id(a),id(b),id(c))
1851760166320 1851760166320 1851760194736

>>> a == b
True

>>> a == c
False

#如果两变量指向的地址是不可变类型(str 等)，则 is、is not 分别和 == 、!= 是等价的
>>> a is b
```

```
True
>>> a is c
False
```

4.1.2 视图与复制

视图是对数据源的引用，是浅复制。它与数据源的内存地址是同一个，对其修改(inplace=True)会影响到数据源。复制是对数据源的备份，是深复制。它与数据源的内存地址不相同。一般情况下，对复制数据的修改是不会影响到数据源的，代码如下：

```
>>> s = pd.Series([1,2,3])
>>> sa = s              #变量赋值
>>> s[2] = 6
>>> sa
0    1
1    2
2    6                  #已发生修改
dtype: int64

>>> s is sa
True

>>> s_ = s.copy()
>>> s[2] = 6
>>> s_
0    1
1    2
2    6
dtype: int64

>>> s is s_
False
```

4.1.3 常用操作

在 Python 中，any 或 all 的逻辑操作、True 与 False 的逻辑转换、nan 值操作等都是常用的操作。

1. 逻辑运算

any 和 all 是 Python 的内置函数。本质上讲，any()实现了或(or)运算，而 all()实现了与(and)运算，代码如下：

```
s = pd.Series(np.arange(3,8))
(s > 5).any()              # => True
(s > 5).all()              # => False
```

2. 布尔转换

布尔值只有 True 或 False 两个值，用于条件判断。True 与 False 互为对立面，True 与 False 也可以理解为特殊的数值。True 可转换为 1，而 False 可转换为 0，代码如下：

```
True * 1                   # => 1
False * 1                  # => 0
~False * 1                 # => -1
```

3. nan 操作

在数据库中，用 null 表示缺失值。在一些编程语言中，用 na 表示缺失值。在 Python 中，缺失值有几种表示方式：NAN、NaN、nan，它们都是等同的。

Pandas 中的 nan 值来自于 NumPy 库，所以 na、nan、null 都表示缺失值，只是数据的来源不同。另外，isnull 是 isna 的别名，建议使用 isna。notnull 是 notna 的别名，代码如下：

```
>>> pd.isna
<function isna at 0x0000024D23853550>

>>> pd.isnull
<function isna at 0x0000024D23853550>

>>> pd.notna
<function notna at 0x0000024D238614C0>

>>> pd.notnull
<function notna at 0x0000024D238614C0>
```

从输出结果来看，isna 与 isnull 的内存地址是一样的，notna 与 notna 的内存地址是一样的。

nan 是 not a number（不是一个数字）的意思，它的类型是一个 float 类型。NumPy 中 nan 的用法为 np.nan。需要特别说明的是，np.nan==np.nan 的值为 False。

为什么会是 False 呢？这是因为 nan 是一个非数字值，每个非数字值是不同的，因此 nan 永远不会等于 nan，所以 nan == nan 的结果永远是 False，代码如下：

```
#np.NAN
np.NAN == np.NAN           # => False
```

```
np.NAN == np.NaN                # => False
np.NAN == np.nan                # => False

#pd.isnull
pd.isnull(np.NAN)               # => True
pd.isnull(np.NaN)               # => True
pd.isnull(np.nan)               # => True
pd.isna == pd.isnull            # => True

#pd.notnull
pd.notnull(np.NAN)              # => False
pd.notna == pd.notnull          # => True
```

在实际操作中,经常会用 isna()、notna()和 any()、all()进行组合,用于检索出至少有一个或完全为缺失值的行,代码如下:

```
s1 = pd.Series([np.nan,pd.NA, np.NaN, np.NAN])
s2 = pd.Series([3,pd.NA, "Q", np.NAN])
s1.isna().any()              # => True
s1.isna().all()              # => True
s2.isna().any()              # => True
s2.isna().all()              # => False
```

4.2 条件表达式

在 Pandas 中,利用条件表达式进行条件筛选、条件查询、条件赋值、条件统计等是一些基础的必备技能。尽管条件表达式的呈现方式多种多样,但其本质仍是逻辑表达式,所以最终返回的值仍为 True 与 False。

4.2.1 条件筛选(索引)

在 Python 中,索引有"正向单索引(例:list[1])、负向单索引(例:list[-1])、切片索引(例:list[2:5])、无限索引(例:list[3:]、list[::3])"之分,用于数据的选择。

在 Pandas 中,有[]、.loc、.iloc 这 3 个常用索引属性,用于特定行、列的数据筛选。.ix 已经慢慢被淘汰,.at、.iat 完全可以通过.loc、.iloc 完成,后面对此不再做介绍。

1. Python 列表的索引与切片

列表切片操作语法如表 4-1 所示。

表 4-1　列表切片操作语法

切片参数	语法说明
[:]	读取所有元素
[::]	读取所有元素
[::step]	从 0 开始，以 step 为步长，读取列表中的后续所有元素
[:stop]	从 0 开始到 stop(不包括)，默认步长为 1
[:stop:step]	从 0 开始到 stop(不包括)，步长为 step
[start:]	从 start 开始到后续所有元素，默认步长为 1
[start:stop]	从 start 开始到 stop(不包括)，默认步长为 1
[start::step]	从 start 开始到后续所有元素，步长为 step
[start:stop:step]	从 start 开始到 stop(不包括)，步长为 step

注意：当 step 为负数时，表示该切片为“逆序读数”。例：[::−1]。

先从 Python 的列表切片开始举例，代码如下：

```
df = pd.read_excel('demo_.xlsx')
arr = df['City'].tolist()
arr
```

输出的结果如下：

```
['Beijing', 'Shanghai', 'Shenzhen', nan, 'Guangzhou', 'Xiamen', 'Suzhou']
```

注意：上面的 arr 为 list，可以切片但不可以用 type 或 dtype 查看。

列表切片应用如图 4-2 所示。

列表切片

df['City'].tolist()	Beijing	Shanghai	Shenzhen		Guangzhou	Xiamen	Suzhou	list
	0	1	2	3	4	5	6	index(正向)
	-7	-6	-5	-4	-3	-2	-1	index(反向)
[:]	Beijing	Shanghai	Shenzhen		Guangzhou	Xiamen	Suzhou	获取的值
[:4]	Beijing	Shanghai	Shenzhen					
[::-1]	Suzhou	Xiamen	Guangzhou		Shenzhen	Shanghai	Beijing	
[2:5]			Shenzhen		Guangzhou			
[4:]					Guangzhou	Xiamen	Suzhou	
[4:-1]					Guangzhou	Xiamen		
[-4:]					Guangzhou	Xiamen	Suzhou	
[-4:-2]					Guangzhou			
[-5:5]			Shenzhen		Guangzhou			

图 4-2　切片图解说明

图 4-2 的数值获取值说明。例如：arr[4:−1]，获取的值为['Guangzhou','Xiamen']，start 为 4，stop 为−1(不包括)。

2. Pandas 中的索引与切片

Pandas 中的[]、.loc、.iloc 属性参数的说明如表 4-2 所示。其中，[]为直接索引，.loc[]为标签索引，.iloc[]为位置索引。

表 4-2 []、.loc、.iloc 属性参数的说明

属性参数	说明
df[val]	从 DataFrame 中选择单列或列序列。用于切片筛选行、布尔值或布尔数组过滤行
df.loc[val]	根据标签索引，从 DataFrame 中选择单行或多行
df.loc[:,val]	根据标签索引，从 DataFrame 中选择单列或多列
df.loc[val1,val2]	根据标签索引，同时选定行与列中的一部分。val1 为行，val2 为列
df.iloc[pos]	根据整数位置选择单行或多行。pos 为 int 型数值
df.iloc[:,pos]	根据整数位置选择单列或多列。pos 为 int 型数值
df.iloc[pos_i,pos_j]	根据整数位置选择，同时选定行与列。pos_i，pos_j 均为 int 型数值

表 4-2 中，df 是 DataFrame 的别名、val 是 value 值的别名、pos 是 position 位置的别名。.loc[]与.iloc[]在 DataFrame 与 Series 中的工作原理相同。

以下是 DataFrame 中[]、.loc[]、.iloc[]这 3 个属性用法差异的比较，代码如下：

```
dfi = pd.read_excel('demo_.xlsx',index_col = 'City')
xm = dfi['Name']          #xm(姓名的拼音简写),数据结构为 Series
xm_ = dfi.loc[:,"Name"]
```

以上代码中，变量 xm 与变量 xm_的返回值都是 Series，二者的值是相同的。其中 dfi['Name']为直接选择列，dfi.loc[:,"Name"]为通过列标签选择指定的列。返回的值为 Name 列的值，索引列为原 City 列的值(数据导入时已将 City 列指定为索引列)，输出的结果如下：

```
City
Beijing      Joe
Shanghai     Kim
Shenzhen     Jim
NaN          Tom
Guangzhou    Jim
Xiamen       Kim
Suzhou       Sam
Name: Name, dtype: object
```

以上代码及输出结果的图解说明如图 4-3 所示。

说明：在较新的 Pandas 版本中，对于一些复杂应用场景，已经有用 dfi.loc[:,val]标签索引逐步取代 dfi[val]直接索引的趋势。

继续代码举例及语法说明如下：

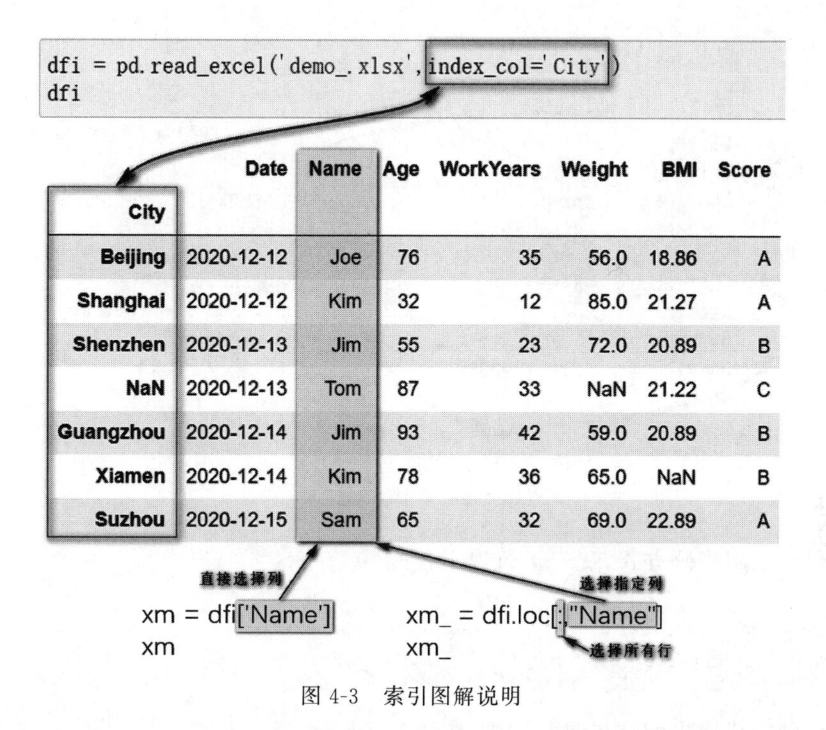

图 4-3　索引图解说明

```
#代码                                          #语法说明
xm[1:5]                                        #位置索引(隐式标签)
dfi['Name'][1:5]                               #位置索引+标签索引(列标签)
xm['Shanghai': 'Guangzhou']                    #标签索引(行标签)
dfi['Name']['Shanghai': 'Guangzhou']           #标签索引(列标签)+标签索引(行标签)
xm.loc['Shanghai': 'Guangzhou']                #标签索引(行标签)
dfi.loc['Shanghai': 'Guangzhou','Name']        #标签索引(行标签+列标签)
dfi.iloc[0:5,1]                                #位置索引(行索引位置,列索引位置)
```

以上几行代码,输出的结果如下:

```
City
Beijing      Joe
Shanghai     Kim
Shenzhen     Jim
NaN          Tom
Guangzhou    Jim
Name: Name, dtype: object
```

以上代码及输出结果的图解说明如图 4-4 所示。

位置索引默认从 0 开始,生成的区间为左闭右开。标签索引,通过对应的标签获取值或值区域。

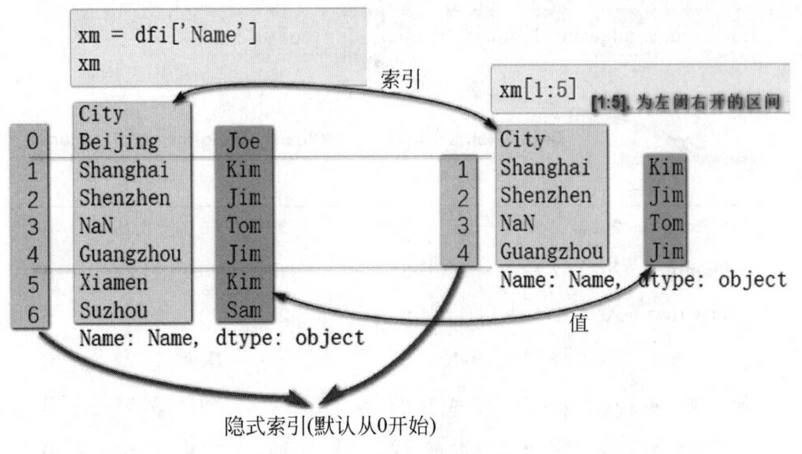

图 4-4 索引图解说明

索引允许采用掩码方式，逐行运行以下代码：

```
dfi.loc[[True,True,True,True,True,False,False],'Name']
dfi['Name'].iloc[[True,True,True,True,True,False,False]]
```

以上两种方式输出的结果是相同的，如下所示：

```
City
Beijing      Joe
Shanghai     Kim
Shenzhen     Jim
NaN          Tom
Guangzhou    Jim
Name: Name, dtype: object
```

依据上面的语法讲解，继续逐行运行以下代码：

```
xm[[1,2]]
dfi['Name'][[1,2]]
xm[['Shanghai', 'Shenzhen']]
dfi['Name'][['Shanghai', 'Shenzhen']]
dfi.loc[['Shanghai', 'Shenzhen'],'Name']
dfi.iloc[[0,1],1]
dfi.loc[[True,True,False,False,False,False,False],'Name']
dfi['Name'].iloc[[True,True,False,False,False,False,False]]
```

输出的结果相同，结果如下：

```
City
Shanghai    Kim
Shenzhen    Jim
Name: Name, dtype: object
```

以下几行代码，输出的结果为单值(类似于 Excel 中的行列交叉取值)，代码如下：

```
xm[1]
xm['Shanghai']
dfi['Name']['Shanghai']
dfi.loc['Shanghai','Name']
dfi.iloc[1,1]
```

输出的结果均为'Kim'。

3. Pandas 的索引与切片

1) Series 与 DataFrame

在 Pandas 中，DataFrame 与 Series 为最主要的两种数据结构。其中，Series 为一维数据结构，而 DataFrame 为二维数据结构。可以通过 type()函数查看类型，代码如下：

```
#1. 导入数据
>>> df = pd.read_excel('demo_.xlsx')

#2. 类型查看
>>> type(df['Name'])
<class 'pandas.core.series.Series'>           #Series
>>> type(df.loc[:, 'Name'])
<class 'pandas.core.series.Series'>           #Series

>>> type(df[['Name']])
<class 'pandas.core.frame.DataFrame'>         #DataFrame
>>> type(df.loc[:, ['Name']])
<class 'pandas.core.frame.DataFrame'>         #DataFrame
```

2) 标签索引与位置索引

.loc 属性采用的是标签索引方式，通过行标签和列标签获取行、列对应的某个值或区域。iloc 属性采用的是位置索引方式，获取对应的某个值或区域。

可以采用两种方式进行数据的导入，即采用默认索引及指定列为标签索引，代码如下：

```
#导入时采用默认索引
df = pd.read_excel('demo_.xlsx')

#导入时指定列为标签索引
dfi = pd.read_excel('demo_.xlsx',index_col = 'City')          #City 为索引列
```

以下是标签索引与位置索引的差异比较，代码如下：

```
#采用标签索引
start = 3
stop = 5
df.loc[start:stop] #注意:loc 中的 stop 位置包含在内

#采用位置所引
df.iloc[3:5] #注意:iloc 中的 stop 位置不包含在内
```

以下是标签索引的深入比较，代码如下：

```
#索引列为默认索引列(从 0 开始的整数)
start_ = 'Beijing'
stop_ = 'Guangzhou'
df.loc[start_:stop_]    #出不来结果,因为索引列为整型数字

#索引列为事先设置的
dfi.loc[start_:stop_]  #结果没问题,因为 City 在索引列
```

以上代码及输出结果的图解说明如图 4-5 所示。

图 4-5 索引图解说明

.loc 属性：以列名或行索引作为参数，当只有一个参数时，默认为行索引，即获取整行的数据（涉及所有列）。当变量的值不在行索引中时，查询后的结果为空值。

代码举例及输出的结果如下：

```
>>> df = pd.read_excel('demo_.xlsx')
>>> df.loc[3:5]                      #行标签索引为 3:5 的这 3 行数据
      Date        Name    City     Age  WorkYears  Weight   BMI   Score
3 2020-12-13  Tom      NaN      87     33         NaN    21.22    C
4 2020-12-14  Jim   Guangzhou   93     42         59.0   20.89    B
5 2020-12-14  Kim    Xiamen     78     36         65.0    NaN     B

>>> df.loc[3:5,["City","Age"]]  #行标签索引为 3:5 且列标签为["City","Age"]
```

```
       City    Age
3      NaN     87
4  Guangzhou   93
5    Xiamen    78

>>> df.loc[3:5,"Age"]      #行标签索引为3:5,列标签仅为"Age"
3    87
4    93
5    78
Name: Age, dtype: int64
```

注意：把−1放入loc中会引发错误(当事先有特别指定时方可除外),因为loc选择的是行索引标签(行号)。

.iloc属性：以行和列位置为索引(0,1,2,…整型数)作为参数。0为第一行,1为第二行,以此类推。当只有一个参数时,默认为行索引,即获取整行数据(涉及所有列)。

代码举例及输出的结果如下：

```
>>> df = pd.read_excel('demo_.xlsx')
>>> df.iloc[3:5]
        Date     Name     City    Age  WorkYears  Weight   BMI   Score
3 2020-12-13    Tom       NaN     87      33        NaN   21.22    C
4 2020-12-14    Jim   Guangzhou   93      42       59.0   20.89    B

>>> df.iloc[3:5,["City","Age"]]     #会报错,["City","Age"]不是位置标签

>>> df.iloc[3:5,[2,3]]              #正常显示
       City    Age
3      NaN     87
4  Guangzhou   93

>>> df.iloc[3:5,"Age"]              #会报错,"Age"不是整型数位置标签

>>> df.iloc[3:5,3]                  #正常显示
3    87
4    93
Name: Age, dtype: int64
```

继续代码举例及输出的结果如下：

```
>>> df.iloc[0:5]
        Date     Name     City    Age  WorkYears  Weight   BMI   Score
0 2020-12-12    Joe    Beijing    76      35       56.0   18.86    A
1 2020-12-12    Kim    Shanghai   32      12       85.0   21.27    A
2 2020-12-13    Jim    Shenzhen   55      23       72.0   20.89    B
3 2020-12-13    om       NaN      87      33        NaN   21.22    C
4 2020-12-14    Jim   Guangzhou   93      42       59.0   20.89    B
```

```
>>> df.iloc[-1]
Date        2020-12-15 00:00:00
Name                        Sam
City                     Suzhou
Age                          65
WorkYears                    32
Weight                     69.0
BMI                       22.89
Score                         A
Name: 6, dtype: object

>>> df.iloc[[2, 0, 3]]
        Date Name      City  Age  WorkYears  Weight    BMI  Score
2 2020-12-13  Jim  Shenzhen   55         23    72.0  20.89      B
0 2020-12-12  Joe   Beijing   76         35    56.0  18.86      A
3 2020-12-13  Tom       NaN   87         33     NaN  21.22      C

>>> df.iloc[:,[0,2]]
        Date       City
0 2020-12-12    Beijing
1 2020-12-12   Shanghai
2 2020-12-13   Shenzhen
3 2020-12-13        NaN
4 2020-12-14  Guangzhou
5 2020-12-14     Xiamen
6 2020-12-15     Suzhou

>>> df.iloc[0:5,[1,2]]
  Name       City
0  Joe    Beijing
1  Kim   Shanghai
2  Jim   Shenzhen
3  Tom        NaN
4  Jim  Guangzhou

>>> df.iloc[-1,[1,2]]
Name       Sam
City    Suzhou
Name: 6, dtype: object

>>> df.iloc[5, -4]
36

>>> df.iloc[[0, 4], 0]
```

```
0    2020-12-12
4    2020-12-14
Name: Date, dtype: datetime64[ns]
```

df.iloc[]选择的是位置，行标签允许为－1。

代码举例及输出的结果如下：

```
>>> df.iloc[[3, 5, 1]].index.tolist()
[3, 5, 1]

>>> df.iloc[2:6].loc[:, 'Name':'WorkYears']
  Name        City  Age  WorkYears
2  Jim   Shenzhen   55         23
3  Tom        NaN   87          33
4  Jim  Guangzhou   93         42
5  Kim     Xiamen   78         36
```

以上代码及输出结果的图解说明如图 4-6 所示。

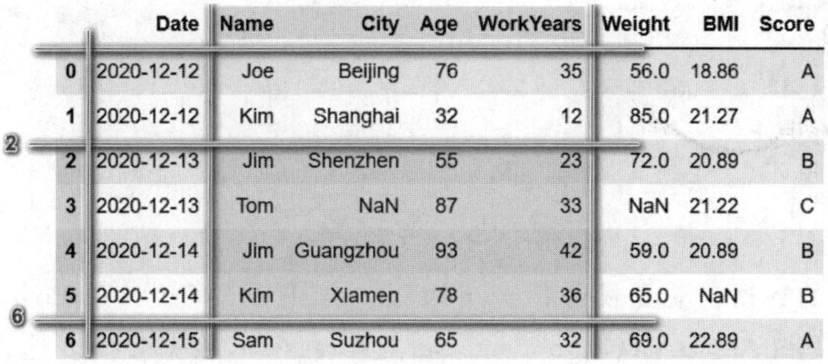

	Date	Name	City	Age	WorkYears	Weight	BMI	Score
0	2020-12-12	Joe	Beijing	76	35	56.0	18.86	A
1	2020-12-12	Kim	Shanghai	32	12	85.0	21.27	A
2	2020-12-13	Jim	Shenzhen	55	23	72.0	20.89	B
3	2020-12-13	Tom	NaN	87	33	NaN	21.22	C
4	2020-12-14	Jim	Guangzhou	93	42	59.0	20.89	B
5	2020-12-14	Kim	Xiamen	78	36	65.0	NaN	B
6	2020-12-15	Sam	Suzhou	65	32	69.0	22.89	A

图 4-6 .iloc[]位置索引

4.2.2 条件查询

1. 直接索引

条件索引多用于 df[]直接索引中，用于对直接索引中指定列的行进行筛选，代码如下：

```
df[df.Age > 50][["City","Age"]]            # 布尔数组(筛选行)加指定的列
```

等同于 SQL 语句，代码如下：

```
select City, Age from [Sheet1 $ ] where Age > 50
```

等同于 Excel 的 M 语句，代码如下：

```
Table.SelectColumns(Table.SelectRows(源, each [Age]> 50),{"City","Age"})
```

等同于 Excel 的 DAX 语句,代码如下:

```
evaluate
selectcolumns(
    filter('Sheet1','Sheet1'[Age]> 50),      //表内筛选
    "City",[City],"Age",[Age])               //字段选择
```

在微软的 Power BI 中,高效、无缝地将 Power Query(M 语言)、Power Pivot(DAX 语言)、Power Map 等整合在一起,从而形成一款自助式的 BI(商业智能)神器。在 Power BI 中,M 语言与 DAX 语言存在功能重叠的部分。如果用于数据清洗与转换复杂的数据查询,则建议用 M 语言。如果做简单的数据查询与计算,则建议用 DAX 语言。Power Query、Power Pivot 的这些功能都可以在 Excel 中直接使用,它们与 Power View、Power Map 共同组成了 Excel 的 Power 四件套(不过,Power View 已经被慢慢地退出了 Power 家族)。

在 Power BI 中,Power Query 用于数据获取、数据清洗等工作,它可以获取与清洗目前市面上的绝大多数的数据源格式并进行清洗与转换工作,例如:Python 脚本,代码如下:

```
let
    源 = Python.Execute("import pandas as pd
        #(lf)df = pd.read_excel(r'C:\Users\dh\demo_.xlsx')
        #(lf)df[df.Age > 50][[""City"",""Age""]]"),
    df1 = 源{[Name = "df"]}[Value]
in
    df1
```

清洗转换后的数据自动上载到 Power Pivot 中。Power Pivot 是 Power BI 神器的灵魂与核心。Power Pivot 的 DAX(Data Analysis Expression,数据分析表达式的简称)主要有两大功能:查询功能、计算功能(以 calculate 函数为代表)。DAX 是一门用于 SSAS(SQL Server Analysis Services 的简写)表格模型的函数语言,它所用的 VertiPaq 存储引擎(也称 xVelocity 内存分析引擎)可用于处理企业级轻量型数据库。自从 DAX 出现后,在 Excel 中进行几千万行的数据建模、数据处理、数据分析及数据查询变得异常便捷与高效,而且它的列式存储数据库的特点,使它不仅速度快而且存储的文件会被大大地压缩而变小。最后,经过处理与建模后的规整数据可以在 Power BI 的"报表"窗格中进行可视化交互呈现、在线发布、在线共享数据信息、移动端呈现等。

继续回到 Pandas 的讲解。条件索引的条件可以是单一条件,也可以是复合条件。指定的列可以是一列,也可以是多列,代码如下:

```
df[(df["Age"]> 70)|(df['Name'] == 'Kim')][["City","Age"]]
#布尔数组(筛选行)加指定的列
#等同于 SQL 语句: select City, Age from [Sheet1 $ ] where Age > 70 or Name = 'Kim'
#Excel DAX 查询语句及 M 语句不再举例
```

输出的结果如下：

```
         City  Age
0     Beijing   76
1    Shanghai   32
3         NaN   87
4   Guangzhou   93
5      Xiamen   78
```

以上代码及输出结果的图解说明如图 4-7 所示。

	Date	Name	City	Age	WorkYears	Weight	BMI	Score
0	2020-12-12	Joe	✓ Beijing	76	35	56.0	18.86	A
1	2020-12-12	Kim	✓Shanghai	32	12	85.0	21.27	A
2	2020-12-13	Jim	Shenzhen	55	23	72.0	20.89	B
3	2020-12-13	Tom	✓ NaN	87	33	NaN	21.22	C
4	2020-12-14	Jim	✓Guangzhou	93	42	59.0	20.89	B
5	2020-12-14	Kim	✓ Xiamen	78	36	65.0	NaN	B
6	2020-12-15	Sam	Suzhou	65	32	69.0	22.89	A

Kim

df['Name']=='Kim'   df["Age"]>70)

图 4-7 基于多条件的索引

在 NumPy、Series 和 DataFrame 中，都可以使用布尔表达式来提取符合条件的数值。

对比上述 Pandas 的索引条件查询方式及使用 OLEDB 读取 Excel 以便生成 SQL 语句的方式，虽然二者在语法及原理上相差很大，但在实现的功能上，二者却有很多相通的地方。Pandas 与 SQL 的查询用法对照如表 4-3 所示。

表 4-3 Pandas 与 SQL 的查询用法对照

Pandas	(Excel OLEDB) SQL 的查询用法
df = pd.read_excel('demo_.xlsx','Sheet1')	Select * from [Sheet1 $]
df.head(3)	Select top 3 * from [Sheet1 $]
pd.read_excel('demo_.xlsx', usecols=['Name','City','Score'])	select Name,City,Score from [Sheet1 $]
df[df['Name']=='Jim']	select Name, City, Score from [Sheet1 $] where Name='Jim'
df[(df['Name']=='Jim') & (df['City']=='Shenzhen')]	select Name, City, Score from [Sheet1 $] where Name='Jim' and City='Shenzhen'

一些较常用的 Pandas 与 SQL 的查询功能对照如表 4-4 所示。

表 4-4 Pandas 与 SQL 的查询功能对照

Pandas	SQL	功　能
df	select *	查询全部数据
. head(n)	select top n	查询前 n 行数据
[],. loc[],. iloc[,]	select 列名	查询指定的列
df. drop_duplicates()	select distinct	去重
指定条件或 where	where	条件筛选
() & ()	and	多条件(and 满足)
() | ()	or	多条件(or 满足)
. groupby()	groupby	聚合
. rename()	as	重命名
. merge()	join	连接
. concat()	union all	合并
. sort_values()	order by	排序

2. query()查询

df. query(expr,inplace=False, ** kwargs)为其语法结构,返回的结果为 DataFrame。df. query()常用于条件筛选、列值比较、成员运算、索引比较或运算等相关操作。相比于下标索引,利用 df. query(),让代码看起来更优雅,并且运行速度更快。

query()表达式在括号内用单引号括起来,涉及的查询条件若为字符串,则需用双引号括起来。

1) 行值条件查询

单条件筛选。筛选 DataFrame 中 Age>50 的记录,代码如下:

```
df = pd.read_excel('demo_.xlsx')
df.query('Age>50')          #query 表达式用''括起来.例如:'Age>50'
```

输出的结果如下:

```
        Date      Name    City      Age  WorkYears  Weight   BMI   Score
0 2020-12-12   Joe     Beijing     76      35       56.0   18.86    A
2 2020-12-13   Jim     Shenzhen    55      23       72.0   20.89    B
3 2020-12-13   Tom       NaN       87      33        NaN   21.22    C
4 2020-12-14   Jim    Guangzhou    93      42       59.0   20.89    B
5 2020-12-14   Kim     Xiamen      78      36       65.0    NaN     B
6 2020-12-15   Sam     Suzhou      65      32       69.0   22.89    A
```

多条件筛选。如果将筛选的条件变更为 Age>50 且 Score 为 A 的记录,则代码如下:

```
df.query('Age>50 and Score=="A" ')
#查询条件字符串需用双引号括起来,例如 Score=="A"
```

输出的结果如下：

```
      Date        Name   City    Age  WorkYears  Weight   BMI   Score
0 2020-12-12  Joe   Beijing  76      35       56.0  18.86    A
6 2020-12-15  Sam   Suzhou   65      32       69.0  22.89    A
```

2）列值条件查询

以下为查询语句中列与列之间的比较，代码如下：

```
df.query('Weight > Age')    #查询表达式中列名与数字外面不需要加双引号
```

输出的结果如下：

```
      Date        Name   City      Age  WorkYears  Weight   BMI   Score
1 2020-12-12  Kim   Shanghai  32      12       85.0  21.27    A
2 2020-12-13  Jim   Shenzhen  55      23       72.0  20.89    B
6 2020-12-15  Sam   Suzhou    65      32       69.0  22.89    A
```

利用 numexpr 方式进行多条件比较，代码如下：

```
df.query('Weight > Age > WorkYears and Score == "A"')
#等价于 df.query('(Weight > Age) and (Age > WorkYears) and Score == "A"')
```

输出的结果如下：

```
      Date        Name   City      Age  WorkYears  Weight   BMI   Score
1 2020-12-12  Kim   Shanghai  32      12       85.0  21.27    A
6 2020-12-15  Sam   Suzhou    65      32       69.0  22.89    A
```

以上面的 df.query('Weight > Age > WorkYears')的列值比较为例，以下代码都是等效的，代码如下：

```
df.query('Weight > Age > WorkYears')
df.query('WorkYears < Age < Weight')
df.query('Weight > Age and Age > WorkYears')
df.query('Weight > Age & Age > WorkYears')
df[((df.Weight > df.Age) & (df.Age > df.WorkYears))]
```

从上面的代码可以看出，Pandas 的筛选方式很丰富且高效，其灵活度高于 SQL 语句。

3）复合条件查询

利用 index 属性，查看 DataFrame 中 index 的值，代码如下：

```
df.index.values
```

输出的结果如下：

```
array([0, 1, 2, 3, 4, 5, 6], dtype = int64)
```

指定行标签的位置进行筛选，代码如下：

```
df.query('index == [4,5,6] and Score == "B"')
# 与上面的代码等价 df.query('index > 3 and Score == "B"')
```

输出的结果如下：

```
        Date        Name     City      Age  WorkYears  Weight   BMI   Score
4 2020 - 12 - 14    Jim   Guangzhou    93      42       59.0   20.89    B
5 2020 - 12 - 14    Kim    Xiamen      78      36       65.0    NaN     B
```

4）成员条件查询

isin()接受一个列表，判断该列中元素是否在列表中，同时对多个列过滤，代码如下：

```
dfi = pd.read_excel('demo_.xlsx',index_col = 'City')
dfi[dfi.Name.isin(['Kim','Jim'])]
```

输出的结果如下：

```
   City        Date      Name  Age  WorkYears  Weight   BMI   Score
 Shanghai   2020/12/12   Kim   32      12       85.0   21.27    A
 Shenzhen   2020/12/13   Jim   55      23       72.0   20.89    B
Guangzhou   2020/12/14   Jim   93      42       59.0   20.89    B
  Xiamen    2020/12/14   Kim   78      36       65.0    NaN     B
```

创建一个列表，然后通过成员条件查询，代码如下：

```
nick = ['Kim', 'Jim', 'Joe']
dfi[dfi['Name'].isin(nick)]
```

输出的结果如下：

```
  City          Date        Name  Age  WorkYears  Weight   BMI   Score
 Beijing   2020 - 12 - 12   Joe   76      35       56.0   18.86    A
Shanghai   2020 - 12 - 12   Kim   32      12       85.0   21.27    A
```

```
Shenzhen  2020-12-13  Jim  55  23  72.0  20.89  B
Guangzhou 2020-12-14  Jim  93  42  59.0  20.89  B
 Xiamen   2020-12-14  Kim  78  36  65.0   NaN   B
```

isin()的逆函数是在前面加上～，没有 isnotin()这种用法，代码如下：

```
nick = ['Kim', 'Jim', 'Joe']
dfi[~dfi['Name'].isin(nick)]
```

输出的结果如下：

```
 City       Date      Name  Age  WorkYears  Weight  BMI Score
  NaN    2020-12-13   Tom   87      33        NaN    21.22   C
Suzhou   2020-12-15   Sam   65      32       69.0    22.89   A
```

in 成员运算的应用，代码如下：

```
df.query('Score == ["B","C"]')
#df.query('["B","C"] in Score')  这二者的输出结果是一致的
```

输出的结果如下：

```
       Date     Name    City     Age  WorkYears  Weight   BMI   Score
2 2020-12-13   Jim   Shenzhen    55      23       72.0   20.89    B
3 2020-12-13   Tom     NaN       87      33        NaN   21.22    C
4 2020-12-14   Jim   Guangzhou   93      42       59.0   20.89    B
5 2020-12-14   Kim    Xiamen     78      36       65.0    NaN     B
```

not in 成员运算的应用，代码如下：

```
df.query('["B","C"]not in Score')
```

输出的结果如下：

```
       Date     Name    City    Age  WorkYears  Weight   BMI   Score
0 2020-12-12   Joe   Beijing    76      35       56.0   18.86    A
1 2020-12-12   Kim   Shanghai   32      12       85.0   21.27    A
6 2020-12-15   Sam   Suzhou     65      32       69.0   22.89    A
```

3. filter()筛选

filter()类似于 SQL 中的 where，用于过滤列中不符合条件的元素。filter()的语法结构为 DataFrame.filter(items=None，like=None，regex=None，axis=None)。

1）items 列筛选

items 对列进行筛选，代码如下：

```
df = pd.read_excel('demo_.xlsx')
cols = ['Name', 'Weight','Score']
df[:3].filter(items = cols)
#df.filter(items = cols)[:3]      #与上面的语法相比,输出的结构是一致的
```

输出的结果：

```
  Name   Weight   Score
0  Joe    56.0     A
1  Kim    85.0     A
2  Jim    72.0     B
```

2）like 行筛选

filter 的 like 参数与 SQL 中 where 子句中的 like 功能类似，用于查询列中的指定模式，代码如下：

```
df.filter(like = 'Name')[:3]
```

以上代码实际上是对查询列的精确匹配，输出的结果如下：

```
  Name
0  Joe
1  Kim
2  Jim
```

与 SQL 中的 like 相似，filter 中的 like 具备模糊匹配功能，继续举例如下：

```
df.filter(like = 'W')[:3]
```

以上代码是对查询列的模糊匹配，输出的结果如下：

```
   WorkYears  Weight
0         35    56.0
1         12    85.0
2         23    72.0
```

3）regex 正则匹配

regex 表示用正则进行匹配，代码如下：

```
df = pd.read_excel('demo_.xlsx')
df.filter(regex = '^...$ ',axis = 1)[:3]
#axis = 0 表示对行操作,axis = 1 表示对列操作
```

输出的结果如下：

```
   Age    BMI
0   76  18.86
1   32  21.27
2   55  20.89
```

继续演示，输入代码如下：

```
df.filter(regex = r'[ABCD]')[:3]
```

输出的结果如下：

```
         Date      City   Age   BMI
0  2020/12/12   Beijing   76  18.86
1  2020/12/12  Shanghai   32  21.27
2  2020/12/13  Shenzhen   55  20.89
```

4）自定义函数

filter 支持自定义函数，主要用于行筛选。输入代码如下：

```
df.groupby('Score')\
    .filter(lambda x:x['Age'].mean()> = 60)\
    .filter(items = ['Name', 'Weight','Score'])
```

输出的结果如下：

```
  Name  Weight  Score
2  Jim    72.0     B
3  Tom     NaN     C
4  Jim    59.0     B
5  Kim    65.0     B
```

5）数值条件筛选

输入以下代码，了解 filter 中自定义函数筛选的原理，代码如下：

```
list(filter(lambda x:x > 60, df['Age']))
```

输出的结果如下：

```
[76,87,93,78,65]
```

将 filter 的返回值当作成员运算的条件，代码如下：

```
a = filter(lambda x: x > 60, df['Age'])
df[df.Age.isin(list(a))]
```

输出的结果如下：

```
         Date  Name       City  Age  WorkYears  Weight    BMI  Score
0  2020/12/12  Joe     Beijing   76         35    56.0  18.86      A
3  2020/12/13  Tom         NaN   87         33     NaN  21.22      C
4  2020/12/14  Jim   Guangzhou   93         42    59.0  20.89      B
5  2020/12/14  Kim      Xiamen   78         36    65.0    NaN      B
6  2020/12/15  Sam      Suzhou   65         32    69.0  22.89      A
```

4．select_dtypes()

语法：DataFrame.select_dtypes(include=None,exclude=None)。

作用：通过列类型选取列。参数有 include、exclude：list-like(传入想要查找的类型)。include 或 exclude 的数据类型有'float'、'number'、'int'、'object'等。

参数：select_dtypes 的参数说明如表 4-5 所示。

表 4-5 select_dtypes 的参数说明

参 数	参数说明
include	scalar 或 list-like。要包含的 dtype 或字符串的选择
exclude	scalar 或 list-like。要排除的 dtype 或字符串的选择

参看第 2 章的表 2-1。可用 np.number 或'number'选择所有数字类型，里面包含 np.integer('integer')和 np.floating('floating')。可用 np.datetime64、'datetime'或'datetime64'选择日期时间。可用 np.timedelta64、'timedelta'或 'timedelta64'选择时间。

1) include

假如需选择 DataFrame 中的 Object 类，代码如下：

```
df = pd.read_excel('demo_.xlsx')
df[:3].select_dtypes(include = 'O')    #选择前 3 行数据.注意'O'必须大写
#上行代码等效于 df.head(3).select_dtypes(include = 'O')
```

输出的结果如下：

```
         Date Name      City Score
0  2020/12/12  Joe   Beijing     A
1  2020/12/12  Kim  Shanghai     A
2  2020/12/13  Jim  Shenzhen     B
```

从输出的结果来看，Date 列被解析为文本列或这一列可能存在混合数据或被存储为文本列。尝试将 Date 列数据解析为 datetime 类型并选择它，代码如下：

```
dfd = pd.read_excel('demo_.xlsx',parse_dates = ['Date'],nrows = 3)
dfd.select_dtypes(include = 'datetime')
```

输出的结果如下：

```
        Date
0 2020-12-12
1 2020-12-12
2 2020-12-13
```

选择 Object 数据类型并与上面的结果对比。输入的代码如下：

```
dfd.select_dtypes(include = 'O')
```

输出的结果如下：

```
  Name      City   Score
0  Joe   Beijing     A
1  Kim  Shanghai     A
2  Jim  Shenzhen     B
```

由于输入时 Date 列已被解析为'datetime'类型，故此时选择 Object 类型时已不再包含它。

注意：parse_dates=['Date'] 的'Date'外面的[]不可少，否则会报错。

2）exclude

接下来演示 exclude 参数的用法，输入代码如下：

```
dfd.select_dtypes(exclude = 'O')
```

输出的结果如下：

```
        Date  Age  WorkYears  Weight    BMI
0 2020-12-12   76         35      56  18.86
1 2020-12-12   32         12      85  21.27
2 2020-12-13   55         23      72  20.89
```

3) include +exclude

假如 include 和 exclude 两个参数同时使用，输入代码如下：

```
dfd.select_dtypes(exclude = 'O',
                  include = ['floating','datetime'])
```

输出的结果如下：

```
        Date    BMI
0 2020-12-12  18.86
1 2020-12-12  21.27
2 2020-12-13  20.89
```

选择所有数据类型为 object 的列，并且选择 DataFrame 的前 3 行数据，代码如下：

```
df = pd.read_excel('demo_.xlsx')
df[:3].select_dtypes(include = 'object')
```

返回的结果如下：

```
         Date    Name   City      Score
0  2020/12/12   Joe   Beijing      A
1  2020/12/12   Kim   Shanghai     A
2  2020/12/13   Jim   Shenzhen     B
```

选择所有数据类型为 object 和 category 的列，并且选取前 3 行数据，代码如下：

```
df_ = pd.read_excel('demo_.xlsx')
df_['BL'] = np.where(df['Age']> df['Weight'],True,False)
df_['Score'] = df_['Score'].astype('category')
df_[:3].select_dtypes(include = ['bool', 'category'])
```

输出的结果如下：

```
   Score  BL
0     A  True
1     A  False
2     B  False
```

4.2.3 条件赋值

Pandas 中用于条件判断与赋值的函数有 where()与 mask()。where()用于当不满足条件时进行赋值。mask()用于满足条件时进行赋值，两者的用法刚好相反。

在 NumPy 中用于条件判断与赋值的函数有 np.where()，等同于 Excel 中的 if()函数的用法，对指定列进行条件判断。

1. df.mask()

以下是 df.mask()的简要举例说明，代码如下：

```
>>> df = pd.read_excel('demo_.xlsx')
>>> s = df['Age']
>>> s
0    76
1    32
2    55
3    87
4    93
5    78
6    65
Name: Age, dtype: int64

>>> s.mask(s > 70)
0     NaN
1    32.0
2    55.0
3     NaN
4     NaN
5     NaN
6    65.0
Name: Age, dtype: float64

>>> s.mask(s > 70,"Age" + s.astype(str))
0    Age76
1       32
2       55
3    Age87
4    Age93
5    Age78
6       65
Name: Age, dtype: object
```

s.mask()的图解说明如图 4-8 所示。

s	s.mask(s>70)	s.mask(s>70,"Age"+s.astype(str))
0 76	0 NaN	0 Age76
1 32	1 32.0	1 32
2 55	2 55.0	2 55
3 87	3 NaN	3 Age87
4 93	4 NaN	4 Age93
5 78	5 NaN	5 Age78
6 65	6 65.0	6 65
Name: Age, dtype: int64	Name: Age, dtype: float64	Name: Age, dtype: object

图 4-8 s.mask()的图解说明

2. df.where()

以下是 df.where()的简要举例说明,代码如下:

```
>>> df = pd.read_excel('demo_.xlsx')
>>> s = df['Age']
>>> s
0    76
1    32
2    55
3    87
4    93
5    78
6    65
Name: Age, dtype: int64

>>> s.where(s > 70)
0    76.0
1     NaN
2     NaN
3    87.0
4    93.0
5    78.0
6     NaN
Name: Age, dtype: float64

>>> s.where(s > 70, "Age" + s.astype(str))
0       76
1    Age32
2    Age55
3       87
4       93
5       78
6    Age65
Name: Age, dtype: object
```

Series.mask()与 Series.where()的对比说明如图 4-9 所示。

```
s
0    76
1    32
2    55
3    87
4    93
5    78
6    65
Name: Age, dtype: int64
```

```
s.mask(s>70)
0     NaN
1    32.0
2    55.0
3     NaN
4     NaN
5     NaN
6    65.0
Name: Age, dtype: float64
```

```
s.where(s>70)
0    76.0
1     NaN
2     NaN
3    87.0
4    93.0
5    78.0
6     NaN
Name: Age, dtype: float64
```

图 4-9　s.mask()与 s.where()的对比说明

3. np.where()

以下是 np.where()的用法,代码如下：

```
df = pd.read_excel(r"demo_.xlsx",usecols = ['Name', 'City', 'Age'])
a = df['City']
df['Rmk'] = np.where(
            a.str.startswith('S') == True, "S开头", a)
df['Rmks'] = a.where( a.str.startswith('S') != True,'S开头')
df['Rem'] = a.mask(a.str.startswith('S') == True,"S开头")
df
```

新增 Rmk、Rmks、Rem 共 3 个条件判断列,输出的结果如下：

```
   Name   City       Age  Rmk        Rmks       Rem
0  Joe    Beijing    76   Beijing    Beijing    Beijing
1  Kim    Shanghai   32   S开头      S开头      S开头
2  Jim    Shenzhen   55   S开头      S开头      S开头
3  Tom    NaN        87   NaN        NaN        NaN
4  Jim    Guangzhou  93   Guangzhou  Guangzhou  Guangzhou
5  Kim    Xiamen     78   Xiamen     Xiamen     Xiamen
6  Sam    Suzhou     65   S开头      S开头      S开头
```

np.where(),语法类似于 if-then-else,必须有 3 个参数。以下是对 Age 列进行条件判断,代码如下：

```
b = df['Age']
df['A1'] = np.where(b.gt(60) == True ,">60", b)
df['A2'] = b.where(b.gt(60)!= True ,">60")
df['A3'] = b.mask(b.gt(60) == True ,">60")
df[['City','Age','Rmk','Rmks','Rem','A1','A2','A3']]
```

新增 A1、A2、A3 共 3 个条件判断列,输出的结果如下：

```
   City       Age  Rmk        Rmks       Rem        A1   A2   A3
0  Beijing    76   Beijing    Beijing    Beijing    >60  >60  >60
1  Shanghai   32   S开头      S开头      S开头      32   32   32
2  Shenzhen   55   S开头      S开头      S开头      55   55   55
3  NaN        87   NaN        NaN        NaN        >60  >60  >60
4  Guangzhou  93   Guangzhou  Guangzhou  Guangzhou  >60  >60  >60
5  Xiamen     78   Xiamen     Xiamen     Xiamen     >60  >60  >60
6  Suzhou     65   S开头      S开头      S开头      >60  >60  >60
```

4.3 数据删除

当数据存在“缺失值、格式不统一、重复值、异常值”等情况时，称为“脏数据”。脏数据不能一丢了之，这时必须对数据进行清洗，变废为宝。

在数据清洗过程中，经常会运用到以下流程。第1步，运用isnull()、notnull()先识别缺失值。第2步，用dropna()删除确定不要的行与列。第3步，用fillna()、fill_value()对需要的缺失值进行填充。第4步，运用drop_duplicates()删除重复值。第5步，将连续型数值离散化或进行百分位数，识别并删除异常值。第6步，利用条件表达式进行条件筛选，获取符合指定条件的值。

4.3.1 缺失值

缺失值主要分为字段缺失和记录缺失两种。缺失值产生的原因可能有很多种，例如：系统或业务升级所致、信息遗漏或人为失误所致、采集不易所致等。

1. isnull(缺失值检测)

isnull()用于判断是否存在缺失值，返回值为True或False，代码如下：

```
df.isnull()            #df.notnull()是df.isnull()的逆操作
```

输出的结果如下：

```
   Date   Name   City   Age    WorkYears  Weight   BMI    Score
0  False  False  False  False   False     False    False  False
1  False  False  False  False   False     False    False  False
2  False  False  False  False   False     False    False  False
3  False  False   True  False  False      True     False  False
4  False  False  False  False   False     False    False  False
5  False  False  False  False   False     False     True  False
6  False  False  False  False   False     False    False  False
```

当存在缺失值时，.isnull()方法返回的值为True，否则为False，而.notnull()方法刚好与.isnull()相反，当存在缺失值时，.notnull()方法返回的值为False。

逐行运行以下代码：

```
df.isnull().sum()
df.isnull().sum().sum()
```

在上面的代码中，isnull()可用isna()替代；notnull()可用notna()替代，效果无差别。当逻辑值为True时，可以看成1来参与计算，所以df.isnull().sum().sum()的值为3。输出的结果如图 4-10 所示。

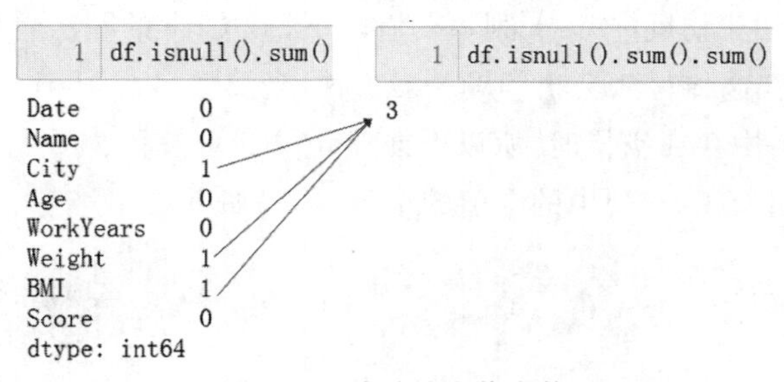

图 4-10 统计缺失值个数

执行以下代码，计算 DataFrame 中的非空值的个数，代码如下：

```
(len(df) - df.count()).sum()
df.notnull().sum()
df.notnull().sum().sum()
```

输出的结果如图 4-11 所示。

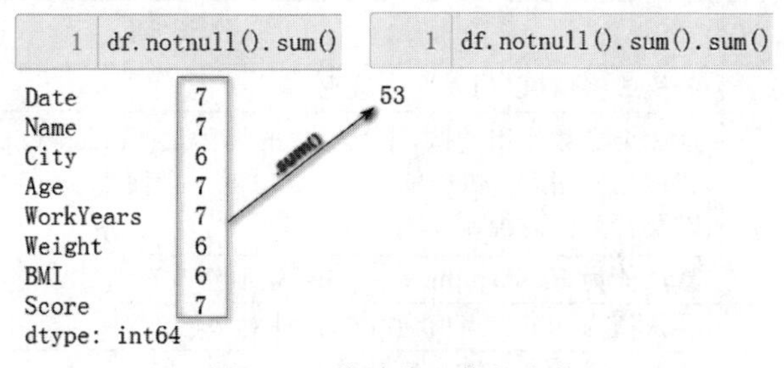

图 4-11 统计非空值的个数

运行代码，找出 Series 中的非空值，代码如下：

```
df['City'].notna()
df.City[df.City.notnull()]
```

结果如图 4-12 所示。

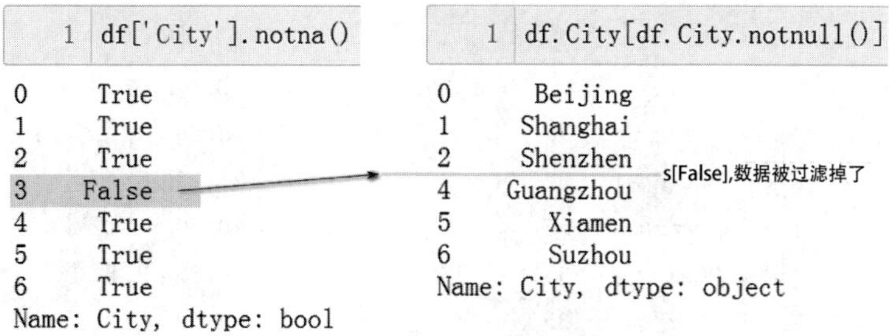

```
1 df['City'].notna()

0    True
1    True
2    True
3    False
4    True
5    True
6    True
Name: City, dtype: bool
```

```
1 df.City[df.City.notnull()]

0      Beijing
1     Shanghai
2     Shenzhen
4    Guangzhou
5       Xiamen
6      Suzhou
Name: City, dtype: object
```

s[False],数据被过滤掉了

图 4-12 保留数据中的非空值

在代码 df.City[df.City.notnull()]中，df.City 采用的是“对象名.属性名”的写法，它与 df['City']是等价的，用于访问['City']列。初看之下，df.City 的写法看似更优雅但有一定的局限性。有两种情况，这种写法会出问题：第 1 种，当属性名与 Python 的保留字发生冲突时；第 2 种，当属性名中存在空格时，所以更推荐 df['City']写法。

执行以下代码，计算 City 列中的空值的个数，代码如下：

```
df.City.isna().sum()
```

返回的值为 1。

2. drop(删除行与列)

语法：DataFrame/Series.drop(labels,axis,index,columns,level,inplace,errors)。

结果：返回调用的数据结构(DataFrame 调用后返回 DataFrame，Series 调用后返回 Series)。

参数：drop 的参数说明如表 4-6 所示。

表 4-6 drop 的参数说明

参　数	参数说明
labels	单值或多值(以列表形式呈现)
index、columns、axis	这 3 个参数作用类似，是对对象的具体化。index 和 columns 与 axis 互不兼容。当使用了 index 和 columns 时就不必使用 axis。用于跨行或跨列控制，以及行列同时控制
inplace	默认值为 False，inplace=True(就地修改)
level	默认值为 None，当值为 int 时，针对多层索引
errors	为 ignore 或 raise 时，默认值为 errors = 'ignore'

以上参数用法适用于 Pandas 中存在这些参数时的绝大多数情形，适合于初学时的理解和记忆。

drop()用于删除表中的某些行或者某些列。删除索引行(默认 axis=0)，代码如下：

```
df.drop([3,5])
```

结果如下：

```
       Date    Name    City     Age  WorkYears  Weight   BMI   Score
0  2020/12/12  Joe   Beijing    76      35       56.0   18.86    A
1  2020/12/12  Kim   Shanghai   32      12       85.0   21.27    A
2  2020/12/13  Jim   Shenzhen   55      23       72.0   20.89    B
4  2020/12/14  Jim   Guangzhou  93      42       59.0   20.89    B
6  2020/12/15  Sam    Suzhou    65      32       69.0   22.89    A
```

行索引中的第3、第5行已被删除。

指定删除相关的列(axis=1等同于columns=['Weight','BMI']),代码如下:

```
df = pd.read_excel('demo_.xlsx')
df.drop(['Weight','BMI'],axis = 1)
```

结果如下:

```
        Date      Name    City     Age  WorkYears  Score
0  2020/12/12    Joe    Beijing    76      35        A
1  2020/12/12    Kim    Shanghai   32      12        A
2  2020/12/13    Jim    Shenzhen   55      23        B
3  2020/12/13    Tom      NaN      87      33        C
4  2020/12/14    Jim   Guangzhou   93      42        B
5  2020/12/14    Kim    Xiamen     78      36        B
6  2020/12/15    Sam    Suzhou     65      32        A
```

'Weight'和'BMI'两列已从DataFrame中删除。

删除指定的行(index)与列(columns),代码如下:

```
df.drop(index = [3,5],columns = ['Weight','BMI'])
```

结果如下:

```
        Date      Name    City     Age  WorkYears  Score
0  2020/12/12    Joe    Beijing    76      35        A
1  2020/12/12    Kim    Shanghai   32      12        A
2  2020/12/13    Jim    Shenzhen   55      23        B
4  2020/12/14    Jim   Guangzhou   93      42        B
6  2020/12/15    Sam    Suzhou     65      32        A
```

行索引中的第3行和第5行,列索引中的'Weight'和'BMI'列已从DataFrame中删除。

inplace=True就地修改,会直接影响数据源,代码如下:

```
df.drop(index = [3,5],columns = ['Weight','BMI'],inplace = True)
df
```

代码加入inplace=True之后便可就地修改了。下次引用df时,DataFrame的内容如下(较最初的DataFrame已发生了改变):

```
        Date      Name     City       Age  WorkYears  Score
0  2020/12/12  Joe    Beijing    76     35      A
1  2020/12/12  Kim    Shanghai   32     12      A
2  2020/12/13  Jim    Shenzhen   55     23      B
4  2020/12/14  Jim    Guangzhou  93     42      B
6  2020/12/15  Sam    Suzhou     65     32      A
```

Series 中的删除，必须指定 labels，代码如下：

```
df.set_index('City')['Name'].drop(labels = ['Beijing',"Suzhou"])
```

结果如下：

```
City
Shanghai     Kim
Shenzhen     Jim
Guangzhou    Jim
Name: Name, dtype: object
```

从列索引中删除指定的列，并对数据源就地修改，代码如下：

```
df = pd.read_excel('demo_.xlsx')
df.drop(labels = ['WorkYears','Score'],axis = 1,inplace = True)
df  #删除两列
```

结果如下：

```
        Date      Name     City       Age  Weight   BMI
0  2020/12/12  Joe    Beijing    76   56.0   18.86
1  2020/12/12  Kim    Shanghai   32   85.0   21.27
2  2020/12/13  Jim    Shenzhen   55   72.0   20.89
3  2020/12/13  Tom    NaN        87   NaN    21.22
4  2020/12/14  Jim    Guangzhou  93   59.0   20.89
5  2020/12/14  Kim    Xiamen     78   65.0   NaN
6  2020/12/15  Sam    Suzhou     65   69.0   22.89
```

从输出的结果可知，WorkYears 与 Score 列已被删除。

当未指定轴方向时，默认为行索引位置。对指定行索引位置并就地删除，代码如下：

```
df = pd.read_excel('demo_.xlsx')
df.drop(labels = [2,3],inplace = True)
df  #删除标签索引所对应的第 2 和第 3 行
```

输出的结果如下：

```
         Date      Name     City      Age  WorkYears  Weight   BMI    Score
0  2020/12/12   Joe     Beijing     76      35        56.0   18.86    A
1  2020/12/12   Kim     Shanghai    32      12        85.0   21.27    A
4  2020/12/14   Jim     Guangzhou   93      42        59.0   20.89    B
5  2020/12/14   Kim     Xiamen      78      36        65.0    NaN     B
6  2020/12/15   Sam     Suzhou      65      32        69.0   22.89    A
```

从输出的结果来看，第 2 行和第 3 行已被就地删除，下次再调用 DataFrame 时会以上表为基础进行操作。

labels 可以用 range 等可生成 list 的函数来完成，代码如下：

```
df = pd.read_excel('demo_.xlsx')
df_ = df
df_.drop(labels = range(4,6),inplace = True)   #注意 range 是左闭右开
df_
```

range(4,6)的结果为[4,5]，行引索的第 4 行和第 5 行会被删除，输出的结果如下：

```
         Date      Name     City     Age  WorkYears  Weight   BMI    Score
0  2020/12/12   Joe     Beijing    76      35        56.0   18.86    A
1  2020/12/12   Kim     Shanghai   32      12        85.0   21.27    A
2  2020/12/13   Jim     Shenzhen   55      23        72.0   20.89    B
3  2020/12/13   Tom       NaN      87      33         NaN   21.22    C
6  2020/12/15   Sam     Suzhou     65      32        69.0   22.89    A
```

3. dropna(缺失值删除)

语法：df/s. dropna(axis,how,thresh,subset,inplace)。

结果：移除空值后返回一个新的 DataFrame 或 Series。

参数：dropna 的参数说明如表 4-7 所示。

表 4-7 dropna 的参数说明

参 数	参 数 说 明
axis	axis=0 或 axis=1。默认为 axis=0
how	how 为 any 或 all，默认为 any
subset	单值或多值(列表结构)
thresh	thresh=None 或指定个数 n(数据类型为 int)，默认为 None
inplace	inplace=False 或 inplace=True，默认值为 False

在以上参数中，除 thresh 外，其他参数的使用频率很高。

1）s.dropna()缺失值删除

代码如下：

```
df = pd.read_excel('demo_.xlsx')
s = df['City']                       #将 df['City']赋值为 s
s.dropna()                           #删除命名后的 Series 中的空值
s.dropna(inplace = True)             #就地删除命名后的 Series 中的空值
s                                    #查看变量 s 的值
```

输出的结果如下：

```
0       Beijing
1      Shanghai
2      Shenzhen
4     Guangzhou
5        Xiamen
6        Suzhou
Name: City, dtype: object
```

从输出的结果来看，第 3 行已被删除。

2）df.dropna()缺失值删除

为了便于后续理解语法及其作用，先识别出 DataFrame 中的缺失值，代码如下：

```
df = pd.read_excel('demo_.xlsx')
df.style.highlight_null('yellow')
```

输出的结果如图 4-13 所示。

	Date	Name	✓ City	Age	WorkYears	✓ Weight	✓ BMI	Score
0	2020-12-12 00:00:00	Joe	Beijing	76	35	56.000000	18.860000	A
1	2020-12-12 00:00:00	Kim	Shanghai	32	12	85.000000	21.270000	A
2	2020-12-13 00:00:00	Jim	Shenzhen	55	23	72.000000	20.890000	B
✓3	2020-12-13 00:00:00	Tom	nan	87	33	nan	21.220000	C
4	2020-12-14 00:00:00	Jim	Guangzhou	93	42	59.000000	20.890000	B
✓5	2020-12-14 00:00:00	Kim	Xiamen	78	36	65.000000	nan	B
6	2020-12-15 00:00:00	Sam	Suzhou	65	32	69.000000	22.890000	A

图 4-13 识别缺失值

在图 4-12 中，行标签为 3 和 5，列标签为 City、Weight、BMI，列存在缺失值。

全部参数采用默认值，代码如下：

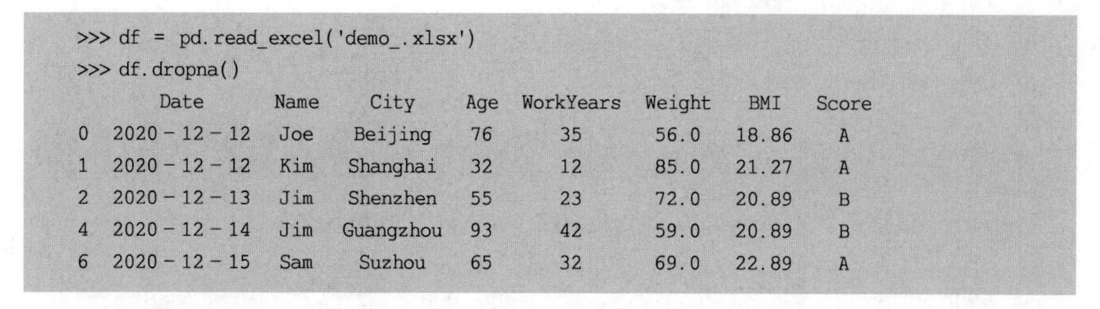

```
>>> df = pd.read_excel('demo_.xlsx')
>>> df.dropna()
         Date      Name     City     Age  WorkYears  Weight   BMI   Score
0  2020-12-12   Joe     Beijing     76      35       56.0   18.86    A
1  2020-12-12   Kim     Shanghai    32      12       85.0   21.27    A
2  2020-12-13   Jim     Shenzhen    55      23       72.0   20.89    B
4  2020-12-14   Jim    Guangzhou    93      42       59.0   20.89    B
6  2020-12-15   Sam     Suzhou      65      32       69.0   22.89    A
```

说明：因为 axis=0 是默认值，所以 dropna()与 df.dropna(axis='index')是等价的。行标签为 3 和 5 所存在的缺失值已被删除。

axis 的参数设置。df.dropna(axis='columns')，代码如下：

```
>>> df.dropna(axis = 'columns')
         Date      Name  Age  WorkYears  Score
0  2020-12-12   Joe    76     35        A
1  2020-12-12   Kim    32     12        A
2  2020-12-13   Jim    55     23        B
3  2020-12-13   Tom    87     33        C
4  2020-12-14   Jim    93     42        B
5  2020-12-14   Kim    78     36        B
6  2020-12-15   Sam    65     32        A
```

列标签为 City、Weight、BMI，存在缺失值，相关列已被删除。

axis 与 how 的参数设置，代码如下：

```
>>> df.dropna(axis = 1, how = 'any')
         Date      Name  Age  WorkYears  Score
0  2020-12-12   Joe    76     35        A
1  2020-12-12   Kim    32     12        A
2  2020-12-13   Jim    55     23        B
3  2020-12-13   Tom    87     33        C
4  2020-12-14   Jim    93     42        B
5  2020-12-14   Kim    78     36        B
6  2020-12-15   Sam    65     32        A
```

inplace 参数设置：df.dropna(axis=1,how='any',inplace=True)，代码如下：

```
>>> df.dropna(axis = 1, how = 'any', inplace = True)
>>> df
         Date      Name  Age  WorkYears  Score
0  2020-12-12   Joe    76     35        A
1  2020-12-12   Kim    32     12        A
2  2020-12-13   Jim    55     23        B
```

```
3  2020-12-13  Tom  87  33  C
4  2020-12-14  Jim  93  42  B
5  2020-12-14  Kim  78  36  B
6  2020-12-15  Sam  65  32  A
```

subset 参数设置：df.dropna(subset=['City','BMI'])，代码如下：

```
df = pd.read_excel('demo_.xlsx')
df.isnull().sum()
df.dropna(subset = ['City','Weight'])
```

结果如图 4-14 所示。

```
1  df.isnull().sum()
```

```
Date         0
Name         0
City         1
Age          0
WorkYears    0
Weight       1
BMI          1
Score        0
dtype: int64
```

```
1  df.dropna(subset=['City','Weight'])
```

	Date	Name	City	Age	WorkYears	Weight	BMI	Score
0	2020/12/12	Joe	Beijing	76	35	56.0	18.86	A
1	2020/12/12	Kim	Shanghai	32	12	85.0	21.27	A
2	2020/12/13	Jim	Shenzhen	55	23	72.0	20.89	B
4	2020/12/14	Jim	Guangzhou	93	42	59.0	20.89	B
5	2020/12/14	Kim	Xiamen	78	36	65.0	NaN	B
6	2020/12/15	Sam	Suzhou	65	32	69.0	22.89	A

图 4-14　删除指定列

由于前面使用了 inplace=True，原来的 DataFrame 已经发生了变化，所以本演示案例需重导入数据源，否则无法读取指定的 City 与 Weight 这两列。

thresh 参数设置，代码如下：

```
df = pd.read_excel('demo_.xlsx')
df.dropna(axis = 0,thresh = 8)
```

输出的结果如下：

```
      Date        Name   City        Age   WorkYears   Weight   BMI     Score
0   2020/12/12   Joe    Beijing     76      35         56.0    18.86    A
1   2020/12/12   Kim    Shanghai    32      12         85.0    21.27    A
2   2020/12/13   Jim    Shenzhen    55      23         72.0    20.89    B
4   2020/12/14   Jim    Guangzhou   93      42         59.0    20.89    B
6   2020/12/15   Sam    Suzhou      65      32         69.0    22.89    A
```

4.3.2 重复值

1. duplicated()

语法：df.duplicated(subset,keep)。

结果：返回一个 Series。

参数说明：duplicated 的参数说明如表 4-8 所示。

表 4-8 duplicated 的参数说明

参 数	参 数 说 明
subset	列标签或标签序列(可选参数)，默认值为 None
keep	可选值 first、last、False，默认值为 first。False 表示将所有重复项标记为 True

以上两个参数使用频率较高。

利用～(求反)方式，获取非重值，代码如下：

```
df = pd.read_excel('demo_.xlsx')
a = df['Name'].duplicated()
a                    #查看是否存在重复项
df[~a]               #筛选非重复值
```

输出的结果如图 4-15 所示，行标签为 4、5 的行存在 Name 重复值。

```
1 a = df['Name'].duplicated()
2 a
```

```
0    False
1    False
2    False
3    False
4     True
5     True
6    False
Name: Name, dtype: bool
```

```
1 df[~a]
```

	Date	Name	City	Age	WorkYears	Weight	BMI	Score
0	2020/12/12	Joe	Beijing	76	35	56.0	18.86	A
1	2020/12/12	Kim	Shanghai	32	12	85.0	21.27	A
2	2020/12/13	Jim	Shenzhen	55	23	72.0	20.89	B
3	2020/12/13	Tom	NaN	87	33	NaN	21.22	C
6	2020/12/15	Sam	Suzhou	65	32	69.0	22.89	A

图 4-15 保留非重复项

利用条件筛选方式，获取重复值，代码如下：

```
b = df['Name'].duplicated(keep = 'last')
b
df[b]    #保留重复值
```

行标签 1、2 中存在重复值，保留重复项。输出的结果如图 4-16 所示。

标识所有的重复值，代码如下：

```
df.duplicated(keep = False, subset = ['Name'])
df.duplicated(keep = False, subset = ['Name','Score'])
#False,将所有重复项标记为 True
```

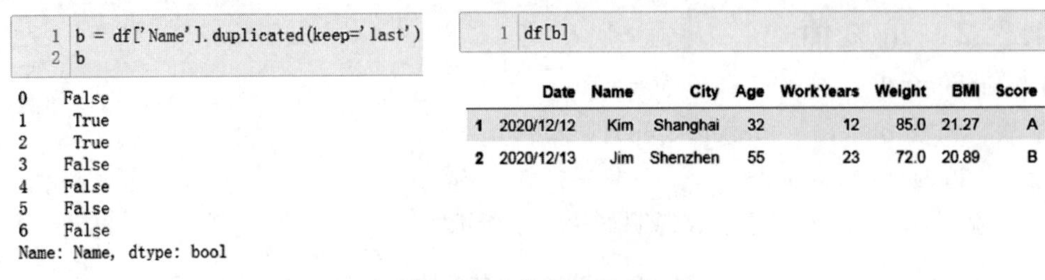

图 4-16 保留重复项

将所有重复项标记为 True，输出的结果如图 4-17 所示。

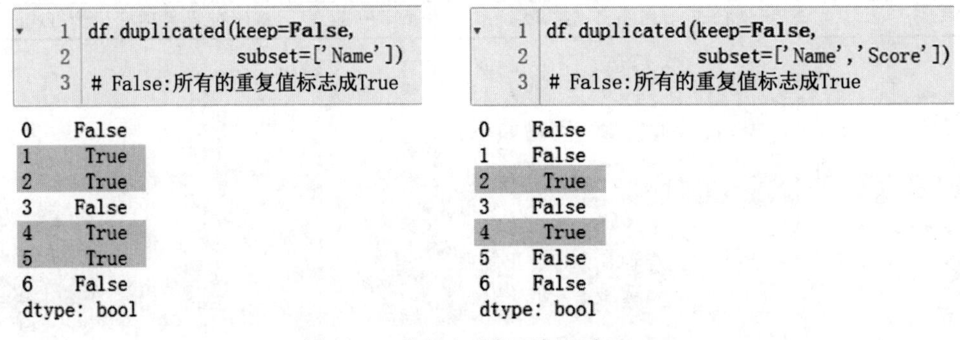

图 4-17 将所有重复项标记为 True

2. drop_duplicates（删除重复值）

语法：DataFrame.drop_duplicates(subset=None, keep='first', inplace=False)。

结果：去除特定列下面的重复行，返回 DataFrame 格式的数据。

参数：drop_duplicates 的参数说明如表 4-9 所示。

表 4-9 drop_duplicates 的参数说明

参数	参数说明
subset	用来指定特定的列，默认所有列
keep	可选值 first、last、False。默认值为 first（删除重复项并保留第一次出现的项）
inplace	直接在原来数据上修改还是保留一个副本，默认值为 False
ignore_index	是否重新排序索引列

以上 4 个参数的使用频率均较高。

drop_duplicates 全部采用默认值，代码如下：

```
df = pd.read_excel('demo_.xlsx')
df.drop_duplicates()
```

输出的结果如下：

```
        Date     Name    City       Age  WorkYears  Weight  BMI    Score
0  2020/12/12    Joe     Beijing    76      35       56.0   18.86    A
1  2020/12/12    Kim     Shanghai   32      12       85.0   21.27    A
2  2020/12/13    Jim     Shenzhen   55      23       72.0   20.89    B
3  2020/12/13    Tom       NaN      87      33       NaN    21.22    C
4  2020/12/14    Jim    Guangzhou   93      42       59.0   20.89    B
5  2020/12/14    Kim     Xiamen     78      36       65.0    NaN     B
6  2020/12/15    Sam     Suzhou     65      32       69.0   22.89    A
```

subset 及 keep 参数设置，代码如下：

```
df['Name'].value_counts()                    #查看各元素的个数
```

以 Name 列的值为依据删除重复项，用参数'first'保留最先出现的数据，代码如下：

```
df.drop_duplicates(subset = ['Name'],keep = 'first')
```

以 Name 列的值为依据删除重复项，用参数 last 保留最后出现的数据，代码如下：

```
df.drop_duplicates(subset = ['Name'],keep = 'last')
```

保留重复值首次出现的位置与末次出现的问题，对比结果如图 4-18 所示。

```
1 df['Name'].value_counts()

Kim    2
Jim    2
Joe    1
Sam    1
Tom    1
Name: Name, dtype: int64
```

```
1 df.drop_duplicates(subset=['Name'],keep='first')
```

	Date	Name	City	Age	WorkYears	Weight	BMI	Score
0	2020/12/12	Joe	Beijing	76	35	56.0	18.86	A
1	2020/12/12	Kim	Shanghai	32	12	85.0	21.27	A
2	2020/12/13	Jim	Shenzhen	55	23	72.0	20.89	B
3	2020/12/13	Tom	NaN	87	33	NaN	21.22	C
6	2020/12/15	Sam	Suzhou	65	32	69.0	22.89	A

```
1 df.drop_duplicates(subset=['Name'],keep='last')
```

	Date	Name	City	Age	WorkYears	Weight	BMI	Score
0	2020/12/12	Joe	Beijing	76	35	56.0	18.86	A
3	2020/12/13	Tom	NaN	87	33	NaN	21.22	C
4	2020/12/14	Jim	Guangzhou	93	42	59.0	20.89	B
5	2020/12/14	Kim	Xiamen	78	36	65.0	NaN	B
6	2020/12/15	Sam	Suzhou	65	32	69.0	22.89	A

图 4-18 保留重复值

重排序索引列，代码如下：

```
df.drop_duplicates(subset = ['Name'],keep = 'last',ignore_index = True)
```

结果如下：

```
        Date     Name    City       Age  WorkYears  Weight  BMI    Score
0  2020/12/12    Joe     Beijing    76      35       56.0   18.86    A
1  2020/12/13    Tom       NaN      87      33       NaN    21.22    C
2  2020/12/14    Jim    Guangzhou   93      42       59.0   20.89    B
3  2020/12/14    Kim     Xiamen     78      36       65.0    NaN     B
4  2020/12/15    Sam     Suzhou     65      32       69.0   22.89    A
```

4.3.3 异常值

异常值可能存在非法字符值，或者超出正常标准范围的值，代码如下：

```
df = pd.read_excel('demo_.xlsx')
a = df['Age']
a.quantile(q = 0.9)
#值为 89.4
df[a.le(a.quantile(q = 0.9))]
```

quantile()函数。Quantile 为“分位数”的意思。例如箱线图的.quantile([0.25,0.5,0.75])。删除异常值，如图 4-19 所示。

	Date	Name	City	Age	WorkYears	Weight	BMI	Score
0	2020/12/12	Joe	Beijing	76	35	56.0	18.86	A
1	2020/12/12	Kim	Shanghai	32	12	85.0	21.27	A
2	2020/12/13	Jim	Shenzhen	55	23	72.0	20.89	B
3	2020/12/13	Tom	NaN	87	33	NaN	21.22	C
5	2020/12/14	Kim	Xiamen	78	36	65.0	NaN	B
6	2020/12/15	Sam	Suzhou	65	32	69.0	22.89	A

93>89.4，被移除

图 4-19 删除异常值

继续举例如下，删除 2 倍标准差外的数据，代码如下：

```
df = pd.read_excel('demo_.xlsx')
a = df['Age'].std() * 2   #取 2 倍标准差内的数据
#df['st'] = (df['Age'] - df.Age.max())/df['Age'].std()
df.loc[(df['Age']> a)]
```

输出的结果如下：

```
        Date       Name    City       Age  WorkYears  Weight   BMI    Score
0  2020 - 12 - 12  Joe   Beijing      76      35       56.0   18.86     A
2  2020 - 12 - 13  Jim   Shenzhen     55      23       72.0   20.89     B
3  2020 - 12 - 13  Tom     NaN        87      33       NaN    21.22     C
4  2020 - 12 - 14  Jim   Guangzhou    93      42       59.0   20.89     B
5  2020 - 12 - 14  Kim    Xiamen      78      36       65.0    NaN      B
6  2020 - 12 - 15  Sam    Suzhou      65      32       69.0   22.89     A
```

4.4 数据重组

4.4.1 填充

1. 缺失值填充 fillna()

语法：fillna(value,method,axis,inplace=False,limit,downcast, ** kwargs)。

结果：返回一个 DataFrame 或 Series。

参数：fillna 的参数说明如表 4-10 所示。

表 4-10 fillna 的参数说明

参 数	参数说明
value	默认值为 None。与 method 参数只能二选一的形式存在
method	可选值。包括 pad 或 ffill、backfill 或 bfill 及 None 共 3 种方式
axis	确定的填充方向。0 或 index，按行删除；1 或 columns，按列删除
inplace	inplace=True，就地修改，直接修改原对象
limit	限制填充的个数，指定个数的数据必须为 int
downcast	字典中的元素为类型向下转换(例：float64 向下转换为 int64)

1) Series 中的 fillna()

空值填充的方式有多种，例如：指定值、平均值等，代码如下：

```
dfi = pd.read_excel('demo_.xlsx',index_col = 'City')
s= dfi['Weight']
s
s.fillna(value = {np.nan:60})
s.fillna(value = {np.nan:np.mean(s)})
```

输出的结果如图 4-20 所示。

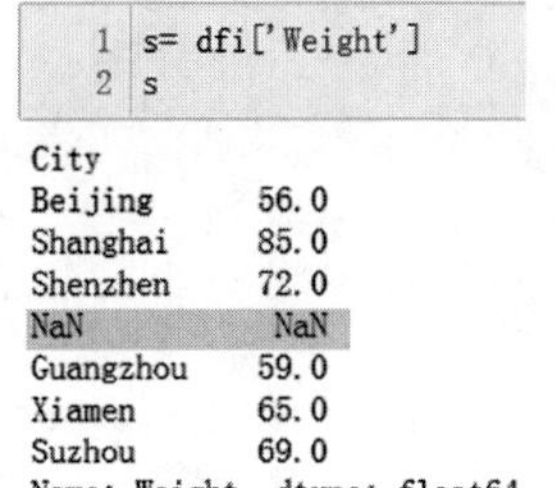

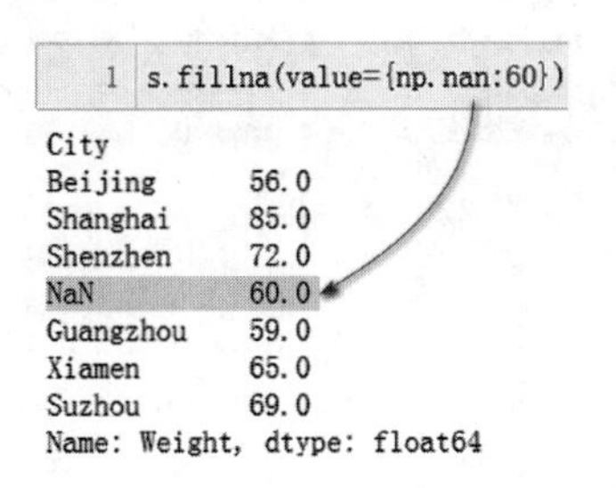


```
1 s.fillna(value={np.nan:np.mean(s)})
City
Beijing      56.000000
Shanghai     85.000000
Shenzhen     72.000000
NaN          67.666667
Guangzhou    59.000000
Xiamen       65.000000
Suzhou       69.000000
Name: Weight, dtype: float64
```

图 4-20 空值填充

有两种常用的空值填充方式，即向下填充与向上填充，代码如下：

```
df = pd.read_excel('demo_.xlsx')
df['City'].fillna(df['Score'])
df['City'].fillna(method = 'ffill')
df['City'].fillna(method = 'bfill')
```

以上代码的结果对比如图 4-21 所示。

2) DataFrame 中的 fillna()

零(0)值填充，代码如下：

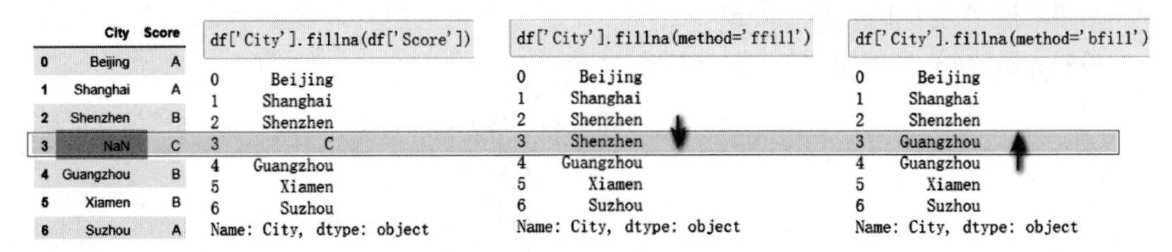

	City	Score
0	Beijing	A
1	Shanghai	A
2	Shenzhen	B
3	NaN	C
4	Guangzhou	B
5	Xiamen	B
6	Suzhou	A

```
df['City'].fillna(df['Score'])
0      Beijing
1     Shanghai
2     Shenzhen
3            C
4    Guangzhou
5       Xiamen
6       Suzhou
Name: City, dtype: object
```

```
df['City'].fillna(method='ffill')
0      Beijing
1     Shanghai
2     Shenzhen
3     Shenzhen
4    Guangzhou
5       Xiamen
6       Suzhou
Name: City, dtype: object
```

```
df['City'].fillna(method='bfill')
0      Beijing
1     Shanghai
2     Shenzhen
3    Guangzhou
4    Guangzhou
5       Xiamen
6       Suzhou
Name: City, dtype: object
```

图 4-21　向下填充与向上填充

```
df = pd.read_excel('demo_.xlsx')
df.style.highlight_null('yellow')
df.fillna(0)
```

在以上代码中，style.highlight_null('yellow')是对数据进行样式设定，其目的是为了让读者更为直观地找到缺失值。日常 style 高亮显示常用的方法有以下几种：

style.highlight_null()用于高亮空值。style.highlight_min()用于高亮最小值。style.highlight_max()用于高亮最大值。style.highlight_max(axis=1)用于高亮行最大值。

执行以上代码输出的结果如图 4-22 所示。

	Date	Name	City	Age	WorkYears	Weight	BMI	Score
0	2020/12/12	Joe	Beijing	76	35	56.000000	18.860000	A
1	2020/12/12	Kim	Shanghai	32	12	85.000000	21.270000	A
2	2020/12/13	Jim	Shenzhen	55	23	72.000000	20.890000	B
3	2020/12/13	Tom	nan	87	33	nan	21.220000	C
4	2020/12/14	Jim	Guangzhou	93	42	59.000000	20.890000	B
5	2020/12/14	Kim	Xiamen	78	36	65.000000	nan	B
6	2020/12/15	Sam	Suzhou	65	32	69.000000	22.890000	A

	Date	Name	City	Age	WorkYears	Weight	BMI	Score
0	2020/12/12	Joe	Beijing	76	35	56.0	18.86	A
1	2020/12/12	Kim	Shanghai	32	12	85.0	21.27	A
2	2020/12/13	Jim	Shenzhen	55	23	72.0	20.89	B
3	2020/12/13	Tom	0	87	33	0.0	21.22	C
4	2020/12/14	Jim	Guangzhou	93	42	59.0	20.89	B
5	2020/12/14	Kim	Xiamen	78	36	65.0	0.00	B
6	2020/12/15	Sam	Suzhou	65	32	69.0	22.89	A

图 4-22　空值填充

矩阵填充，代码如下：

```
#1
dfA = pd.read_excel('demo_.xlsx','dfA')
dfA.style.highlight_null('yellow')
#2
dfB = pd.read_excel('demo_.xlsx','dfB')
dfB
#3
dfA.fillna(dfB)
```

以下是矩阵填充实现的原理说明，如图 4-23 所示。

字典对象填充，代码如下：

```
df.fillna({"City":"YC","Weight":72,"BMI":22.17})
```

	Date	Name	City	Age	WorkYears	Weight	BMI	Score
0	2020/12/12	Joe	Beijing	76	35	56.000000	18.860000	A
1	2020/12/12	Kim	Shanghai	32	12	85.000000	21.270000	A
2	2020/12/13	Jim	Shenzhen	55	23	72.000000	20.890000	B
3	2020/12/13	Tom	nan	87	33	nan	21.220000	C

	Date	Name	City	Age	WorkYears	Weight	BMI	Score
0	2020/12/12	Joe	Beijing	76	35	56	18.86	A
1	2020/12/14	Jim	Guangzhou	93	42	59	20.89	B
2	2020/12/14	Kim	Xiamen	78	36	65	NaN	B
3	2020/12/15	Sam	Suzhou	65	32	69	22.89	A

```
dfA.fillna(dfB)
```

	Date	Name	City	Age	WorkYears	Weight	BMI	Score
0	2020/12/12	Joe	Beijing	76	35	56.0	18.86	A
1	2020/12/12	Kim	Shanghai	32	12	85.0	21.27	A
2	2020/12/13	Jim	Shenzhen	55	23	72.0	20.89	B
3	2020/12/13	Tom	Suzhou	87	33	69.0	21.22	C

图 4-23　矩阵填充

结果如图 4-24 所示。

	Date	Name	City	Age	WorkYears	Weight	BMI	Score
0	2020/12/12	Joe	Beijing	76	35	56.0	18.86	A
1	2020/12/12	Kim	Shanghai	32	12	85.0	21.27	A
2	2020/12/13	Jim	Shenzhen	55	23	72.0	20.89	B
3	2020/12/13	Tom	YC	87	33	72.0	21.22	C
4	2020/12/14	Jim	Guangzhou	93	42	59.0	20.89	B
5	2020/12/14	Kim	Xiamen	78	36	65.0	22.17	B
6	2020/12/15	Sam	Suzhou	65	32	69.0	22.89	A

图 4-24　字典对象填充

当对多个字段列进行空值填充时，最好的方式是采用字典方式。其中字典中的每个键为指定的列名，每个值为要填充的值。

列表对象填充。以下代码为基于 Series 层级的空值填充，不同列填充不同的值，代码如下：

```
df = pd.read_excel('demo_.xlsx')
df['City'] = df['City'].fillna("未知")
df['Weight'] = df['Weight'].fillna(0)
df['BMI'] = df['BMI'].fillna(0)
df
```

输出的结果如图 4-25 所示。

传入 method="" 改变插值方式。常见的 method 包括 3 种方式。①pad/ffill：用前一个非缺失值去填充该默认值；②backfill/bfill：用下一个非缺失值填充该缺失值；③None：指定一个值去替换缺失值(缺省默认这种方式)，代码如下：

```
df.fillna(method = 'ffill')
df.fillna(method = 'bfill')
```

	Date	Name	City	Age	WorkYears	Weight	BMI	Score
0	2020/12/12	Joe	Beijing	76	35	56.0	18.86	A
1	2020/12/12	Kim	Shanghai	32	12	85.0	21.27	A
2	2020/12/13	Jim	Shenzhen	55	23	72.0	20.89	B
3	2020/12/13	Tom	未知	87	33	0.0	21.22	C
4	2020/12/14	Jim	Guangzhou	93	42	59.0	20.89	B
5	2020/12/14	Kim	Xiamen	78	36	65.0	0.00	B
6	2020/12/15	Sam	Suzhou	65	32	69.0	22.89	A

图 4-25 空值填充

输出的结果如图 4-26 所示。

	Date	Name	City	Age	WorkYears	Weight	BMI	Score
0	2020/12/12	Joe	Beijing	76	35	56.0	18.86	A
1	2020/12/12	Kim	Shanghai	32	12	85.0	21.27	A
2	2020/12/13	Jim	Shenzhen	55	23	72.0	20.89	B
3	2020/12/13	Tom	Shenzhen	87	33	72.0	21.22	C
4	2020/12/14	Jim	Guangzhou	93	42	59.0	20.89	B
5	2020/12/14	Kim	Xiamen	78	36	65.0	20.89	B
6	2020/12/15	Sam	Suzhou	65	32	69.0	22.89	A

	Date	Name	City	Age	WorkYears	Weight	BMI	Score
0	2020/12/12	Joe	Beijing	76	35	56.0	18.86	A
1	2020/12/12	Kim	Shanghai	32	12	85.0	21.27	A
2	2020/12/13	Jim	Shenzhen	55	23	72.0	20.89	B
3	2020/12/13	Tom	Guangzhou	87	33	59.0	21.22	C
4	2020/12/14	Jim	Guangzhou	93	42	59.0	20.89	B
5	2020/12/14	Kim	Xiamen	78	36	65.0	22.89	B
6	2020/12/15	Sam	Suzhou	65	32	69.0	22.89	A

图 4-26 空值填充

传入 axis="",可修改填充方向,代码如下:

```
df.fillna(method = 'bfill', axis = 1)
```

输出的结果如图 4-27 所示。

	Date	Name	City	Age	WorkYears	Weight	BMI	Score
0	2020/12/12	Joe	Beijing	76	35	56.000000	18.860000	A
1	2020/12/12	Kim	Shanghai	32	12	85.000000	21.270000	A
2	2020/12/13	Jim	Shenzhen	55	23	72.000000	20.890000	B
3	2020/12/13	Tom	nan	87	33	nan	21.220000	C
4	2020/12/14	Jim	Guangzhou	93	42	59.000000	20.890000	B
5	2020/12/14	Kim	Xiamen	78	36	65.000000	nan	B
6	2020/12/15	Sam	Suzhou	65	32	69.000000	22.890000	A

	Date	Name	City	Age	WorkYears	Weight	BMI	Score
0	2020/12/12	Joe	Beijing	76	35	56	18.86	A
1	2020/12/12	Kim	Shanghai	32	12	85	21.27	A
2	2020/12/13	Jim	Shenzhen	55	23	72	20.89	B
3	2020/12/13	Tom	87	87	33	21.22	21.22	C
4	2020/12/14	Jim	Guangzhou	93	42	59	20.89	B
5	2020/12/14	Kim	Xiamen	78	36	65	B	B
6	2020/12/15	Sam	Suzhou	65	32	69	22.89	A

图 4-27 空值填充

传入 limit="",可限制填充个数,代码如下:

```
df.fillna(method = 'bfill', axis = 1, limit = 2)
```

输出的结果如下:

```
         Date   Name      City   Age  WorkYears  Weight    BMI  Score
0  2020/12/12    Joe   Beijing    76         35      56  18.86      A
1  2020/12/12    Kim  Shanghai    32         12      85  21.27      A
```

```
2  2020/12/13  Jim   Shenzhen   55  23    72    20.89  B
3  2020/12/13  Tom      87      87  33  21.22  21.22  C
4  2020/12/14  Jim  Guangzhou   93  42    59    20.89  B
5  2020/12/14  Kim   Xiamen     78  36    65      B    B
6  2020/12/15  Sam   Suzhou     65  32    69    22.89  A
```

也可以运用切片技术，对 DataFrame 进行选择性填充，代码如下：

```
df = pd.read_excel('demo_.xlsx')
df[['City','Weight']] = df[['City','Weight']].fillna("填")
df
```

这样可以做到有针对性地空值填充，例如 df['BMI']的空值未受影响，结果如下：

```
      Date      Name     City     Age  WorkYears  Weight   BMI   Score
0  2020/12/12   Joe    Beijing    76      35        56    18.86    A
1  2020/12/12   Kim    Shanghai   32      12        85    21.27    A
2  2020/12/13   Jim    Shenzhen   55      23        72    20.89    B
3  2020/12/13   Tom       填      87      33        填    21.22    C
4  2020/12/14   Jim   Guangzhou   93      42        59    20.89    B
5  2020/12/14   Kim    Xiamen     78      36        65     NaN     B
6  2020/12/15   Sam    Suzhou     65      32        69    22.89    A
```

2. 缺失值填充 fill_value

执行以下代码，为空值传入一个指定值，代码如下：

```
df = pd.read_excel('demo_.xlsx')
df['合计'] = df['Age'] + df['Weight']
df['Total'] = df['Age'].add(df['Weight'],fill_value = 5)
df
```

输出的结果如图 4-28 所示。

	Date	Name	City	Age	WorkYears	Weight	BMI	Score	合计	Total
0	2020/12/12	Joe	Beijing	76	35	56.0	18.86	A	132.0	132.0
1	2020/12/12	Kim	Shanghai	32	12	85.0	21.27	A	117.0	117.0
2	2020/12/13	Jim	Shenzhen	55	23	72.0	20.89	B	127.0	127.0
3	2020/12/13	Tom	NaN	87	33	NaN	21.22	C	NaN	92.0
4	2020/12/14	Jim	Guangzhou	93	42	59.0	20.89	B	152.0	152.0
5	2020/12/14	Kim	Xiamen	78	36	65.0	NaN	B	143.0	143.0
6	2020/12/15	Sam	Suzhou	65	32	69.0	22.89	A	134.0	134.0

图 4-28 空值填充

4.4.2 重排

1. 数据的排序 sort_values()

语法：DataFrame/Series.sort_values(by,axis,ascending,inplace,kind,na_position)。

作用：根据元素值进行排序。

参数：sort_values 的参数说明如表 4-11 所示。

表 4-11 sort_values 的参数说明

参　数	参 数 说 明
by	指定对应的列或者行的元素进行排序
axis	指定沿着哪个轴排序。0 或 index 表示按行方向，1 或 columns 表示按列方向
ascending	如果值为 True，则升序排序；如果值为 False，则降序排序
inplace	如果值为 True，则原地修改；如果值为 False，则返回排好序的新对象
kind	指定排序算法。可以为 quicksort、mergesort 或 heapsort
na_position	值为 first 或 last，将 NaN 排在最开始还是排在最末尾

sort_values()是使用频率很高的一种方法。以某列为排序依据，代码如下：

```
dfu = pd.read_excel('demo_.xlsx',usecols = ['Name', 'Age', 'WorkYears'])
dfu.sort_values('WorkYears', ascending = False)                #单列
```

输出的结果如下：

```
   Name  Age  WorkYears
4  Jim   93      42
5  Kim   78      36
0  Joe   76      35
3  Tom   87      33
6  Sam   65      32
2  Jim   55      23
1  Kim   32      12
```

排序的依据可以是多列，代码如下：

```
dfu.sort_values(['WorkYears', 'Age'],ascending = False)      #多列
```

输出的结果如下：

```
   Name  Age  WorkYears
4  Jim   93      42
5  Kim   78      36
0  Joe   76      35
```

```
3  Tom  87  33
6  Sam  65  32
2  Jim  55  23
1  Kim  32  12
```

在 Pandas 中，允许多个执行步骤一气呵成，代码如下：

```
dfu.sort_values(['WorkYears', 'Age'],
  ascending = False).drop_duplicates(subset = 'Name')
dfu.sort_values(['WorkYears','Age'],ascending = False)\
.drop_duplicates(subset = ['Name', 'Age'])
```

结果如图 4-29 所示。

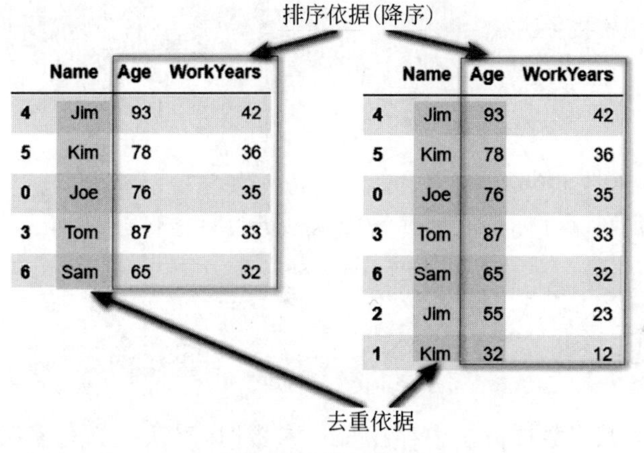

	Name	Age	WorkYears
4	Jim	93	42
5	Kim	78	36
0	Joe	76	35
3	Tom	87	33
6	Sam	65	32

	Name	Age	WorkYears
4	Jim	93	42
5	Kim	78	36
0	Joe	76	35
3	Tom	87	33
6	Sam	65	32
2	Jim	55	23
1	Kim	32	12

图 4-29　数据排序

此外，还允许基于前面一个或多个步骤的执行结果进行排序，代码如下：

```
df = pd.read_excel('demo_.xlsx')
df
df.isnull().sum(axis = 'columns').sort_values(ascending = False)
```

输出的结果如图 4-30 所示。

其实 ascending 参数的操作是很灵活的，代码如下：

```
df = pd.read_excel('demo_.xlsx')
df.sort_values(['Name','Age','City','BMI','Weight'],
ascending = [True,False,False,True,False])
```

输出的结果如下：

	Date	Name	City	Age	WorkYears	Weight	BMI	Score
0	2020/12/12	Joe	Beijing	76	35	56.0	18.86	A
1	2020/12/12	Kim	Shanghai	32	12	85.0	21.27	A
2	2020/12/13	Jim	Shenzhen	55	23	72.0	20.89	B
3	2020/12/13	Tom	NaN	87	33	NaN	21.22	C
4	2020/12/14	Jim	Guangzhou	93	42	59.0	20.89	B
5	2020/12/14	Kim	Xiamen	78	36	65.0	NaN	B
6	2020/12/15	Sam	Suzhou	65	32	69.0	22.89	A

```
df.isnull().sum(axis='columns').sort_values(ascending=False)

3    2
5    1
6    0
4    0
2    0
1    0
0    0
dtype: int64
```

图 4-30 数据排序

	Date	Name	City	Age	WorkYears	Weight	BMI	Score
4	2020/12/14	Jim	Guangzhou	93	42	59.0	20.89	B
2	2020/12/13	Jim	Shenzhen	55	23	72.0	20.89	B
0	2020/12/12	Joe	Beijing	76	35	56.0	18.86	A
5	2020/12/14	Kim	Xiamen	78	36	65.0	NaN	B
1	2020/12/12	Kim	Shanghai	32	12	85.0	21.27	A
6	2020/12/15	Sam	Suzhou	65	32	69.0	22.89	A
3	2020/12/13	Tom	NaN	87	33	NaN	21.22	C

2. 索引的排序 sort_index()

在 Pandas 中,允许以行标签或列标签为依据进行排序,代码如下:

```
dfi = pd.read_excel('demo_.xlsx',index_col = 'City')
dfi.sort_index(axis = 0,ascending = False)
dfi.sort_index(axis = 1)
```

在 Pandas 中,当某函数或方法中存在 axis 参数时,默认值为行索引(axis=0 或 axis='index'),适用于 DataFrame 与 Series 数据结构,参数可以省略。Series 没有列索引,如果对象是 DataFrame,则需要使用列索引时,需指定(axis=1 或 axis= 'columns')。

执行上述代码,输出的结果如图 4-31 所示。

```
1  dfi.sort_index(axis=0,ascending=False)
```

降序

City	Date	Name	Age	WorkYears	Weight	BMI	Score
Xiamen	2020/12/14	Kim	78	36	65.0	NaN	B
Suzhou	2020/12/15	Sam	65	32	69.0	22.89	A
Shenzhen	2020/12/13	Jim	55	23	72.0	20.89	B
Shanghai	2020/12/12	Kim	32	12	85.0	21.27	A
Guangzhou	2020/12/14	Jim	93	42	59.0	20.89	B
Beijing	2020/12/12	Joe	76	35	56.0	18.86	A
NaN	2020/12/13	Tom	87	33	NaN	21.22	C

```
1  dfi.sort_index(axis=1)
```

ascending未指定,默认为升序

City	Age	BMI	Date	Name	Score	Weight	WorkYears
Beijing	76	18.86	2020/12/12	Joe	A	56.0	35
Shanghai	32	21.27	2020/12/12	Kim	A	85.0	12
Shenzhen	55	20.89	2020/12/13	Jim	B	72.0	23
NaN	87	21.22	2020/12/13	Tom	C	NaN	33
Guangzhou	93	20.89	2020/12/14	Jim	B	59.0	42
Xiamen	78	NaN	2020/12/14	Kim	B	65.0	36
Suzhou	65	22.89	2020/12/15	Sam	A	69.0	32

图 4-31 以行标签或列标签为依据进行排序

3. 数据的排名 rank()

语法：rank(axis,method,numeric_only,na_option,ascending,pct)。

结果：通过 Series 类型或 DataFrame 类型返回数据的排名（哪种类型调用就返回哪种类型）。

作用：通过指定的某个轴（0 或者 1）计算对象的排名。

参数：rank 的参数说明如表 4-12 所示。

表 4-12 rank 的参数说明

参　数	参 数 说 明
axis	0 或 index,1 或 columns。默认为 0 或 index
method	有 average、min、max、first、dense 几种排名方法。默认为 average
na_option	NaN 值是否参与排序及如何排序，有 keep、top、bottom 几种排序方式。默认为 keep，保留 NaN 在原位置。top，如果升序，则 NaN 安排最大的排名，其他以此类推
ascending	设定升序排还是降序排。True 为升序，False 为降序。默认为 True
numeric_onlybool	仅对 DataFrame 有效。是否计算数字型的列，默认为 True
pct	是否以排名的百分比显示排名，默认为 False

1）Series

逐行运行以下代码：

```
df = pd.read_excel("demo_.xlsx")
df['Weight'].rank()
df['Weight'].rank(na_option = 'top')
df['Weight'].rank(na_option = 'top',pct = True)
```

以上代码的输出结果对比如图 4-32 所示。

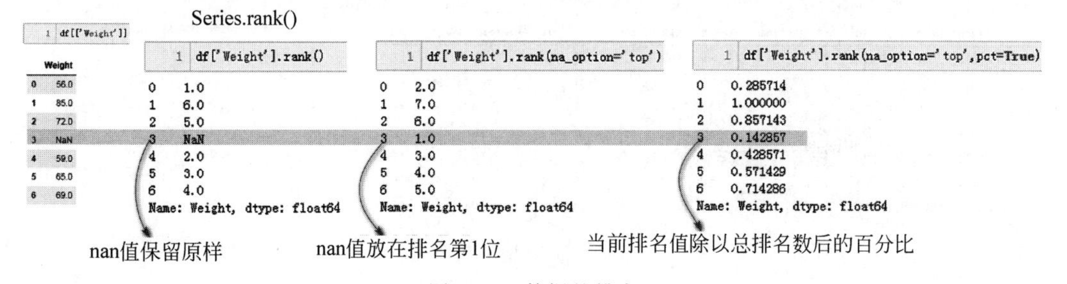

图 4-32 数据的排名

当排序的对象是 Series 时，axis 只能为 0 或'index'，这个参数是可以省略的。

2）DataFrame

采用默认参数，直接使用 rank()，代码如下：

```
df = pd.read_excel("demo_.xlsx")
df
df.rank()
```

以上代码的输出结果对比如图 4-33 所示。

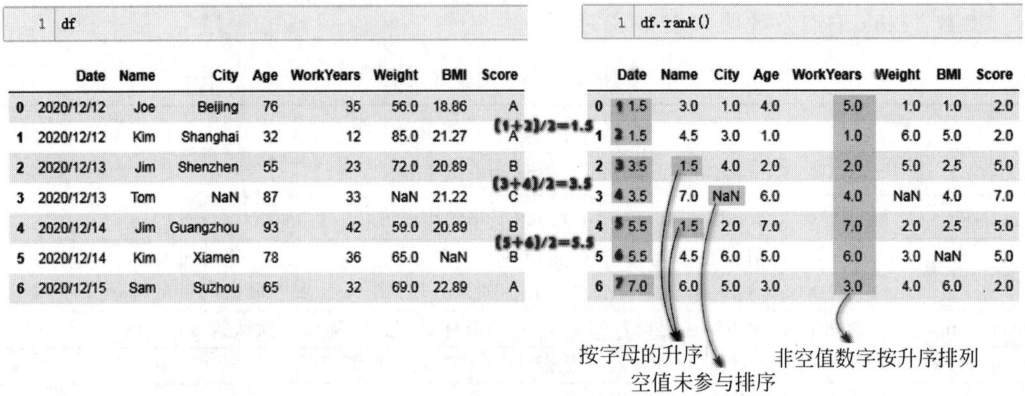

```
1 df
```

	Date	Name	City	Age	WorkYears	Weight	BMI	Score
0	2020/12/12	Joe	Beijing	76	35	56.0	18.86	A
1	2020/12/12	Kim	Shanghai	32	12	85.0	21.27	A
2	2020/12/13	Jim	Shenzhen	55	23	72.0	20.89	B
3	2020/12/13	Tom	NaN	87	33	NaN	21.22	C
4	2020/12/14	Jim	Guangzhou	93	42	59.0	20.89	B
5	2020/12/14	Kim	Xiamen	78	36	65.0	NaN	B
6	2020/12/15	Sam	Suzhou	65	32	69.0	22.89	A

```
1 df.rank()
```

	Date	Name	City	Age	WorkYears	Weight	BMI	Score
0	1.5	3.0	1.0	4.0	5.0	1.0	1.0	2.0
1	1.5	4.5	3.0	1.0	1.0	6.0	5.0	2.0
2	3.5	1.5	4.0	2.0	2.0	5.0	2.5	5.0
3	3.5	7.0	NaN	6.0	4.0	NaN	4.0	7.0
4	5.5	1.5	2.0	7.0	7.0	2.0	2.5	5.0
5	5.5	4.5	6.0	5.0	6.0	3.0	NaN	5.0
6	7.0	6.0	5.0	3.0	3.0	4.0	6.0	2.0

图 4-33 数据的排名

带 axis 参数时(默认参数为 axis=0 或 axis='index')。当 DataFrame 的同一行同时存在文本与数值型数据时,仅对数值型数据排名(等价于 df. select_dtypes('number'). rank(axis=1)),代码如下:

```
df.select_dtypes('number').rank(axis = 1)
```

输出的结果如图 4-34 所示。

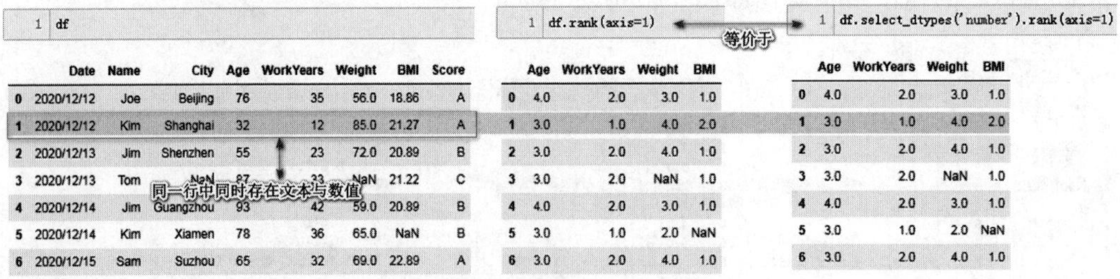

```
1 df
```

	Date	Name	City	Age	WorkYears	Weight	BMI	Score
0	2020/12/12	Joe	Beijing	76	35	56.0	18.86	A
1	2020/12/12	Kim	Shanghai	32	12	85.0	21.27	A
2	2020/12/13	Jim	Shenzhen	55	23	72.0	20.89	B
3	2020/12/13	Tom	NaN	87	33	NaN	21.22	C
4	2020/12/14	Jim	Guangzhou	93	42	59.0	20.89	B
5	2020/12/14	Kim	Xiamen	78	36	65.0	NaN	B
6	2020/12/15	Sam	Suzhou	65	32	69.0	22.89	A

```
1 df.rank(axis=1)
```

	Age	WorkYears	Weight	BMI
0	4.0	2.0	3.0	1.0
1	3.0	1.0	4.0	2.0
2	3.0	2.0	4.0	1.0
3	3.0	2.0	NaN	1.0
4	4.0	2.0	3.0	1.0
5	3.0	1.0	2.0	NaN
6	3.0	2.0	4.0	1.0

```
1 df.select_dtypes('number').rank(axis=1)
```

	Age	WorkYears	Weight	BMI
0	4.0	2.0	3.0	1.0
1	3.0	1.0	4.0	2.0
2	3.0	2.0	4.0	1.0
3	3.0	2.0	NaN	1.0
4	4.0	2.0	3.0	1.0
5	3.0	1.0	2.0	NaN
6	3.0	2.0	4.0	1.0

图 4-34 数据的排名

参数 method(),默认为'average'。即在相等分组中排序,为各个值分配平均排名,代码如下:

```
df.rank(axis = 1, method = 'average')
```

输出的结果如图 4-35 所示。

```
1  df.select_dtypes('number')
```

	Age	WorkYears	Weight	BMI
0	76	35	56.0	18.86
1	32	12	85.0	21.27
2	55	23	72.0	20.89
3	87	33	NaN	21.22
4	93	42	59.0	20.89
5	78	36	65.0	NaN
6	65	32	69.0	22.89

```
1  df.rank(axis=1,method='average')
```

	Age	WorkYears	Weight	BMI
0	4.0	2.0	3.0	1.0
1	3.0	1.0	4.0	2.0
2	3.0	2.0	4.0	1.0
3	3.0	2.0	NaN	1.0
4	4.0	2.0	3.0	1.0
5	3.0	1.0	2.0	NaN
6	3.0	2.0	4.0	1.0

以行为单位，在每一组内按值分配模式进行排名

图 4-35　数据的排名

其他参数(如 Series 操作中的 na_option、pct 等设置),讲解从略。

4.5　axis 转换

在 Pandas 中,axis=0 与 axis='index'是等价的,axis=1 与 axis='column'是等价的。对于 axis 的操作,有 rename、rename_axis、reindex、reset_index、set_index、MultiIndex 等方法。

4.5.1　rename()

语法:DataFrame. rename(self, mapper, index, columns, axis, copy, inplace, level, errors)。

结果:用于更改行列的标签,即行列的索引。

参数:mapper 表示映射关系,可以是字典或一个函数。

1. 映射关系为字典

采用字典映射方式,对 DataFrame 中的多个列名进行修改,代码如下:

```
df = pd.read_excel('demo_.xlsx')
col_ = {'Name': 'NaMe', 'City':"CiTy", 'Age': 'AgE', "WorkYears":'WoRkYeArS','Weight':'WeIgHt',
'BMI':'BmI',
'Score':'ScOrE'}
df_r1 = df.rename(columns = col_)
df_r1
```

执行代码,输出的结果如图 4-36 所示。

2. 映射关系为函数

采用以下 3 种方式中的其中一种,将所有列名改为小写,代码如下:

rename

	Date	Name	City	Age	WorkYears	Weight	BMI	Score
0	2020/12/12	Joe	Beijing	76	35	56.0	18.86	A
1	2020/12/12	Kim	Shanghai	32	12	85.0	21.27	A
2	2020/12/13	Jim	Shenzhen	55	23	72.0	20.89	B
3	2020/12/13	Tom	NaN	87	33	NaN	21.22	C
4	2020/12/14	Jim	Guangzhou	93	42	59.0	20.89	B
5	2020/12/14	Kim	Xiamen	78	36	65.0	NaN	B
6	2020/12/15	Sam	Suzhou	65	32	69.0	22.89	A

	Date	NaMe	CiTy	AgE	WoRkYeArS	WeIgHt	BmI	ScOrE
0	2020/12/12	Joe	Beijing	76	35	56.0	18.86	A
1	2020/12/12	Kim	Shanghai	32	12	85.0	21.27	A
2	2020/12/13	Jim	Shenzhen	55	23	72.0	20.89	B
3	2020/12/13	Tom	NaN	87	33	NaN	21.22	C
4	2020/12/14	Jim	Guangzhou	93	42	59.0	20.89	B
5	2020/12/14	Kim	Xiamen	78	36	65.0	NaN	B
6	2020/12/15	Sam	Suzhou	65	32	69.0	22.89	A

图 4-36 列名修改前后的对比

```
#方式一:
def cof(va):
    return va.lower()
df.rename(columns = cof)

#方式二:
df.rename(str.lower,axis = 1)

#方式三:
coc = [col.lower() for col in df.columns]
df.columns = coc
df
```

以上代码的输出结果是一样的,结果如下:

```
     date        name    city       age  workyears  weight   bmi    score
0  2020-12-12   Joe    Beijing     76      35        56.0    18.86   A
1  2020-12-12   Kim    Shanghai    32      12        85.0    21.27   A
2  2020-12-13   Jim    Shenzhen    55      23        72.0    20.89   B
3  2020-12-13   Tom    NaN         87      33        NaN     21.22   C
4  2020-12-14   Jim    Guangzhou   93      42        59.0    20.89   B
5  2020-12-14   Kim    Xiamen      78      36        65.0    NaN     B
6  2020-12-15   Sam    Suzhou      65      32        69.0    22.89   A
```

上面的几个例子都是以 columns 为对象。当然,也可以用 index 作对象,代码如下:

```
df = pd.read_excel('demo_.xlsx')
df.rename(index = {1:"一",2:"二",3:"三"})
```

行标签 1、2、3 被更改为"一、二、三",输出的结果如下:

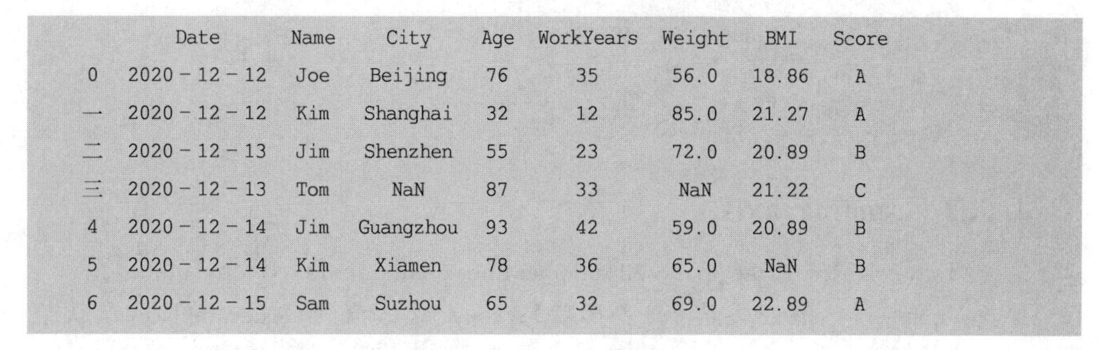

	Date	Name	City	Age	WorkYears	Weight	BMI	Score
0	2020-12-12	Joe	Beijing	76	35	56.0	18.86	A
一	2020-12-12	Kim	Shanghai	32	12	85.0	21.27	A
二	2020-12-13	Jim	Shenzhen	55	23	72.0	20.89	B
三	2020-12-13	Tom	NaN	87	33	NaN	21.22	C
4	2020-12-14	Jim	Guangzhou	93	42	59.0	20.89	B
5	2020-12-14	Kim	Xiamen	78	36	65.0	NaN	B
6	2020-12-15	Sam	Suzhou	65	32	69.0	22.89	A

继续运行以下代码，对 index 实施批量操作，代码如下：

```
df.rename(index = lambda x: x + 1)   #批量重命名索引
```

对所有的行标签加 1，输出的结果如下：

	Date	Name	City	Age	WorkYears	Weight	BMI	Score
1	2020-12-12	Joe	Beijing	76	35	56.0	18.86	A
2	2020-12-12	Kim	Shanghai	32	12	85.0	21.27	A
3	2020-12-13	Jim	Shenzhen	55	23	72.0	20.89	B
4	2020-12-13	Tom	NaN	87	33	NaN	21.22	C
5	2020-12-14	Jim	Guangzhou	93	42	59.0	20.89	B
6	2020-12-14	Kim	Xiamen	78	36	65.0	NaN	B
7	2020-12-15	Sam	Suzhou	65	32	69.0	22.89	A

这里用到匿名函数(lambda)，关于 lamdba 的更多知识点，在后面讲解自定义函数的应用时再具体深入探讨。

同时可以对 index 与 columns 进行重命名，代码如下：

```
df = pd.read_excel('demo_.xlsx')
df.rename(
        columns = {"City":"city","Age":"age","BMI":"bmi"},
        index = {1:"一",2:"二",3:"三"})
```

输出的结果如下：

	Date	Name	city	age	WorkYears	Weight	bmi	Score
0	2020/12/12	Joe	Beijing	76	35	56.0	18.86	A
一	2020/12/12	Kim	Shanghai	32	12	85.0	21.27	A
二	2020/12/13	Jim	Shenzhen	55	23	72.0	20.89	B
三	2020/12/13	Tom	NaN	87	33	NaN	21.22	C

```
4  2020/12/14  Jim   Guangzhou  93  42  59.0  20.89  B
5  2020/12/14  Kim    Xiamen    78  36  65.0   NaN   B
6  2020/12/15  Sam    Suzhou    65  32  69.0  22.89  A
```

4.5.2 rename_axis()

语法：DataFrame.rename_axis(self,mapper,index,columns,axis,copy,inplace)。

参数：mapper，单值或多值(列表形状)；copy，默认值为 True；inplace，默认值为 False；axis 与 index & columns 为二选一(选用 axis 时，就不能再设置 index 和 columns)。

在 Pandas 中，当 axis=0 时是对 index 进行操作，默认为 0；当 axis=1 时是对 column 进行操作。rename_axis 是指对行轴或列轴重新命名，代码如下：

```
df = pd.read_excel('demo_.xlsx')
df['Age'][:3].rename_axis("name_age")
```

返回的对象为 Series，输出的结果如下：

```
name_age
0     76
1     32
2     55
Name: Age, dtype: int64
```

以下是对 DataFrame 的行轴命名，代码如下：

```
df.rename_axis("data_rows")[:3]
```

输出的结果如下：

```
data_rows      Date     Name    City    Age  WorkYears  Weight   BMI   Score
    0      2020/12/12   Joe   Beijing   76      35       56.0   18.86    A
    1      2020/12/12   Kim   Shanghai  32      12       85.0   21.27    A
    2      2020/12/13   Jim   Shenzhen  55      23       72.0   20.89    B
```

以下是对 DataFrame 的列轴命名，代码如下：

```
df.rename_axis("data_rows",axis = 1)[:3]
```

输出的结果如下：

```
data_rows      Date     Name    City    Age  WorkYears  Weight   BMI   Score
    0      2020/12/12   Joe   Beijing   76       35      56.0  18.86    A
    1      2020/12/12   Kim   Shanghai  32       12      85.0  21.27    A
    2      2020/12/13   Jim   Shenzhen  55       23      72.0  20.89    B
```

4.5.3　reindex()

语法：DataFrame.reindex(labels,index,columns,axis,method,copy,level,fill_value,limit,tolerance)。

结果：对 DataFrame 重新索引，对于新的索引的缺省项，可以设置一些默认值。

参数：reindex 的参数说明如表 4-13 所示。

表 4-13　reindex 的参数说明

参　数	参数说明
labels	新标签/索引，注意：labels 避免出现重复数据
axis	0 或"索引"，1 或"列"
method	None，"backfill" /"bfill"，"pad" /"ffill"，"nearest"，可选
copy	即使传递的索引相同，也返回一个新对象
level	在一个级别上广播，在传递的 MultiIndex 级别上匹配索引值
limit	向前或向后填充的最大连续元素数
tolerance	不完全匹配的原始标签和新标签之间的最大距离

reindex()方法可用于 index 的重新指定、增加与删除，代码如下：

```
s = pd.Series([1, 2, 3], index = ['A', 'B', 'C'])
s.reindex(index = ['A', 'B', 'C', 'D', 'E'], fill_value = 666)
```

重新指定 index，多出来的 index 可以使用 fill_value 填充，输出的结果如下：

```
A      1
B      2
C      3
D    666
E    666
dtype: int64
```

对于 reindex 中新增的行或列标签，可以指定填充方式。当未指定填充方式时，会显示为 NaN 值，代码如下：

```
df = pd.read_excel('demo_.xlsx')
df.reindex([0,1,2,3,5,6,7,9]) #默认轴为 axis = 0
df.reindex([0,1,2,3,5,6,7,9],method = 'ffill')
```

输出结果如图 4-37 所示，对于不存在的索引，当未做 method 指定时，默认为填充 NaN 值。

```
1 df.reindex([0,1,2,3,5,6,7,9]) #默认axis=0
```

	Date	Name	City	Age	WorkYears	Weight	BMI	Score
0	2020/12/12	Joe	Beijing	76.0	35.0	56.0	18.86	A
1	2020/12/12	Kim	Shanghai	32.0	12.0	85.0	21.27	A
2	2020/12/13	Jim	Shenzhen	55.0	23.0	72.0	20.89	B
3	2020/12/13	Tom	NaN	87.0	33.0	NaN	21.22	C
5	2020/12/14	Kim	Xiamen	78.0	36.0	65.0	NaN	B
6	2020/12/15	Sam	Suzhou	65.0	32.0	69.0	22.89	A
7	NaN	NaN	NaN	NaN	NaN	NaN	NaN	NaN
9	NaN	NaN	NaN	NaN	NaN	NaN	NaN	NaN

```
1 df.reindex([0,1,2,3,5,6,7,9],method='ffill') #默认axis=0
```

	Date	Name	City	Age	WorkYears	Weight	BMI	Score
0	2020/12/12	Joe	Beijing	76	35	56.0	18.86	A
1	2020/12/12	Kim	Shanghai	32	12	85.0	21.27	A
2	2020/12/13	Jim	Shenzhen	55	23	72.0	20.89	B
3	2020/12/13	Tom	NaN	87	33	NaN	21.22	C
5	2020/12/14	Kim	Xiamen	78	36	65.0	NaN	B
6	2020/12/15	Sam	Suzhou	65	32	69.0	22.89	A
7	2020/12/15	Sam	Suzhou	65	32	69.0	22.89	A
9	2020/12/15	Sam	Suzhou	65	32	69.0	22.89	A

图 4-37 reindex 的用法说明

4.5.4 reset_index()

语法：reset_index(level,drop,inplace,col_level,col_fill='')。

结果：对 DataFrame 进行索引或 level 重置。

reset_index()使用的频率较高。在经过数据的清洗与筛选后，原有 DataFrame 或 Series 对象的 index 变得不再连贯，这时可以使用 reset_index，使 index 变得连贯，代码如下：

```
df = pd.read_excel('demo_.xlsx')
df.dropna().reset_index()
```

运行代码，输出的结果如下：

```
index        Date    Name    City     Age  WorkYears  Weight   BMI   Score
  0    0 2020-12-12  Joe   Beijing    76      35       56.0   18.86    A
  1    1 2020-12-12  Kim   Shanghai   32      12       85.0   21.27    A
  2    2 2020-12-13  Jim   Shenzhen   55      23       72.0   20.89    B
  3    4 2020-12-14  Jim   Guangzhou  93      42       59.0   20.89    B
  4    6 2020-12-15  Sam   Suzhou     65      32       69.0   22.89    A
```

原来的 index 被保留，供参考。如果不想保留原有的 index，则可以添加 drop 参数，代码如下：

```
df.dropna().reset_index(drop = True)
```

运行代码,输出的结果如下:

```
              Date      Name      City  Age  WorkYears  Weight  BMI  Score
0 2020 - 12 - 12  Joe    Beijing    76   35     56.0     18.86   A
1 2020 - 12 - 12  Kim    Shanghai   32   12     85.0     21.27   A
2 2020 - 12 - 13  Jim    Shenzhen   55   23     72.0     20.89   B
3 2020 - 12 - 14  Jim   Guangzhou   93   42     59.0     20.89   B
4 2020 - 12 - 15  Sam    Suzhou     65   32     69.0     22.89   A
```

drop 参数的默认值为 False; drop=True 用于删除原有的 index。

4.5.5 set_index()

set_index()使用的频率较高,用于将 DataFrame 中的某列或某几列设置为 DataFrame 的 index,代码如下:

```
df = pd.read_excel('demo_.xlsx')
df[:3].set_index(['Name','Date', 'City'])
```

输出的结果如下:

```
Name    Date        City
Joe   2020/12/12  Beijing   76  35  56.0  18.86  A
Kim   2020/12/12  Shanghai  32  12  85.0  21.27  A
Jim   2020/12/13  Shenzhen  55  23  72.0  20.89  B
```

set_index()与 reset_index()互为逆操作,代码如下:

```
df.set_index(['Name','City']).reset_index()
```

输出的结果如下:

```
   Name    City          Date      Age  WorkYears  Weight   BMI   Score
0  Joe   Beijing    2020 - 12 - 12  76     35       56.0   18.86    A
1  Kim   Shanghai   2020 - 12 - 12  32     12       85.0   21.27    A
2  Jim   Shenzhen   2020 - 12 - 13  55     23       72.0   20.89    B
3  Tom     NaN      2020 - 12 - 13  87     33        NaN   21.22    C
4  Jim   Guangzhou  2020 - 12 - 14  93     42       59.0   20.89    B
5  Kim    Xiamen    2020 - 12 - 14  78     36       65.0    NaN     B
6  Sam    Suzhou    2020 - 12 - 15  65     32       69.0   22.89    A
```

在上述代码中，df.set_index(['Name','City'])返回的对象 index 的列为 Name、City，此对象经 reset_index()后，重新变为默认的行索引(索引值从 0 开始)。

4.5.6 MultiIndex()

MultiIndex 为多级索引，有多级行索引与多级列索引之分，代码如下：

```
dmi = pd.read_excel('demo_.xlsx','demi',index_col = [0, 1])
dmi
```

输出的结果如下：

```
   Date      Name    City     Age  WorkYears  Weight   BMI   Score
2020/12/12   Joe    Beijing    76     35       56.0   18.86    A
             Kim    Shanghai   32     12       85.0   21.27    A
2020/12/13   Jim    Shenzhen   55     23       72.0   20.89    B
             Tom      NaN      87     33        NaN   21.22    C
2020/12/14   Jim   Guangzhou   93     42       59.0   20.89    B
             Kim    Xiamen     78     36       65.0    NaN     B
2020/12/15   Sam    Suzhou     65     32       69.0   22.89    A
```

当引用或重新指定多级索引时，可通过 level 来指定对应的层级，代码如下：

```
dmi.reset_index(level = 0)
```

输出的结果如下：

```
Name     Date        City     Age  WorkYears  Weight   BMI   Score
 Joe  2020/12/12    Beijing    76     35       56.0   18.86    A
 Kim  2020/12/12    Shanghai   32     12       85.0   21.27    A
 Jim  2020/12/13    Shenzhen   55     23       72.0   20.89    B
 Tom  2020/12/13      NaN      87     33        NaN   21.22    C
 Jim  2020/12/14   Guangzhou   93     42       59.0   20.89    B
 Kim  2020/12/14    Xiamen     78     36       65.0    NaN     B
 Sam  2020/12/15    Suzhou     65     32       69.0   22.89    A
```

pandas.MultiIndex()可用于常规 MultiIndex()的构建。在 Pandas 中，运用 groupby()构建 MultiIndex 是一种较为便捷的方式，更多的有关 MultiIndex 的应用会在第 9 章数据分组中进行讲解。

4.6 本章回顾

管理学大师彼得·德鲁克曾说过这样一句话："做正确的事情，而非把事情做正确"。什么是"做正确的事情"呢？以数据为例，如果数据能在产生的那一刻起，在数据处理的各个环节做到"不产生缺失值、重复值、异常值"，这就是做正确的事情。

在实际的工作与生活中，最佳的选择是做正确的事情，次佳的选择是把事情做正确。本章所介绍的所有数据筛选方法，其实质是把事情做正确，确保后期的数据处理与挖掘能够立于正确、所需的基础上。

数据筛选的方式主要有二种：选择列和筛选行。在数据筛选过程中，使用最多的属性与方法是：索引与切片、query()、filter()或 select_dtypes()。在导入数据的过程中，仅选择需要的列，然后在所选列的基础上进行行筛选，接下来进行缺失值的补全或删除、重复值与异常值的删除，最后对筛选后的成型数据进行必要的修饰与转换，形成所需的数据。

为提高代码的可读性及便于后期的排查，在刚接触 Pandas 之时就要养成代码格式化书写的习惯，尽量不要在一行写长代码。同时对于不易理解处应加备注说明。在 Pandas 中，常见的代码格式方式有两种。一种是用\（斜杠）断行；另外一种是在代码的外面套上()括号，然后在里面断行。当某方法有较多参数时，对于代码的格式化，直接在括号内各逗号后对各参数进行换行即可。

以下是用\（斜杠）断行，代码如下：

```
#方式一
df.groupby('Score')\
    .filter(lambda x:x['Age'].mean()>=60)\
    .filter(items=['Name', 'Weight','Score'])
```

以下是外面套上()括号，然后在里面断行，代码如下：

```
#方式二
(df.groupby('Score')
    .filter(lambda x:x['Age'].mean()>=60)
    .filter(items=['Name', 'Weight','Score']))
```

从代码的美观度来讲，后一种更美观。

第3篇　基础强化篇

第5章 数据转换

5.1 基础知识

本节主要介绍一下计算机的3种程序结构及Pandas中常用的for循环语句。

5.1.1 程序结构

计算机的程序设计中有3种基本的结构：顺序结构、分支结构和循环结构。

1. 顺序结构

顺序结构是程序设计中最简单的结构，它的执行顺序是自上而下的，即依次执行，代码如下：

```
import pandas as pd
df = pd.read_excel('demo_.xlsx')
a = df.nunique() == 5
cols = a[a].index
cols
```

代码依据编写的顺序依次被执行(先定义变量再调用变量)，输出的结果如下：

```
Index(['Name','BMI'],dtype = 'object')
```

2. 分支结构

分支结构主要是使用if条件语句。其语句是：if关键字后紧跟条件测试表达式。

当语句中存在条件判断时，需要做分支选择。当条件符合时，选择哪个；当条件不符合时，返回的结果又是哪个。分支结构有单选(if)、二选一(if-else)、多选一(if-elif-else)。

除了简单的if语句、if-else、if-elif-else语句，也经常会用到if语句的嵌套。例如：if语句中嵌套if-else，if-else中嵌套if-else；又例如：for循环中的if语句、while循环中的if语句等。

在每个if或elif语句的后面，加冒号后换行缩进，再开始另外一行代码。缩进编写是Python代码的特色之一。

3. 循环结构

在 Python 数据分析中,循环语句是必不可少的语句。常见的循环有 for 循环与 while 循环。for 循环一般用于循环次数确定的场合,例如列表循环、字典循环等,而 while 循环一般用于循环次数不确定的场合。在 Pandas 数据分析过程中,使用最多的循环为 for 循环。

在 Pandas 的 for 循环使用过程中,会经常嵌套分支结构,从而形成了类似 for-if、for-if-else、for-if-for、for-if(break/continue)、for-pass 等循环结构。

在计算机编程过程中,对于某些很有规律的操作(很容易找到共性的操作),最简单的实现方式就是采用循环。"循环",其实是操作过程中某些共性的总结。通过代码化循环操作,可以极大地提高工作效率,代码如下:

```
df = pd.read_excel('demo_.xlsx')
[i for i in df.Score]
```

输出的结果如下:

```
['A', 'A', 'B', 'C', 'B', 'B', 'A']
```

当然,循环也是有代价的,因为逐行循环迭代的原因,从而可使计算机的运行速度大受拖累。例如在 Pandas 中常用的下标索引循环就是一个明显的例子。正如第 4 章所讲,在 Pandas 中,NumPy 的向量化函数的速度是最快的,如果能用 NumPy 或 Pandas 的向量化函数解决的问题,就尽量不要采用循环迭代的方式。

5.1.2 循环语句

1. for-if 循环

在 for 语句后面跟上一个 if 判断语句,用于筛选不符合条件的值,代码如下:

```
df = pd.read_excel('demo_.xlsx')
a = df['Score']          #将 df['Score']赋值给变量 a
l = []
for i in a:
    if not i in l:       #筛选出列表中的重复元素
        l.append(i)      #只有当列表中不存在该值时才会被追加
l
```

输出的结果如下:

```
['A', 'B', 'C']
```

2. for-if-else 循环

分支语句中 else 子句用于执行当其他的条件不满足时的情景,代码如下:

```
df = pd.read_excel('demo_.xlsx',nrows = 3) #nrows = 3, 前面的 3 行
for i in df['Score']:
    if i == 'A':
        print("优")          #当 df['Score'] == 'A'时,显示为"优"
    elif i == 'B':
        print("良")          #当 df['Score'] == 'B'时,显示为"良"
    else:
        print("中")          #当 df['Score']不为'A'或'B'时,显示为"中"
```

输出的结果如下：

```
优
优
良
```

在 Python 中，else 分支子句可配合 for、while 等循环语句使用，还能配合 try…except 语句进行异常处理使用。

3. for…if…for 循环

在二维数组遍历过程中，经常会使用双层 for 循环。如果在循环的过程中需要加上条件判断，则可在 for 语句后面加上一个 if 判断语句，代码如下：

```
df = pd.read_excel('demo_.xlsx')
l = []
for i in df['Score']:
    if i == "A":
        for j in df['Name']:
            if j == 'Kim':
                l.append(i + "_" + j)
l
```

输出的结果如下：

```
['A_Kim', 'A_Kim', 'A_Kim', 'A_Kim', 'A_Kim', 'A_Kim']
```

4. for…if…continue，终止本次循环，进入下一次循环

continue 对前面的 for 起作用，用于终止本次循环，进入下一次循环。其应用原理：跳过符合本次 if 条件筛选的操作，进入下一次 for 循环操作，直至结束，代码如下：

```
lt = ['Kim','Jim','Joe','Tom']
for i in lt:
    if i == 'Tom':
        continue
print(i)
```

输出的结果如下：

```
Kim
Jim
Joe
```

5．for…if…break，终止当前循环

break 跳出的是 for 循环，结束当前的循环，代码如下：

```
lt = ['Kim','Jim','Joe','Tom']
for i in lt:
    if i == 'Joe':
        break
    print(i)
```

输出的结果如下：

```
Kim
Jim
```

注意：在多层循环中，一个 break 语句只向外跳一层。

6．for…pass，占位

pass 只是为了保持程序结构的完整性，不会做任何操作，代码如下：

```
lt = ['Kim','Jim','Joe','Tom']
for i in lt:
    print(i)
else:
    pass  #占位
```

输出的结果如下：

```
Kim
Jim
Joe
Tom
```

5.2 映射函数

以下是 map、apply、applymap 这 3 个函数的异同点比较。

(1) map 是 Python 的原生态函数，apply 和 applymap 是 Pandas 的函数。

(2) apply 与 map 的作用对象是 Series，遍历的是 Series 中的每个值。applymap 的作用对象是 DataFrame 中的每个元素，遍历的是 DataFrame 的每个值。

(3) apply 与 map 可以作用于 Series，而 applymap 不可以。

(4) apply 与 applymap 可以通过 axis 来确定作用的方向，而 map 不可以。

(5) apply 与 applymap 可以作用于整个 DataFrame，而 map 不可以。

5.2.1 map()

语法：map(function,iterable,…)。

结果：根据提供的函数对指定序列进行映射。

参数：function 表示函数；iterable 表示一个或多个序列。

说明：map 是 Python 的内置函数。

map()会根据提供的字典或函数，对指定的对象做映射，代码如下：

```
df = pd.read_excel('demo_.xlsx',nrows = 3)
df["状况"] = df["Score"].map({"A":"优","B":"良","C":"中"})
df
```

输出的结果如下：

```
        Date       Name   City      Age  WorkYears  Weight   BMI    Score  状况
0  2020 - 12 - 12  Joe   Beijing    76      35         56    18.86    A     优
1  2020 - 12 - 12  Kim   Shanghai   32      12         85    21.27    A     优
2  2020 - 12 - 13  Jim   Shenzhen   55      23         72    20.89    B     良
```

map 的应用场景较为广泛，后续章节会有大量的演示案例可供参考。

5.2.2 apply()

语法：apply(func,axis=0,broadcast=False,raw=False,reduce=None,args=(),**kwds)。

结果：函数作为一个对象，可作为参数传递给其他参数，并且可作为函数的返回值。

参数：func 表示函数、自定义函数或匿名函数，它是 apply 最有用的第一参数。axis 决定第一参数 func 起作用的轴方向，默认值为 axis=0。

apply()是 Pandas 中最为灵活、使用频率最高的函数之一。它可以作用于 Series 或者整个 DataFrame，功能也是自动遍历整个 Series 或者 DataFrame。它可以通过 axis 参数来控制方向，作用于行或者作用于列。后续的章节有大量的 apply()的应用案例。

apply()函数都是以 Series 为单位的，但它可以作用于 DataFrame。apply 主要有 3 种应用方式：第 1 种是用匿名函数(lambda)，第 2 种是用自定义函数(def)，第 3 种是用函数(例如 Python 函数、NumPy 函数等)。

1. apply 作用于 Series

1) 匿名函数实现方式

以下是 apply 的匿名函数的实现方式，代码如下：

```
df = pd.read_excel('demo_.xlsx',nrows = 3)
df['等级'] = ( df['Score']
    .apply(lambda x: "优" if x == 'A' else x)
    .apply(lambda x: "良" if x == 'B' else x)
    .apply(lambda x: "中" if x == 'C' else x))
df
```

输出的结果如下：

	Date	Name	City	Age	WorkYears	Weight	BMI	Score	等级
0	2020-12-12	Joe	Beijing	76	35	56	18.86	A	优
1	2020-12-12	Kim	Shanghai	32	12	85	21.27	A	优
2	2020-12-13	Jim	Shenzhen	55	23	72	20.89	B	良

在 NumPy 与 Pandas 中，二维数据 axis 默认为 0。以下代码是 axis=1 的应用举例，axis 用于控制不同 Series 间的组间求和，代码如下：

```
df_ = pd.read_excel('demo_.xlsx')
df_['求和'] = df_.iloc[:,3:7].apply(lambda x: x.sum(),axis = 1)
df_
```

输出的结果如下：

	Date	Name	City	Age	WorkYears	Weight	BMI	Score	求和
0	2020-12-12	Joe	Beijing	76	35	56.0	18.86	A	185.86
1	2020-12-12	Kim	Shanghai	32	12	85.0	21.27	A	150.27
2	2020-12-13	Jim	Shenzhen	55	23	72.0	20.89	B	170.89
3	2020-12-13	Tom	NaN	87	33	NaN	21.22	C	141.22
4	2020-12-14	Jim	Guangzhou	93	42	59.0	20.89	B	214.89
5	2020-12-14	Kim	Xiamen	78	36	65.0	NaN	B	179.00
6	2020-12-15	Sam	Suzhou	65	32	69.0	22.89	A	188.89

匿名函数是指没有命名的函数，通常在某些需要函数的场合使用，但这个场合的这个函数一般只使用一次，所以就不需特意为其命名。

注意：匿名函数中不能出现 for 或 while 循环语句，因为匿名函数表达式的返回值只能有一个返回值(匿名函数的参数可以为一个或多个，如果参数为多个，则需要用逗号分开)。

2）自定义函数的实现方式

以下是自定义函数的实现方式，代码如下：

```
df = pd.read_excel('demo_.xlsx',nrows = 3)    #取前面的3行数据
def AA(s):
    if s == 'A':
        return "优"
    elif s == 'B':
        return "良"
    elif s == 'C':
        return "中"
df['等级'] = df['Score'].apply(AA)
df
```

输出的结果如下：

```
        Date      Name    City      Age  WorkYears  Weight   BMI   Score
0  2020-12-12  Joe   Beijing    76     35       56    18.86    A
1  2020-12-12  Kim   Shanghai   32     12       85    21.27    A
2  2020-12-13  Jim   Shenzhen   55     23       72    20.89    B
```

函数可理解为带名字的代码块，用于完成具体的工作。当需要在程序中多次执行同一个任务时，可以通过事先创建一个函数，然后在使用的过程中实现对这个函数的调用。创建函数（也可以称为定义函数），语法如下：

```
def [函数名]([输入参数] = [默认值]):
    [代码]
    return([输出值])
```

注意：对于自定义函数，即使这个函数没有参数，也必须保留空括号()。如果这个函数带有多个参数，则各参数间应使用逗号（“，”）分隔。

2. apply 作用于 DataFrame

以下是函数（NumPy 的通用函数）的实现方式，代码如下：

```
df = pd.read_excel('demo_.xlsx')
df.iloc[:,3:7] = df.iloc[:,3:7].apply(np.square)
df
```

输出的结果如下：

```
        Date      Name    City      Age   WorkYears  Weight    BMI      Score
0  2020-12-12  Joe   Beijing    5776    1225    3136.0  355.6996    A
1  2020-12-12  Kim   Shanghai   1024     144    7225.0  452.4129    A
2  2020-12-13  Jim   Shenzhen   3025     529    5184.0  436.3921    B
```

```
3  2020-12-13  Tom   NaN        7569  1089  NaN     450.2884  C
4  2020-12-14  Jim   Guangzhou  8649  1764  3481.0  436.3921  B
5  2020-12-14  Kim   Xiamen     6084  1296  4225.0  NaN       B
6  2020-12-15  Sam   Suzhou     4225  1024  4761.0  523.9521  A
```

apply的第一参数接收的是函数,这个函数可以是前面所讲的自定义函数或匿名函数,也可以是上面的NumPy函数等。在本例中,np.square函数被当作参数传入。

apply可以通过axis来控制作用的行与列,代码如下:

```
df.iloc[:3,3:].apply(lambda x:x.name + '-' + x.astype(str))
#df.iloc[:3,3:].apply(lambda x:x.index + '-' + x.astype(str),axis = 1)
#以上两行代码输出的结果是相同的
```

输出的结果如下:

```
   Age        WorkYears        Weight          BMI             Score
0  Age-5776   WorkYears-1225   Weight-3136.0   BMI-355.6996    Score-A
1  Age-1024   WorkYears-144    Weight-7225.0   BMI-452.4129    Score-A
2  Age-3025   WorkYears-529    Weight-5184.0   BMI-436.3921    Score-B
```

这里给读者留一个问题,供大家思考:为什么代码中第1个是axis=0,而另一个是axis=1,明明控制的方向不同,但结果为什么最后却还相同呢?

在apply中允许函数嵌套。例如apply中的lambda嵌套,代码如下:

```
df = pd.read_excel('demo_.xlsx')
df.iloc[:,3:7] = (df.iloc[:,3:7]
    .apply(lambda x: x.apply(
            lambda y:str(y) + '-隐退'if y> = 65 else y)
     if sum(x)> = 185 else x,axis = 1)
)
df
```

输出的结果如下:

```
   Date        Name  City       Age        WorkYears  Weight     BMI    Score
0  2020-12-12  Joe   Beijing    76.0-隐退  35.0       56.0       18.86  A
1  2020-12-12  Kim   Shanghai   32.0       12.0       85.0       21.27  A
2  2020-12-13  Jim   Shenzhen   55.0       23.0       72.0       20.89  B
3  2020-12-13  Tom   NaN        87.0       33.0       NaN        21.22  C
4  2020-12-14  Jim   Guangzhou  93.0-隐退  42.0       59.0       20.89  B
5  2020-12-14  Kim   Xiamen     78.0       36.0       65.0       NaN    B
6  2020-12-15  Sam   Suzhou     65.0-隐退  32.0       69.0-隐退  22.89  A
```

在 DataFrame 中，通过切片(df.iloc[:,3:7])可用新值替换原有的值。

5.2.3　applymap()

df.applymap(func)为其语法结构，返回的值为 DataFrame。

1. 通用函数

第一参数的函数可以是通用函数，代码如下：

```
df = pd.read_excel('demo_.xlsx')
df.applymap(str).info()
```

结果展示如下：

```
<class 'pandas.core.frame.DataFrame'>
RangeIndex: 7 entries, 0 to 6
Data columns (total 8 columns):
 # Column      Non-Null Count   Dtype
 ---  ------   -----------   -----
0     Date      7 non-null   object
1     Name      7 non-null   object
2     City      7 non-null   object
3      Age      7 non-null   object
4   WorkYears   7 non-null   object
5    Weight     7 non-null   object
6     BMI       7 non-null   object
7    Score      7 non-null   object
dtypes: object(8)
memory usage: 576.0+ Bytes
```

原来的其他数据类型已全部转换为 object 类型。

2. 自定义函数

第一参数的函数可以是自定义函数，代码如下：

```
df = pd.read_excel('demo_.xlsx')
def AA(x):
    return "demo_" + str(x)
df.applymap(AA)
```

输出的结果如图 5-1 所示。

3. 匿名函数

第一参数的函数也可以是匿名函数，代码如下：

```
df = pd.read_excel('demo_.xlsx')
df.applymap(lambda x: x * 10 if isinstance(x, int) and x > 50 else x)
```

	Date	Name	City	Age	WorkYears	Weight	BMI	Score
0	demo_2020/12/12	demo_Joe	demo_Beijing	demo_76	demo_35	demo_56.0	demo_18.86	demo_A
1	demo_2020/12/12	demo_Kim	demo_Shanghai	demo_32	demo_12	demo_85.0	demo_21.27	demo_A
2	demo_2020/12/13	demo_Jim	demo_Shenzhen	demo_55	demo_23	demo_72.0	demo_20.89	demo_B
3	demo_2020/12/13	demo_Tom	demo_nan	demo_87	demo_33	demo_nan	demo_21.22	demo_C
4	demo_2020/12/14	demo_Jim	demo_Guangzhou	demo_93	demo_42	demo_59.0	demo_20.89	demo_B
5	demo_2020/12/14	demo_Kim	demo_Xiamen	demo_78	demo_36	demo_65.0	demo_nan	demo_B
6	demo_2020/12/15	demo_Sam	demo_Suzhou	demo_65	demo_32	demo_69.0	demo_22.89	demo_A

图 5-1 类型转换与文本加工

输出的结果如下：

```
         Date      Name     City      Age  WorkYears  Weight    BMI   Score
0  2020-12-12   Joe     Beijing     760      35        56.0   18.86    A
1  2020-12-12   Kim     Shanghai     32      12        85.0   21.27    A
2  2020-12-13   Jim     Shenzhen    550      23        72.0   20.89    B
3  2020-12-13   Tom       NaN       870      33         NaN   21.22    C
4  2020-12-14   Jim     Guangzhou   930      42        59.0   20.89    B
5  2020-12-14   Kim      Xiamen     780      36        65.0    NaN     B
6  2020-12-15   Sam      Suzhou     650      32        69.0   22.89    A
```

isinstance()是 Python 的内置函数，用来判断对象是否是已知的类型，类似于 type()。它与 type() 的区别：

(1) type()不会认为子类是一种父类类型，不考虑继承关系。

(2) isinstance()会认为子类是一种父类类型，考虑继承关系。如果要判断两种类型是否相同，则推荐使用 isinstance()。

5.3 各类转换

5.3.1 数据类型转换

在 Pandas 中，数据类型的转换在 DataFrame 层面多用 convert_dtypes()，而在 Series 层面多用 astype()。

1. convert_dtypes()

convert_dtypes()可以自动推断数据类型并进行转换。对于 int、float、datetime 类型的数据，全部会自动转换为 64 位，代码如下：

```
df_ = pd.read_excel('demo_.xlsx').convert_dtypes()
df_.info()
```

输出的结果如下：

```
<class 'pandas.core.frame.DataFrame'>
RangeIndex: 7 entries, 0 to 6
Data columns (total 8 columns):
 # Column     Non-Null Count  Dtype
--  ----      -----------     -----
0   Date       7 non-null     datetime64[ns]
1   Name       7 non-null     string
2   City       6 non-null     string
3   Age        7 non-null     Int64
4   WorkYears  7 non-null     Int64
5   Weight     6 non-null     Int64
6   BMI        6 non-null     Float64
7   Score      7 non-null     string
dtypes: Float64(1), Int64(3), datetime64[ns](1), string(3)
memory usage: 604.0 Bytes
```

特别说明：在 NumPy 中是有 str 和 object 区分的，其中 dtype('S')对应于 str，dtype('O')对应于 object，但是，在 Pandas 中 str 和 object 类型都对应于 dtype('O')类型，二者间其实在转换后并无实质性区别。Pandas 中的 object 类型对应的就是 Python 中的 str 字符类型。

在 Pandas 中，支持的数据类型有 float、int、bool、datetime64、timedelta[ns]、category、object 等。例如，float 其实是 Python 内置的数据类型，可以在 NumPy 及 Pandas 中直接使用，但在 NumPy 及 Pandas 中也可以使用与其对等的数据类型。

在导入数据的过程中可对数据类型进行转换，代码如下：

```
dft = pd.read_excel(
    'demo_.xlsx',
    dtype = {
        'Date': 'datetime64',
        'Age': 'object',
        'WorkYears': 'object',
        'Weight': 'str',
        'Score': 'category'
    }
)
dft.info()
```

输出的结果如下：

```
<class 'pandas.core.frame.DataFrame'>
RangeIndex: 7 entries, 0 to 6
Data columns (total 8 columns):
```

```
#Column      Non-Null Count   Dtype
---  ----   --------------   -----
0    Date        7 non-null       datetime64[ns]
1    Name        7 non-null       object
2    City        6 non-null       object
3    Age         7 non-null       object
4    WorkYears   7 non-null       object
5    Weight      6 non-null       object
6    BMI         6 non-null       float64
7    Score       7 non-null       category
dtypes: category(1), datetime64[ns](1), float64(1), object(5)
memory usage: 551.0+ Bytes
```

对比 info()方法与 dtypes 属性的显示，代码如下：

```
dft.dtypes
```

输出的结果如下：

```
Date         datetime64[ns]
Name                 object
City                 object
Age                  object
WorkYears            object
Weight               object
BMI                 float64
Score              category
dtype: object
```

在上面的代码中，.info()是方法，.dtypes 是属性。在 Pandas 中，当初次面对一个 DataFrame 数据时，经常会用到.info()方法或.dtypes 属性来对数据的整体结构及各字段的数据类型进行一个直观的了解。

注意：当了解的对象是 Series 时，用的是.dtype 属性；当了解的对象是 DataFrame 时，使用的是.dtypes 属性。

上面的两例在数据导入的过程中对数据类型进行了自动识别或指定。其实，当数据导入或运行之后，仍旧可以对数据类型按需求进行转换，代码如下：

```
def f(x):
    return x * 6
df['Age'].apply(f, convert_dtype=False)
```

输出的结果如下：

```
0    456
1    192
2    330
3    522
4    558
5    468
6    390
Name: Age, dtype: object
```

2. astype()

在 Pandas 中 astype()用于对数据类型进行强制转换。当数据经过强制类型转换后，convert_dtype 将不再起作用，代码如下：

```
def f(x):
    return x * 6

df['Weight'].astype('str').apply(f, convert_dtype = True)
#df['Weight'].astype('str').apply(f, convert_dtype = False)
#df['Weight'].astype('str').apply(f)
#以上 3 行代码输出的结果是相同的
```

输出的结果如下：

```
0    56.056.056.056.056.056.0
1    85.085.085.085.085.085.0
2    72.072.072.072.072.072.0
3          nannannannannannan
4    59.059.059.059.059.059.0
5    65.065.065.065.065.065.0
6    69.069.069.069.069.069.0
Name: Weight, dtype: object
```

在 Python 中，字符串 * n 意味着重复 n 次。

现以 df['Age']为例，先将数值强制转换为文本型，然后强制转换为整型，代码如下：

```
df = pd.read_excel('demo_.xlsx')
df['Age'] = df['Age'].astype(str)   #修改某列数据类型
df['Age'] = df['Age'].astype(np.int64)
```

二次转换后的数据类型对比如图 5-2 所示。

astype()在数据类型的强制转换过程中遵循着“就高不就低”的原则。例如：int32 转 float64，会新增小数位；float64 转 int32，会将小数点截掉；string 转 float64，数值型字符串会被强制转换为浮点型。Python、NumPy、Pandas 中的数据类型对照表见表 5-1。

```
Date          object      Date          object
Name          object      Name          object
City          object      City          object
Age           object      Age            int32
WorkYears      int64      WorkYears      int64
Weight       float64      Weight       float64
BMI          float64      BMI          float64
Score         object      Score         object
dtype: object             dtype: object
```

图 5-2 强制转换数据类型

表 5-1 数据类型对照表

Pandas 中的数据类型	NumPy 中的数据类型	Python 中的数据类型	用途
object	string_,unicode_	str	文本
int64	int_, int8_, int16, int32, int64m uint8, uint16,uint32,uint64	int	整型
float64	float_,float16,float32,float64	float	浮点型
bool	bool_	bool	True/False
datetime64	datetime64[ns]	NA	日期/时间
timedelta[ns]	NA	NA	时间差
category	NA	NA	类别型文本

关于 NumPy 中的所有数据类型及详细分类,参阅表 5-1 的 NumPy 数据类型对照表。

以下案例通过.assign()方法在 DataFrame 中新建列,然后对新建的列用.astype()来强制指定数据类型。相关代码如下:

```
#导入数据,只取 Age、WorkYears 两列中的前 3 行数据
df_ = pd.read_excel('demo_.xlsx',
                    usecols = ['Age','WorkYears'],
                    nrows = 3)

#对 Age、WorkYears 两列进行数据类型指定
(df_.assign(
        Age = df['Age'].astype(np.int16),
        WorkYears = df['WorkYears'].astype(np.int16))
    ).dtypes
```

输出的结果如下:

```
Age          int16
WorkYears    int16
dtype: object
```

下面的例子中,df['City']和 df['Name']原先就存在,但 df['nCity']原先并不存在,所以就变成了新增列 df['nCity'],强制更改 df['Name']列,而 df['City']列数据类型保持不

变，代码如下：

```
df = pd.read_excel('demo_.xlsx',
                   usecols = ['Name','City'],
                   nrows = 3)
(df.assign(
        nCity = df.City.astype('category'),
        Name = df.Name.astype('category'))
          ).info()
```

输出的结果如下：

```
<class 'pandas.core.frame.DataFrame'>
RangeIndex: 3 entries, 0 to 2
Data columns (total 3 columns):
#Column  Non-Null Count  Dtype
--  ----  ------------  ------
0   Name    3 non-null      category
1   City    3 non-null      object
2   nCity   3 non-null      category
dtypes: category(2), object(1)
memory usage: 422.0+ Bytes
```

除此之后，还可以对 groupby()的对象进行强制数据类型转换，代码如下：

```
(
   pd.read_excel('demo_.xlsx')
    .groupby(['City', 'Name'])['Weight']
    .mean()
    .astype(int)
)
```

输出的结果如下：

```
City       Name
Beijing    Joe     56
Guangzhou  Jim     59
Shanghai   Kim     85
Shenzhen   Jim     72
Suzhou     Sam     69
Xiamen     Kim     65
Name: Weight, dtype: int32
```

注意：如果要转换的列存在空值，则为避免报错的可能，须先对空值进行填充 fillna(0)，再做数据类型的强制转换 astype()。

5.3.2 数据结构转换

在 Pandas 中,会经常用到 stack()与 unstack()做索引的互换。

stack()可将数据的列“旋转”为行,unstack()可将数据的行“旋转”为列,stack()与 unstack()为一组逆运算操作。如果不指定旋转的索引级别,stack()与 unstack()默认对最内层进行操作(level=-1),这里的-1 是指倒数第一层。

stack 与 unstack 是互逆的过程,stack 与 unstack 的区别在于行与列谁放在前面的问题。stack 采用行放前列放后的方式,而 unstack 采用列放前行放后的方式。

注意:df.stack()的返回值为 Series,df.unstack()的返回值为 DataFrame。

1. stack()

语法:df.stack(level=-1,dropna=True)。

结果:Stack the prescribed level(s) from columns to index。

DataFrame 的列标签为单层索引,将其转换为行,代码如下:

```
df = pd.read_excel('demo_.xlsx')
df.stack()
```

结果呈现及图解说明如图 5-3 所示。

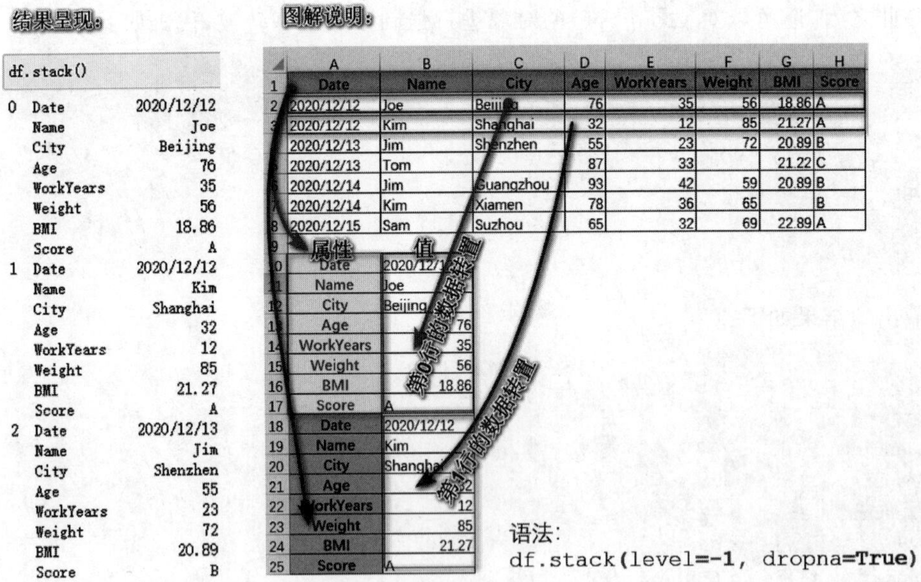

结果呈现:

```
df.stack()

0  Date        2020/12/12
   Name               Joe
   City           Beijing
   Age                 76
   WorkYears           35
   Weight              56
   BMI              18.86
   Score                A
1  Date        2020/12/12
   Name               Kim
   City          Shanghai
   Age                 32
   WorkYears           12
   Weight              85
   BMI              21.27
   Score                A
2  Date        2020/12/13
   Name               Jim
   City          Shenzhen
   Age                 55
   WorkYears           23
   Weight              72
   BMI              20.89
   Score                B
```

图解说明:

	A	B	C	D	E	F	G	H
1	Date	Name	City	Age	WorkYears	Weight	BMI	Score
2	2020/12/12	Joe	Beijing	76	35	56	18.86	A
3	2020/12/12	Kim	Shanghai	32	12	85	21.27	A
4	2020/12/13	Jim	Shenzhen	55	23	72	20.89	B
5	2020/12/13	Tom		87	33		21.22	C
6	2020/12/14	Jim	Guangzhou	93	42	59	20.89	B
7	2020/12/14	Kim	Xiamen	78	36	65		B
8	2020/12/15	Sam	Suzhou	65	32	69	22.89	A

	属性	值
10	Date	2020/12/12
11	Name	Joe
12	City	Beijing
13	Age	76
14	WorkYears	35
15	Weight	56
16	BMI	18.86
17	Score	A
18	Date	2020/12/12
19	Name	Kim
20	City	Shanghai
21	Age	32
22	WorkYears	12
23	Weight	85
24	BMI	21.27
25	Score	A

第0行的数据转置

第1行的数据转置

语法:
df.stack(level=-1, dropna=True)

图 5-3 图解 stack()工作原理

以上输出的结果与 Excel 中的 Power Query 的以下 M 代码是等效的,代码如下:

```
let
    源 = Excel.CurrentWorkbook(){[Name = "表 1"]}[Content],
    逆透视 = Table.UnpivotOtherColumns(源, {}, "属性", "值")
in
    逆透视
```

对堆叠后的数据重设索引列，使之数据结构由 Series 转变为 DataFrame，代码如下：

```
df.stack().reset_index()
```

对比堆叠数据及堆叠后重设索引的数据，如图 5-4 所示。

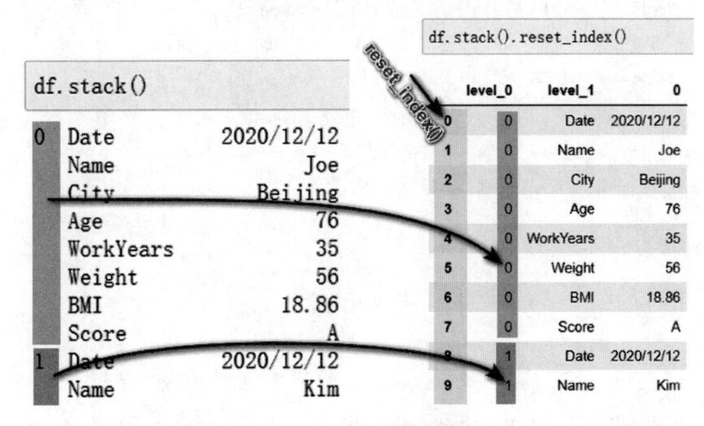

图 5-4 对比堆叠数据

图 5-4 中 DataFrame 的列名不直观、不好理解，现对 columns 重新命名，代码如下：

```
df.stack().reset_index().rename(
    columns = {
        'level_0': '索引',    # 将'level_0'列改名为'索引'
        'level_1': '属性',    # 将'level_1'列改名为'属性'
        0: '值'})             # 将 0 列改名为'值'

# 以下代码与上面的代码输出的结果是一样的
# df.stack().rename_axis(['索引', '属性']).reset_index(name = '值')
```

重命名列前与重命名列后的对比如图 5-5 所示。

2. unstack()

语法：Series.unstack(level=-1,fill_value=None)，返回 DataFrame 或拆堆后的 Series。

经过堆叠(stack)后再拆堆(unstack)的 DataFrame，返回的值为原 DataFrame，因为 stack 与 unstack 是一对互逆操作，代码如下：

```
df.stack().reset_index()
```

	level_0	level_1	0
0	0	Date	2020/12/12
1	0	Name	Joe
2	0	City	Beijing
3	0	Age	76
4	0	WorkYears	35
5	0	Weight	56
6	0	BMI	18.86
7	0	Score	A

```
df.stack().reset_index().rename(
    columns={
        'level_0': '索引', #将'level_0'列改名为'索引'
        'level_1': '属性', #将'level_1'列改名为'属性'
        0: '值'})          #将0列改名为'值'
```

	索引	属性	值
0	0	Date	2020/12/12
1	0	Name	Joe
2	0	City	Beijing
3	0	Age	76
4	0	WorkYears	35
5	0	Weight	56
6	0	BMI	18.86
7	0	Score	A

图 5-5 重命名列

```
df = pd.read_excel('demo_.xlsx')
df.stack().unstack()
```

输出的结果如图 5-6 所示，为原 DataFrame。

	Date	Name	City	Age	WorkYears	Weight	BMI	Score
0	2020/12/12	Joe	Beijing	76	35	56	18.86	A
1	2020/12/12	Kim	Shanghai	32	12	85	21.27	A
2	2020/12/13	Jim	Shenzhen	55	23	72	20.89	B
3	2020/12/13	Tom	NaN	87	33	NaN	21.22	C
4	2020/12/14	Jim	Guangzhou	93	42	59	20.89	B
5	2020/12/14	Kim	Xiamen	78	36	65	NaN	B
6	2020/12/15	Sam	Suzhou	65	32	69	22.89	A

图 5-6 堆叠与拆堆

unstack()操作会使窄表变成宽表。为了方便理解它的用法，只取(['Name','City','Score'])这三列数据来做观察，代码如下：

```
dfu = pd.read_excel('demo_.xlsx')[['Name', 'City', 'Score']]
dfu = dfu.set_index(['Name', 'City'])[:3]
dfu
```

以上代码等效于下面的代码，两者输出的结果完全一致，代码如下：

```
dfu = pd.read_excel('demo_.xlsx',
                    usecols = ['Name', 'City', 'Score'],
```

```
                index_col = [0,1],
                nrows = 3)
dfu
```

以上代码的详细语法将在第 7 章讲解。输出的结果如下：

```
Name    City      Score
 Joe    Beijing     A
 Kim   Shanghai     A
 Jim   Shenzhen     B
```

重设索引，代码如下：

```
dfu.reset_index()
```

输出的结果如下：

```
   Name    City     Score
0  Joe    Beijing     A
1  Kim   Shanghai     A
2  Jim   Shenzhen     B
```

运用 unstack()方法，将行值转换为列值，代码如下：

```
dfu.reset_index().unstack()
```

前面两个步骤的图解说明如图 5-7 所示。

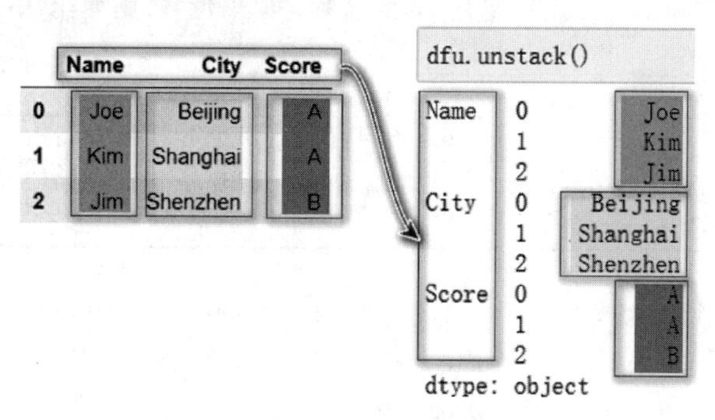

图 5-7　图解 unstack()运行原理(1)

对获取的数据进行拆堆(unstack)操作，代码如下：

```
dfui = pd.read_excel('demo_.xlsx',
                index_col = [0,1],                    #指定索引列
```

```
            usecols = ['Name', 'City', 'Score'],    #指定需导入的列
            nrows = 3).unstack('City')               #指定数据范围.拆堆操作
dfui
```

运行过程的原理及结果如图 5-8 所示。

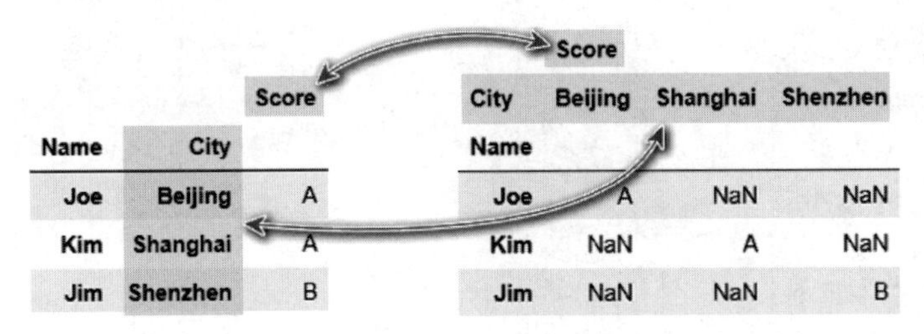

图 5-8 图解 unstack()运行原理(2)

3. melt()

语法：dfl.melt(id_vars,value_vars,var_name,value_name='value',col_level,ignore_index=True,)

结果：返回值为 DataFrame。

作用：逆透视 DataFrame,将宽表变成窄表。

参数：melt()的参数说明如表 5-2 所示。

表 5-2 melt()的参数说明

参 数	对 象	参数说明
id_vars	tuple、list or ndarray。作为标识符变量使用的列	optional
value_vars	tuple、list or ndarray。如果未指定,则使用所有列	
var_name	scalar(标量)。用于"变量"列的名称。如果没有,则使用'frame.columns.name'或"变量"	
value_name	scalar。默认值用于"值"列的名称	default 'value'
col_level	int or str。如果列是一个多层索引,那么使用指定层级去 melt	optional
ignore_index	bool。如果值为 True,则忽略原始索引而重新索引。如果值为 False,则保留原索引	default True

在上述参数中,id 是 identifier(标识符)的简写；var 是 variable(变量)的简写；col 是 column(column)的简写；level 是 multi_index 中的 level；index 是指 DataFrame 的 index。

DataFrame 的 melt()操作,代码如下：

```
dfl = pd.read_excel('demo_.xlsx').iloc[:2,:4]
dfl
dfl.melt()
```

前面两个步骤的图解说明如图 5-9 所示。

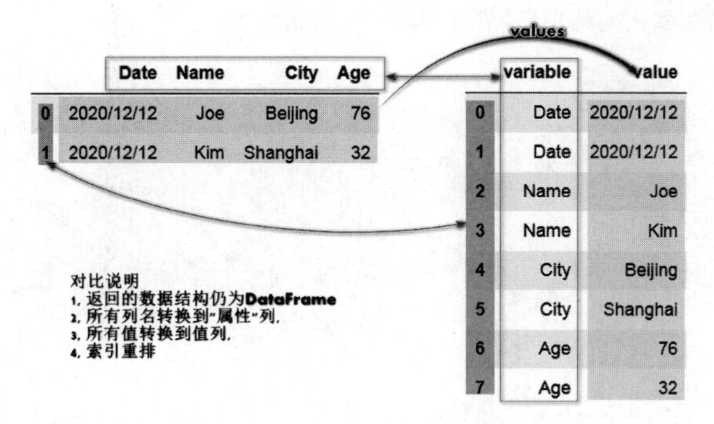

图 5-9 图解 melt()运行原理

DataFrame 的 melt()与 stack()操作比较。逐行运行以下代码：

```
dfl = pd.read_excel('demo_.xlsx').iloc[:2,:4]
dfl.melt()
dfl.stack()
```

图解说明 df.melt()方法与 df.stack()的差异性，如图 5-10 所示。

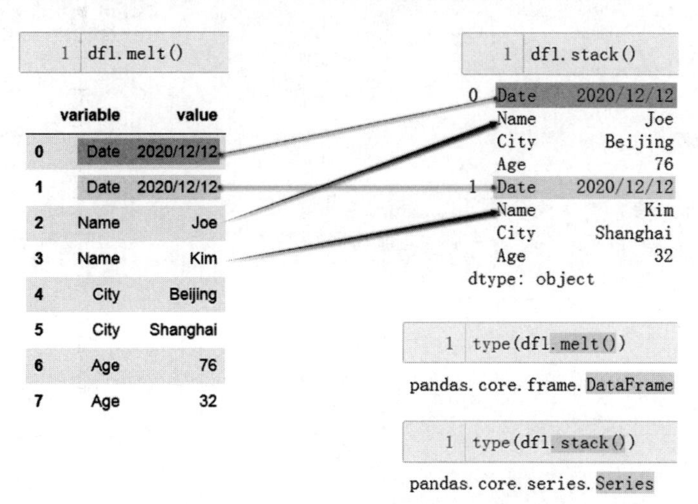

图 5-10 比较 melt()方法与 stack()方法

以下两种运行方式都是允许的，代码如下：

```
dfl = pd.read_excel('demo_.xlsx').iloc[:2,:4]
dfl.melt(id_vars = 'City')          #方式一
pd.melt(dfl,'City')                 #方式二
```

以上两种方式输出的结果是一样的，输出的结果如下：

```
     City    variable                    value
0   Beijing    Date     2020-12-12  00:00:00
1   Shanghai   Date     2020-12-12  00:00:00
2   Beijing    Name                      Joe
3   Shanghai   Name                      Kim
4   Beijing    Age                        76
5   Shanghai   Age                        32
```

继续运行的代码如下：

```
pd.melt(dfl,id_vars = ['Date'],value_vars = ['City','Name'])
#'Date'作为分组依据,['City','Name']为属性列
```

输出的结果如下：

```
        Date      variable   value
0   2020-12-12     City     Beijing
1   2020-12-12     City     Shanghai
2   2020-12-12     Name       Joe
3   2020-12-12     Name       Kim
```

运行的代码如下：

```
pd.melt(dfl,value_vars = ['City','Name'])
#无任何分组依据,['City','Name']为属性列
```

输出的结果如下：

```
   variable   value
0    City    Beijing
1    City    Shanghai
2    Name      Joe
3    Name      Kim
```

运行的代码如下：

```
#未使用 var_name、value_name 参数
dfl.melt(id_vars = ['City'],
    value_vars = ['Date', 'Name', 'Age'])
```

继续运行的代码如下：

```
#使用了 var_name、value_name 参数
dfl.melt(id_vars = ['City'],
                    value_vars = ['Date', 'Name', 'Age'],
                    var_name = '属性',
                    value_name = '值')
```

图解 var_name、value_name 两参数的使用，对比结果如图 5-11 所示。

	City	variable	value
0	Beijing	Date	2020/12/12
1	Shanghai	Date	2020/12/12
2	Beijing	Name	Joe
3	Shanghai	Name	Kim
4	Beijing	Age	76
5	Shanghai	Age	32

	City	属性	值
0	Beijing	Date	2020/12/12
1	Shanghai	Date	2020/12/12
2	Beijing	Name	Joe
3	Shanghai	Name	Kim
4	Beijing	Age	76
5	Shanghai	Age	32

图 5-11　图解 var_name、value_name 两参数的使用

运行的代码如下：

```
pd.melt(dfl,'City').pivot('City','variable','value').reset_index()
```

输出的结果如下：

```
variable    City     Age     Date         Name
    0      Beijing    76   2020 - 12 - 12   Joe
    1     Shanghai    32   2020 - 12 - 12   Kim
```

4. pivot()

语法：df.pivot(index,columns,values)。

结果：返回值 DataFrame。

对 DataFrame 的 pivot()应用，代码如下：

```
dfl  =  pd.read_excel('demo_.xlsx').iloc[:2,:4]
dfl.pivot("Date","Name","Age")                                #方法一
#dfl.pivot(index = "Date",columns = "Name",values = "Age")   #方法二
#dfl.pivot("Date","Name")["Age"]                              #方法三
```

方法一、方法二、方法三输出的结果完全一样。对比 Excel 的透视表，理解 Pandas pivot()的运行原理，如图 5-12 所示。

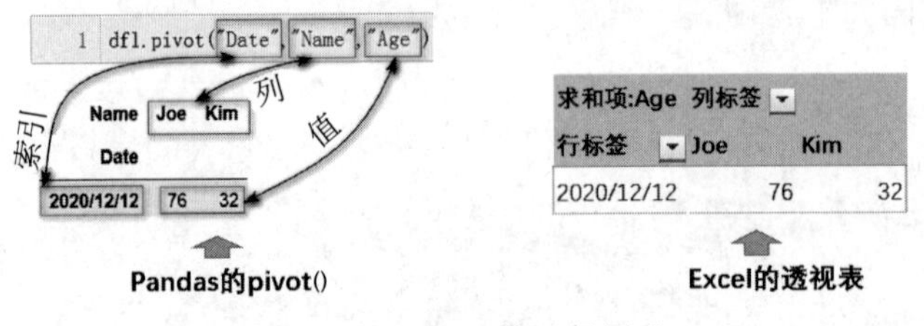

图 5-12 pivot()的运行原理

代码如下：

```
dfl = pd.read_excel('demo_.xlsx').iloc[:2,:4]
dfl.pivot(index = "Date",columns = ['City',"Name"],values = "Age")
```

输出的结果如下：

```
    City       Beijing  Shanghai
    Name        Joe       Kim
    Date
2020-12-12      76        32
```

运行的代码如下：

```
dfl.pivot(index = "Date",columns = 'City',values = ["Age","Name"])
```

输出的结果如下：

```
                 Age                 Name
    City       Beijing  Shanghai  Beijing  Shanghai
    Date
2020-12-12      76        32        Joe       Kim
```

5. transpose()

在 Pandas 中，df. transpose()方法与 df. T 属性的效果是完全一致的。以所选择的数据的最左上角为基点，进行行列转换位置，代码如下：

```
dfl = pd.read_excel('demo_.xlsx').iloc[:2,:4]
dfl
dfl.transpose()
```

此做法相当于 Excel 中的"复制"→"粘贴"→（粘贴选项）转置。输出的结果如图 5-13 所示。

相关原理说明，如图 5-14 所示。

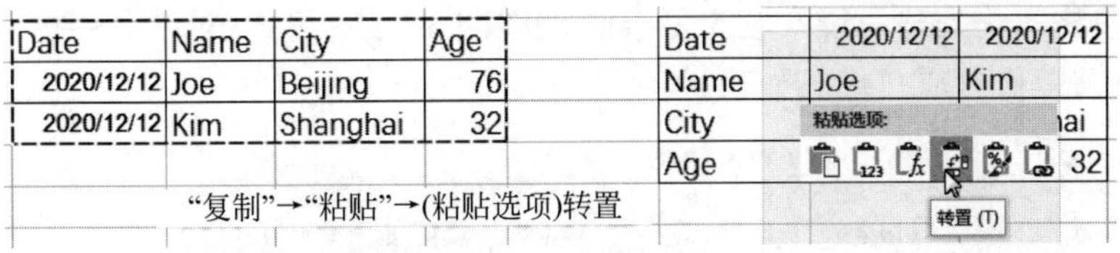

图 5-13　数据的转置

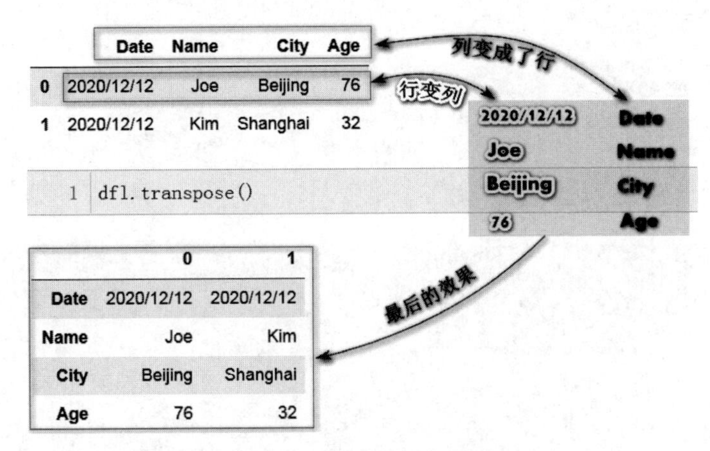

图 5-14　转置的运行原理

5.3.3　文本格式转换

1. %运算符

语法：(格式模板)%(值组)。

结果：返回的值为字符串。

参数：格式模板，一组或多组以%标志的字符串，如果有两个或两个以上的值，则需要用小括号括起来。值组，即要格式化的字符串或元组。

逐行运行代码：

```
"%s" % "18.86", type("%s" % "18.86")
#'%s', 字符串格式
"%d" % 18.86, type("%d" % 18.86)
#'%d', 整数格式
"%f" % 18.86, type("%f" % 18.86)
#'%d', 浮点格式(默认为小数点后 6 位)
```

格式模板中最常用的是 s、d、f 字符串。输出的结果如下：

```
('18.86', str)
('18', str)
('18.860000', str)
```

当字符串格式化处理的场景较为复杂时，可以采用字典格式（对字典中的键key的顺序没有要求，只需键值对应），代码如下：

```
'%(Name)s,%(City)s,%(Age).2f' % {'City':'Beijing', 'Name':'Joe','Age':76}
'%(Name)s 来自一线城市 %(City)s,今年%(Age)d岁 体能%(BMI).2f' % \
{"Name": "Joe","City": "Beijing","Age": 76,"BMI": 18.86}
```

输出的结果如下：

```
'Joe,Beijing,76.00'
'Joe 来自一线城市 Beijing,今年 76 岁 体能 18.86'
```

字符的宽度设置，逐行运行代码如下：

```
'%+6s' % 'Joe'
'%-6s' % 'Joe'
'%+6d' % 18.86
'%-6d' % 18.86
'%06d' % 18.86
'%(Age)+6s, %(BMI)06d' % {"Age":76,"BMI":18.86}
```

可供选择的参数：+、-、''（空格）、0。其中，+表示右对齐；-表示左对齐；''表示在正数的左侧填充空格；0表示填充0。+6表示右对齐，字符宽度为6（当宽度不足时，从左侧添加空格占位）。输出的结果如下：

```
'   Joe'
'Joe   '
'   +18'
'18    '
'000018'
'    76, 000018'
```

字符的精度设置，逐行运行的代码如下：

```
'%f' % 76              #浮点数的默认精度为6
'%.2f' % 76            #小数点后保留2位
'%.4f' % 18.86         #小数点后保留4位
'%.4s' % 'Beijing'     #取字符串的前4个
```

输出的结果如下：

```
'76.000000'
'76.0000'
```

```
'18.8600'
'Beij'
```

2. format()函数

语法：format(value,format_spec)。

参数：value表示要切换的数据；format_spec为格式控制标志，包括fill、align、sign、#和0、width、千位符、precision、type这8个可选字段，这些字段是可以组合使用的。

逐行运行的代码如下：

```
format(18.86)      #等价于str(18.86)
# format默认将其他数据类型转换为字符型
format(76,'d')
format(18.86,'f')
format(76,'>05')
format(76,'0>5')
format(76/18.86,'%')
format(76/18.86,'.2%')
```

输出的结果如下：

```
'18.86'
'76'
'18.860000'
'00076'
'00076'
'402.969247%'
'402.97%'
```

3. str.format()方法

语法：{参数序号:格式控制标志}.format(位置参数,关键字参数)。

参数序号：位置参数或关键字参数传递过来的参数变量，可以为空值。

格式控制标志：用来控制参数显示时的格式，和format()函数的format_spec参数是一样的。

逐行运行的代码如下：

```
'{}现居住于{},年龄{},体重{}BMI{}'.format('Joe','Beijing',76,56,18.86)

'{0},体重{3}BMI{4}现居住于{1},年龄{2}'.format('Joe','Beijing',76,56,18.86)

'{0},体重{3}BMI{4:.4f},现居住于{1},年龄{2}'.format('Joe','Beijing',76,56,18.86)

'"2012/12/12"登记结果:{0},体重{3}BMI{4}现居住于{1},年龄{2}'.format('Joe','Beijing',76,56,
18.86)
```

输出的结果如下：

```
'Joe 现居住于 Beijing,年龄 76,体重 56BMI18.86'
'Joe,体重 56BMI18.86 现居住于 Beijing,年龄 76'
'Joe,体重 56BMI18.8600,现居住于 Beijing,年龄 76'
'"2012/12/12"登记结果:Joe,体重 56BMI18.86 现居住于 Beijing,年龄 76'
```

5.3.4 style 样式转换

语法：类别（type）为属性（property），使用时后面不用加括号()。

结果：返回一个样式对象（Styler object）。

作用：对特定数据的突出显示、数值的格式化、迷你条形图的使用等，提高数据的“颜值”。可以通过 styler.applymap、styler.apply 等将样式功能传递到数据中，也可以通过 Styler.background_gradient 实现数据的热力图功能等（例如：对 seaborn 中 light_palette 的调用）。

注意：df.style 输出的是一个 Styler 对象（不是 DataFrame）。

对 DataFrame 的索引进行隐藏，代码如下：

```
df = pd.read_excel(r"demo_.xlsx")
df
df.style.hide_index()  #隐藏索引
```

索引列被隐藏，输出的结果如图 5-15 所示。

Date	Name	City	Age	WorkYears	Weight	BMI	Score
2020/12/12	Joe	Beijing	76	35	56.000000	18.860000	A
2020/12/12	Kim	Shanghai	32	12	85.000000	21.270000	A
2020/12/13	Jim	Shenzhen	55	23	72.000000	20.890000	B
2020/12/13	Tom	nan	87	33	nan	21.220000	C
2020/12/14	Jim	Guangzhou	93	42	59.000000	20.890000	B
2020/12/14	Kim	Xiamen	78	36	65.000000	nan	B
2020/12/15	Sam	Suzhou	65	32	69.000000	22.890000	A

图 5-15 隐藏索引列

对 DataFrame 中指定的列进行隐藏，代码如下：

```
df.style.hide_columns(['City','Date'])   #隐藏列
```

指定的列被隐藏，输出的结果如图 5-16 所示。

对 DataFrame 中的 null 值用黄色填充，代码如下：

```
dft = pd.read_excel(r"demo_.xlsx").select_dtypes('number')
dft
dft.style.highlight_null('yellow')
```

结果如图 5-17 所示。

	Name	Age	WorkYears	Weight	BMI	Score
0	Joe	76	35	56.000000	18.860000	A
1	Kim	32	12	85.000000	21.270000	A
2	Jim	55	23	72.000000	20.890000	B
3	Tom	87	33	nan	21.220000	C
4	Jim	93	42	59.000000	20.890000	B
5	Kim	78	36	65.000000	nan	B
6	Sam	65	32	69.000000	22.890000	A

图 5-16 隐藏列

	Age	WorkYears	Weight	BMI
0	76	35	56.000000	18.860000
1	32	12	85.000000	21.270000
2	55	23	72.000000	20.890000
3	87	33	nan	21.220000
4	93	42	59.000000	20.890000
5	78	36	65.000000	nan
6	65	32	69.000000	22.890000

图 5-17 高亮显示 nan 值

如果想对手头的数据负数标红，正数及 0 用黑色标记(由于手头的数据没有负数，所以先将一部分数据处理变成负数)，则代码如下：

```
dft = dft.fillna(0).applymap(lambda x: x if x > 50 else x - 60)
def AA(val):
    color = 'red' if val < 0 else 'black'
    return 'color: %s' % color
dft.style.applymap(AA)
```

输出的结果如图 5-18 所示。

	Age	WorkYears	Weight	BMI
0	76	-25	56.000000	-41.140000
1	-28	-48	85.000000	-38.730000
2	55	-37	72.000000	-39.110000
3	87	-27	-60.000000	-38.780000
4	93	-18	59.000000	-39.110000
5	78	-24	65.000000	-60.000000
6	65	-28	69.000000	-37.110000

图 5-18 标示所有负值

设置自定义函数，对 DataFrame 进行样式设置，代码如下：

```
def BB(s):
    mx = s == s.max()
```

```
    return ['background-color: yellow' if v else '' for v in mx]dft.style.apply(BB)
# 突出显示每列中的最大值
```

输出的结果如图 5-19 所示。

采用链式写法，将以上两个代码自定义函数放在一行语句中，代码如下：

```
dft.style.applymap(AA).apply(BB)    #链式写法
```

输出的结果如图 5-20 所示。

	Age	WorkYears	Weight	BMI
0	76	-25	56.000000	-41.140000
1	-28	-48	85.000000	-38.730000
2	55	-37	72.000000	-39.110000
3	87	-27	-60.000000	-38.780000
4	93	-18	59.000000	-39.110000
5	78	-24	65.000000	-60.000000
6	65	-28	69.000000	-37.110000

图 5-19 高亮显示每列的最大值

	Age	WorkYears	Weight	BMI
0	76	-25	56.000000	-41.140000
1	-28	-48	85.000000	-38.730000
2	55	-37	72.000000	-39.110000
3	87	-27	-60.000000	-38.780000
4	93	-18	59.000000	-39.110000
5	78	-24	65.000000	-60.000000
6	65	-28	69.000000	-37.110000

图 5-20 负值标识及高亮显示

对数据进行百分比格式设置，代码如下：

```
dft = pd.read_excel(r"demo_.xlsx").select_dtypes('number')
dft
dft.style.format("{:.2%}")
dft.style.format("{:.2%}", na_rep="-")
```

运行以上代码，输出的结果对比如图 5-21 所示。

	Age	WorkYears	Weight	BMI
0	7600.00%	3500.00%	5600.00%	1886.00%
1	3200.00%	1200.00%	8500.00%	2127.00%
2	5500.00%	2300.00%	7200.00%	2089.00%
3	8700.00%	3300.00%	nan%	2122.00%
4	9300.00%	4200.00%	5900.00%	2089.00%
5	7800.00%	3600.00%	6500.00%	nan%
6	6500.00%	3200.00%	6900.00%	2289.00%

	Age	WorkYears	Weight	BMI
0	7600.00%	3500.00%	5600.00%	1886.00%
1	3200.00%	1200.00%	8500.00%	2127.00%
2	5500.00%	2300.00%	7200.00%	2089.00%
3	8700.00%	3300.00%	-	2122.00%
4	9300.00%	4200.00%	5900.00%	2089.00%
5	7800.00%	3600.00%	6500.00%	-
6	6500.00%	3200.00%	6900.00%	2289.00%

图 5-21 文本格式设置

采用字典方式，对不同的列采用不同的样式显示，代码如下：

```
dft = pd.read_excel(r"demo_.xlsx").select_dtypes('number')

(
    dft.style.format(
        {'Age': "{:0.0f}",
         'WorkYears': "{:0.3f}",
         'Weight': " $ {:0.2f}",
         'BMI': '{: + .2f}'})
)
```

输出的结果如图 5-22 所示。

	Age	WorkYears	Weight	BMI
0	76	35.000	$56.00	+18.86
1	32	12.000	$85.00	+21.27
2	55	23.000	$72.00	+20.89
3	87	33.000	$nan	+21.22
4	93	42.000	$59.00	+20.89
5	78	36.000	$65.00	+nan
6	65	32.000	$69.00	+22.89

图 5-22 对多列数据的不同样式设置

逐行运行以下代码，给指定列的数据添加数据条，代码如下：

```
dft.style.bar(subset = ['Age', 'BMI'], color = 'lightblue')
dft.style.bar(subset = ['Age', 'BMI'], color = 'lightblue').set_precision(2)
```

. set_precision(2)语句用于将数据的精度设置为 2。输出的结果对比如图 5-23 所示。

	Age	WorkYears	Weight	BMI
0	76	35	56.000000	18.860000
1	32	12	85.000000	21.270000
2	55	23	72.000000	20.890000
3	87	33	nan	21.220000
4	93	42	59.000000	20.890000
5	78	36	65.000000	nan
6	65	32	69.000000	22.890000

	Age	WorkYears	Weight	BMI
0	76	35	56.00	18.86
1	32	12	85.00	21.27
2	55	23	72.00	20.89
3	87	33	nan	21.22
4	93	42	59.00	20.89
5	78	36	65.00	nan
6	65	32	69.00	22.89

图 5-23 添加数据条

5.4 本章回顾

计算机中有顺序结构、分支结构和循环结构 3 种基本的循环结构，用于处理重复的、有规律的操作。在 Pandas 中使用最多的是 for 循环语句。

在数据清洗的ETL(清洗、转换、加载)过程中,本章属于T(转换)环节。在数据的清洗与分析的过程中,经常会用到数据类型、数据结构或数据样式的转换。若转换的过程相对复杂,则可能会在转换语句中用到循环结构。

Pandas的强项在于数据的处理,但它也带有一些简单的数据表格美颜功能。在数据处理的过程中,可通过style属性进行一些较为常见的样式设置(例如:空值颜色填充、负值颜色标红、数据条等)。

第6章 文本转换

6.1 文本字符串

6.1.1 文本基础

在编程语言中，单个字母称为字符，多个文字的组合称为字符串。

字符串型与数值型(整型、浮点型)、布尔型、列表、元组、集合、字典都是 Python 的内置数据类型，它们都可以通过 type()函数来查看对应的类名，代码如下：

```
>>> type('Age')
<class 'str'>

>>> type(76)
<class 'int'>

>>> type(76.0)
<class 'float'>

>>> type(True)
<class 'bool'>

>>> type(['Age', 76])
<class 'list'>

>>> type(('Age', 76))
<class 'tuple'>

>>> type({76, 'Age'})
<class 'set'>

>>> type({"Age": 76})
<class 'dict'>
```

在 Python 中，字符集用单引号、双引号或三引号（3 个单引号或双引号）包围起来，从而形成字符串。相比于其他语言，对于引号的使用，Python 是比较灵活的，代码如下：

```
>>> 'Age76',"Age76",'''Age76''',"""Age76"""
('Age76', 'Age76', 'Age76', 'Age76')

>>> type('Age76'),type("Age76")
(<class 'str'>, <class 'str'>)

>>> type('''Age76'''),type("""Age76""")
(<class 'str'>, <class 'str'>)
```

在 Python 中，对字符串用运算符（+）作字符串连接，也可以用运算符（*）作次数重复，代码如下：

```
>>> "Age,76" + ",Joe"
'Age,76,Joe'

>>> "Joe " * 3
'Joe Joe Joe
```

在 Python 中，可以从既有字符串中截取部分字符串，也可以从字符串中逐一获取，代码如下：

```
>>> "Age76"[:3]
'Age'

>>> [i for i in  'Age76']
['A', 'g', 'e', '7', '6']
```

在 Python 中格式化字符串，代码如下：

```
>>> '{:.4}'.format("Age76")     #左对齐并取 4 个字符
'Age7'

>>> '{:0>8}'.format("Age76")   #右对齐并取 8 个字符(不足部分补 0)
'000Age76'

>>> '{:>8}'.format("Age76")    #右对齐并取 8 个字符(不足部分空格填充)
'   Age76'
```

在 Python 中格式化日期型字符串，代码如下：

```
>>> from datetime import datetime
>>> t = datetime.now()
>>> f'现在是:{t:%Y-%m-%d %H:%M:%S}'
'现在是:2021-05-31 08:48:20'
```

6.1.2 应用流程

在 Python 数据分析的过程中，经常要对字符串数据进行处理，例如：对字符串的“删除、拆分、组合、查询、查找、替换、计数”等应用，这其中的很多应用具备正则表达式的功能。当相关字符串方法已知可用正则表达式时它的默认参数为 regex=True，可用 regex=False 关掉正则表达式。Pandas 中字符串方法的整体使用的流程说明如图 6-1 所示。

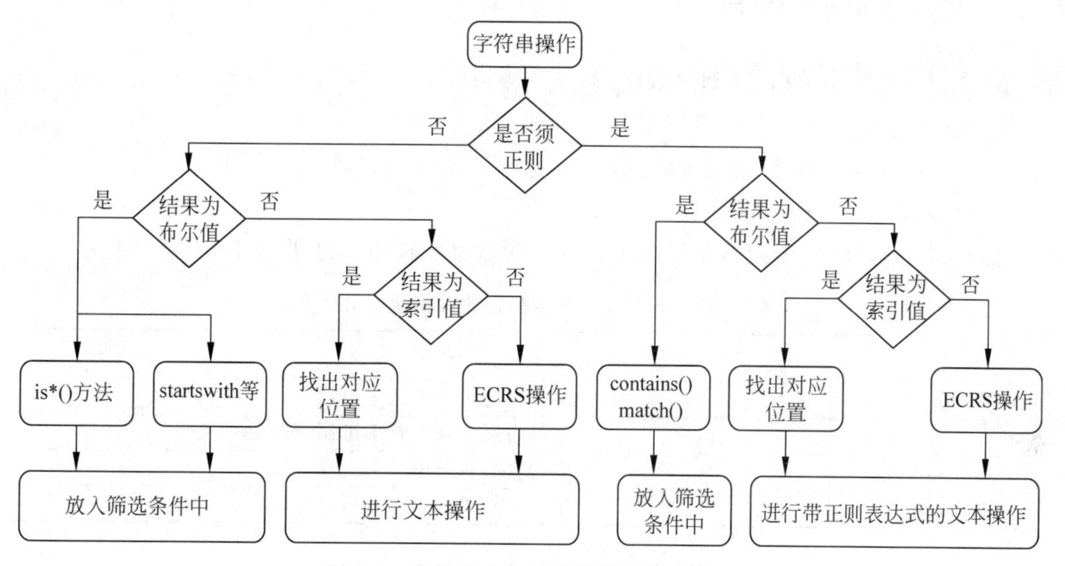

图 6-1　字符串方法的整体使用流程说明

在 Pandas 中主要是以 Series 为单位来处理字符串的，它的语法为 Series.str.str()方法。例如：Series.str.split()，代表的是 Pandas 中以某列为单位进行字符串拆分。在 Series 中，不允许直接对列用 split()来分列(系统会报错 AttributeError: 'Series' object has no attribute 'Split')，但如果先用.str 将这一列转换为类似字符串的格式，则不会有问题。假如要转换的这一列为数值列，则直接对数值列进行 str 的相关操作也会报错，必须先 astype(str)，然后对应的字符串进行操作，这样就不会有问题了，即 Series.astype(str).str.str()方法。

Series.str.str()方法中，str 是转换器。在 Pandas 中，有 3 个功能强大的转换器：str、dt、cat。str 转换器用于处理字符串对象，后面常用于连接字符串方法；dt 转换器用于处理时间对象(详见第 11 章)，后面常用于连接时间属性；cat 转换器用于处理分类对象的数据。

为聚焦于语法与实战，本章字符串演示所用到的数据主要有以下这些，代码如下：

```
stn = "76"
st_ = 'Age'
str_ = "Age76"
s = pd.Series(['AGE', 'Age76', '76Age', '76'])
s_ = pd.Series(['AGE', 'Age76', '76Age', np.nan])
sl = ["Joe76","kim32","JIM55","Tom87"]
sd = {"Joe":76,"kim":32,"JIM":55,"Tom":87}
sp = pd.Series(['    AGE', 'Age  76', '76 Age', '   76  '])
st = pd.Series(['2020-12-12','2021-5-6','2021-6-18'])
'76Kim 金,BMI 身体指数 21.27\n     BMI18.86 \rBMI22 AMI22    '
```

6.2 Python 字符串

6.2.1 识别阶段(Identity)

1. str.is 系列

str.is*()系列全部为信息函数,返回的值为 True 或 False。

1) 字符串是否包含数字

表 6-1 中的方法用于判断字符串中是否包含数字。输出的结果为 True 或 False。

表 6-1 用于判断字符串中是否包含数字的常用方法

方法	说明
str.isdigit()	字符串是否只由数字组成
str.isdecimal()	字符串是否只包含十进制字符
str.isnumeric()	字符串是否只由数字组成
str.isalnum()	字符串是否由字母和数字组成

当对象为单一的数值型字符串时,代码举例与运行结果如下:

```
>>> stn = "76"
>>> stn.isdigit()
True

>>> stn.isdecimal()
True

>>> stn.isnumeric()
True

>>> stn.isalnum()
True
```

```
>>> ("76a").isalnum()
True
```

当对象为包含数值的字符串时，代码举例与运行结果如下：

```
>>> str_ = "Age76"
>>> str_.isdigit()
False

>>> str_.isdecimal()
False

>>> str_.isnumeric()
False

>>> str_.isalnum()
True

>>> ("76a").isalnum()
True
```

当字符串位于 Series 对象中时，代码举例与运行结果如下：

```
>>> s = pd.Series(['AGE', 'Age76', '76Age', '76'])
>>> s.str.isdigit()
0    False
1    False
2    False
3     True
dtype: bool

>>> s.str.isdigit().to_list()
[False, False, False, True]

>>> s[s.str.isdigit()]
3    76

dtype: object
>>> s[s.str.isdecimal()]
3    76
dtype: object

>>> s[s.str.isnumeric()]
3    76
```

```
dtype: object

>>> s.str.isalnum()
0    True
1    True
2    True
3    True
dtype: bool

>>> s[s.str.isalnum()]
0      AGE
1    Age76
2    76Age
3       76
dtype: object
```

运行结果，当 Series 进行条件筛选时，所有值为 True 的数据都会被筛选出来。

2）字符串中是否包含字母或空格

表 6-2 中的方法用于判断字符串中是否包含字母或空格，结果为 True 或 False。

表 6-2　用于判断字符串中是否包含字母或空格的常用方法

方　法	说　明
str.isalpha()	字符串至少包含一个字符且所有字符都是字母(汉字)，则返回值为 True
str.islower()	至少包含一个小写字符，且不包含大写字符
str.isupper()	至少包含一个大写字符，且不包含小写字符
str.istitle()	所有单词大写开头其余小写(标题化)
str.isspace()	只包含空白符

(1) 对象为单一字符串，在 Pandas 中，要处理的字符串对象不论为单一字符串或其他，str.is 系列()返回的值均为 True 或 False。代码举例与运行结果如下：

```
>>> st_ = 'Age'
>>> st_.isalpha()
True

>>> st_.istitle()
True

>>> st_.islower()
False

>>> st_.isupper()
False
```

(2) 字符串位于Series对象中，并且字符串对象为Series，代码举例与运行结果如下：

```
>>> s = pd.Series(['Age', 'AGE', 'age76', '76'])
>>> s.str.isalpha()
0     True
1     True
2    False
3    False
dtype: bool

>>> s.str.istitle()
0     True
1    False
2    False
3    False
dtype: bool

>>> s.str.islower()
0    False
1    False
2     True
3    False
dtype: bool

>>> s.str.isupper()
0    False
1     True
2    False
3    False
dtype: bool
```

2. startswith/endswith

语法：Series.str.startswith(pat,na=nan)。

结果：查看元素是否以某指定的字符或字符串开头，返回布尔值(True、False)。

参数：pat表示字符串；na表示布尔值。

在Python中，允许string.startswith(value,start,end)指定字符串的起止位置。代码举例及运行结果如下：

```
>>> sm = '76Kim 金,BMI 身体指数 21.27\n     BMI18.86 \rBMI22 AMI22   '
>>> sm.startswith("MI",8,21)
True
```

当对象不为空时，str.startswith()返回的值为True或False；如果对象值为空，则返回的值为NaN。代码举例与运行结果如下：

```
>>> s_ = pd.Series(['AGE', 'Age76', '76Age', np.nan])
>>> s_.str.startswith('A')
0     True
1     True
2    False
3      NaN
dtype: object
```

如果不想让na值或null值显示为NaN,则可用第二参数指定na=False。代码举例与运行结果如下：

```
>>> s_ = pd.Series(['AGE', 'Age76', '76Age', np.nan])
>>> s_.str.startswith('A',na = False)
0     True
1     True
2    False
3    False
dtype: bool
```

str.endswith()的原理与str.startswith()的原理完全一致。返回的值为True或False。代码举例与运行结果如下：

```
>>> s.str.endswith('e')
0    False
1    False
2     True
3    False
dtype: bool
```

3. get._dummies

语法：str.get_dummies(sep='|')。

结果：用于数据的离散特征取值,返回的值为0或1的DataFrame。

代码举例与运行结果如下：

```
>>> s = pd.Series(['AGE', 'Age76', '76Age', '76'])
>>> s.str.get_dummies()
   76  76Age  AGE  Age76
0   0      0    1      0
1   0      0    0      1
2   0      1    0      0
3   1      0    0      0
```

4. index

str.index()用于返回字符串内子字符串的索引位置，但是当子字符串不存在时，则会报错。相关语法说明如表 6-3 所示。

表 6-3　str.index()的语法说明

方　法	说　明
str.index()	字符串首次出现的索引位置。语法：str.index(要检索的字符串，start，end)
str.rindex()	返回字符串最后一次出现的位置

str.index()用于返回字符串首次出现的索引位置，如果没有匹配的字符串，则会报异常。代码举例与运行结果如下：

```
>>> stn = "76"
>>> str_ = "Age76"
>>> str_.index(stn)
3
```

str.rindex()用于返回子字符串 str 在字符串中最后出现的位置，如果没有匹配的字符串，则会报异常。代码举例与运行结果如下：

```
>>> "Age7676".index(stn)
3

>>> "Age7676".rindex(stn)
5
```

5. find

语法：str.find(sub，start，end)。

结果：找到字符串首次出现的索引位置，如果未找到，则返回−1。

str.find()的应用举例及返回的结果如下：

```
>>> s.str.find('ge')
0   -1
1    1
2    3
3   -1
```

str.index()方法与 str.find()方法类似，功能类似且都不支持正则。二者的区别在于：如果未找到子字符串，则 find()方法返回−1，并且 index()会报错提示。

6.2.2　清洗阶段(Elimilate)

与字符串剪切相关的方法如表 6-4 所示。

表 6-4 与字符串剪切相关的方法

方法	说明
str. strip	删除 Series 及 Index 中字符串左右两边的空白字符(含换行符)
str. lstrip	删除 Series 及 Index 中字符串左边的空白字符(含换行符)
str. rstrip	删除 Series 及 Index 中字符串右边的空白字符(含换行符)
Series. str. slice	按下标截取字符串,语法(start=None,stop=None,step=None)
Series. str. slice_replace	按下标替换,语法(start=None,stop=None,repl=None)

str. strip()等方法的代码举例及运行结果如下:

```
>>> sp = pd.Series(['    AGE', 'Age  76', '76 Age', '  76  '])
>>> sp.str.strip()
0        AGE
1    Age  76
2     76 Age
3         76
dtype: object

>>> sp.str.lstrip()
0        AGE
1    Age  76
2     76 Age
3       76
dtype: object

>>> sp.str.rstrip()
0        AGE
1    Age  76
2     76 Age
3         76
dtype: object
```

说明: str. strip()与 Excel 中的 clean(trim())函数的功能类似,trim()用以清除空格符,clean()用于清除非打印字符(例如: 换行符)。

str. slice()等方法的代码举例及运行结果如下:

```
>>> sp = pd.Series(['    AGE', 'Age  76', '76 Age', '  76  '])
>>> sp.str.slice(3)
0     AGE
1      76
2     Age
3    76
dtype: object
```

```
>>> sp.str.slice()
0          AGE
1     Age   76
2      76 Age
3         76
dtype: object

>>> sp.str.slice_replace()
0
1
2
3
dtype: object
```

6.2.3 组合阶段(Combine)

1. 字符串的 join

语法：str.join(sep)。

结果：以指定的字符串为分隔符并生成一个新的字符串。

参数：sep 表示分隔符。

1）组合的对象为字符串或元组

字符串与元组的区别。代码举例与运行结果如下：

```
>>> type(('Age'))
<class 'str'>

>>> type(('Age',))
<class 'tuple'>
```

不同对象的字符拼接与返回值比对。代码举例与运行结果如下：

```
>>> ":".join('76')
'7:6'

>>> ":".join('Age')
'A:g:e'

>>> ":".join(('Age'))
'A:g:e'

>>> ":".join(('Age',))
'Age'
```

2）组合的对象为列表

当列表内末尾存在逗号时不会影响数据结构的类型，代码举例与运行结果如下：

```
>>> type(['Age'])
<class 'list'>

>>> type(['Age',])  #列表末尾存在逗号
<class 'list'>
```

列表内字符串对象的拼接，代码举例与运行结果如下：

```
>>> sl = ["Joe76","kim32","JIM55","Tom87"]
>>> " ".join(sl)
'Joe76 kim32 JIM55 Tom87'

>>> ":".join(sl)
'Joe76:kim32:JIM55:Tom87'

>>> "\n".join(sl)
'Joe76\nkim32\nJIM55\nTom87'

>>> "\t ".join(sl)
'Joe76\t kim32\t JIM55\t Tom87'
```

注意：列表对象中的字符串不能用 Pandas 的 str.join()方法。

代码如下：

```
sl = ["Joe76","kim32","JIM55","Tom87"]
sl.str.join('-')
```

代码运行后，报错如下：

```
Traceback (most recent call last):
  File "<stdin>", line 1, in <module>
AttributeError: 'list' object has no attribute 'str'
```

3）组合的对象为字典

当字典内末尾存在逗号时不会影响数据结构的类型，代码举例与运行结果如下：

```
>>> " ".join({"Joe":76,"kim":32,})
'Joe kim'
```

字典对象的字符串拼接的是字典内的各个键，代码举例与运行结果如下：

```
>>> sd = {"Joe":76,"kim":32,"JIM":55,"Tom":87,"XiaMen":78}
>>> " ".join(sd)
'Joe kim JIM Tom XiaMen'

>>> ":".join(sd)
'Joe:kim:JIM:Tom:XiaMen'

>>> "\n".join(sd)
'Joe\nkim\nJIM\nTom\nXiaMen'

>>> "\t ".join(sd)
'Joe\t kim\t JIM\t Tom\t XiaMen'
```

4）组合的对象为 Series

Series.str.join(sep)的返回值为 Series，sep 参数为元素间所使用的分隔符。代码举例与运行结果如下：

```
>>> s = pd.Series(['AGE', 'Age76', '76Age', '76'])
>>> s.str.join('--')
0          A--G--E
1    A--g--e--7--6
2    7--6--A--g--e
3             7--6
dtype: object
```

当需要拼接的对象不是 str 类型时，在插入分隔符之后返回值将是 NaN。代码举例与运行结果如下：

```
>>> s_ = pd.Series(['AGE', 'Age76',76, np.nan])
>>> s_.str.join('-')
0        A-G-E
1    A-g-e-7-6
2          NaN
3          NaN
dtype: object
```

2. 字符串的 cat

语法：Series.str.cat(others=None,sep=None,na_rep=None,join=None)。

结果：用给定的分隔符连接系列/索引中的字符串。

参数：sep 表示字符串或 None 值，默认值为 None；na_rep 表示字符串或 None 值，默认值为 None；join 包含 left、right、outer、inner 共 4 种连接方式，默认值为 None。

1）参数应用

str.cat()的语法结构为 Series.str.cat(self,others,sep,na_rep,join)。在不做任何参

数设置时，代码举例及运行结果如下：

```
>>> s_ = pd.Series(['AGE', 'Age76', '76Age', np.nan])
>>> s_.str.cat()
'AGEAge7676Age'
```

如果不指定 others 参数，则 Series 中的所有值都将按指定的分隔符进行连接，代码如下：

```
>>> s_ = pd.Series(['AGE', 'Age76', '76Age', np.nan])
>>> s_.str.cat(sep = '-')
'AGE-Age76-76Age'
```

当指定分隔符及缺失值所应插入的字符串时，代码举例及运行结果如下：

```
>>> s_.str.cat(sep = '-',na_rep = '_')
'AGE-Age76-76Age-_'
```

如果指定 others 参数的值，则 Series 和 others 将按索引的顺序对各自对应的元素相加。代码运行及结果如下：

```
>>> s_ = pd.Series(['AGE', 'Age76', '76Age', np.nan])
>>> s_ .str.cat(['1a','2b','3c','4d'])
0      AGE1a
1    Age762b
2    76Age3c
3        NaN
dtype: object
```

如果 na_rep 是无，并且 others 不为 None，任何列中包含缺失值的行与其他列的行值相加后，返回的值为缺失值。代码举例及运行结果如下：

```
>>> s_.str.cat(['1a','2b','3c','4d'],sep = '-')
0      AGE-1a
1    Age76-2b
2    76Age-3c
3         NaN
dtype: object
```

为避免因缺失值而造成结果的丢失，可以指定 na_rep 的值，代码如下：

```
>>> s_.str.cat(['1a','2b','3c','4d'],sep = '-',na_rep = '_')
0      AGE-1a
```

```
1     Age76 - 2b
2     76Age - 3c
3         _ - 4d
dtype: object
```

2）案例说明

连接文本型数值的案例代码如下：

```
# 获取数据
df = pd.read_excel('demo_.xlsx',
                   usecols = ['Name','City'],
                   nrows = 3)

# 新建 Name 列，对 df.Name、df.City 两列进行文本连接
df['Name'] = (df['Name']
              .str.cat(
                  others = df['City'],
                  sep = '-',          # 分隔符
                  na_rep = '_',       # nan 值显示
                  join = 'left')      # 连接方式
              )

# 新建 Cat 列，对 df.City、df.Name 两列进行文本连接
df['cat'] = (df['City']
             .str.cat(
                 df['Name'],
                 sep = '-',
                 na_rep = '_',
                 join = 'left')
             )
df
```

输出的结果如下：

```
          Name       City                     cat
0  Joe-Beijing    Beijing     Beijing-Joe-Beijing
1  Kim-Shanghai   Shanghai  Shanghai-Kim-Shanghai
2  Jim-Shenzhen   Shenzhen  Shenzhen-Jim-Shenzhen
```

连接“文本型+数值型数值”的案例代码如下：

```
# 获取数据
df = pd.read_excel('demo_.xlsx',
                   usecols = ['Age','City'],
                   nrows = 3)
```

```
#新建 CiAg 列,对 df.City、df.Age 两列进行文本连接
df['CiAg'] = (df['City']
             .str.cat(df['Age']
                     .astype(str),     #将 Series 的现有数据类型转换为 str
                     na_rep = '_')
             )
df
```

首先需将数值型转换为文本，然后才可以与其他文本拼接。输出的结果如下：

```
     City     Age    CiAg
0   Beijing   76   Beijing76
1  Shanghai   32  Shanghai32
2  Shenzhen   55  Shenzhen55
```

来自两个不同 DataFrame 中的 Series 的文本拼接案例，代码如下：

```
#数据获取
dfA = pd.read_excel('demo_.xlsx','dfA',
                    usecols = ['Name','Age'])
dfB = pd.read_excel('demo_.xlsx','dfB',
                    usecols = ['Name','Score'])

#对来自不同 DataFrame 的文本进行连接
(dfA['Name']
.str.cat(dfB,
         sep = '-',
         join = 'left',
         na_rep = '_')
)
```

两个 DataFrame 间是以 index 为左外连接的键，输出的结果如下：

```
0    Joe-Joe-A
1    Kim-Jim-B
2    Jim-Kim-B
3    Tom-Sam-A
Name: Name, dtype: object
```

6.2.4 转换重组(Rearrange)

1. 字符串的大小写转换

1）对象为单一的字符串

当对象为单一的字符串时，代码举例与运行结果如下：

```
>>> str_ = "Age76"
>>> str_.capitalize()      #首字母大写
'Age76'

>>> str_.title()           #每个首字母大写
'Age76'

>>> str_.lower()           #小写
'age76'

>>> str_.upper()           #大写
'AGE76'

>>> str_.swapcase()        #大小写互换
'aGE76'
```

2）字符串位于 Series 对象中

当字符串位于 Series 对象中时，代码如下：

```
>>> s = pd.Series(['AGE', 'Age76', '76Age', '76'])
>>> s.str.capitalize()      #首字母大写
0      Age
1    Age76
2    76age
3       76
dtype: object

>>> s.str.title()           #首字母大写
0      Age
1    Age76
2    76Age
3       76
dtype: object

>>> s.str.lower()           #小写
0      age
1    age76
2    76age
3       76
dtype: object

>>> s.str.upper()           #大写
0      AGE
1    AGE76
2    76AGE
```

```
3        76
dtype: object

>>> s.str.swapcase() # 大小写互换
0       age
1     aGE76
2     76aGE
3        76
dtype: object
```

说明：str.lower()、str.upper()的作用与Excel中的lower()、upper()函数功能类似。

2. 字符串的对齐

字符串对齐的常用方法如表6-5所示。

表6-5 字符串对齐的常用方法

方　法	说　明
str.pad()	字符串的左右补齐
str.center()	字符串居中填充。str.center(要扩充的长度，要填充的字符)
str.ljust()	字符串左对齐填充。str.ljust(要扩充的长度，要填充的字符)
str.rjust()	字符串右对齐填充。str.rjust(要扩充的长度，要填充的字符)

代码举例及输出的结果如下：

```
>>> sc = pd.read_excel('demo_.xlsx')['City']
>>> sc.str.pad(width = 10, side = 'left', fillchar = '_')
0    ___Beijing
1    __Shanghai
2    __Shenzhen
3           NaN
4    _Guangzhou
5    ____Xiamen
6    ____Suzhou
Name: City, dtype: object

>>> sc.str.pad(width = 10, side = 'right', fillchar = '_')
0    Beijing___
1    Shanghai__
2    Shenzhen__
3           NaN
4    Guangzhou_
5    Xiamen____
6    Suzhou____
Name: City, dtype: object
```

```
>>> sc.str.pad(width = 10, side = 'both', fillchar = '_')
0     _Beijing__
1     _Shanghai_
2     _Shenzhen_
3            NaN
4     Guangzhou_
5     __Xiamen__
6     __Suzhou__
Name: City, dtype: object

>>> sc.str.center(width = 10, fillchar = '_')
0     _Beijing__
1     _Shanghai_
2     _Shenzhen_
3            NaN
4     Guangzhou_
5     __Xiamen__
6     __Suzhou__
Name: City, dtype: object

>>> sc.str.ljust(width = 10, fillchar = '_')
0     Beijing___
1     Shanghai__
2     Shenzhen__
3            NaN
4     Guangzhou_
5     Xiamen____
6     Suzhou____
Name: City, dtype: object

>>> sc.str.rjust(width = 10, fillchar = '_')
0     ___Beijing
1     __Shanghai
2     __Shenzhen
3            NaN
4     _Guangzhou
5     ____Xiamen
6     ____Suzhou
Name: City, dtype: object
```

3. 字符串重复

字符串填充及指定重复次数等方法的语法说明如表 6-6 所示。

表 6-6 字符串填充的常用方法

方 法	说 明
str. zfill()	在字符串前面填充 0
str. repeat()	对字符串指定重复的次数
str. warp()	在指定的位置加回车符号

str. zfill()、str. repeat()、str. wrap()的应用举例,代码如下:

```
>>> s_ = pd.read_excel('demo_.xlsx')['City'][:3]
>>> s_.str.zfill(width = 10)             #在字符串前面填充 0,直到指定长度
0    000Beijing
1    00Shanghai
2    00Shenzhen
Name: City, dtype: object

>>> s_.str.repeat(repeats = 2)           #将字符串扩展 n 倍
0      BeijingBeijing
1    ShanghaiShanghai
2    ShenzhenShenzhen
Name: City, dtype: object

>>> s_.str.repeat(repeats = [2, 2, 3,])  #为每个元素指定扩展倍数
0              BeijingBeijing
1            ShanghaiShanghai
2    ShenzhenShenzhenShenzhen
Name: City, dtype: object

>>> s_.str.wrap(width = 5)               #每隔指定个字符插入一个换行符
0     Beiji\nng
1    Shang\nhai
2    Shenz\nhen
Name: City, dtype: object
```

6.3 正则表达式

正则是 Regular Expression(正则表达式)的简写,正则表达式通过一些特定的元字符实现强大、便捷与高效的文本匹配、查找、替换等功能,因此,正则表达式已经成为所有主流编程语言的必备项。很值得去认真学习与了解。

正则表达式由“元字符”和其他“普通文本字符”两部分组成。其中,“元字符”主要包括基本元字符、数字元字符、特殊元字符、位置元字符等。

6.3.1 元字符

元字符是用来描述字符的字符。

1. 基本元字符

基本元字符及其语法说明如表 6-7 所示。

表 6-7 基本元字符及其语法说明

元字符	语法说明
.	(除换行符以外的)任意字符
|	逻辑或
[]	字符集合中的任一字符
[^]	不是字符集合中的任一字符
-	区间定义
\	转义符
()	生成子表达式

以上基本元字符的应用举例,代码如下:

```
import re
s = "76Kim 金,BMI 身体指数 21.27\n     BMI18.86 \rBMI22 AMI22    "
re.search(".",s)
re.search ("Joe|Kim",s)
re.search ("[A-Z]",s)
re.search ("[KkiIMm]+",s)
re.search ("[A-z]+",s)
re.search (r"\w+",s)
re.search (r"[^0-9]",s)
```

上面用的是 search()函数,第一参数为正则模式,第二参数为要匹配的字符串。如果匹配,则返回匹配的内容。如果不匹配,就返回空值。输出的结果如下:

```
<re.Match object; span=(0, 1), match='7'>
<re.Match object; span=(2, 5), match='Kim'>
<re.Match object; span=(2, 3), match='K'>
<re.Match object; span=(2, 5), match='Kim'>
<re.Match object; span=(2, 5), match='Kim'>
<re.Match object; span=(0, 6), match='76Kim 金'>
<re.Match object; span=(2, 3), match='K'>
```

以上输出的结果 match=后面的'7'、'Kim'、'K'、'Kim'、'Kim'、'76Kim 金'、'K'均为返回的值。

2. 数字元字符

常见的数字元字符及其语法如表 6-8 所示。

表 6-8 数字元字符

元 字 符	语 法 说 明
*	零次或多次(贪婪模式)
*?	*的懒惰模式
+	一次或多次(贪婪模式)
+?	+的懒惰模式
?	前一字符的零次或一次
{n}	n次重复
{m,n}	重复n到m次
{n,}	重复n次到更多次
{n,}?	{n,}的懒惰模式

3. 特殊元字符

特殊元字符及其语法说明如表 6-9 所示。

表 6-9 特殊元字符

元 字 符	语 法 说 明
\d	任意数字,等价于[0-9]
\D	不是数字,等价于[^0-9]
\s	空白字符,等价于[\n\r\t\v]
\S	不是空白字符,等价于[^\n\r\t\v]
\w	任意字母、数字或下画线,等价于[a-zA-Z0-9_]
\W	不是任意字母、数字或下画线,等价于[^a-zA-Z0-9_]
\f	换页符
\n	换行符
\r	回车符
\t	制表符

4. 位置元字符

位置元字符及其语法说明如表 6-10 所示。

表 6-10 位置元字符

元 字 符	语 法 说 明
^	开始
$	结束
\b	单词的边界
\B	不是\b

5. 追溯与查找元字符

各类正则断言及其语法如表 6-11 所示。

表 6-11　追溯与查找元字符

元 字 符	语 法 说 明
?=	名称：正向先行断言(正前瞻) 语法：(?=pattern) 作用：匹配 pattern 表达式前面的内容，不返回本身 举例：a(?=b)，先行断言，a 只有在 b 前面才匹配
?<=	名称：正向后行断言(正后顾) 语法：(?<=pattern) 作用：匹配 pattern 表达式后面的内容，不返回本身 举例：(?<=b)a，后行断言，a 只有在 b 后面才匹配
?!	名称：负向先行断言(负前瞻) 语法：(?!pattern) 作用：匹配非 pattern 表达式的前面内容，不返回本身 举例：a(?!b)，先行否定断言，a 只有不在 b 前面才匹配
?<!	名称：负向后行断言(负后顾) 语法：(?<!pattern) 作用：匹配非 pattern 表达式的后面内容，不返回本身 举例：(?<!b)a，后行否定断言，a 只有不在 b 后面才匹配
?()	条件(if-then)
?()!	条件(if-then-else)

要测试的字符串如下：

```
76Kim金,BMI身体指数21.27\n    BMI18.86 \rBMI22 AMI22
```

1）先行断言与先行否定断言

为了更直接地了解匹配的值，进入 https://regex101.com/便可在线测试。

相关正则表达式：BMI(?=[\d.]+\b)。正向先行断言，匹配[\d.]+\b 表达式前面的内容，不返回本身，如图 6-2 所示。

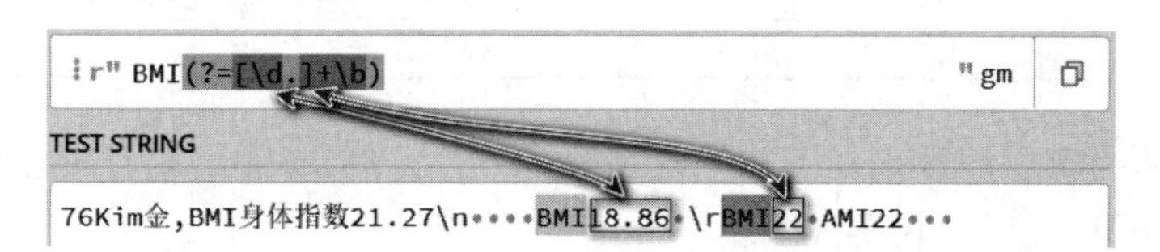

图 6-2　正向先行断言

相关正则表达式：BMI(?![\d.]+\b)，负向先行断言，输出的结果如图 6-3 所示。

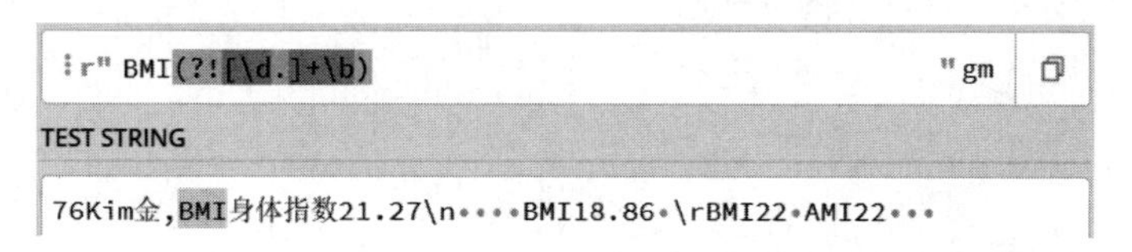

图 6-3　负向先行断言

2）后行断言与后行否定断言

相关正则表达式：(?<=B)MI，输出的结果如图 6-4 所示。

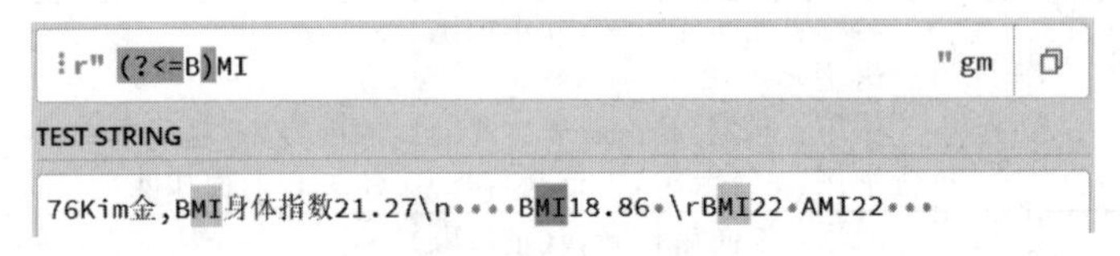

图 6-4 正向后行断言

相关正则表达式：(?<!B)MI，输出的结果如图 6-5 所示。

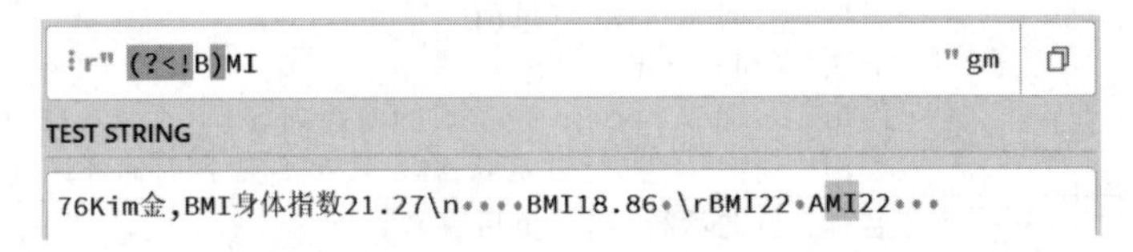

图 6-5 负向后行断言

6.3.2 用法

1. 分组

正则表达式中的分组分为“捕获组”与“非捕获组”，它们用成对的小括号来表示。例如：(\d)表示一个捕获组，(\d)(\d)表示两个捕获，(\d)(\d)(\d)表示 3 个捕获。总之，在正则中有几对小括号元字符，就表示有几个分组。表 6-12 是分组与捕获相关的一些元字符。

表 6-12 分组与捕获相关的一些元字符

元 字 符	语 法 说 明
()	分组匹配
\1	分组匹配的第 1 个组
(?:)	分组不捕获
(? m)	分行匹配模式

捕获组与非捕获组的区别在于括号内是否有“?:”。例：('abc')为捕获组，(?:'abc') 为非捕获组。捕获组的应用，代码如下：

```
>>> st = pd.Series(['2020 - 12 - 12','2021 - 5 - 6','2021 - 6 - 18'])
>>> st.str.extract(r'(\d{4})')
      0
0  2020
1  2021
2  2021

>>> st.str.extract(r'(\d{4} - \d{1})')
```

```
         0
0  2020-1
1  2021-5
2  2021-6

>>> st.str.extract(r'(\d{4}-\d{1}-\d{2})')
            0
0         NaN
1         NaN
2  2021-6-18

>>> st.str.extract(r'(\d{4}.+\d{1}.+\d{2})')
             0
0  2020-12-12
1          NaN
2   2021-6-18
```

元字符的运算优先级如表 6-13 所示。

表 6-13　元字符的运算优先级

运　算　符	描　　述
\	转义符
(),(?:),(?=),[]	圆括号和方括号
*,+,?,{n},{n,},{n,m}	限定符
^,$,\任何元字符、任何字符	定位点和序列
|	替换,"或"操作

为了更直接地了解匹配的值,进入 https://regex101.com/便可在线测试。

要测试的字符串:

```
76Kim金,BMI身体指数21.27\n    BMI18.86 \rBMI22 AMI22
```

相关正则表达式:(\d{2}\.\d{2}),表达式中圆括号的作用是对字符进行分组,并保存匹配的文本。输出的结果如图 6-6 所示。

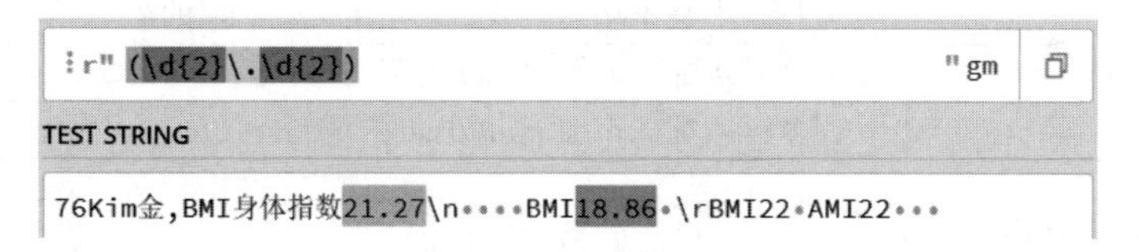

图 6-6　正则表达式(1)

相关正则表达式:(\d+\.\d+),输出的结果如图 6-7 所示。

相关正则表达式:(\d{2}\.\d{2}),输出的结果如图 6-8 所示。

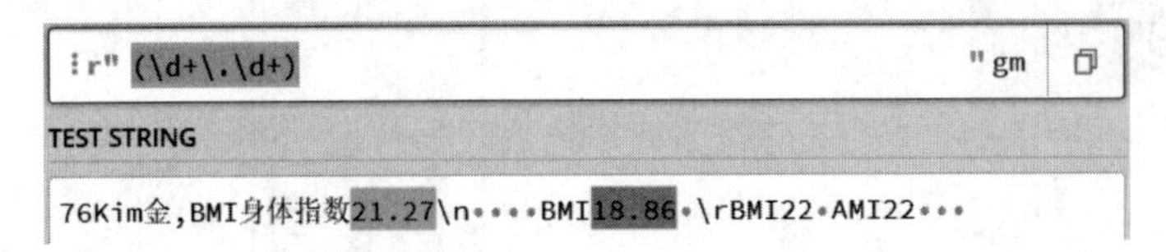

图 6-7　正则表达式(2)

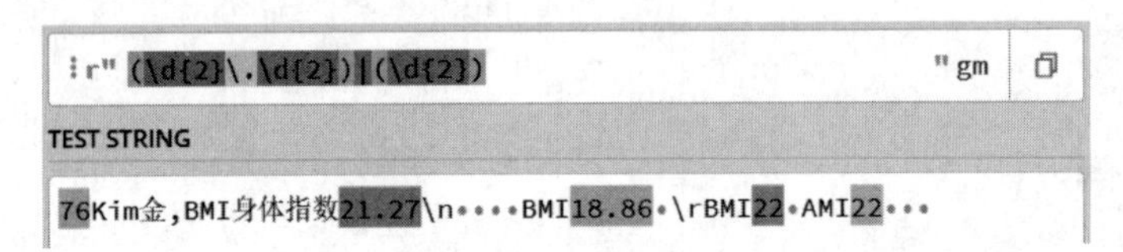

图 6-8　正则表达式(3)

相关正则表达式：(\d+),输出的结果如图 6-9 所示。

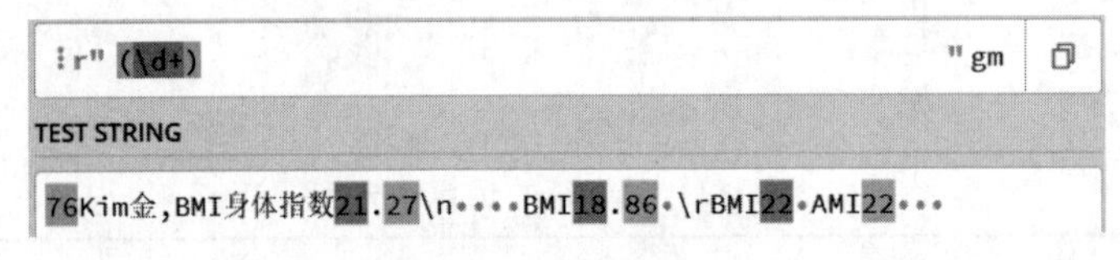

图 6-9　正则表达式(4)

相关正则表达式：(\d+\.?),输出的结果如图 6-10 所示。

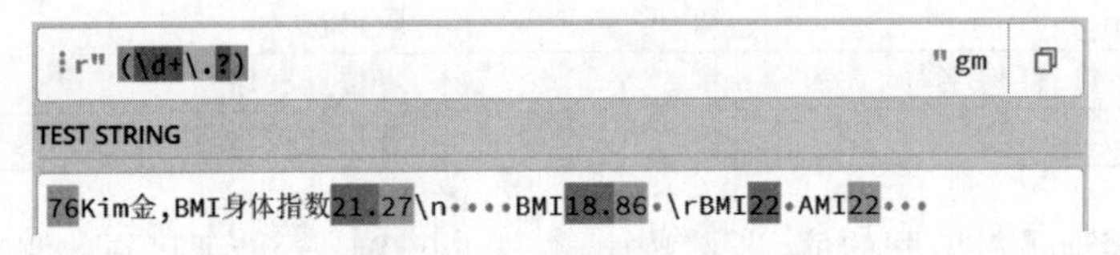

图 6-10　正则表达式(5)

2. 修饰符

正则表达式中常用修饰符及其语法说明如表 6-14 所示。

表 6-14　修饰符

元 字 符	语 法 说 明
i	对大小写不敏感匹配。i 是 ignoreCase 的简写
g	全局匹配。g 是 global 的简写
m	多行匹配。m 是 multiline 的简写

忽略大小写,代码如下：

```
>>> str_ = "Age76"
>>> re.search(r'age',str_,re.I)
<re.Match object; span=(0, 3), match='Age'>
```

6.4 Pandas 的方法

6.4.1 识别阶段(Identity)

1. match

语法：Series. str. match(pat,case=True,flags=0,na=None)。

结果：返回布尔值 Series 或数组。

参数：pat 表示字符串或正则表达式；case 表示布尔值，默认值为 True(对大小写敏感)；flags 的默认值为 0(无 flags)。flags 是指与正则表达式的修饰符相关。

1) 中文

匹配字符串的起始位置是否有“江峰”，如果匹配成功，则返回值为 True；如果要匹配的字符串不在起始位置或未匹配到，则返回值为 False，代码如下：

```
dg = pd.read_excel('demo_.xlsx',
                   sheet_name = 'dg',
                   usecols = ['Name','Acount'])[:3]
dg['Acount'].str.match('江峰')
```

输出的结果如下：

```
0     True
1    False
2    False
Name: Acount, dtype: bool
```

匹配字符串的起始位置是否有“江峰”或“江敏”，将值为 True 的相关数据筛选出来，代码如下：

```
dg[dg['Acount'].str.match(r'江峰|江敏')]
```

输出的结果如下：

```
  Name                    Acount
0  Joe  江峰,6212 2612 0201,工商银行 H 州北景园支行
1  Kim  江敏,6225 6821 2800,广发银行 G 州沙太路支行
```

匹配字符串的起始位置是否有“中国建设银行”，代码如下：

```
dg['Acount'].str.match(r'中国建设银行')
```

输出的结果如下：

```
0    False
1    False
2    False
Name: Acount, dtype: bool
```

行标签为2的数据中有字符串“中国建设银行”，但未在起始位置，故未能匹配到，返回的值仍为False。

匹配字符串的起始位置是否为中文，代码如下：

```
dg['Acount'].str.match(r'[一-龟]')
```

输出的结果如下：

```
0    True
1    True
2    True
Name: Acount, dtype: bool
```

2）数字

元字符D代表的是“非数字”，代码如下：

```
dg = pd.read_excel('demo_.xlsx',
                    sheet_name = 'dg',
                    usecols = ['Name','Acount'])[:3]
dg['Acount'].str.match(r'\D{2}')
```

输出的结果如下：

```
0    True
1    True
2    True
Name: Acount, dtype: bool
```

匹配字符串的起始位置是否有“6212”，代码如下：

```
dg['Acount'].str.match('6212')
```

输出的结果如下：

```
0    False
1    False
2    False
Name: Acount, dtype: bool
```

元字符[^0-9]代表的是“非数字”,代码如下:

```
dg['Acount'].str.match(r'[^0-9]')
```

输出的结果如下:

```
0     True
1     True
2     True
Name: Acount, dtype: bool
```

3)字母

[a-zA-Z]代表的是大小写的26个字母,代码如下:

```
dg = pd.read_excel('demo_.xlsx',
                   sheet_name='dg',
                  usecols=['Name','Address'])
dg['Address'].str.match(r'[a-zA-Z]')
```

输出的结果如下:

```
0     False
1     False
2      True
3     False
4      True
5     False
6     False
Name: Address, dtype: bool
```

筛选出 Address 列中字符串的首字为字母的行,代码如下:

```
dg[dg['Address'].str.match(r'[a-zA-Z]')]
```

输出的结果如下:

```
  Name                    Address
2  Jim  c座华府御园4栋1106 胡二浪 1337915660
4  Jim    A幢润物有限公司  江林波 1388967474
```

2. contains

语法:series.str.contains(pat,case = True,flags = 0,na = nan,regex = True)。

结果:返回布尔值 Series 或索引。

参数：pat 中 str 类型字符序列或正则表达式。flags 表示可传入 re.IGNORECASE 之类的参数，但若 pat 为编译的正则表达式，则不能设置。Regex 中 bool 的默认值为 True。如果值为 True，则假定 pat 是正则表达式。

str.contains()返回的对象为 bool 值，代码及输出的结果如下：

```
>>> dg = pd.read_excel('demo_.xlsx',sheet_name = 'dg').tail(2)
>>> dg['Acount']. str.contains(r'\d')
5    True
6    True
Name: Acount, dtype: bool

>>> dg['Acount'].str.contains(r'\d[一-龟]')
5    True
6    False
Name: Acount, dtype: bool

>>> dg['Acount'].str.contains(r'\d[一-龟]', na = False)
5    True
6    False
Name: Acount, dtype: bool

>>> dg['Acount'].str.contains('6217', regex = False)
5    False
6    False
Name: Acount, dtype: bool
```

将 str.contains()返回的 bool 值放到 DataFrame 的筛选条件中，最后返回新的 DataFrame，代码如下：

```
#获取数据
dg = pd.read_excel('demo_.xlsx',
                    sheet_name = 'dg',
                   usecols = ['Name','Acount'])

#条件筛选
dg[dg['Acount'].str.contains('6217', regex = False)]
```

输出的结果如下：

```
  Name                    Acount
3  Kam  胡涛 6217 0031 7001 中国银行 H 州仲恺开发区支行
4  Jim  王军 621700 44700 中国建设银行青铜夹支行
```

将 str.contains()放入.loc 属性的条件筛选，代码如下：

```
dg.loc[dg.Acount.str.contains('支行')]
```

输出的结果如下：

```
    Name                              Acount
0  Joe   江峰,6212 2612 0201,中国工商银行H州北景园支行
1  Kim   江敏,6225 6821 2800,广发银行G州沙太路支行
2  Jim     王义连 6227 0031 7210 中国建设银行玉山支行
3  Kam      胡涛 6217 0031 7001 中国银行H州仲恺开发区支行
4  Jim      王军 621700 44700 中国建设银行青铜夹支行
6  Sam  张科 6228 4800 8525 中国农业银行G州市白云区京溪支行
```

将str.contains()放入.loc属性的条件筛选，字符串中包含"工商"或"建设"，代码如下：

```
dg.loc[dg.Acount.str.contains('工商|建设')]
```

输出的结果如下：

```
    Name                         Acount
0  Joe  江峰,6212 2612 0201,中国工商银行H州北景园支行
2  Jim   王义连 6227 0031 7210 中国建设银行玉山支行
4  Jim     王军 621700 44700 中国建设银行青铜夹支行
```

将str.contains()放入.loc属性的条件筛选，启用正则，代码如下：

```
dg.loc[dg.Acount.str.contains('工商|建设', regex = True)]
```

输出的结果如下：

```
    Name                         Acount
0  Joe  江峰,6212 2612 0201,中国工商银行H州北景园支行
2  Jim   王义连 6227 0031 7210 中国建设银行玉山支行
4  Jim     王军 621700 44700 中国建设银行青铜夹支行
```

6.4.2 转换重组(Rearrange)

1. replace

语法：Series.str.replace(pat,repl)。

作用：字符串中的文本替换。

参数：pat替换的模式，一般为正则表达式。repl为要替换进去的字符串或函数。

说明：str.replace()的作用基本与re.sub()等同，区别在于re.sub()一次只能处理一个字符串，而str.replace()可以一次处理整个Series。

str.replace()的应用,代码如下:

```
>>> s = pd.Series(["Joe76","kim32","JIM55","Tom87"])
>>> s.replace("Joe76",'Joe')                          #查找单值替换
0      Joe
1    kim32
2    JIM55
3    Tom87
dtype: object

>>> s.replace(["Joe76","kim32","JIM55"],'Age')  #查找多值替换 1
0      Age
1      Age
2      Age
3    Tom87
dtype: object

>>> s.replace(["Joe76","kim32"],['Joe','Kim'])  #查找多值替换 2
0      Joe
1      Kim
2    JIM55
3    Tom87
dtype: object

>>> s.replace({"Joe76":'Joe',"kim32":'Kim'})     #查找多值替换 3
0      Joe
1      Kim
2    JIM55
3    Tom87
dtype: object
```

str.replace()中正则的使用,代码如下:

```
#数据获取
dg = pd.read_excel('demo_.xlsx',
                   sheet_name = 'dg',
                   usecols = ['Name', 'City', 'Acount'])[:3]

#使用正则进行文本替换
dg['Acount'] = (dg['Acount']
               .str.replace(r'\d + \W + \d + ',"Abc",regex = True))
dg
```

输出的结果如下:

```
     Name      City                    Acount
0   Joe    Beijing  江峰,Abc 0201,中国工商银行 H 州北景园支行
1   Kim   Shanghai  江敏,Abc 2800,广发银行 G 州沙太路支行
2   Jim   Shenzhen   王义连 Abc 7210 中国建设银行玉山支行
```

2. split

语法：str. split(sep，maxsplit，expand)。

结果：按指定的分隔符将字符串切分为字符串列表。

参数：sep 表示字符串或正则表达式；maxsplit 用于指定分隔的次数(如果不指定或为－1，则不限制分隔次数)；expand 默认值为 False。

以数值文本为拆分条件，将 Series 中的文本与数值拆分到不同的列。当拆分的依据加了括号()时，意味着要保留分组列，代码如下：

```
(dg['Acount']
    .str.replace(r'(\s+|,)','')              #将空白的字符及逗号删除
    .str.split('(\d+)',expand = True)        #'(\d+)',保留拆分依据字段
    .rename(columns = {'0':'姓名','1':'账户','2':'开户行地址'}))
```

输出的结果如下，列 1 的数值信息被保留。

```
     姓名        账户                开户行地址
0    江峰   621226120201   中国工商银行 H 州北景园支行
1    江敏   622568212800   广发银行 G 州沙太路支行
2   王义连    622700317210    中国建设银行玉山支行
```

str. split()中正则的应用，代码如下：

```
(dg['Acount']
    .str.replace(r'(\s+|,)','')                  #将空白的字符及逗号删除
    .str.split('\d+',expand = True)              #'\d+',不保留拆分依据字段
    ).rename(columns = {0:'姓名',1:'开户行地址'})
```

输出的结果如下，数值信息列被删除：

```
     姓名          开户行地址
0    江峰   中国工商银行 H 州北景园支行
1    江敏   广发银行 G 州沙太路支行
2   王义连    中国建设银行玉山支行
```

3. findall

语法：Series. str. findall(pat，flags＝0)。

结果：返回字符串列表。

参数：pat 表示正则表达式；flags 表示来自正则表达式 re 的模块，例如：re.IGNORECASE。默认值为 flags=0(无 flags)。

将指定列的数据实施捕获分组。数据拆分为三组(文本、数值、文本各一组)，代码如下：

```
dg = pd.read_excel('demo_.xlsx','dg')
(dg['Acount']
.str.replace(r" |,", "")
.str.findall(r'(\D+)(\d+)(\D+)')
)
```

每一行返回的数据都为 List。输出的结果如下：

```
0      [(江峰, 621226120201, 中国工商银行 H 州北景园支行)]
1      [(江敏, 622568212800, 广发银行 G 州沙太路支行)]
2      [(王义连, 622700317210, 中国建设银行玉山支行)]
3      [(胡涛, 621700317001, 中国银行 H 州仲恺开发区支行)]
4        [(王军, 62170044700, 中国建设银行青铜夹支行)]
5         [(苏强, 62284812083, 中国农业银行将台分行)]
6     [(张科, 622848008525, 中国农业银行 G 州市白云区京溪支行)]
Name: Acount, dtype: object
```

采用不分组式获取指定列中的数值信息，代码如下：

```
dg = pd.read_excel('demo_.xlsx','dg')
dg['Acount'].str.replace(r" |,", "").str.findall(r'\d+').to_frame()
```

输出的结果如下：

```
          Acount
0  [621226120201]
1  [622568212800]
2  [622700317210]
3  [621700317001]
4   [62170044700]
5   [62284812083]
6  [622848008525]
```

str.findall()中正则的应用代码如下：

```
dg = pd.read_excel('demo_.xlsx','dg')
dg['Acount'].str.findall(r'\D+').str[-1].str.replace(",","")
```

输出的结果如下：

```
0        中国工商银行H州北景园支行
1        广发银行G州沙太路支行
2         中国建设银行玉山支行
3        中国银行H州仲恺开发区支行
4        中国建设银行青铜夹支行
5         中国农业银行将台分行
6      中国农业银行G州市白云区京溪支行
Name: Acount, dtype: object
```

4. extract

语法：Series.str.extract(pat,flags=0,expand=True)。

结果：返回 DataFrame 或 Series。

参数：pat 表示字符串或正则表达式。flags 表示整型，默认 flags=0(不使用正则模块的修饰符)。

expand：布尔值。默认值为 True，返回 DataFrame；当 expand=False 时返回 Series。

采用分组捕获的方式，提取文本型字符串。代码运行及输出的结果如下：

```
>>> s = pd.Series(['AGE', 'Age76', '76Age', '76'])
>>> s.str.extract("(\D+)")
     0
0  AGE
1  Age
2  Age
3  NaN
```

采用分组捕获与不分组相结合的方式，提取带数值的文本。代码运行及输出的结果如下：

```
>>> s.str.extract("(\D+)\d+")
     0
0  NaN
1  Age
2  NaN
3  NaN
```

对提取的文本与数值进行命名分组。代码运行及输出的结果如下：

```
>>> s.str.extract("(?P<Text>\D+)(?P<Num>\d+)")
  Text  Num
0  NaN  NaN
1  Age   76
2  NaN  NaN
3  NaN  NaN
```

Series.str.extract()默认为 expand=True,返回的是 DataFrame。代码及运行结果如下:

```
>>> dg = pd.read_excel('demo_.xlsx','dg')[:3]
>>> dg['Address'].str.extract(r'([A-Za-z]+)')
     0
0    B
1  NaN
2    c
```

采用两个捕获组,一列捕获文本,另一列捕获数值。代码及运行结果如下:

```
>>> dg['Address'].str.extract(r'([A-Za-z]+)(\d+)')
     0    1
0    B    5
1  NaN  NaN
2  NaN  NaN

>>> dg['Address'].str.extract(r'([A-Za-z]+)(\d+)').dropna()
   0  1
0  B  5
```

当 Series.str.extract()的 expand=False 时,返回的是 Series。代码及运行结果如下:

```
>>> dg['Address'].str.extract(r'([A-Za-z]+)', expand=False)
0      B
1    NaN
2      c
Name: Address, dtype: object
```

命名分组的语法为(?P<Name>\regexp),代码如下:

```
(dg.Acount
.str.replace(r" |,","")
.str.extract(
    r'(?P<姓名>\D+)?(?P<账号>\d+)?(?P<开户行>\D+)',
    expand=True)
)
```

输出的结果如下:

```
    姓名            账号          开户行
0   江峰   621226120201   中国工商银行H州北景园支行
```

```
1    江敏   622568212800   广发银行G州沙太路支行
2   王义连   622700317210     中国建设银行玉山支行
```

注意：正则表达式中必须有分组，只是返回分组中的数据，如果给分组取了名称，则该名称就是返回结果中的字段名。

6.5 本章回顾

本章对字符、字符串及字符串的应用流程进行了全面介绍。在Python数据分析过程中，经常要对字符串数据进行处理，例如：对字符串的“删除、拆分、组合、查询、查找、替换、计数”等应用。在Pandas中，主要以Series为单位来处理字符串，它的语法为Series.str.str()方法。在这些方法中，有很多的“str()方法”具备正则表达式的功能。

正则是Regular Expression(正则表达式)的简写，它通过一些特定的元字符实现强大、便捷与高效的文本匹配、查找、替换等功能。正则表达式由元字符和其他普通文本字符这二部分组成。其中，正则表达式中的元字符主要包括基本元字符、数字元字符、位置元字符、特殊元字符等。

由于正则表达式特有的对文本处理的强大功能，在当今的所有主流计算机语言中，大部分支持正则表达式，所以正则表达式也是个真正值得花时间去研究的技术。

第7章

数据获取

7.1 读取数据源

在数据分析之前，首先要创建或获取数据，然后才可以对数据进行清洗或转换等。从使用的流程来讲，本章内容放在第4章讲会比较为合适，但考虑到那时读者对语法掌握得还不够，会增加一些无谓的学习难度，所以将这些知识点放到本章来讲解。

在Pandas中，对数据获取使用频率较高的方法有pd.read_excel()、pd.ExcelFile()、pd.read_csv()、pd.read_sql()等。本章主要讲解的是read_excel()、ExcelFile()和read_csv()。出于排版的简洁性及读者对数据的理解便利性，会习惯性地对显示的数据做一些限制(代码如下：sheet_name=['dfA','dfB']、pd.set_option('max_rows',4)、nrows=4)或将一些Series直接to_list()，读者在实际学习与应用过程中可依据自己的实际需求进行融会贯通。

在应用的过程中，也可以一次事先对各类显示进行设置。例如：pd.set_option('max_columns',10,'max_rows',4,'max_colwidth',10)，将屏幕打印设置为"4行10列，行宽为10"，多出的部分将会在屏幕上以… …来显示，这个也需读者事先理解。

需要特别声明的是：本书中所有数据源中与银行账户、手机号码、车牌号、收发货联系地址等信息均已做脱敏、减位及其他更改处理，请不要对号入座。

7.1.1 pd.read_excel()

功能：将Excel文件读取到Pandas DataFrame中。

参数：

pandas.read_excel(io, sheet_name=0, header=0, names=None, index_col=None, usecols=None, squeeze=False, dtype=None, engine=None, converters=None, true_values=None, false_values=None, skiprows=None, nrows=None, na_values=None, keep_default_na=True, na_filter=True, verbose=False, parse_dates=False, date_parser=None, thousands=None, comment=None, skipfooter=0, convert_float=True, mangle_dupe_cols=True, storage_options=None)。

在 pd.read_excel()方法的 20 多个参数中,io(数据源)是必选参数,其他参数都是可选参数。在所有可选参数中,=(等号)前面的是参数名,后面的是参数的默认设置。也就是说,对于这些可选参数,当不做特别指定时,系统会按这些默认参数来配置,sheet_name=0 的意思是:当不对数据源的 sheet_name 进行指定时,系统默认选择 Excel 中的第 1 个 sheet(索引值从 0 开始,0 代表的是第 1 个 sheet)。

1. io 参数

io(str,Bytes,ExcelFile,xlrd.Book,path object,or file-like object)。io 代表的是数据源。路径分为绝对路径、相对路径及当前路径等几种表示法。以"C:\Users\dh\demo_.xlsx"为例。

1) 绝对路径表示法

以下是通过绝对路径获取数据的两种方式,代码如下:

```
pd.read_excel('C:\\Users\\dh\\demo_.xlsx')
pd.read_excel(r'C:\Users\dh\demo_.xlsx')
```

可以输入完整的"C:\Users\dh\demo_.xlsx"文件路径来读取文件。路径前面所加的 r 是为了防止里面的\被转义,此处的 r 是 Raw String(原生字符串)的简写,通过在字符串前面添加字符 r,这样就能忽略字符串转义,而\\中的第 1 个\(转义符)则表示将第 2 个\进行转义。

上面的'C:\\Users\\dh\\demo_.xlsx'与 r'C:\Users\dh\demo_.xlsx'的效果是一致的,但更习惯于用后者(特别是当路径过长时,更倾向于用后者)。

2) 相对路径表示法

以下是通过相对路径获取数据的几种方式,代码如下:

```
os.chdir('C:\\Users')
pd.read_excel('.\\dh\\demo_.xlsx')
pd.read_excel(r'.\dh\demo_.xlsx')
```

如果当前的 Jupyter Notebook 的.ipynb 文件存放于'C:\Users',想读取 demo_.xlsx。不管是绝对路径还是相对路径表示法,对于内网的公盘路径也是支持的,代码如下:

```
os.chdir(r"\\集团\总部\事业部")
pd.read_excel(r".\分公司\demo_.xlsx",1)
```

3) 当前路径表示法

当代码文件与数据源文件处于同一文件夹时,可以省略文件夹路径,代码如下:

```
pd.read_excel('demo_.xlsx')
```

这表示 Jupyter Notebook 的.ipynb 文件与'demo_.xlsx'处于同一文件夹内。

2. 较常用参数

在平时的使用过程中,用得相对较多的可选参数有 sheet_name、header、names、index_col、usecols、dtype、converters、skiprows、nrows、skipfooter、date_parser、convert_float 等。

1) sheet_name

sheet_name(str,int,list,None,default 0)。当获取的数据是 Excel 中的第 1 个 sheet 时,此参数可以省略。当获取的不是默认 sheet 或多个 sheet 时,需要用 sheet 所在的位置或 sheet 名进行指定(注意:指定的对象可以是 1 个 sheet 或多个 sheet)。例如,通过列表推导式查询 demo_.xlsx 中所有包含的 worksheets,代码如下:

```
[i for i in pd.read_excel('demo_.xlsx',None)]    #所有 sheetname
```

输出的结果如下:

```
['Sheet1','dfA', 'dfB', 'dfC', 'dg', 'demi', 'demc', 'demm']
```

当然,也可以在指定的 sheet_name 间循环,代码如下:

```
[i for i in pd.read_excel('demo_.xlsx',['dfA','dfB','dfC'])]
```

输出的结果如下:

```
['dfA', 'dfB', 'dfC']
```

在 demo_.xlsx 中,当打算获取'dg'这个 sheet 时,可以用 sheet_name=4 或 sheet_name='dg'表示。二者的效果是相同的。如果想获取'dfA'、'dfB'、'dfC'这 3 个 sheet,则可以用 sheet_name=[1,2,3]、sheet_name=['dfA','dfB','dfC']或者 sheet_name=[1,2,'dfC'](位置或字符混搭),它们返回的值都为字典形式。注意,所表示位置的"0,1,2"等必须是整数(int),用浮点数会报错,运行代码如下:

```
pd.read_excel('demo_.xlsx',['dfA','dfB',3])
```

输出的结果如下:

```
{'dfA':
         Date    Name    City     Age  WorkYears  Weight   BMI   Score
0  2020/12/12   Joe   Beijing    76      35       56.0   18.86    A
1  2020/12/12   Kim   Shanghai   32      12       85.0   21.27    A
2  2020/12/13   Jim   Shenzhen   55      23       72.0   20.89    B
3  2020/12/13   Tom     NaN      87      33        NaN   21.22    C,
'dfB':
```

```
        Date    Name       City  Age  WorkYears  Weight    BMI  Score
0  2020/12/12   Joe    Beijing   76         35      56  18.86      A
1  2020/12/14   Jim  Guangzhou   93         42      59  20.89      B
2  2020/12/14   Kim    Xiamen    78         36      65    NaN      B
3  2020/12/15   Sam    Suzhou    65         32      69  22.89     A,
3:
        Date    Name       City  Age  WorkYears  Weight    BMI  Score
0  2020/12/12   Kim   Shanghai   32         12    85.0  21.27      A
1  2020/12/13   Jim   Shenzhen   55         23    72.0  20.89      B
2  2020/12/13   Tom        NaN   87         33     NaN  21.22      C
3  2020/12/14   Jim  Guangzhou   93         42    59.0  20.89      B
```

在上面的代码中，sheet_name=是可以省写的；代码 sheet_name=[1,2,3]可以写成[1,2,3]，并且不会受影响；sheet_name=['dfA','dfB','dfC']写成['dfA','dfB','dfC'] 也不会受影响。

2）usecols

usecols（int，str，list-like，or callable default None）：当只想获取数据源中的某些列时，可以用 usecols 参数，一方面可以通过减少数据的容量提升运行的效率，另一方面可以让精力聚焦于所需的数据。对于所需的列，可以用 int、str、list-like 这 3 种表示法。注意：在 list-like 中，所选的列要么为位置表示、要么为列名表示，不可以混搭的形式存在。例如：usecols=[0,3,'City']不被允许，然而 usecols=['Date','City','Age'] 或 usecols=[0,3,2] 则是没有问题的。

除了正常的列选择，也可以使用 usecols 配合函数，从而实现选择符合条件的列，代码如下：

```
pd.read_excel('demo_.xlsx',usecols = range(2,7,2),nrows = 3)
```

输出的结果如下：

```
        City  WorkYears    BMI
0    Beijing         35  18.86
1   Shanghai         12  21.27
2   Shenzhen         23  20.89
```

依据指定的条件进行数据导入时的列选择，代码如下：

```
pd.read_excel('demo_.xlsx',
          usecols = lambda x: (x!= 'Weight') & (x!= 'BMI') ,nrows = 2)
```

输出的结果如下：

```
         Date       Name    City      Age  WorkYears  Score
0  2020-12-12   Joe   Beijing    76      35        A
1  2020-12-12   Kim   Shanghai   32      12        A
```

筛选符合条件的列，代码如下：

```
pd.read_excel('demo_.xlsx',
              usecols = lambda x: (x.find('W')),nrows = 2)
```

输出的结果如下：

```
         Date       Name    City      Age   BMI   Score
0  2020-12-12   Joe   Beijing    76   18.86    A
1  2020-12-12   Kim   Shanghai   32   21.27    A
```

继续代码举例如下：

```
pd.read_excel('demo_.xlsx',
              usecols = lambda x: ~(x.find('W')),nrows = 2)
```

输出的结果如下：

```
   WorkYears  Weight
0     35        56
1     12        85
```

usecols 中的 str 参数，可以直接使用 Excel 中的列名作为 usecols 中的 str 值调用。必须事先说明的是"所有调用的 Excel 列必须放在同一个引号内。如果用不同的引号将 Excel 的列名包围起来，则会报错(哪怕这些不同的列名放在 list 中也会报错)"。

数据导入过程中的 usecols 用法，如表 7-1 所示。

表 7-1 usecols 参数用法说明

	A	B	C	D	E	F	G	H
1	Date	Name	City	Age	WorkYears	Weight	BMI	Score
2	2020/12/12	Joe	Beijing	76	35	56	18.86	A
3	2020/12/12	Kim	Shanghai	32	12	85	21.27	A
4	2020/12/13	Jim	Shenzhen	55	23	72	20.89	B
5	2020/12/13	Tom		87	33		21.22	C
6	2020/12/14	Jim	Guangzhou	93	42	59	20.89	B
7	2020/12/14	Kim	Xiamen	78	36	65		B
8	2020/12/15	Sam	Suzhou	65	32	69	22.89	A
9								
10								
11								

usecols='A:B'

usecols='A'

usecols='D:G'

应用举例,对于非连续区域的选择也是允许的,代码如下:

```
pd.read_excel(r'demo_.xlsx',usecols = 'A,D:G',nrows = 3)
```

输出的结果如图 7-1 所示。

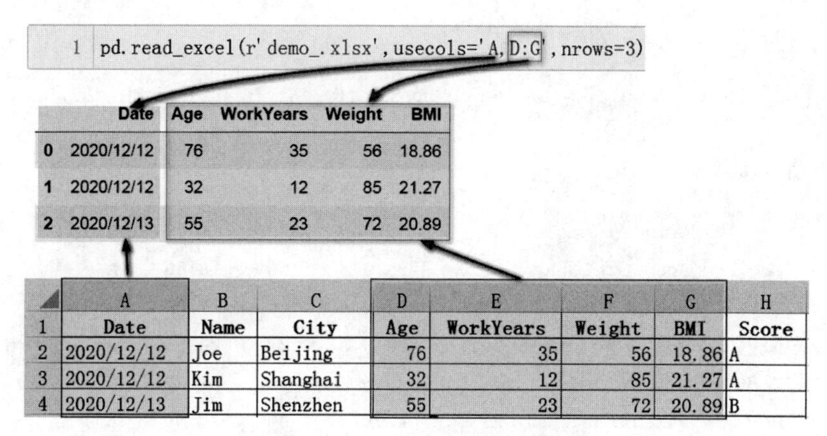

图 7-1　usecols 参数用法说明

3) index_col

index_col(int,list of int,default None):当想指定某列或某几列作为索引列时,可以用 index_col 参数。注意:如果选择多个列,则返回多重索引;当选择多列时,列表内只能是数字,而不能是字符串,index_col=['Name','City']会报错,如图 7-2 所示。

```
1 pd.read_excel('demo_.xlsx','dfA',index_col=['Age','City'])

---------------------------------------------------------------------------
TypeError                                 Traceback (most recent call last)
<ipython-input-29-4733c7e7a016> in <module>
----> 1 pd.read_excel('demo_.xlsx','dfA',index_col=['Age','City'])

TypeError: list indices must be integers or slices, not str
```

图 7-2　报错提示

然而 pd.read_excel('demo_.xlsx','dfA',index_col=[1,3])中 index_col=[1,3]却可以正确显示。输出的结果如下:

```
>>> pd.read_excel('demo_.xlsx','dfA',index_col = [1,3])
Name  Age    Date        City      WorkYears  Weight   BMI    Score
Joe   76   2020/12/12  Beijing        35      56.0   18.86    A
Kim   32   2020/12/12  Shanghai       12      85.0   21.27    A
Jim   55   2020/12/13  Shenzhen       23      72.0   20.89    B
Tom   87   2020/12/13    NaN          33       NaN   21.22    C
```

4）dtype

dtype(Type name or dict of column -> type,default None)：对数据或列的数据类型进行指定与转换。如果指定了转换器，则将应用它们而不是 dtype 转换。例如{'Age'：np.float,'WorkYears'：np.float,'Weight'：str}，将 Age、WorkYears 列的数据类型转换为 float64，将 Weight 列的数据类型转换为 str。

代码如下：

```
pd.read_excel('demo_.xlsx',dtype = {'Age': np.float64,'WorkYears':np.float64,'Weight':str})
```

输出的结果如下：

```
         Date     Name      City     Age  WorkYears  Weight   BMI   Score
0  2020-12-12     Joe    Beijing    76.0     35.0      56    18.86    A
1  2020-12-12     Kim    Shanghai   32.0     12.0      85    21.27    A
2  2020-12-13     Jim    Shenzhen   55.0     23.0      72    20.89    B
3  2020-12-13     Tom      NaN      87.0     33.0     NaN    21.22    C
4  2020-12-14     Jim   Guangzhou   93.0     42.0      59    20.89    B
5  2020-12-14     Kim     Xiamen    78.0     36.0      65     NaN     B
6  2020-12-15     Sam     Suzhou    65.0     32.0      69    22.89    A
```

如果需将所有导入内容的数据类型指定为字符型，则可以直接通过 dtype=str 或 dtype=object 实现，代码如下：

```
pd.read_excel('demo_.xlsx',dtype = str).dtypes
#pd.read_excel('demo_.xlsx',dtype = object).dtypes
```

运行以上两行代码会得到相同的结果，输出的结果如下：

```
Date          object
Name          object
City          object
Age           object
WorkYears     object
Weight        object
BMI           object
Score         object
dtype: object
```

注意：由于'BMI'存在缺失值，如果直接将其转换为 np.int，则会报错(ValueError：Unable to convert column Weight to type int)。

5）names

指定表头的名称，值为 list 或 str，默认值为 None，代码举例如下：

```
df = pd.read_excel('demo_.xlsx',names = ['Date', 'Name', 'City', 'Age', 'WorkYears', 'Weight', 
'BMI', 'Score'])
df
```

注意：当提供的字段名的数量与文件的字段数不匹配时会报错。

6）converters

converters(dict,default None)：通过字典的形式，指定某些列需要转换的形式。对于某些以 0 开头的数据源，正常读入时 0 是不会被保留的。这里可以将其转换为文本，从而对首位的 0 做有效保留。想对文本与数值进行合并，直接合并时会报错。如果先将数值列转换为文本，再与文本合并则没有问题。

代码 converters = {'Age'：str,'BMI'：str}可将 Age 和 BMI 两列的数据类型转换为 str，代码如下：

```
pd.read_excel('demo_.xlsx',
              converters = {'Age': str,'BMI':str}).dtypes
```

输出的结果如下：

```
Date         datetime64[ns]
Name                 object
City                 object
Age                  object
WorkYears             int64
Weight              float64
BMI                  object
Score                object
dtype: object
```

在进行数据导入时顺带进行字符转换及数值的逻辑判断，代码如下：

```
pd.read_excel('demo_.xlsx',
     converters = {
        'Score': str.lower,                          #将字母转换为小写
        'Age': lambda x: x if x >=  50 else 0},      #将 Age 小于 50 的值标识为 0
        nrows = 3)                                   #相当于 head(3),仅取前 3 行的数据
```

输出的结果如下：

```
         Date    Name     City     Age  WorkYears  Weight   BMI   Score
0  2020-12-12    Joe    Beijing    76      35        56    18.86    a
1  2020-12-12    Kim    Shanghai   0       12        85    21.27    a
2  2020-12-13    Jim    Shenzhen   55      23        72    20.89    b
```

自定义函数的应用,代码如下:

```
#将 72 替换为 55
def AA(x):
    if x == 72:
        return 55
    return x

#将 Xiamen 替换为 cimen
def BB(x):
    if x == 'Xiamen':
        return 'cimen'
    return x

#数据获取过程中的转换操作
pd.read_excel('demo_.xlsx',0,
              converters = {'Weight':AA,'City':BB})
```

输出的结果如图 7-3 所示。

	Date	Name	City	Age	WorkYears	Weight	BMI	Score
0	2020/12/12	Joe	Beijing	76	35	56	18.86	A
1	2020/12/12	Kim	Shanghai	32	12	85	21.27	A
2	2020/12/13	Jim	Shenzhen	55	23	55	20.89	B
3	2020/12/13	Tom	NaN	87	33	NaN	21.22	C
4	2020/12/14	Jim	Guangzhou	93	42	59	20.89	B
5	2020/12/14	Kim	cimen	78	36	65	NaN	B
6	2020/12/15	Sam	Suzhou	65	32	69	22.89	A

图 7-3 自定义函数的应用

说明:自定义函数名 AA 和 BB 只是为了在学习时理解方便。在实际运用过程中一定要将其与实际应用场景相对应,这样才便于后期修改及维护。

7) convert_float

convert_float:默认将所有的数值型字段转换为浮点型字段。

8) parse_dates 与 date_parser

parse_dates(bool,list-like,or dict,default False)用于将字符串列序列转换为日期时间序列数组的函数。

parse_dates＝True 时，会尝试将 index 列解析为日期格式，对 index 列的解析代码如下：

```
pd.read_excel('demo_.xlsx',index_col = 'Date',parse_dates = True).index
```

输出的结果如下：

```
DatetimeIndex(['2020-12-12', '2020-12-12', '2020-12-13', '2020-12-13',
               '2020-12-14', '2020-12-14', '2020-12-15'],
              dtype = 'datetime64[ns]', name = 'Date', freq = None)
```

pase_dates 可作用于具备位置值的列，将指定的列解析为单独日期的列，代码如下：

```
pd.read_excel('demo_.xlsx','dts',parse_dates = list(range(5)))dtypes
```

上面的 list(range(5))结果返回的值为[0,1,2,3,4]，它对应的是'dts'中的列索引值。当然，所有索引值直接用列名也是可以的，注意这里用的是[]。上面的代码输出的结果如下：

```
Date    datetime64[ns]
dtA     datetime64[ns]
dtB     datetime64[ns]
dtC     datetime64[ns]
dtD     datetime64[ns]
dtype: object
```

pase_dates 也可以用于自动拼接 year、month、day，这些数据置于三列，格式为 'year'、'month'、'day'，目前分离存放于数据源 dt 中的 0、4、5 三列。现想将它们解析为一个日期列。此时可用[[0,4,5]]将日期合并解析，注意这里用的是[[]]，如果数据源是 csv 或 txt 格式，则可能还需要配合例如 sep＝'\s+'之类的参数，代码如下：

```
pd.read_excel('demo_.xlsx','dt',parse_dates = [[0,4,5]]).dtypes
pd.read_excel('demo_.xlsx','dt',parse_dates = [['Year','Month','Day']])
```

输出的结果如下：

```
Year_Month_Day    datetime64[ns]
Name                      object
City                      object
Age                        int64
dtype: object
```

如果对系统自动生成的合并列名不太满意，也可以用字典方式，用 key 指定列名，代码如下：

```
pd.read_excel('demo_.xlsx',
              'dt',
              parse_dates = {"Date":['Year','Month','Day']})
```

输出的结果如下：

```
        Date      Age    WorkYears
0  2020-12-12   76       35
1  2019-11-12   32       12
2  2020-12-13   55       23
3  2019-09-13   87       33
4  2020-12-14   93       42
5  2019-10-14   78       36
6  2020-12-15   65       32
```

在了解了上面的这些知识后，会发现当对数据源中的具体列用列名进行解析时，其用法很简单，代码如下：

```
pd.read_excel('demo_.xlsx',parse_dates = ['Date']).dtypes
```

输出的结果如下：

```
Date         datetime64[ns]
Name                 object
City                 object
Age                   int64
WorkYears             int64
Weight              float64
BMI                 float64
Score                object
dtype: object
```

date_parser(function,optional)：用于将字符串列序列转换为日期时间序列数组的函数。

3. 常用参数

当遇到以下几种特殊情况时，则可以使用 nrows、skiprows、skipfooter、header、names 等。

1) nrows

nrows(int,default None)：当面对一个较大的数据文件时，如果只想通过读取前多少行来了解 Excel 的列名及概况，则 nrows 十分有用。

2）skiprows

skiprows(list like)：当读入的 Excel 文件的前 n 行为空行时，可以使用 skiprows= n 跳过前 n 行。如需跳过指定的列表，则可以通过代码 skiprows=[1,3,5]实现，表示跳过第 1、3、5 行。

3）skipfooter

skipfooter：当读入的 Excel 文件的后 n 行为空行或非所需的数据时，可以对其进行指定，注意：指定的值必须为整数，代码如 skipfooter=2。

4）header

header(int，list of int，default 0)：指定作为列名的行，默认为 0，即取第一行；如果设置为[0,1]，则表示将前两行作为多重索引（注意：如果读入的数据之前没有列名，则多重索引方式是无效的），代码如下：

```
pd.read_excel('demo_.xlsx','dna',skiprows = 1,nrows = 2,header = [0,1])
```

系统报错如图 7-4 所示。

```
1  pd.read_excel('demo_.xlsx','dna',skiprows=1,nrows=2,header=[0,1])
---------------------------------------------------------------------------
ParserError                               Traceback (most recent call last)
<ipython-input-15-c7559318c1d8> in <module>
----> 1 pd.read_excel('demo_.xlsx','dna',skiprows=1,nrows=2,header=[0,1])
```

图 7-4　报错提示

header=[0,1]适用于具有多重索引的列。电子表格以下面的表 7-2 为例。

表 7-2　示例数据

	A	B	C	D	E	F	G	H
1		Info		Num				Rem
2	Date	Name	City	Age	WorkYears	Weight	BMI	Score
3	2020/12/12	Joe	Beijing	76	35	56	18.86	A
4	2020/12/12	Kim	Shanghai	32	12	85	21.27	A
5	2020/12/13	Jim	Shenzhen	55	23	72	20.89	B
6	2020/12/13	Tom		87	33		21.22	C
7	2020/12/14	Jim	Guangzhou	93	42	59	20.89	B
8	2020/12/14	Kim	Xiamen	78	36	65		B
9	2020/12/15	Sam	Suzhou	65	32	69	22.89	A
10								

demc

导入的对象为多级索引，代码如下：

```
pd.read_excel('demo_.xlsx','demc',nrows = 2,header = [0,1])
```

输出的结果如下：

```
  Unnamed: 0_level_0 Info           Num                         Rem
        Date         Name   City    Age  WorkYears Weight  BMI  Score
0  2020/12/12        Joe   Beijing  76       35      56   18.86   A
1  2020/12/12        Kim   Shanghai 32       12      85   21.27   A
```

5）names

names (array-like，default None)：适用于 Excel 缺少列名，或者需要重新定义列名的情况。以表 7-2 为例，导入的数据没有列名，需要对这 8 列数据定义列名（注意：names 的长度必须和 Excel 列的长度一致，否则会报错）。

导入时指定列名或重新命名列名，代码如下：

```
pd.read_excel('demo_.xlsx',
    'dna',
    skiprows = 1,
    nrows = 2,
    names =
    ['date','name','city','age','workyears','weight','bmi','score'])
```

names=['date','name','city','age','workyears','weight','bmi','score']与表的长度一致，输出的结果如下：

```
        date    name   city    age  workyears  weight   bmi   score
0  2020/12/12   Joe   Beijing   76     35        56    18.86    A
1  2020/12/12   Kim   Shanghai  32     12        85    21.27    A
```

继续举例，代码如下：

```
pd.read_excel('demo_.xlsx',
              'dna',
              header = None,
              names = range(2,7,2),
              skiprows = 2,
              nrows = 3)

#以下代码与上面的代码输出的结果是一致的
'''
pd.read_excel('demo_.xlsx',
              'dna',
              header = None,
              names = ['Name','Age', 'Score'],
              skiprows = 2,
              nrows = 3)
'''
```

输出的结果如下：

```
                          2        4  6
2020/12/12 Joe Beijing  76 35   56   18.86   A
           Kim Shanghai 32 12   85   21.27   A
2020/12/13 Jim Shenzhen 55 23   72   20.89   B
```

4. 与 values 相关参数

以下参数有时会用到：true_values、false_values、na_filter、na_values、keep_default_na 等。

1) true_values

true_values(list,default None)表示将指定的文本转换为 True；false_values(list,default None)表示将指定的文本转换为 False。

打算将'Score'中的['A','B']转换为 True,将'Score'中的'C'转换为 False,则可以通过代码实现,代码如下：

```
pd.read_excel('demo_.xlsx',
              skiprows = [1,3,5,6],
              true_values = ['A','B'],
              false_values = ['C'])
```

输出的结果如下：

```
        Date      Name    City     Age  WorkYears  Weight   BMI   Score
0  2020-12-12     Kim   Shanghai   32      12       85.0   21.27   True
1  2020-12-13     Tom     NaN      87      33        NaN   21.22  False
2  2020-12-15     Sam   Suzhou     65      32       69.0   22.89   True
```

在没有任何 NAs 的数据中,通过 na_filter=False 可以提高读取大文件的性能。如果 na_filter 作为 False 传入,keep_default_na 和 na_values 参数将被忽略。

2) na_values

na_values：把读者指定的值解析为 na 值。在平时的数据分析过程中,可能会面临着""(假空)、'0'、0 等情况,这时就可以在读入数据的过程中直接将它们解析为 na(真空)值。当然,也可以将其他指定值解析为 na 值。

首先,演示将'A'值解析为 na 值的情况,代码如下：

```
pd.read_excel('demo_.xlsx',na_values = 'A',nrows = 3)
```

输出的结果如下：

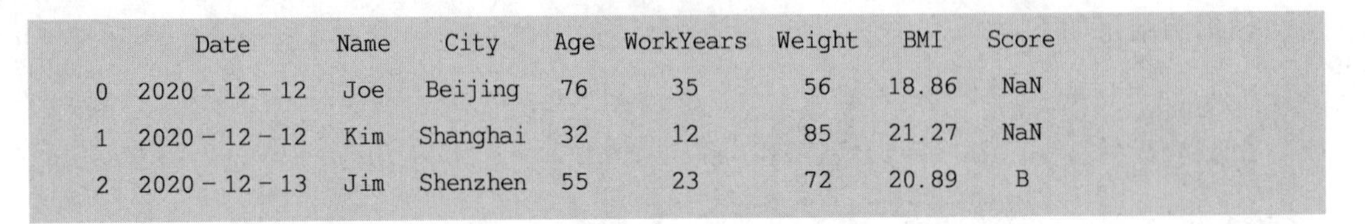

	Date	Name	City	Age	WorkYears	Weight	BMI	Score
0	2020-12-12	Joe	Beijing	76	35	56	18.86	NaN
1	2020-12-12	Kim	Shanghai	32	12	85	21.27	NaN
2	2020-12-13	Jim	Shenzhen	55	23	72	20.89	B

以下演示的是将['Beijing','Tom',87]这些值转换为na值的情况，代码如下：

```
pd.read_excel('demo_.xlsx',na_values = [ 'Joe','Shanghai',55],nrows = 3)
```

输出的结果如下：

	Date	Name	City	Age	WorkYears	Weight	BMI	Score
0	2020-12-12	NaN	Beijing	76	35	56	18.86	A
1	2020-12-12	Kim	NaN	32	12	85	21.27	A
2	2020-12-13	Jim	Shenzhen	55	23	72	20.89	B

文本被转换，但数值未变转换。

接下来，演示将一个列表中的值(['A','','0',0]) 解析为na值的情况，代码如下：

```
pd.read_excel('demo_.xlsx',na_values = ['A','','0',0], nrows = 3)
```

输出的结果如下：

	Date	Name	City	Age	WorkYears	Weight	BMI	Score
0	2020-12-12	Joe	Beijing	76	35	56	18.86	NaN
1	2020-12-12	Kim	Shanghai	32	12	85	21.27	NaN
2	2020-12-13	Jim	Shenzhen	55	23	72	20.89	B

上面的两种情形都是将整个DataFrame中的指定值转换为na值。如果只想对指定的某些列里面的值进行na值解析，则可以采用字典结构进行转换，代码如下：

```
pd.read_excel('demo_.xlsx',na_values = {"Score":['A','','0',0]},nrows = 3)
```

输出的结果如下：

	Date	Name	City	Age	WorkYears	Weight	BMI	Score
0	2020-12-12	Joe	Beijing	76	35	56	18.86	NaN
1	2020-12-12	Kim	Shanghai	32	12	85	21.27	NaN
2	2020-12-13	Jim	Shenzhen	55	23	72	20.89	B

把指定的值解析为na值，代码如下：

```
pd.read_excel('demo_.xlsx',
        na_values = {'City':['Beijing','Shanghai'],'Age':[76,32]},nrows = 3)
```

输出的结果如下：

```
       Date        Name     City     Age  WorkYears  Weight   BMI    Score
0 2020-12-12   Joe      NaN      76      35        56     18.86    A
1 2020-12-12   Kim      NaN      32      12        85     21.27    A
2 2020-12-13   Jim    Shenzhen   55      23        72     20.89    B
```

需要特别说明的是：在 read_excel 中，na_values 无法将数值转换为 na 值，但是在 read_csv 中，na_values 则可以将数值类(文本)解析为 na 值(由于后面不会再讲此参数，故提前说明)，代码如下：

```
pd.read_csv('demo_.csv',
        na_values = {'City':['Beijing','Shanghai'],'Age':[76,32]},nrows = 3)
```

输出的结果如下：

```
Unnamed: 0      Date       Name     City      Age   WorkYears  Weight    BMI    Score
    0       0  2020/12/12  Joe      NaN       NaN      35       56.0    18.86    A
    1       1  2020/12/12  Kim      NaN       NaN      12       85.0    21.27    A
    2       2  2020/12/13  Jim    Shenzhen   55.0      23       72.0    20.89    B
```

5. squeeze

squeeze：当数据仅包含一列，squeeze 为 True 时，返回 Series，反之返回 DataFrame，运行代码及输出的结果如下：

```
>>> df  =  pd.read_excel('demo_.xlsx',usecols = [1],squeeze = False)
>>> df
  Name
0  Joe
1  Kim
2  Jim
3  Tom
4  Jim
5  Kim
6  Sam

>>> df_  =  pd.read_excel('demo_.xlsx',usecols = [1],squeeze = True)
>>> df_
0     Joe
1     Kim
```

```
2    Jim
3    Tom
4    Jim
5    Kim
6    Sam
Name: Name, dtype: object
```

7.1.2 pd.ExcelFile.parse()

语法：

ExcelFile.parse(sheet_name=0, header=0, names=None, index_col=None, usecols=None, squeeze=False, converters=None, true_values=None, false_values=None, skiprows=None, nrows=None, na_values=None, parse_dates=False, date_parser=None, thousands=None, comment=None, skipfooter=0, convert_float=True, mangle_dupe_cols=True, ** kwds)。

作用：将 Excel 文件读取到 Pandas DataFrame 中。

ExcelFile()是 Pandas 中对 Excel 表格文件进行读写操作的类，特别适用于含有多个 sheet 的 Excel 文件。ExcelFile()与 WriteExcel()经常搭配使用，实现对多个 sheet 的读写，非常方便与快捷。

对比 ExcelFile.parse()与 read_excel()的参数，会发现很多参数是相同的。其实，二者中的很多功能也是相同的。parse()的作用：可以根据传入的 sheet 名称来提取对应的表格信息，代码如下：

```
pd.ExcelFile('demo_.xlsx').parse('dfA')
```

输出的结果如下：

```
         Date    Name     City    Age  WorkYears  Weight   BMI   Score
0  2020/12/12    Joe   Beijing    76       35      56.0   18.86    A
1  2020/12/12    Kim  Shanghai    32       12      85.0   21.27    A
2  2020/12/13    Jim  Shenzhen    55       23      72.0   20.89    B
3  2020/12/13    Tom      NaN     87       33       NaN   21.22    C
```

如果想对 demo_.xlsx 中的'dfA'和'dfB'两个 sheet 进行合并，则可以采用以下几种方式。

方式一：pd.read_excel()方法+函数调用，代码如下：

```
def AA(x):
    ws = ['dfA','dfB']
```

```
    lt = [pd.read_excel(x,wt) for wt in ws]
    return pd.concat(lt).reset_index()
pd.DataFrame(AA('demo_.xlsx'))
```

如果想在 pd.read_excel()中加入更多的参数，则可依据上面所讲的语法，在 pd.read_excel(x,wt)中增加相应的参数。

方式二：pd.ExcelFile()类+函数调用方式，代码如下：

```
def AA(x):
        xl = pd.ExcelFile(x)
        sheets = ['dfA','dfB']
        lst = [xl.parse(n) for n in sheets]
        df = pd.concat(lst).sort_values('Date')
        return df.reset_index()
pd.DataFrame(AA("demo_.xlsx"))
```

同理，如果想在 pd.read_excel()中加入更多的参数，则可依据上面所讲的语法，在 pd.read_excel(x,wt)中增加相应的参数。

方式三：直接采用 pd.ExcelFile().parse()方法，代码如下：

```
lst = [pd.ExcelFile("demo_.xlsx").parse(n) for n in ['dfA','dfB']]
df = pd.DataFrame(pd.concat(lst)).sort_values('Date').reset_index()
df
```

方式一、方式二、方式三输出的结果如下：

	index	Date	Name	City	Age	WorkYears	Weight	BMI	Score
0	0	2020/12/12	Joe	Beijing	76	35	56.0	18.86	A
1	1	2020/12/12	Kim	Shanghai	32	12	85.0	21.27	A
2	0	2020/12/12	Joe	Beijing	76	35	56.0	18.86	A
3	2	2020/12/13	Jim	Shenzhen	55	23	72.0	20.89	B
4	3	2020/12/13	Tom	NaN	87	33	NaN	21.22	C
5	1	2020/12/14	Jim	Guangzhou	93	42	59.0	20.89	B
6	2	2020/12/14	Kim	Xiamen	78	36	65.0	NaN	B
7	3	2020/12/15	Sam	Suzhou	65	32	69.0	22.89	A

从输出的结果来看，可得出这样的结论：在 Pandas 中，对于同一需求，可以用 n 种方式实现，这取决于平时多多地熟悉语法及多多练手。

以上面的 dfA、dfB 两个 sheet 的合并为例，如果用心去思考，在 Pandas 中至少可以找出 10 种解法，这就是 Pandas 的高效与神奇。

其实，除了 Pandas 能高效地处理这类数据，微软 Excel 自带的 Power Query(M 语)也能轻松处理这些数据，以下代码可实现上面（方式一、方式二、方式三）相同的输出结果。在轻量级的数据处理方面，Power Query（M 语）也很有优势。不过，M 语与 Python 学习的道理相似，M 语也是入门容易精通难。如果读者仅仅想掌握编辑及查询的界面操作，入门是很容易的。

```
let
    源 = Table.Combine(
    Table.SelectRows(
        Excel.Workbook(
          File.Contents("C:\Users\dh\demo_.xlsx"), true),
          //" C:\Users\dh\demo_.xlsx ",Excel 文件所在的路径
            each [Name] = "dfA" or [Name] = "dfB")[Data])
in
    源
```

从中可以看出，在实现同一需求的过程中，可以采用的工具及方法很多，关键在于如何事先把握好解题的思路，最终实现殊途同归。

7.1.3 pd.read_csv()

语法：

pandas.read_csv(filepath_or_buffer,sep=<object object>,delimiter=None,header='infer',names=None,index_col=None,usecols=None,squeeze=False,prefix=None,mangle_dupe_cols=True,dtype=None,engine=None,converters=None,true_values=None,false_values=None,skipinitialspace=False,skiprows=None,skipfooter=0,nrows=None,na_values=None,keep_default_na=True,na_filter=True,verbose=False,skip_blank_lines=True,parse_dates=False,infer_datetime_format=False,keep_date_col=False,date_parser=None,dayfirst=False,cache_dates=True,iterator=False,chunksize=None,compression='infer',thousands=None,decimal='.',lineterminator=None,quotechar='"',quoting=0,doublequote=True,escapechar=None,comment=None,encoding=None,dialect=None,error_bad_lines=True,warn_bad_lines=True,delim_whitespace=False,low_memory=True,memory_map=False,float_precision=None,storage_options=None)。

作用：将 CSV 文件读取到 Pandas DataFrame 中。

在 pd.read_csv()方法的 50 多个参数中，filepath_or_buffer（数据源）是必选参数，其他参数都是可选参数。与 pd.read_excel()使用原理一样：在所有可选参数中，=（等号）前面的是参数名，后面的是参数的默认设置。也就是说，对于这些可选参数，当不做特别指定时，系统会按这些默认参数来配置。

CSV(Comma-Separated Values)是“逗号分隔值”的英文简写，有时也称为“字符分隔

值”。CSV与Excel的区别在于：CSV是纯文本文件，Excel不是纯文本文件，Excel包含很多格式信息在里面。

CSV文件是由任意数量的记录所组成、由纯文本形式存储的表格数据，各记录间以某种形式的换行符分隔（逗号或制表符等）。相比pd.read_excel()，在pd.read_csv()方法中多了很多与分隔符相关的参数，例如：sep、delimiter、delim_whitespace、skipinitialspace等。

比较pd.read_csv()、pd.read_excel()及pd.ExcelFile().parse()的各参数后，会发现它们存在很多相同的参数。在这些相同的参数中，除engine外，其他相同的参数具备相同的语法与功能。例如：header、names、index_col、usecols、squeeze、dtype、converters等。

filepath_or_buffer：(str,path object or file-like object)，数据源的路径。可以是文件路径（例如：本地路径的文件），可以是URL（例如：http、ftp、s3和file路径），也可以是实现read方法的任意对象。

1. 相关分隔符

在平时的使用过程中，除了pd.read_csv()、pd.read_excel()及pd.ExcelFile().parse()三者所具备的相同的参数外，会用得相对较多的CSV可选参数有sep、delimiter、delim_whitespace、skipinitialspace等。

1）sep

sep(str ,default ',')：指定分隔符。如果不指定参数，则会尝试使用逗号分隔，代码如下：

```
pd.read_csv('demo_.csv',decimal = ',',nrows = 3)
```

输出的结果如下：

```
   Unnamed: 0        Date   Name      City   Age  WorkYears  Weight    BMI  Score
0           0  2020/12/12    Joe   Beijing    76         35    56.0  18.86      A
1           1  2020/12/12    Kim  Shanghai    32         12    85.0  21.27      A
2           2  2020/12/13    Jim  Shenzhen    55         23    72.0  20.89      B
```

sep参数允许用正则，代码如下：

```
pd.read_csv('demo_.csv',sep = ',|;',nrows = 3)   #或者 sep = r',|;'
```

输出的结果如下：

```
   Unnamed: 0        Date   Name      City   Age  WorkYears  Weight    BMI  Score
0           0  2020/12/12    Joe   Beijing    76         35    56.0  18.86      A
1           1  2020/12/12    Kim  Shanghai    32         12    85.0  21.27      A
2           2  2020/12/13    Jim  Shenzhen    55         23    72.0  20.89      B
```

注意：由于 sep 参数可以使用正则，所以当 CSV 的分隔符为各类空格符（\f\t\r\v\n）时，可以直接用'\s+'表示。

2）delimiter

delimiter(str，default None)，别名为 sep。当 delimiter 与 sep 参数同时存在时，delimiter 参数优先于 sep 参数。当定义了 delimiter 参数后，sep 参数将会失效。也就是说，delimiter 参数与 sep 参数只能二选一。同理，delimiter 参数也支持正则。

数据源 demo_.csv 实际使用的是','分隔，由于 delimiter=';'的存在，故未正确分隔，代码如下：

```
pd.read_csv('demo_.csv',sep = ',',delimiter = ';',nrows = 3)
```

输出的结果如下：

```
   ,Date,Name,City,Age,WorkYears,Weight,BMI,Score
0   0,2020/12/12,Joe,Beijing,76,35,56.0,18.86,A
1   1,2020/12/12,Kim,Shanghai,32,12,85.0,21.27,A
2   2,2020/12/13,Jim,Shenzhen,55,23,72.0,20.89,B
```

数据源 demo_.csv 实际使用的是','分隔，与 delimiter 指定的分隔符一致，故可无视 sep=';'得到正确的结果，代码如下：

```
pd.read_csv('demo_.csv',sep = ';',delimiter = ',',nrows = 3)
```

输出的结果如下：

```
   Unnamed: 0        Date   Name      City   Age  WorkYears  Weight    BMI   Score
0           0  2020/12/12    Joe   Beijing    76         35    56.0  18.86      A
1           1  2020/12/12    Kim  Shanghai    32         12    85.0  21.27      A
2           2  2020/12/13    Jim  Shenzhen    55         23    72.0  20.89      B
```

因为去除上面的 sep=';'不影响显示，所以当使用了 delimiter 之后，可以不再使用 sep。

3）delim_whitespace

delim_whitespace (bool,default False)。当 delim_whitespace=True 时，与 delimiter=r'\s+'是等价的，依据各类空格符（\f\t\r\v\n）进行分列。

4）skipinitialspace

skipinitialspace(boolean，default False)表示忽略分隔符后的空白（默认值为 False，即不忽略）。

2. 迭代相关

1）iterator

iterator (boolean，default False)表示返回一个 TextFileReader 对象，以便逐块处理

文件。

2）chunksize

chunksize (int,default None)表示文件块的大小。当在处理超大文件时，一次性读取时计算机可能会因内存不足而宕机，这时可以用 chunksize 去分块处理。先用 chunksize 设定每次读取的行数，然后用 for 循环一块一块地去处理，代码如下：

```
pd.read_csv('demo_.csv',chunksize = 3)
df = pd.read_csv('demo_.csv',chunksize = 3)
for chunk in df:
    print(chunk)
```

输出的结果如下：

```
   Unnamed: 0        Date   Name      City  Age  WorkYears  Weight    BMI  Score
0           0  2020/12/12    Joe   Beijing   76         35    56.0  18.86      A
1           1  2020/12/12    Kim  Shanghai   32         12    85.0  21.27      A
2           2  2020/12/13    Jim  Shenzhen   55         23    72.0  20.89      B
   Unnamed: 0        Date   Name       City  Age  WorkYears  Weight    BMI  Score
3           3  2020/12/13    Tom        NaN   87         33     NaN  21.22      C
4           4  2020/12/14    Jim  Guangzhou   93         42    59.0  20.89      B
5           5  2020/12/14    Kim    Xiamen    78         36    65.0    NaN      B
   Unnamed: 0        Date   Name     City  Age  WorkYears  Weight    BMI  Score
6           6  2020/12/15    Sam  Suzhou    65         32    69.0  22.89      A
```

3）compression

compression ({'infer','gzip','bz2','zip','xz',None},default 'infer')表示直接使用磁盘上的压缩文件。

(1) 如果使用 infer 参数，则使用 gzip、bz2、zip 或者解压文件名中以'.gz'、'.bz2'、'.zip'或'xz'这些为后缀的文件，否则不解压。

(2) 如果使用 zip，则 ZIP 包中必须只包含一个文件。

(3) 如果设置为 None，则不解压。

3. engine

engine ({'c','Python'},optional)：使用的分析引擎。可以选择 C 或者 Python，C 引擎快，但是 Python 引擎功能更加完备。注意：当在 delimiter 中使用正则时，由于 C 不支持正则，则会降级到 Python 引擎。

4. 引号相关

1）quotechar

quotechar(str (length 1),optional)：引号，用作标识开始和解释的字符，引号内的分隔符将被忽略。

2）quoting

quoting (int or csv. QUOTE_* instance,default 0)用于控制 CSV 中的引号常量。

3）doublequote

doublequote (boolean,default True)：双引号。当单引号已经被定义，并且 quoting 参数不是 QUOTE_NONE 的时候，使用双引号表示引号内的元素作为一个元素使用。

4）escapechar

escapechar(str (length 1),default None)：当 quoting 为 QUOTE_NONE 时，指定一个字符使其不受分隔符限制。

5）encoding

encoding(str,default None)用于指定字符集类型，通常指定为'utf-8'，中文为'gbk'。

7.2 存储数据

在日常使用过程中，常常会用 pd. read_excel()与 pd. to_excel()搭配使用，还会用 pd. ExcelFile()与 pd. ExcelWriter()搭配使用。df. to_excel()仅支持单个 sheet 表格写入 Excel，而 pd. ExcelWriter()支持多个 sheet 表格写入 Excel。pd. to_excel()与 pd. ExcelWriter()两个都需重点介绍。

7.2.1 df. to_excel()

语法：

DataFrame. to_excel(excel_writer, sheet_name='Sheet1', na_rep='', float_format=None, columns=None, header=True, index=True, index_label=None, startrow=0, startcol=0, engine=None, merge_cells=True, encoding=None, inf_rep='inf', verbose=True, freeze_panes=None, storage_options=None)。

参数：相关参数如表 7-3 所示。

表 7-3 df. to_excel()的参数说明

参　数	参数说明
excel_writer	文件路径或已有的 ExcelWriter
sheet_name	Excel 中 sheet 表的命名，默认值为'sheet1'
na_rep	缺失值的填充方式，默认值为''，可设置为填充指定的字符串
float_format	str，optional
columns	选择要输出的列名，当输出的列名为一个时，可为字符串或列表；当选择两个或以上的列名时，要用列表方式
header	bool or list of str，default True
index	默认值为 True，显示行索引 index；当 index=False，则不显示行索引
index_label	str or sequence，optional

续表

参　　数	参 数 说 明
startrow	int,default 0
startcol	int,default 0
engine	str,optional
merge_cells	bool,default True
encoding	str,optional
inf_rep	str,default'inf'
verbose	bool,default True
freeze_panes	tuple of int (length 2),optional
storage_options	dict,optional

指定列、空值显示的值、行与列的偏移位置等,代码如下：

```
#获取数据
df = pd.read_excel('demo_.xlsx')

#存储数据
df.to_excel(r'e:\a.xlsx',
            na_rep = '-- ',
            columns = ['Name', 'City', 'BMI', 'Score'],
            startrow = 3,
            startcol = 3)
```

输出的结果如图 7-5 所示。

	A	B	C	D	E	F	G	H
1								
2								
3								
4					Name	City	BMI	Score
5				0	Joe	Beijing	18.86	A
6				1	Kim	Shanghai	21.27	A
7				2	Jim	Shenzhen	20.89	B
8				3	Tom	--	21.22	C
9				4	Jim	Guangzhou	20.89	B
10				5	Kim	Xiamen	--	B
11				6	Sam	Suzhou	22.89	A

图 7-5　数据的偏移

7.2.2　pd.ExcelWriter()

语法：pandas.ExcelWriter(path,engine=None, ** kwargs)。

参数：相关参数如表 7-4 所示。

表 7-4 参数说明

参 数	参 数 说 明
date_format	默认为 None 格式，当需要将当前的日期时间格式（YYYY-MM-DD HH：MM：SS）转换为（YYYY-MM-DD）时，可以进行设置
datetime_format	默认为 None 格式，当需要将当前的日期格式（YYYY-MM-DD）转换为日期时间格式（YYYY-MM-DD HH：MM：SS）时，可以进行设置
mode	默认为 w，可选 w 或 a。w 代表"写"，a 代表"追加"
storage_options	可省参数，存储方式为字典

指定各对象在存储文件中的电子表格名称，代码如下：

```
dfA = pd.read_excel('demo_.xlsx',sheet_name = 'dfA')
dfB = pd.read_excel('demo_.xlsx',sheet_name = 'dfB')
with pd.ExcelWriter('new_.xlsx') as wt:
    dfA.to_excel(wt, sheet_name = 'dfA'),
    dfB.to_excel(wt, sheet_name = 'dfB')
```

输出的结果为当前环境目录中的 new_.xlsx。

7.2.3 共性总结

以下是 read_excel()、read_csv()方法的操作流程及相关参数说明，如图 7-6 所示。

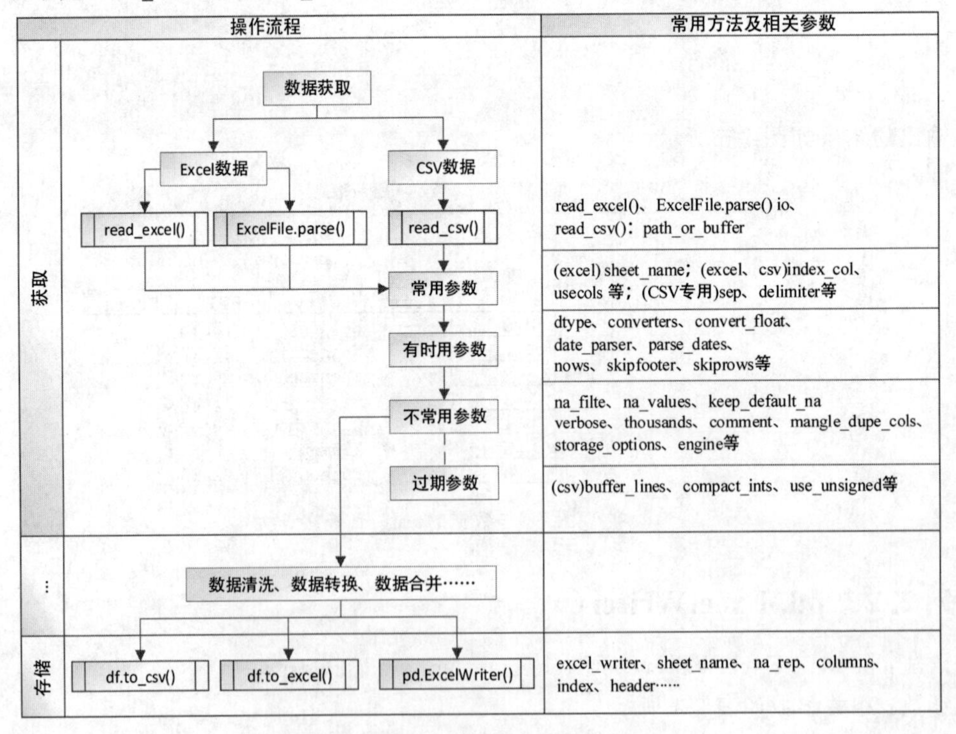

图 7-6 Pandas 数据获取操作流程

7.3 追加与合并

7.3.1 (常规)追加

采用标签索引方式,代码如下:

```
dfa = df.loc[:1,['Name','Age']]
dfa
```

输出的结果如下:

```
  Name  Age
0  Joe   76
1  Kim   32
```

采用标签索引方式,对现有数据重新赋值,代码如下:

```
dfa_ = ['Amy', 1]
dfa.loc[4] = dfa_
dfa
```

对于数据的赋值秉承"有则修改,无则新增"的原则。输出的结果如下:

```
  Name  Age
0  Joe   76
1  Kim   32
4  Amy    1
```

采用标签索引方式,创建新行并赋值,代码如下:

```
dfa.loc['三',:] = ['John', 23]
dfa
```

输出的结果如下:

```
   Name   Age
0   Joe  76.0
1   Kim  32.0
4   Amy   1.0
三  John  23.0
```

继续举例,代码如下:

```
dfa.loc[len(dfa),:] = {'Name':'Rabbit', 'Age':2}
dfa
```

输出的结果如下：

```
   Name  Age
0   Joe   76
1   Kim   32
4  Name  Age
三  John   23
```

继续举例，代码如下：

```
dfa.loc[len(dfa),:] = pd.Series({'Age':32, 'Name':'Dean'})
dfa
```

输出的结果如下：

```
   Name Age
0   Joe  76
1   Kim  32
4  Dean  32
三  John  23
```

7.3.2 追加(append)

语法：DataFrame.append(other, ignore_index=False, verify_integrity=False, sort=False)。

参数：相关说明如表7-5所示。

表7-5 参数说明

参数	参数说明
other	指定的对象(数据结构)，DataFrame或Series/dict-like object或list of these
ignore_index	默认值为False；当为True时，不使用index标签
verify_integrity	默认值为False；当为True时，如果index具备相同的值，则会报错(ValueError)
sort	默认值为False

输出字典结构，代码如下：

```
#append 追加字典结构
a = pd.DataFrame()
a.append({'Name':'Joe','City':'Beijing','Age':76}, ignore_index = True)
```

输出的结果如下：

```
    Age      City Name
0  76.0  Beijing  Joe
```

在 DataFrame 中追加 Series，代码如下：

```
#append 追加 Series 结构
a = pd.DataFrame()
a.append(pd.Series({'Name':'Joe','City':'Beijing','Age':76}),
ignore_index = True)
```

输出的结果如下：

```
    Age      City Name
0  76.0  Beijing  Joe
```

在 DataFrame 中追加 list，代码如下：

```
#append 追加 list 结构
a = pd.DataFrame()
a.append(['dfA','dfB','dfC'])
```

输出的结果如下：

```
     0
0  dfA
1  dfB
2  dfC
```

DataFrame 中数据的追加，代码如下：

```
#当连续追加数据时，就会出现相同的 index
a.append(['dfA','dfB','dfC']).append(['dg','dna'])
```

输出的结果如下：

```
     0
0  dfA
1  dfB
2  dfC
0   dg
1  dna
```

在 DataFrame 中连续追加列表，代码如下：

```
#如果不想在连续追加时出现相同的 index,则需加上 ignore_index = True
a.append(['dfA','dfB','dfC']).append(['dg','dna'],ignore_index = True)
```

输出的结果如下：

```
     0
0  dfA
1  dfB
2  dfC
3   dg
4  dna
```

在 DataFrame 中连续追加二维列表，代码如下：

```
#二维或更高级的追加
a = pd.DataFrame()
a.append([['Joe', 'Beijing', 76], ['Kim', 'Shanghai',32]])\
.append([['Jim', 'Shenzhen', 55],['Tom', pd.NA, 87]],
        ignore_index = True )
```

输出的结果如下：

```
     0         1   2
0  Joe   Beijing  76
1  Kim  Shanghai  32
2  Jim  Shenzhen  55
3  Tom      <NA>  87
```

在追加的 DataFrame 中设置 ignore_index＝True，代码如下：

```
#追加 DataFrame 结构
a = pd.DataFrame([['Joe', 'Beijing', 76], ['Kim', 'Shanghai',32]],columns = ['Name','Age','City'])
b = pd.DataFrame([['Jim', 'Shenzhen', 55],['Tom', pd.NA, 87]],columns = ['Name','Age','City'])
a.append(b,ignore_index = True )
```

输出的结果如下：

```
  Name       Age    City
0  Joe   Beijing     76
1  Kim  Shanghai     32
2  Jim  Shenzhen     55
3  Tom      <NA>     87
```

7.3.3 合并(combine)

语法：Series. combine(other，func，fill_value＝nan)；

DataFrame. combine(other，func，fill_value＝None，overwrite＝True)。

参数：参数说明如表 7-6 所示。

表 7-6 参数说明

参 数	参数说明
other	Series 中必须为另一个 Series，DataFrame 中必须为另一个 DataFrame
func	该函数拥有两个位置参数。第 1 个参数来自于调用者，第 2 个参数来自于 other
fill_value	在合并之前先用它来填充 NaN
overwrite	如果值为 True，则原地修改调用者。如果值为 False，则返回一个新建的对象

Series 间的合并，代码如下：

```
df['Age'].combine(df['Weight'],max).to_list()    #对比二列，取其中的大值
```

输出的结果如下：

```
[76.0,85.0,72.0,87.0,93.0,78.0,69.0]
```

两个 Series 的组间数值相加，代码如下：

```
df['Age'].combine(df['Weight'],lambda x,y:x + y).to_list()
#二列值相加，等价于 df['Age'] + df['Weight']
```

输出的结果如下：

```
[132.0,117.0,127.0,nan,152.0,143.0,134.0]
```

组间转换并转换为文本，代码如下：

```
df['Age'].combine(df['Weight'],lambda x,y:str(x) + " - " + str(y)).to_list()
#将二列转换为文本后再合并
```

输出的结果如下：

```
['76 - 56.0', '32 - 85.0', '55 - 72.0', '87 - nan', '93 - 59.0', '78 - 65.0', '65 - 69.0']
```

筛选 Age 值大于 Weight 值的所有行，代码如下：

```
df[df['Age'].combine(df['Weight'],lambda x,y:x > y)]
#取 df['Age']> df['Weight']的行
```

输出的结果如下：

```
   index        Date  Name       City  Age  WorkYears  Weight    BMI  Score
0      0  2020/12/12   Joe    Beijing   76         35    56.0  18.86      A
2      0  2020/12/12   Joe    Beijing   76         35    56.0  18.86      A
5      1  2020/12/14   Jim  Guangzhou   93         42    59.0  20.89      B
6      2  2020/12/14   Kim     Xiamen   78         36    65.0    NaN      B
```

带条件的表与表的合并，代码如下：

```
cols = ['Age','WorkYears','Weight','BMI']
dfA = pd.read_excel('demo_.xlsx',sheet_name = 'dfA',usecols = cols)
dfB = pd.read_excel('demo_.xlsx',sheet_name = 'dfB',usecols = cols)
dfA.combine(dfB,np.maximum)
```

输出的结果如下：

```
   Age  WorkYears  Weight    BMI
0   76         35    56.0  18.86
1   93         42    85.0  21.27
2   78         36    72.0    NaN
3   87         33     NaN  22.89
```

7.3.4 连接(join)

语法：DataFrame.join(other,on=None,how='left',lsuffix='',rsuffix='',sort=False)。

作用：join 是按索引合并。该方法也可以用于合并多个索引相同或相似但没有重叠列的 DataFrame。

参数：参数说明如表 7-7 所示。

表 7-7 参数说明

参 数	参数说明
other	DataFrame、Series 或 list of DataFrame
on	str,list of str,or array-like,optional
how	默认值为 left,可选值为 left、right、outer、inner
lsuffix	str,默认值''
rsuffix	str,默认值''
sort	bool,默认值 False

表间的几种连接方式如图 7-7 所示。

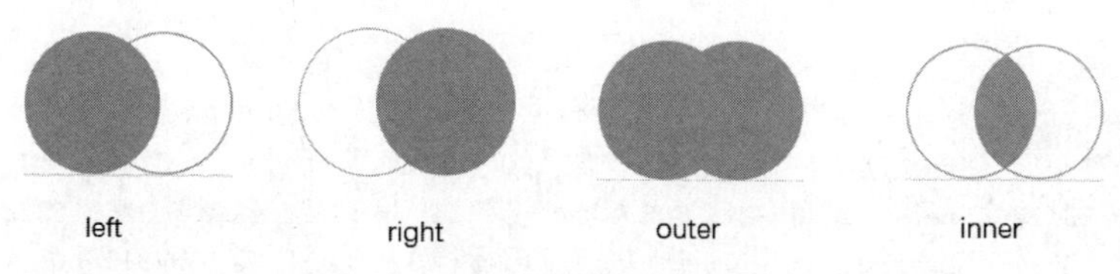

图 7-7　常见的 4 种表间关系

基本原理说明：

```
dfa_ = pd.read_excel('demo_.xlsx','dfA',usecols = ['Date','City'])
dfg_ = pd.read_excel('demo_.xlsx','dg',usecols = ['Name','Address'])
dfa_.join(dfg_)
#当 join 的两个 df 不存在重名列时,直接 join 即可
```

输出的结果如下：

```
         Date      City Name                   Address
0  2020/12/12   Beijing  Joe      物资物流园 B5 仓,梁赞,1866088470
1  2020/12/12  Shanghai  Kim     茅岗路 170 号之 233,周杰 1352807080
2  2020/12/13  Shenzhen  Jim  c 座华府御园 4 栋 1106 胡二浪 1337915660
3  2020/12/13       NaN  Kam    亚洲大厦 2609      卫子薇 1515603112
```

两表之间的连接,代码如下：

```
dfa = pd.read_excel('demo_.xlsx','dfA',usecols = ['Date','Name','City'])
dfg = pd.read_excel('demo_.xlsx','dg',usecols = ['Name','Address'])
dfa.join(dfg, lsuffix = '_l', rsuffix = '_r')
#dfa 与 dfg 中有重复列'Name',直接使用 dfa.join(dfg)会报错.解决办法:指定 lsuffix、rsuffix
```

输出的结果如下：

```
         Date  Name_l    City  Name_r                    Address
0  2020/12/12    Joe  Beijing    Joe       物资物流园 B5 仓,梁赞,1866088470
1  2020/12/12    Kim  Shanghai    Kim     茅岗路 170 号之 233,周杰 1352807080
2  2020/12/13    Jim  Shenzhen    Jim  c 座华府御园 4 栋 1106 胡二浪 1337915660
3  2020/12/13    Tom       NaN    Kam  亚洲大厦 2609      卫子薇 1515603112
```

继续两表之间的连接,代码如下：

```
dfai = pd.read_excel('demo_.xlsx','dfA',usecols = ['Date','Name','City'],index_col = 1)
dfgi = pd.read_excel('demo_.xlsx','dg',usecols = ['Name','Address'],index_col = 0)
dfai.join(dfgi,on = 'Name',how = 'left')
```

输出的结果如下：

```
Name     Date       City                          Address
Joe   2020/12/12   Beijing            物资物流园 B5 仓,梁赞,1866088470
Kim   2020/12/12   Shanghai          茅岗路 170 号之 233,周杰 1352807080
Kim   2020/12/12   Shanghai   花花路 668 号 10 号库 11 号门   江云芳   1325015226
Jim   2020/12/13   Shenzhen        c 座华府御园 4 栋 1106 胡二浪 1337915660
Jim   2020/12/13   Shenzhen         A 幢润物有限公司   江林波 1388967474
Tom   2020/12/13        NaN                                NaN
```

注意：使用 index_col='Name'也是可以的，但是，当用 index_cols=[x]或 index_cols=[x1,x2]时，[]里面的 x 只能是数字，否则会报错(TypeError：list indices must be integers or slices,not str)。

7.3.5 按轴向合并(concat)

语法：pandas.concat(objs,axis=0,join='outer',ignore_index=False,keys=None,levels=None,names=None,verify_integrity=False,sort=False,copy=True)。

参数：pd.concat()是一个很重要的函数，与 NumPy 中的 concatenate 类似，但功能更为强大，可通过一个 axis 参数设置究竟是横向还是拼接。相关参数说明如表 7-8 所示。

表 7-8 参数说明

参数	参数说明
objs	Series 和 DataFrame 对象的序列或映射。如果传递的是映射，则排序的键将用作键参数，除非它被传递，在这种情况下，将选择值。任何无对象将被删除，除非它们都是无，在这种情况下将引发一个 ValueError
axis	指定合并的轴方向，默认值为 0。可选择 0 或 index、1 或 columns
join	默认值为 outer(外连接)，可选择 inner 内连接、outer 外连接，用于处理其他轴上的索引
ignore_index	默认值为 False。如果值为 True，则重新编号并重置轴上的索引值
keys	默认值为无。使用传递的键作为最外层构建层次索引；如果为多索引，则应该使用元组
levels	默认值为无。用于构建多层索引的具体级别(唯一值)。否则，它们将从键推断
names	指定层次索引中层级的名称
verify_integrity	检查新连接的轴是否包含重复项
sort	默认值为 False。当 join='inner'时不起作用，当 join='outer'时，如果非连接轴尚未对齐，则对其排序
copy	默认值为 True

以下是利用 pd.concat 来做 Series 和 DataFrame 的连接。分为 Series 间的 concat、DataFrame 间的 concat、DataFrame 与 Series 的 concat 共 3 个部分来讲解。

Series 间的 concat。运行代码及输出的结果如下：

```
>>> df = pd.read_excel('demo_.xlsx')
>>> pd.concat([df['Name'][:2],df['Age'][:2]])
0    Joe
1    Kim
0     76
1     32
dtype: object

>>> pd.concat([df['Name'][:2],df['Age'][:2]],
...           ignore_index = True)
0    Joe
1    Kim
2     76
3     32
dtype: object

>>> pd.concat([df['Name'][:2],df['Age'][:2]],axis = 1)
  Name  Age
0  Joe   76
1  Kim   32
```

DataFrame 间的 concat,代码如下:

```
>>> dfA = pd.read_excel('demo_.xlsx',sheet_name = 'dfA')
>>> dfB = pd.read_excel('demo_.xlsx',sheet_name = 'dfB')
```

导入数据源再合并,代码如下:

```
>>> pd.concat([dfA, dfB],keys = ['dfA','dfB'])
             Date     Name     City     Age  WorkYears  Weight   BMI   Score
dfA  0  2020/12/12   Joe    Beijing     76      35       56.0   18.86    A
     1  2020/12/12   Kim    Shanghai    32      12       85.0   21.27    A
     2  2020/12/13   Jim    Shenzhen    55      23       72.0   20.89    B
     3  2020/12/13   Tom      NaN       87      33        NaN   21.22    C
dfB  0  2020/12/12   Joe    Beijing     76      35       56.0   18.86    A
     1  2020/12/14   Jim   Guangzhou    93      42       59.0   20.89    B
     2  2020/12/14   Kim    Xiamen      78      36       65.0    NaN     B
     3  2020/12/15   Sam    Suzhou      65      32       69.0   22.89    A
```

继续举例,在导入数据源的过程中,一次性读取多个 sheet_name,代码如下:

```
>>> pd.concat(pd.read_excel('demo_.xlsx', sheet_name = ['dfA','dfB']),keys = ['dfA', 'dfB'])
             Date     Name     City    Age  WorkYears  Weight   BMI   Score
dfA  0  2020/12/12   Joe    Beijing    76      35       56.0   18.86    A
     1  2020/12/12   Kim   Shanghai    32      12       85.0   21.27    A
```

```
    2  2020/12/13  Jim   Shenzhen   55  23  72.0  20.89  B
    3  2020/12/13  Tom        NaN   87  33   NaN  21.22  C
dfB 0  2020/12/12  Joe    Beijing   76  35  56.0  18.86  A
    1  2020/12/14  Jim  Guangzhou   93  42  59.0  20.89  B
    2  2020/12/14  Kim     Xiamen   78  36  65.0    NaN  B
    3  2020/12/15  Sam    Suzhou    65  32  69.0  22.89  A
```

采用列表推导方式，一次性读取符合条件的多个 sheet_name，代码如下：

```
>>> wb = pd.ExcelFile('demo_.xlsx')
>>> ws = [wb.parse(n) for n in ['dfA','dfB']]
>>> pd.concat(ws,keys=['dfA','dfB'])
             Date  Name       City  Age  WorkYears  Weight    BMI  Score
dfA 0  2020/12/12   Joe    Beijing   76         35    56.0  18.86      A
    1  2020/12/12   Kim   Shanghai   32         12    85.0  21.27      A
    2  2020/12/13   Jim   Shenzhen   55         23    72.0  20.89      B
    3  2020/12/13   Tom        NaN   87         33     NaN  21.22      C
dfB 0  2020/12/12   Joe    Beijing   76         35    56.0  18.86      A
    1  2020/12/14   Jim  Guangzhou   93         42    59.0  20.89      B
    2  2020/12/14   Kim     Xiamen   78         36    65.0    NaN      B
    3  2020/12/15   Sam    Suzhou    65         32    69.0  22.89      A
```

以下代码的输出结果是相同的。基于 Pandas 的强大功能，很多时候只要思路正确，完全可以用多种方法实现同一效果。继续以上面的这个操作为例，读者可以再想想还有没有其他的可实现方式。

在前面的章节讲解过：如果通过 pd.read_excel()想获取'dfA'、'dfB'、'dfC'这 3 个 sheet，则可以用 sheet_name=[1,2,3]、sheet_name=['dfA','dfB','dfC']或者 sheet_name=[1,2,'dfC']（位置或字符混搭），它们返回的值都为字典形式。现在，想把这些字典形式的值全部合并，然后转换成 DataFrame 形式，代码如下：

```
df = pd.read_excel('demo_.xlsx',sheet_name=['dfA','dfB','dfC'])
pd.concat([ df['dfA'],df['dfB'],df['dfC']], ignore_index=True)
```

输出的结果如下：

```
         Date  Name      City  Age  WorkYears  Weight    BMI  Score
0  2020/12/12   Joe   Beijing   76         35    56.0  18.86      A
1  2020/12/12   Kim  Shanghai   32         12    85.0  21.27      A
2  2020/12/13   Jim  Shenzhen   55         23    72.0  20.89      B
3  2020/12/13   Tom       NaN   87         33     NaN  21.22      C
4  2020/12/12   Joe   Beijing   76         35    56.0  18.86      A
```

```
5   2020/12/14  Jim  Guangzhou  93  42  59.0  20.89  B
6   2020/12/14  Kim   Xiamen    78  36  65.0   NaN   B
7   2020/12/15  Sam   Suzhou    65  32  69.0  22.89  A
8   2020/12/12  Kim  Shanghai   32  12  85.0  21.27  A
9   2020/12/13  Jim  Shenzhen   55  23  72.0  20.89  B
10  2020/12/13  Tom    NaN      87  33   NaN  21.22  C
11  2020/12/14  Jim  Guangzhou  93  42  59.0  20.89  B
```

继续举例,代码如下:

```
pd.concat([df['dfA'],df['dfB'],df['dfC']], keys = ['dfA', 'dfB', 'dfC'])
```

输出的结果如下:

```
              Date     Name     City      Age  WorkYears  Weight   BMI    Score
dfA  0   2020/12/12    Joe    Beijing     76      35       56.0   18.86     A
     1   2020/12/12    Kim    Shanghai    32      12       85.0   21.27     A
     2   2020/12/13    Jim    Shenzhen    55      23       72.0   20.89     B
     3   2020/12/13    Tom      NaN       87      33        NaN   21.22     C
dfB  0   2020/12/12    Joe    Beijing     76      35       56.0   18.86     A
     1   2020/12/14    Jim   Guangzhou    93      42       59.0   20.89     B
     2   2020/12/14    Kim    Xiamen      78      36       65.0    NaN      B
     3   2020/12/15    Sam    Suzhou      65      32       69.0   22.89     A
dfC  0   2020/12/12    Kim    Shanghai    32      12       85.0   21.27     A
     1   2020/12/13    Jim    Shenzhen    55      23       72.0   20.89     B
     2   2020/12/13    Tom      NaN       87      33        NaN   21.22     C
     3   2020/12/14    Jim   Guangzhou    93      42       59.0   20.89     B
```

注意:当同时使用 keys 和 ignore_index 时,keys 的值不会被显示。

在 Pandas 中,axis 默认为 0,以下是 axis=1 的效果。为了方便理解,仅取各目标表中的 Date、Name 两列进行合并,代码如下:

```
pd.concat([
    df['dfA'][['Date', 'Name']],
    df['dfB'][['Date', 'Name']],
    df['dfC'][['Date', 'Name']]
    ],
        axis = 1)
```

输出的结果如下:

```
         Date  Name        Date  Name        Date  Name
0  2020/12/12   Joe  2020/12/12   Joe  2020/12/12   Kim
1  2020/12/12   Kim  2020/12/14   Jim  2020/12/13   Jim
2  2020/12/13   Jim  2020/12/14   Kim  2020/12/13   Tom
3  2020/12/13   Tom  2020/12/15   Sam  2020/12/14   Jim
```

在 dfA、dfB、dfC 三表中，它们的 index 是相同的，所以从理论上来讲，如果加入 join 参数，其得到的结果相同。代码如下：

```
pd.concat([
    df['dfA'][['Date', 'Name']],
    df['dfB'][['Date', 'Name']],
    df['dfC'][['Date', 'Name']]
    ],axis = 1, join = 'inner')
```

输出的结果如下：

```
         Date  Name        Date  Name        Date  Name
0  2020/12/12   Joe  2020/12/12   Joe  2020/12/12   Kim
1  2020/12/12   Kim  2020/12/14   Jim  2020/12/13   Jim
2  2020/12/13   Jim  2020/12/14   Kim  2020/12/13   Tom
3  2020/12/13   Tom  2020/12/15   Sam  2020/12/14   Jim
```

从结果来看是一致的。

7.3.6 融合（merge）

语法：pandas.merge(left,right,how='inner',on=None,left_on=None,right_on=None,left_index=False,right_index=False,sort=False,suffixes=('_x','_y'),copy=True,indicator=False,validate=None)。

参数：参数说明如表 7-9 所示。

表 7-9 参数说明

参数	参数说明
left	第 1 个 DataFrame
right	第 2 个 DataFrame 或 Series
how	指定连接类型。可以为 left：左连接。只使用左边 DataFrame 的连接键，相当于 SQL 中的 left outer； right：右连接。只使用右边 DataFrame 的连接键，相当于 SQL 中的 right outer； outer：外连接。使用两个 DataFrame 的连接键的并集，相当于 SQL 中的 full outer； inner：内连接。使用两个 DataFrame 的连接键的交集，相当于 SQL 中的 inner

续表

参数	参数说明
on	指定用作连接键的列的 label(并且必须在两个 DataFrame 中这些 label 都存在),可为 label or list。如果为 None,则默认使用两个 DataFrame 的列 label 的交集。可以通过 left_on/right_on 分别指定两侧 DataFrame 对齐的连接键
left_on	left(左表)中的连接键,可为 label、list 或 array-like
right_on	right(右表或 Series)中的连接键,可为 label、list、array-like
left_index	如果值为 True,则使用 left(左表)中的索引(行标签)作为其连接键
right_index	如果值为 True,则使用 right(右表或 Series)中的索引(行标签)作为其连接键
sort	如果值为 True,则在结果中对合并采用的连接键进行排序
suffixes	一个二元序列。对于结果中同名的列,它会添加前缀来指示它们来自哪个 DataFrame,默认为('_x','_y')
copy	如果值为 True,则复制基础数据,否则不复制数据(默认值为 True)
indicator	一个字符串或者布尔值。 如果值为 True,则结果中多了一列,称作_merge,该列给出了每一行来自于哪个 DataFrame; 如果为字符串,则结果中多了一列(该列名字由 indicator 字符串给出),该列给出了每一行来自于哪个 DataFrame
validate	可选参数。如果指定,则检查合并是否为指定的类型(一对一、一对多、多对一或多对多)

代码如下:

```
df = pd.read_excel('demo_.xlsx',
                   usecols = ['Date', 'Name', 'City', 'Weight'],
                   index_col = 'City',nrows = 4)
dg = pd.read_excel('demo_.xlsx',
                   'dg',
                   usecols = ['Name', 'Address', 'City'],
                   index_col = 'City',nrows = 4)
pd.merge(df, dg, left_on = 'City', right_on = 'City', how = 'outer')
```

输出的结果如图 7-8 所示。

现在的问题是:图 7-8 中,仅存于右表的行是哪个呢?

代码如下:

```
pd.merge(df,
         dg,
         left_on = 'City',
         right_on = 'City',
         suffixes = ("_L", "_R"), #将默认的('_x', '_y')改为("_L", "_R")
         how = 'outer')
```

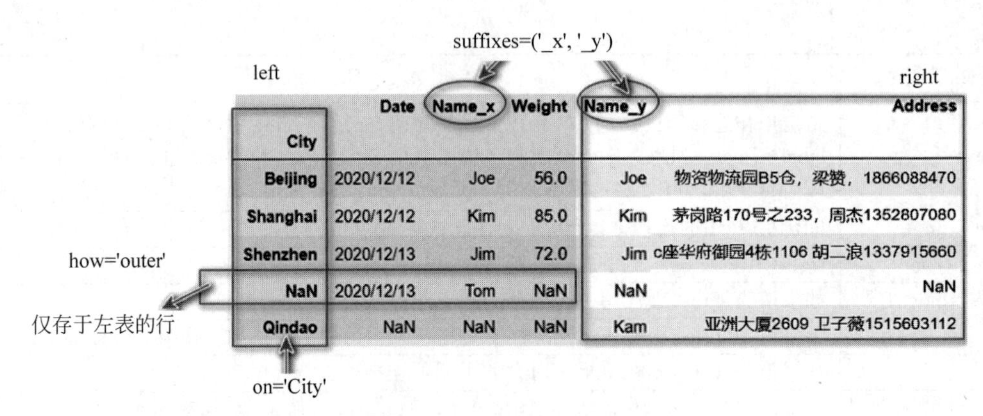

	Date	Name_x	Weight	Name_y	Address
City					
Beijing	2020/12/12	Joe	56.0	Joe	物资物流园B5仓，梁赞，1866088470
Shanghai	2020/12/12	Kim	85.0	Kim	茅岗路170号之233，周杰1352807080
Shenzhen	2020/12/13	Jim	72.0	Jim	c座华府御园4栋1106 胡二浪1337915660
NaN	2020/12/13	Tom	NaN	NaN	NaN
Qindao	NaN	NaN	NaN	Kam	亚洲大厦2609 卫子薇1515603112

图 7-8 表间外连接(1)

输出的结果如图 7-9 所示。

suffixes=("_L", "_R")

	Date	Name_L	Weight	Name_R	Address
City					
Beijing	2020/12/12	Joe	56.0	Joe	物资物流园B5仓，梁赞，1866088470
Shanghai	2020/12/12	Kim	85.0	Kim	茅岗路170号之233，周杰1352807080
Shenzhen	2020/12/13	Jim	72.0	Jim	c座华府御园4栋1106 胡二浪1337915660
NaN	2020/12/13	Tom	NaN	NaN	NaN
Qindao	NaN	NaN	NaN	Kam	亚洲大厦2609 卫子薇1515603112

图 7-9 表间外连接(2)

两表融合,代码如下:

```
pd.merge(df,dg, left_index = True,right_index = True,how = 'outer')
```

输出的结果如下:

```
                Date Name_x  Weight Name_y                   Address
City
NaN       2020 - 12 - 13    Tom    NaN    NaN                              NaN
Beijing   2020 - 12 - 12   Joe   56.0   Joe   物资物流园 B5 仓,梁赞,1866088470
Qingdao             NaT     NaN     NaN  Kam   亚洲大厦 2609      卫子薇 1515603112
Shanghai 2020 - 12 - 12  Kim   85.0    Kim  茅岗路 170 号之 233,周杰 1352807080
Shenzhen 2020 - 12 - 13     Jim   72.0 Jim   c 座华府御园 4 栋 1106 胡二浪 1337915660
```

思考一下:如果用以下代码,则出现的结果是怎样的呢?与上图的区别在哪呢?

```
pd.merge(df,dg, left_on = 'City',right_index = True,how = 'outer')
```

在 pd.merge()中，对 left 和 right 先进行条件筛选，然后进行 merge 是允许的，代码如下：

```
pd.merge(df[df['Date'] == '2020/12/12'],
         dg,
         left_on = 'City',
         right_on = 'City',
         how = 'outer')
```

输出的结果如下：

```
                 Date Name_x  Weight Name_y                         Address
City
Beijing   2020-12-12    Joe    56.0 Joe  物资物流园 B5 仓，梁赞，1866088470
Shanghai 2020-12-12     Kim    85.0 Kim 茅岗路 170 号之 233，周杰 1352807080
Shenzhen        NaT    NaN      NaN  Jim c 座华府御园 4 栋 1106 胡二浪 1337915660
Qingdao          NaT    NaN      NaN   Kam  亚洲大厦 2609      卫子薇 1515603112
```

以上面的代码为例，采用 df1.merge(df2)的写法也是可以的。df1 代表的是 left 参数，df2 代表的是 right 参数，结果与上面的完全相同，代码如下：

```
df[df['Date'] == '2020/12/12'].merge(dg,
                                     left_on = 'City',
                                     right_on = 'City',
                                     how = 'outer')
```

7.4 文档的批量操作

以下内容是对前面内容的一个阶段性总结与提升应用，在实际工作中应用的频率很高，相当实用与高效。

7.4.1 批量合并同一文件夹中的 workbook

1. 采用 glob 库

导入 glob 库，合并指定文件夹内的所有 Excel 文件，代码如下：

```
import glob
import pandas as pd
pd.set_option('max_columns', 11, 'max_rows', 4, 'max_colwidth', 11)

ff = glob.glob('./dfc/*.xlsx')

fl = []
```

```
for f in ff:
    fl.append(pd.read_excel(f))

df = pd.concat(fl,ignore_index = True)
df
```

输出的结果如图 7-10 所示。

	Date	Name	City	Age	WorkYears	Weight	BMI	Score
0	2020/12/12	Joe	Beijing	76	35	56.0	18.86	A
1	2020/12/12	Kim	Shanghai	32	12	85.0	21.27	A
...	...	...	...	...	...	...	...	...
10	2020/12/13	Tom	NaN	87	33	NaN	21.22	C
11	2020/12/14	Jim	Guangzhou	93	42	59.0	20.89	B

12 rows × 8 columns

图 7-10 数据的合并

2. 采用 os 库

就实际应用而言,采用 os 模块的频率很高,所以 os 模块可以花一些时间去深入了解一下,代码如下:

```
import os
import pandas as pd
pd.set_option('max_rows', 4)
path = "./dfc"

fl = []
for f in os.listdir(path):
    fl.append(pd.read_excel(os.path.join(path,f)))

pd.concat(fl,ignore_index = True)
```

输出的结果与上面采用 glob 库的结果完全相同。扩展一下:如果用 pd.ExcelWriter()方法,则代码要怎么写呢?

7.4.2 批量合并同一文件工作簿中的 worksheet

在前面讲解 pd.concat()时,演示了大量的 sheet 合并的案例。在此想表达的是:在 DataFrame 的 concat 之前,可以对相关 DataFrame 做一些事先的加工,然后合并,代码如下:

```
df = pd.DataFrame()
dfA = pd.read_excel('demo_.xlsx',sheet_name='dfA')
dfB = pd.read_excel('demo_.xlsx',sheet_name='dfB')

for i in [dfA, dfB]:
    dfA = dfA.sort_values('Age',ascending=False)
    dfA['age 排名'] = dfA['Age'].rank(ascending=False)
    dfB['age 排名'] =  dfB['Age'].rank(ascending=False)
df = pd.concat([dfA, dfB],keys=['A','B'])
df
```

输出的结果如图 7-11 所示。

		Date	Name	City	Age	WorkYears	Weight	BMI	Score	age排名
A	3	2020/12/13	Tom	NaN	87	33	NaN	21.22	C	1.0
	0	2020/12/12	Joe	Beijing	76	35	56.0	18.86	A	2.0
	2	2020/12/13	Jim	Shenzhen	55	23	72.0	20.89	B	3.0
	1	2020/12/12	Kim	Shanghai	32	12	85.0	21.27	A	4.0
B	0	2020/12/12	Joe	Beijing	76	35	56.0	18.86	A	3.0
	1	2020/12/14	Jim	Guangzhou	93	42	59.0	20.89	B	1.0
	2	2020/12/14	Kim	Xiamen	78	36	65.0	NaN	B	2.0
	3	2020/12/15	Sam	Suzhou	65	32	69.0	22.89	A	4.0

图 7-11 合并后的数据

上面的 dfA 和 dfB 也可以采用循环追加的方式，然后合并到一个 DataFrame 中，代码如下：

```
import pandas as pd
wb = 'demo_.xlsx'
ws = ['dfA','dfB']
l =[]
for i in ws:
    l.append(
        pd.read_excel(wb,i,usecols=['Date','Name','City','Age'],nrows=2))
df = pd.concat(l,ignore_index=True)
df
```

输出的结果如下：

```
  City        Date       Name  Weight
Beijing    2020-12-12   Joe    56.0
Shanghai   2020-12-12   Kim    85.0
Shenzhen   2020-12-13   Jim    72.0
  NaN      2020-12-13   Tom    NaN
```

上面代码中的 append 也可以改用列表推导式完成。例如，以下代码与上面的代码实现的效果是完全一致的，代码如下：

```
import pandas as pd
wb = 'demo_.xlsx'
ws = ['dfA','dfB']
df = pd.concat(
     [pd.read_excel(wb,i,usecols = ['Date','Name','City','Age'],nrows = 2) for i in ws],
    ignore_index = True)
df
```

再用 pd. ExcelWriter()实现相同的效果，代码如下：

```
import pandas as pd
wb = pd.ExcelFile("demo_.xlsx")
ws = ['dfA','dfB']
l = []
for i in ws:
    l.append(pd.read_excel(wb,i,
                usecols = ['Date','Name','City','Age'],nrows = 2))
df = pd.concat(l,ignore_index = True)
df
```

即使用 pd. ExcelWriter()，也可以用自定义函数实现上述的效果，代码如下：

```
def AA(self):
        df = pd.DataFrame()
        xl = pd.ExcelFile(self)
        sheets = ['dfA','dfB']
        for sheet in sheets:
            df = df.append(pd.read_excel(self, sheet,
                usecols = ['Date','Name','City','Age'],nrows = 2))
        return df.reset_index().drop(columns = 'index')
AA("demo_.xlsx")
```

如果读者对微软 Excel 中的 Power Query 熟悉，则实现上面的效果也是很轻松的，代码如下：

```
let
    源 = Table.Combine(
            List.Transform(
              Table.SelectRows(Excel.Workbook(
                        File.Contents("C:\Users\dh\demo_.xlsx"), true),
                    each [Name] = "dfA" or [Name] = "dfB" )[Data],
```

```
                each Table.FirstN(
                    Table.SelectColumns(_,{"Date", "Age", "Name", "City"})
                        ,2)))
in
    源
```

甚至可以在自定义函数中涵盖更多的操作。例如：对 Date 列进行数据类型转换并依此排序，代码如下：

```
def AA(self):
        df = pd.DataFrame()
        xl = pd.ExcelFile(self)
        sheets = ['dfA','dfB']
        for sheet in sheets:
            df = df.append(pd.read_excel(self, sheet,
                usecols = ['Date','Name','City','Age'],nrows = 2))
        df['Date'] = pd.to_datetime(df['Date'])
        df.sort_values("Date", ascending = True, inplace = True)
        return df
AA("demo_.xlsx")
```

呈现的效果如图 7-12 所示。

	Date	Name	City	Age
0	2020-12-12	Joe	Beijing	76
1	2020-12-12	Kim	Shanghai	32
0	2020-12-12	Joe	Beijing	76
1	2020-12-14	Jim	Guangzhou	93

图 7-12　合并数据

7.4.3　批量更改 DataFrame 中的列名

现在有这样一个需求：先将列名全部小写，然后将列名中的 e 改为_。准许备用 replace()方法实现，代码演示如下：

```
df = pd.read_excel('demo_.xlsx')
c_l = [col.lower().replace("e","_") for col in df.columns]
df.columns = c_l
df
```

输出的结果如下：

```
       dat_       nam_     city     ag_  worky_ars  w_ight   bmi    scor_
0  2020-12-12    Joe     Beijing    76      35       56.0   18.86    A
1  2020-12-12    Kim     Shanghai   32      12       85.0   21.27    A
2  2020-12-13    Jim     Shenzhen   55      23       72.0   20.89    B
3  2020-12-13    Tom       NaN      87      33        NaN   21.22    C
4  2020-12-14    Jim    Guangzhou   93      42       59.0   20.89    B
5  2020-12-14    Kim     Xiamen     78      36       65.0    NaN     B
6  2020-12-15    Sam     Suzhou     65      32       69.0   22.89    A
```

或者，想将导入的DataFrame从第4列开始，在列名前加上new_。采用rename()方法实现，代码演示如下：

```
df = pd.read_excel('demo_.xlsx')
for x in df.columns[3:].to_list():
    df.rename(columns = {x:'new_' + x}, inplace = True)
df
```

输出的结果如图7-13所示。

	Date	Name	City	new_Age	new_WorkYears	new_Weight	new_BMI	new_Score
0	2020/12/12	Joe	Beijing	76	35	56.0	18.86	A
1	2020/12/12	Kim	Shanghai	32	12	85.0	21.27	A
2	2020/12/13	Jim	Shenzhen	55	23	72.0	20.89	B
3	2020/12/13	Tom	NaN	87	33	NaN	21.22	C
4	2020/12/14	Jim	Guangzhou	93	42	59.0	20.89	B
5	2020/12/14	Kim	Xiamen	78	36	65.0	NaN	B
6	2020/12/15	Sam	Suzhou	65	32	69.0	22.89	A

图7-13 批量修改列名

如果需要更改的列名不是很多，则可直接用replace的链式写法完成，代码如下：

```
df = pd.read_excel('demo_.xlsx',nrows = 2)
def AA(x):
    return (x.replace('Weight', 'wt').replace('BMI', 'bmi').replace('Score','scor'))
df = df.rename(columns = AA)
df
```

输出的结果如图7-14所示。

7.4.4 批量拆分DataFrame

现在以Demo_.xlsx中的第1个表为例，以其中的Name列为依据进行拆分，并且拆分到同一个Excel中的多个Sheets中，本次可采用read_excel加ExcelWrite的方式来完成，

	Date	Name	City	Age	WorkYears	wt	bmi	scor
0	2020/12/12	Joe	Beijing	76	35	56	18.86	A
1	2020/12/12	Kim	Shanghai	32	12	85	21.27	A

图 7-14 列名修改

代码如下：

```
#获取数据
df = pd.read_excel('demo_.xlsx')
#获取 df.Name 列内的唯一值
mz = df['Name'].unique()
#以 df.Name 的唯一值为分组依据,将数据写入同一工作簿内的不同表,工作表的表名为分组依据
wt = pd.ExcelWriter('name.xlsx')
for i in mz:
    df[df.Name == i].to_excel(wt,i,index = False)
    wt.save()
```

代码运行后，会发现在当前代码存储的同一文件夹内新生成了一个 name.xlsx 文件，Excel 文件内有 Joe、Jim、Kim、Tom、Sam 5 个 sheet。

当然，上面的 read_excel 可以改用 ExcelFile()，df['Name'].unique()可以改用 set()等。读者可以尝试一下如何完成。

更多的批量拆分 DataFrame 的案例会放到 df.groupby()中讲解。

7.5 与 xlwings 的互动

xlwings 是一个功能强大的 Python 第三方库，强项在于对 Excel 的处理。它可以结合 VBA 实现 Excel 编程，也可以结合 Pandas、NumPy、Matplotlib 实现 Excel 的数据处理与图形化呈现。它与 Pandas 能无缝对接且功能互补，例如：xlwings 对 Excel 中字体及填充颜色、行宽行高、单元格合并与字体对齐、边框线等这些修改及设置功能，它是 Pandas 所不具备的。

xlwings 与 openpyxl 是相同类型的第三方库，二者所能实现的功能很多存在重叠，但是 openpyxl 使用的人群较多，更普及些；虽然 xlwings 的功能更强大些，但使用人群少于 openpyxl。

7.5.1 创建新工作簿

从 demo_.xlsx 的第 1 个电子表格中复制所有非空数据，并另存到新建的 dbmo.xlsx 中的 nwt 电子表格内，代码如下：

```
#1. 导入库、启动应用
import xlwings as xw
```

```
app = xw.App()

#2. 创建工作簿
wb = app.books.add()                            #新建工作簿
ws = wb.sheets.add('nwt')                       #将数据写入新增的 nwt 电子表格中
#ws = wb.sheets('Sheet1')                       #将数据写入 Sheet1 电子表格中
df = pd.read_excel('demo_.xlsx')
ws.range('A1').value = df.dropna()

#3. 保存、关闭、退出
wb.save('dbmo.xlsx')
wb.close()
app.quit()
```

输出的结果：在当前代码文件夹内，生成一个 dbmo. xlsx 文件，内含 nwt 电子表格。

7.5.2 批量修改电子表格名称

批量修改 demo_. xlsx 中的特定电子表格名称，并另存为当前文件夹下的 dmo. xlsx 中，代码如下：

```
#1. 导入库、启动应用
import xlwings as xw
app = xw.App()

#2. 打开工作簿
wb = app.books.open('demo_.xlsx')           # 打开工作簿
ws = wb.sheets                              # 获取工作表
for i in range(len(ws)):
    ws[i].name = ws[i].name.replace('d','D')

#3. 保存、关闭、退出
wb.save('dmo.xlsx')   #如果括号内加上其他的文件名,则相当于另存于其他文件
wb.close()
app.quit()
```

输出的结果：在当前代码文件夹内，将 demo_. xlsx 的所有内容复制到 dmo. xlsx，并且指定子表格名称均已被修改。

7.5.3 在新增电子表格中插入图表

以下是 xlwings、Pandas、Matplotlib 的互动，代码如下：

```
#1. 模块导入与应用
import xlwings as xw
```

```
import pandas as pd
import matplotlib.pyplot as plt
app = xw.App()

#2. 在现有的 wb 中创建新的 ws
wb = app.books.open('demo_.xlsx')
ws = wb.sheets.add('nwt')                #新建工作表

#导入 df 数据,并放置到新建的 ws 中
df = pd.read_excel('demo_.xlsx')
df = df[df.BMI.notna()]
ws.range('A1').value = df

#3. 图形化呈现 df 的内容,并将图片内容增加到前面新增的 ws 中
fig = plt.figure()
plt.bar(df.Age, df.BMI)
ws.pictures.add(fig,name = '图片',update = True,left = 500)

#4. 保存、关闭、退出
wb.save('dm_.xlsx')
#wb.save()  #直接保存到现有 demo_.xlsx 中
wb.close()
app.quit()
```

7.6 本章回顾

日常最常用的 3 种数据获取途径：Excel、CSV、SQL，本章主要介绍的是 Excel 和 CSV 两种途径。Pandas 中的 Excel 和 CSV 数据获取流程可参见图 7-5，数据的存储主要通过 to_excel()、to_csv()、to_sql()等实现。

在文件操作过程中，如果涉及对复杂文件目录进行操作，则可配合 os 库使用；os 库是 Excel 自动化办公应用时所必须掌握的一个库，它可与 Pandas 的 ExcelFile.parse()或 ExcelWriter()配合使用，实现 Pandas 对 Excel 的批量读写。在批量修改与新增表格的过程中，它可与 xlwings 互动，通过 xlwings 赋能使 Pandas 功能更加强大。

Pandas 与 xlwing、openpyxl 存在功能重叠部分。在 Pandas 与 xlwing、openpyxl 交互使用的过程中，如果存在 Pandas 与 xlwing、openpyxl 都能实现的情形，则建议优先使用 Pandas，因为 Pandas 的语法更简洁，并且可读性、可扩展性更强。

第4篇　进　阶　篇

第 8 章

数 据 处 理

8.1　统计学基础

在数据清洗的 ECRS 流程中，本节属于“简化”(Simplity)。为什么说它属于简化环节呢？以 demo_. xlsx 中的 sheet1 中的 Age 列数据为例。想象一下：如果把这 7 个数据([76,32,55,87,93,78,65])逐一说出来，一下子能掌握与记住的信息有多少？

如果换个说法：Age 列一共有 7 个数据，平均年龄为 69.4，最大为 93，最小为 32。这时能掌握与记忆的信息又有多少？很明显，用这种说法更容易理解这些数据。当工作表的列数很多、数据量很大时，采用描述性统计方法来表达数据的内容，其效果肯定远胜于逐一地描述数据。

但是，当数据量足够多时，仅用“平均值、最大值、最小值”等来描述数据是远远不够的。这时可能会用到方差、标准差、Z 值等更为专业的统计学理论来支撑，这时可以快速地了解数据的概况后依据数据的挖掘与探索来拨云见日并指导当前的改善。

在数据的前期清洗阶段，是这样应用 ECRS 方法论的：通过条件筛选、删除空值或不必要的列(Elimilate)，然后对清洗后的数据进行数据和文本转换(Rearrange)，最后通过对数据的聚合，实现数据信息的汇总与简化(Simplity)，数据的合并(Combine)会较少运用。

如果数据源来自不同的地方，例如：有的来自数据库或网站，有的可能来自不同的 Excel 表格。这时，需要对各数据源进行清洗及转换后，再进行合并，然后转入 ESIA 环节。不管是 ECRS 还是 ESIA 方法，在此只是想提供一个快速上手、易于掌握数据分析的思路，并非要求生搬硬套，从而偏离了数据分析的初衷。

在进入正式的 Pandas 数据处理与分析之前，先对概率与数理统计做一个简要讲解。

8.1.1　概率与数理统计

现实生活中，很多的决策往往是对不确定性问题的处理，这时需要引入概率论。所谓的概率事件，可分为随机事件、确定事件(含：必然事件、不可能事件)。其中“必然事件”与“不可能事件”属互斥事件(或对立事件)，两个事件间是不可能有交集的。

在相同条件下重复 n 次试验，某 A 事件出现的次数 n_A 称为 A 事件的频数，而 n_A 的比率则称为 A 事件的频率（n_A/n），频率的稳定值就是概率，单位长度上的概率是概率密度（PD）。

概率是度量随机事件发生的可能性大小的量（概率越大，则事件发生的可能性就越大；概率越小，则事件发生的可能性就越小。不可能事件发生的概率为 0，必须事件发生的概率为 1）。

1. 事件间的关系

假设 A 和 B 表示两个随机事件，则随机事件间有下面这几种关系：

（1）事件的包含或等于。若 A 事件包含于 B 事件，则可记为 A∈B；若 A 事件等于 B 事件，则可记为 A＝B。

（2）事件的不相容。若 A 事件与 B 事件是正反事件，则为互斥事件。

（3）事件的并。可记为 A∪B，是逻辑上的“或”关系。

（4）事件的交。可记为 A∩B 或 AB，是逻辑上的“与”关系。

（5）事件的差。可记为 A－B。

（6）对立事件，可记为 $\overline{A}$。

假如下图中 Ω 为样本空间，里面有 A 与 B 两个随机事件。以下是“包含、等于、不相容、对立”这 4 种关系，如图 8-1 所示。

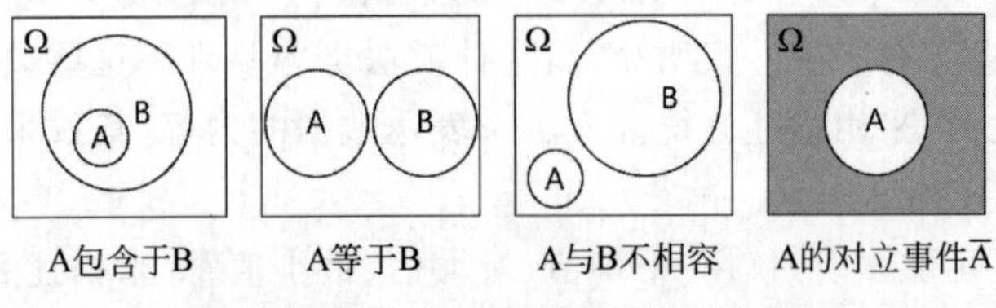

图 8-1　集合中的 4 种关系

由于以上 4 种关系易于理解，故不做代码演示。

在实际工作中，并集（or）、交集（and）、对称差集（^）、差集（－）的使用频率也很高，如图 8-2 所示，阴影部分代表操作后的结果。

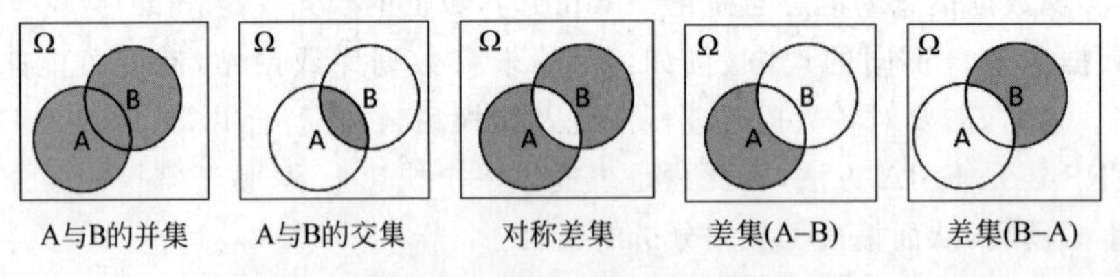

图 8-2　集合中的并集、交集、差集、对称差集

假如现在有 Ω、a、b 共 3 个集合，集合内各元素如下：

```
Ω = {1,2,3,4,5,6,7,8,9}
a = {1,2,3,4,5}
b = {1,3,5,7,9}
```

集合内数据如图 8-3 所示。

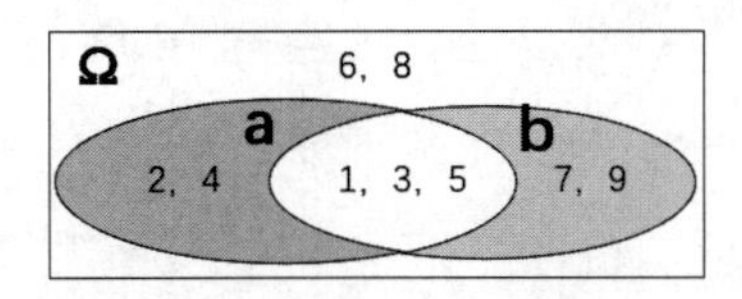

图 8-3　集合内的数据

通过以下代码,获取集合的并集、交集、对称差集、差集,代码如下:

```
a.union(b)                      #(a|b),并集
a.intersection(b)               #(a&b)
a.symmetric_difference(b) #(a^b)或(a|b) - (a&b)
a.difference(b)                 #(a - b)
b.difference(a)                 #(b - a)
```

输出的结果如下:

```
{1, 2, 3, 4, 5, 7, 9}           # (a|b),并集
{1, 3, 5}                       # (a&b)
{2, 4, 7, 9}                    # (a^b)
{2, 4}                          # (a - b)
{9, 7}                          # (b - a)
```

集合在 Pandas 中的应用,假如有以下这些数据,代码如下:

```
import pandas as pd,NumPy as np
df = pd.read_excel('demo_.xlsx')
cols = df.columns
c1 = cols[:4]
c2 = cols[2:6]
```

代码如下:

```
print(c1)
print(c2)
```

输出的结果如下:

```
Index(['Date', 'Name', 'City', 'Age'], dtype = 'object')
Index(['City', 'Age', 'WorkYears', 'Weight'], dtype = 'object')
```

集合内数据如图 8-4 所示。

对以上数据做集合操作,代码如下:

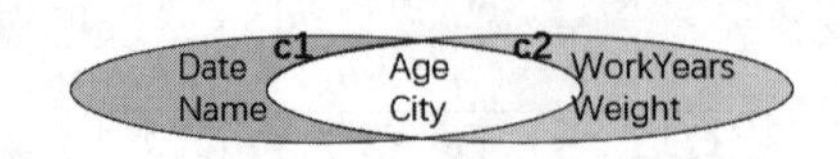

图 8-4 集合内的数据

```
#1. Python 集合操作
set(c1)|set(c2)
set(c1)&set(c2)
set(c1)^set(c2)
#2. NumPy 集合操作
np.union1d(c1,c2)
np.intersect1d(c1,c2)
np.setxor1d( c1,c2)
#3. Pandas 索引对象的方法(pd.Index)
pd.Index.union(c1,c2)
pd.Index.intersection(c1,c2)
pd.Index.difference(c1,c2)
```

注意：pd.Index 中，Index 的首字母必须大写。

输出的结果如下：

```
#1. Python 集合操作的输出结果
{'Name', 'Age', 'Date', 'WorkYears', 'City', 'Weight'}
{'Age', 'City'}
{'Name', 'Date', 'WorkYears', 'Weight'}
#2. NumPy 集合操作的输出结果
array(['Age', 'City', 'Date', 'Name', 'Weight', 'WorkYears'], dtype = object)
array(['Age', 'City'], dtype = object)
array(['Date', 'Name', 'Weight', 'WorkYears'], dtype = object)
#3. Pandas 索引对象的方法的输出结果
Index(['Age', 'City', 'Date', 'Name', 'Weight', 'WorkYears'], dtype = 'object')
Index(['City', 'Age'], dtype = 'object')
Index(['Date', 'Name'], dtype = 'object')
```

从输出的结果来看，Python 的{}集合，NumPy 的集合函数，Pandas 的索引都能进行并集、交集、差集等相关操作。再例如在 Pandas 中，pd.merge 默认的是内连接方式，结果就是求两表的交集，而其他的表与表的各类连接方法，其实就是表与表之间的不同方式的集合。

2. 数据的概率分布

所有随机事件，在未发生之前它的结果都是不确定的，所以都是随机变量。所有随机变量的取值称为随机变量值。

对于随机变量的取值，例如：人头数，不存在 0.5 个之类的情况；量身高、量体重等则会经常存在小数点的情况。对于存在小数点的随机变量称为“连续型随机变量”，对于不能存在小数点情形的随机变量称为“离散型随机变量”。

常见的离散分布有0-1分布、二项分布、泊松分布、超几何分布。常见的连续分布有正态分布、均匀分布、指数分布、对数正态分布、威布尔分布。

3. 描述性统计分析

在数据获取、转换之后，在进入数据分析时，一般会对数据进行描述性统计分析。通过描述性统计分析，可以对数据样本的总体进行“频数、集中趋势、离散程度、形状”进行分析。离散型随机变量相对简单，对于连续型随机变量，常用的有以下几种：

(1) 描述集中趋势的方法有数学平均数(例如：算术平均数等)和位置平均数(例如：中位数、众数、分位数等)。

(2) 描述离散程度的方法有极差、标准差、方差、四分位差、离散系数等；常用描述分布状态的有分布的偏度与分布的峰度。

(3) 相关分析：散点图、相关系数。

对于离散型随机变量的描述性数据分析，代码如下：

```
df = pd.read_excel('demo_.xlsx')
df.describe(include = 'O').T
#等价于 df.describe(include = np.object).T
```

在以上代码中 describe().T 中的 T 属性，用于数据转置，视各人阅读习惯而异。输出的结果如下：

```
       count  unique         top  freq
Date       7       4  2020/12/12     2
Name       7       5         Kim     2
City       6       6   Guangzhou     1
Score      7       3           B     3
```

对于连续型随机变量的描述性数据分析，举例如下：

```
df = pd.read_excel('demo_.xlsx')
df.describe().T
#等价于:df.describe(include = [np.number]).T
```

输出的结果如下：

```
           count       mean        std    min    25%     50%      75%    max
Age          7.0  69.428571  20.855512  32.00  60.00  76.000  82.5000  93.00
WorkYears    7.0  30.428571   9.913915  12.00  27.50  33.000  35.5000  42.00
Weight       6.0  67.666667  10.385888  56.00  60.50  67.000  71.2500  85.00
BMI          6.0  21.003333   1.288187  18.86  20.89  21.055  21.2575  22.89
```

在以上输出的结果中：count(计数)、mean(平均值)、std(标准差)、min(最小值)、max

(最大值)、25%(25%分位数,即下四分位数)、50%(50%分位数,即中位数)、25%(75%分位数,即上四分位数)。平均值用以表示分布的集中情况(中心位置),方差与标准差用来表示分布的离散程度。

以下是统计学中的一些基本公式。

求和公式。

$$\sum_{i=1}^{n} x_i = x_1 + x_2 + \cdots + x_n \tag{8-1}$$

平均值公式。

$$\bar{x} = \frac{\sum_{i=1}^{n} x_i}{n} \tag{8-2}$$

式中,$\frac{\sum_{i=1}^{n} x_i}{n}$ 代表的是$\frac{x_1 + x_2 + \cdots + x_n}{n}$。以表中的 Age 列为例,该列的平均值=(76+32+55+87+93+78+65)/7=486/7=69.428571。

总体标准差公式。

$$\sigma = \sqrt{\frac{\sum_{i=1}^{n} (X_i - \bar{X})^2}{N}} \tag{8-3}$$

式中,N 代表的是总体样本数。

样本标准差公式。

$$s = \sqrt{\frac{\sum_{i=1}^{n} (x_i - \bar{x})^2}{n-1}} \tag{8-4}$$

式中,n 代表抽样样本分子的自由度。

在统计学中:标准差有总体标准差(σ)与样本标准差(s)之分。样本来源于总体,方差是标准差的平方,同样有总体方差(σ^2)与样本方差(s^2)之分。

在 df.describe()中 std 为样本标准差,它相当于 Excel 中的 stdev()函数,计算的结果为 20.85551;在 Excel 中用 stdevp()计算总体的标准差,计算的结果为 19.30845。

在 Pandas 中,可以用 sum()求样本的总和、用 mean()求样本平均数、用 std()计算样本的标准差、用 var()计算样本的方差。仍以 Age 列为例,代码演示如下:

```
print(df.Age.sum(), df.Age.mean(), df.Age.std(), df.Age.var())
```

输出的结果如下:

```
486 69.42857142857143 20.85551200408134 434.95238095238096
```

1）集中趋势

中是指一般水平数据的中心值或代表值。在日常数据分析过程中，所采用的最典型的中心值代表为“平均值”“中位数”“分位数”。集中趋势，代表数据靠近中心值的程度。

依据概率论中的中心极限定律：无论随机变量服从离散分布还是连续分布，只要独立同分布随机变量的个数 n 较大，则随机变量的分布和均值的分布都服从正态分布，数据的均值、中位数和众数是重合的。当数据的均值、中位数、众数不重合时，数据则会产生一定的离中趋势。在日常数据分析过程中，除了会遇到目标值与中心值有偏差的情况（例如：目标值与均值或中位数存在偏差），也会遇到中心值间有偏差的情形（例如：均值与中位数存在偏差、均值与规格中心（目标值）存在偏差等）。

在统计学中：均值是样本数值求和后再除以样本量个数的值。众数是数据中出现次数最多的数。中位数代表的是一组排序后的有序数据处于中间位置的那个数（中位数以自身为中点将整个样本数据分成两半）。分位数有 Q1（上四分位）、Q2（第二四分位，中位）、Q3（第三四分位）之分，如图 8-5 所示。

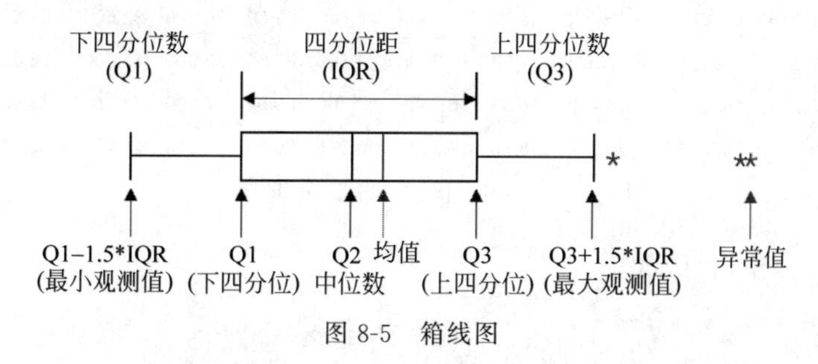

图 8-5 箱线图

在图 8-5 中，最小观测值，也称下限，最大观测值，也称上限。超出上下限的值均称为异常值，也称离群点。所谓“异常值”，是指数据在服从正态分布的情况下，$(|x-\mu|>3\sigma)$ 的值。

由于箱线图所展示的数据信息丰富，所以被经常用作数据观测。例如：如果中位数不在 IQR 的中间，则说明数据呈偏态（以图 8-5 为例，Q2 在方框中偏左，说明数据呈右偏态）。方框的长度偏长，则证明数据的集中程度较差。有 * 或 + 则代表有异常值。

在 Pandas 中，与四分位类似的方法还有 quantile、percentiles 等方法，对数据进行等分，例如：十分位数、百分位数等，其作用是分别将变量数据进行十等分、百等分。

NumPy 中的 np.percentile(q=0.25)、np.percentile(q=0.50)、np.percentile(q=0.75)和 Pandas 中的 quantile(q=0.25)、quantile(q=0.50)、quantile(q=0.75)分别代表着下四分位数、中位数、上四分位数。

应用 percentiles 参数，实现数据的定制化描述性统计分析，代码如下：

```
df.describe(percentiles = [.01, .3, .99]).T.round(2)
```

输出的结果如下：

```
           count   mean    std    min     1%    30%    50%    99%    max
Age          7.0  69.43  20.86  32.00  33.38  63.00  76.00  92.64  93.00
WorkYears    7.0  30.43   9.91  12.00  12.66  30.20  33.00  41.64  42.00
Weight       6.0  67.67  10.39  56.00  56.15  62.00  67.00  84.35  85.00
BMI          6.0  21.00   1.29  18.86  18.96  20.89  21.06  22.81  22.89
```

在以下代码中，通过 percentiles 丰富了观测点区间，代码如下：

```
df.describe(include = [np.number],
        percentiles = [.05,.10,.25,.5,.75,.9,.95]).T
```

输出的结果如图 8-6 所示。

	count	mean	std	min	5%	10%	25%	50%	75%	90%	95%	max
Age	7.0	69.428571	20.855512	32.00	38.9000	45.800	60.00	76.000	82.5000	89.40	91.200	93.00
WorkYears	7.0	30.428571	9.913915	12.00	15.3000	18.600	27.50	33.000	35.5000	38.40	40.200	42.00
Weight	6.0	67.666667	10.385888	56.00	56.7500	57.500	60.50	67.000	71.2500	78.50	81.750	85.00
BMI	6.0	21.003333	1.288187	18.86	19.3675	19.875	20.89	21.055	21.2575	22.08	22.485	22.89

图 8-6 描述性统计分析

对数据进行分位，代码如下：

```
df.quantile([0,.25,.5,.75,1]).T
```

输出的结果如下：

```
            0.00   0.25    0.50     0.75   1.00
Age        32.00  60.00  76.000  82.5000  93.00
WorkYears  12.00  27.50  33.000  35.5000  42.00
Weight     56.00  60.50  67.000  71.2500  85.00
BMI        18.86  20.89  21.055  21.2575  22.89
```

2）离散程度

离散程度反应总体中各个体变量值之间的差异程度。在日常数据分析过程中，常采用极差、标准差、方差及四分位差、离散系数等来描述数据的离散程度。

假如从 TMS 系统中获取了“广东-上海”线路、AB 两个供应商的运费历史数据。这两个供应商的平均运费相等，但 A 的方差和远大于 B，那么明显 B 的数据较 A 稳健性更强，总体波动更小，数据更集中，过程更易于控制。

$$极差 = \max(x_i) - \min(x_i) = 最大值 - 最小值$$

极差是观测数据离散程度最简单的方法。

四分位差＝Q1－Q3，也称内距或四分位间距。四分位差反映了中间50％数据的离散程度。从上面的箱线图中可以发现：当四分位差值越小时，代表数据越集中；反之，数据越分散。

3）偏度

在数据呈正态分布时，数据的均值、中位数和众数是重合的；数据的形状以对称的方式左右分布。当数据的分布不对称时，它的均值、中位数和众数分处于不同的位置（当均值小于中位数时，长尾在左侧，分布呈左偏；当均值大于中位数时，长尾在右侧，分布呈右偏）。

偏度（Skewness）系数是反应曲线偏离正态的程度，分左偏态和右偏态。相关结论：偏度为0表示数据呈正态分布；偏度小于0表示数据为负偏（或左偏），负值越大表示越负偏态；偏度大于0表示数据为正偏（或右偏），正值越大表示越正偏态，如图8-7所示。

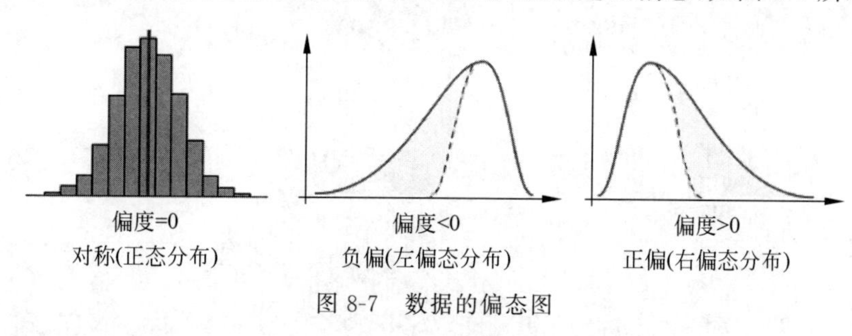

图8-7　数据的偏态图

注意：当数据的偏度值过大或过小时，中位数较平均值更具稳健性、更有代表性。

获取数据的偏度，代码如下：

```
pd.read_excel('demo_.xlsx').skew()    #偏度
```

输出的结果如下：

```
Age           - 0.928299
WorkYears    - 1.156555
Weight         0.812348
BMI           - 0.435671
dtype: float64
```

结果解析：Age、WorkYears、BMI数据呈左偏态，Weight数据呈右偏态。

4）峰度

峰度表示分布的尾部与正态分布的区别。当数据呈正态分布时，数据的峰度值为0。如果样本的峰度值显著偏离0，则表明数据不服从正态分布。正峰度，服从t分布；负峰度，服从 beta 分布。

峰度大于 0 表示该总体数据分布与正态分布相比较为陡峭，即尖顶峰；峰度小于 0 表示该总体数据分布与正态分布相比较为平坦，即平顶峰。峰度的绝对值数值越大表示其分布形态的陡缓程度与正态分布的差异程度越大，如图 8-8 所示。

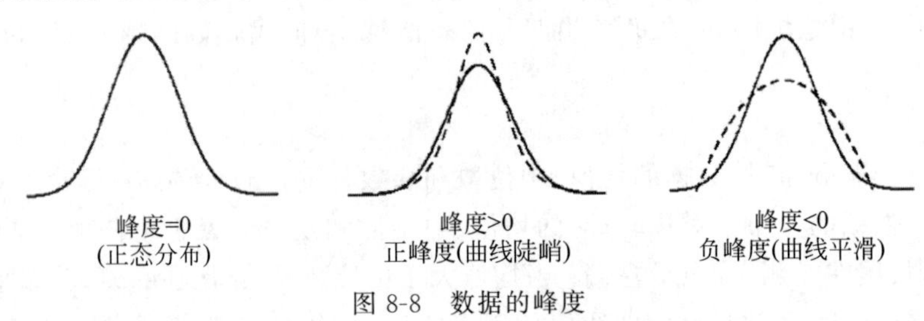

图 8-8　数据的峰度

获取数据的峰度，代码如下：

```
pd.read_excel('demo_.xlsx').kurt()    #峰度
```

输出的结果如下：

```
Age           0.563436
WorkYears     1.255038
Weight        0.659091
BMI           2.337364
dtype: float64
```

5）相关分析

相关系数，通常指 Pearson 相关系数，是最早由统计学家卡尔 · 皮尔逊设计的统计指标，是研究变量之间线性相关程度的量，一般用字母 r 表示。

$$r=\frac{\sum_{i=1}^{n}(x_i-\bar{x})(y_i-\bar{y})}{\sqrt{\sum_{i=1}^{n}(x_i-\bar{x})^2 . \sum_{i=1}^{n}(y_i-\bar{y})^2}}=\frac{L_{xy}}{\sqrt{L_{xx}L_{yy}}} \tag{8-5}$$

式中，$\bar{x}=\frac{1}{n}\sum_{i=1}^{n}x_i$ 为变量 x 的平均值；$\bar{y}=\frac{1}{n}\sum_{i=1}^{n}y_i$ 为变量 y 的平均值；$L_{xx}=\sum_{i=1}^{n}(x_i-\bar{x})^2$；$L_{xy}=\sum_{i=1}^{n}(x_i-\bar{x})(y_i-\bar{y})$；$L_{yy}=\sum_{i=1}^{n}(y_i-\bar{y})^2$。

相关系数值介于－1 和＋1，即 $-1\leqslant r\leqslant 1$ 或 $|r|\leqslant 1$。

(1) 当 $|r|=1$ 时，表示两变量间完全线线相关，即函数关系。

(2) 当 $r=0$ 时，表示两变量间无线性相关关系。

(3) 当 $r>0$ 时，表示两个变量间为正相关。

(4) 当$r<0$时，表示两个变量间为负相关。

(5) 当$1>|r|\geqslant 0.7$时，为强相关。

(6) 当$0.7>|r|\geqslant 0.4$时，为一般性相关。

(7) 当$|r|<0.4$时，为弱相关。

获取数据的相关系数，代码如下：

```
pd.read_excel('demo_.xlsx').corr()    #相关系数
```

输出的结果如下：

```
                Age   WorkYears     Weight        BMI
Age        1.000000    0.955791  -0.926945  -0.204888
WorkYears  0.955791    1.000000  -0.924570  -0.172058
Weight    -0.926945   -0.924570   1.000000   0.495178
BMI       -0.204888   -0.172058   0.495178   1.000000
```

由于本书不涉及Sklearn等，所以检验、方差分析、回归分析等不在探讨范围内。与之相关的，例如：拟合模型、残差诊断、模型优化、模型分析、效果验证等均不在本书探讨范围内。

8.1.2 数据的离散化

连续数据常常被离散化或者拆分成bin，可以通过pandas.cut()函数实现。

1. cut()

语法：pandas.cut(x, bins, right=True, labels=None, retbins=False, precision=3, include_lowest=False)。

参数：pd.cut()相关的参数说明如表8-1所示。

表8-1 pd.cut()相关的参数说明

参数	参数说明
x	一维数据
bins	一个整数或者一个序列
right	如果值为True，则区间是左开右闭；否则区间是左闭右开的区间
labels	一个array或者None。如果为array，则指定了结果bins的label(要求长度与bins数量相同)。如果为None，则使用区间来表示
retbins	如果值为True，则返回bins
precision	给出存储和显示bin label的精度
include_lowest	如果值为True，则最左侧bin的左侧是闭区间

对连续型数据进行离散化，代码如下：

```
df = pd.read_excel("demo_.xlsx", usecols = ['Name', 'City', 'Age'],nrows = 4)
df['区间'] = pd.cut(df['Age'], bins = [25, 50, 75, 100],
include_lowest = True)
df.sort_values('Age')
```

输出的结果如下：

```
   Name    City     Age       区间
1  Kim    Shanghai  32   (24.999, 50.0]
2  Jim    Shenzhen  55    (50.0, 75.0]
0  Joe    Beijing   76   (75.0, 100.0]
3  Tom      NaN     87   (75.0, 100.0]
```

对连续型数据进行离散化，设置为左闭右开，代码如下：

```
df['区间'] = pd.cut(df['Age'], bins = [25, 50, 75, 100], right = False)
df.sort_values('Age')
```

输出的结果如下：

```
   Name    City     Age    区间
1  Kim    Shanghai  32   [25, 50)
2  Jim    Shenzhen  55   [50, 75)
0  Joe    Beijing   76   [75, 100)
3  Tom      NaN     87   [75, 100)
```

继续代码如下：

```
df['区间'] = pd.cut(df['Age'],
                    bins = [25, 50, 75, 100],
                    labels = ['年轻', '还年轻', '不年轻'])
df.sort_values('Age')
```

输出的结果如下：

```
   Name    City     Age   区间
1  Kim    Shanghai  32    年轻
2  Jim    Shenzhen  55   还年轻
0  Joe    Beijing   76   不年轻
3  Tom      NaN     87   不年轻
```

2. qcut

语法：pandas.qcut(x,q,labels=None,retbins=False,precision=3)。

参数：q 表示一个整数或者序列。

采用 qcut()方法，代码如下：

```
df = pd.read_excel("demo_.xlsx",
                   usecols = ['Name', 'City', 'Age'],
                   nrows = 4)
df['区间'] = pd.qcut(df['Age'], q = 4)
df .sort_values('Age')
```

输出的结果如下：

```
   Name    City    Age         区间
1   Kim  Shanghai   32  (31.999, 49.25]
2   Jim  Shenzhen   55   (49.25, 65.5]
0   Joe   Beijing   76   (65.5, 78.75]
3   Tom      NaN    87   (78.75, 87.0]
```

3. describe

采用描述性统计 describe()方法，代码如下：

```
df.describe(include = [np.number],
            percentiles = [.01,.05,.10,.25,.5,.75,.9,.95,.99]).T
```

输出的结果如图 8-9 所示。

	count	mean	std	min	1%	5%	10%	25%	50%	75%	90%	95%	99%	max
Age	7.0	69.428571	20.855512	32.00	33.3800	38.9000	45.800	60.00	76.000	82.5000	89.40	91.200	92.640	93.00
WorkYears	7.0	30.428571	9.913915	12.00	12.6600	15.3000	18.600	27.50	33.000	35.5000	38.40	40.200	41.640	42.00
Weight	6.0	67.666667	10.385888	56.00	56.1500	56.7500	57.500	60.50	67.000	71.2500	78.50	81.750	84.350	85.00
BMI	6.0	21.003333	1.288187	18.86	18.9615	19.3675	19.875	20.89	21.055	21.2575	22.08	22.485	22.809	22.89

图 8-9　描述性统计分析

4. quantile

采用分位 quantile()方法，代码如下：

```
df.quantile([0,.25,.5,.75,1])
```

输出的结果如下：

```
       Age  WorkYears  Weight      BMI
0.00  32.0      12.0    56.00  18.8600
0.25  60.0      27.5    60.50  20.8900
0.50  76.0      33.0    67.00  21.0550
```

```
0.75  82.5  35.5  71.25  21.2575
1.00  93.0  42.0  85.00  22.8900
```

8.1.3 四则运算

四则运算是指加法、减法、乘法和除法4种运算。除了支持加、减、乘、除等运算符之外，Pandas还提供了add()、sub()、mul()、div()这4种方法，这4种方法都有(other，axis='columns'，level=None，fill_value=None)这4个参数。

全部运算操作函数为add、sub、mul、div、truediv、floordiv、mod、pow、radd、rsub、rmul、rdiv、rtruediv。当进行数值运算时，Pandas会按照标签对齐元素：运算符会对标签相同的两个元素进行计算。当某一方的标签不存在时，默认以NaN填充。缺失值会在运算过程中传播。

对于DataFrame和Series的运算，默认会用DataFrame的每一行与Series运算。如果DataFrame的每一列与Series运算，则必须使用二元操作函数，并且指定axis=0。

1. Series与常量间的四则运算

DataFrame的不同数值列之间可以进行四则运算，代码如下：

```
import pandas as pd
df = pd.read_excel('demo_.xlsx',usecols = ['Age','Weight'],nrows = 4)
df['A'] = df['Weight'] + 5                          #nan值加任何值后为nan值
df['A_'] = df['Weight'].fillna(0) + 5
df['B'] = df['Weight'].add(5)                       #nan值加任何值后为nan值
df['B_'] = df['Weight'].add(5,fill_value = 0)   #nan值会被填充为0值
df
```

输出的结果如下：

```
   Age  Weight   A     A_    B     B_
0  76   56.0   61.0  61.0  61.0  61.0
1  32   85.0   90.0  90.0  90.0  90.0
2  55   72.0   77.0  77.0  77.0  77.0
3  87   NaN    NaN   5.0   NaN   5.0
```

2. Series间的四则运算

组间四则运算，举例如下：

```
import pandas as pd
df = pd.read_excel('demo_.xlsx',usecols = ['Age','Weight'],nrows = 4)
df['a'] = df['Age'] + df['Weight']
df['a_'] = df['Age'] + df['Weight'].fillna(0)
df['b'] = df['Age'].add(df['Weight'])
```

```
df['b_'] = df['Age'].add(df['Weight'],fill_value=0)
df
```

输出的结果如下：

```
   Age  Weight     a     a_      b     b_
0   76    56.0  132.0  132.0  132.0  132.0
1   32    85.0  117.0  117.0  117.0  117.0
2   55    72.0  127.0  127.0  127.0  127.0
3   87     NaN    NaN   87.0    NaN   87.0
```

继续组间四则运算，代码如下：

```
import pandas as pd
df = pd.read_excel('demo_.xlsx',usecols=['Age','Weight'],nrows=4)
df['Aa'] = df['Age'] - df['Weight']
df['Aa_'] = df['Age'] - df['Weight'].fillna(0)
df['Bb'] = df['Age'].sub(df['Weight'])
df['Bb_'] = df['Age'].sub(df['Weight'],fill_value=0)
df
```

输出的结果如下：

```
   Age  Weight    Aa    Aa_    Bb    Bb_
0   76    56.0  20.0   20.0  20.0   20.0
1   32    85.0 -53.0  -53.0 -53.0  -53.0
2   55    72.0 -17.0  -17.0 -17.0  -17.0
3   87     NaN   NaN   87.0   NaN   87.0
```

3. DataFrame 与 Series 间的四则运算

1）数值间的操作

不同 DataFrame 的列与列间的四则运算，代码如下：

```
dfA = pd.read_excel('demo_.xlsx','dfA')
dfB = pd.read_excel('demo_.xlsx','dfB')
dfA.loc[:,['Age','BMI']].add(dfB.loc[:,['Age','BMI']])
```

输出的结果如下：

```
   Age    BMI
0  152  37.72
1  125  42.16
2  133    NaN
3  152  44.11
```

组间四则运算，空值填充为0，代码如下：

```
dfA.loc[:,['Age','BMI']].add(dfB.loc[:,['Age','BMI']], fill_value = 0)
```

输出的结果如下：

```
   Age    BMI
0  152  37.72
1  125  42.16
2  133  20.89
3  152  44.11
```

2）文本间的操作

表与表之间文本相加，代码如下：

```
dfA.loc[:,['Name','City']].add(dfB.loc[:,['Name','City']])
```

输出的结果如下：

```
     Name                City
0  JoeJoe      BeijingBeijing
1  KimJim  ShanghaiGuangzhou
2  JimKim     ShenzhenXiamen
3  TomSam                 NaN
```

继续代码如下：

```
dfA.loc[:,['Name','City']].add(dfB.loc[:,['Name','City']], fill_value = '-')
```

输出的结果如下：

```
     Name                City
0  JoeJoe      BeijingBeijing
1  KimJim  ShanghaiGuangzhou
2  JimKim     ShenzhenXiamen
3  TomSam            -Suzhou
```

表与表之间文本相加，代码如下：

```
dfA.loc[:,['Name','City']].add('-').add(dfB.loc[:,['Name','City']], fill_value = '-')
```

输出的结果如下：

```
      Name                 City
0  Joe-Joe      Beijing-Beijing
1  Kim-Jim   Shanghai-Guangzhou
2  Jim-Kim      Shenzhen-Xiamen
3  Tom-Sam              -Suzhou
```

8.2 数据操作

1. 数据转换

在数据挖掘过程中经常会用到数据转换,将数据处理为统一基准。例如,极值法、Z值法的应用。以下是极值法、Z值法的转换公式。

极值法公式如式(8-6)所示。

$$x' = \frac{x_i - \min(x)}{\max(x) - \min(x)} \tag{8-6}$$

式中:x_i 代表的是当前值,$\max(x)/\min(x)$代表的是样本中的最大值、最小值。

代码应用举例,代码如下:

```
(df.Age - df.Age.min())/(df.Age.max() - df.Age.min())
```

上述代码的运行结果,所有数据将转换为0~1区间,最小值为0,最大值为1。

Z值公式如式(8-7)所示。

$$Z = \frac{x - \mu}{\sigma} \tag{8-7}$$

式中:x 代表的是当前值,μ 代表的是平均值,σ 代表的是标准差。

代码应用举例,代码如下:

```
(df.Age - df.Age.mean())/df.Age.std()
```

上述代码的运行结果,所有数据将转换为带小数点的正负数。Z值是标准化的结果,它是一个临界值,在标准正态分布模型中它代表的是概率值,可以通过查表得知。

2. 聚合函数

常见的有count、sum、mean、max/min、cummax/cummin、idxmax/argmax等,适用于DataFrame及Series,应用举例,代码如下:

```
df = pd.read_excel("demo_.xlsx")
a = df['Age']
a.to_list()                    # =>[76, 32, 55, 87, 93, 78, 65]
a.count()                      # => 7
```

```
a.sum()                    # =>486
a.cumsum().to_list()       # =>[76, 108, 163, 250, 343, 421, 486]
a.mean()                   # =>69.42857142857143
a.max()                    # =>93
a.idxmax()                 # =>4 #等效于 np 的 argmax
a.argmax()                 # =>4
a.cummax().to_list()       # =>[76, 76, 76, 87, 93, 93, 93]
a.min()                    # =>32
a.cummin().to_list()       # =>[76, 32, 32, 32, 32, 32, 32]
a.argmin()                 # =>1
```

在以上函数中，大都带有 axis 及 skipna 参数；有的还带有 level 和 numeric_only 参数。鉴于这些方法的用法大同小异，所以下面仅选取 max、cummax、sum、cumsum 进行举例说明。

1）max()

语法：DataFrame.max(axis=None，skipna=None，level=None，numeric_only=None，** kwargs)。

参数：max()的参数说明如表 8-2 所示。

表 8-2　max()的参数说明

参　数	参数说明
axis	行索引为 0，列索引为 1
skipna	默认值为 True，计算结果时排除 na/null 值
level	默认值为 True，如果轴是多索引，则沿特定级别计数，并堆叠为 Series
numeric_only	默认值为 None。仅包括 float、int 和 boolean 列。如果没有，将尝试使用所有内容，然后仅使用数字数据

对于 level 参数，代码举例如下：

```
pd.read_excel("demo_.xlsx",index_col=[0,1])
```

输出的结果为多层索引(层次结构)，结果如下：

```
   Date      Name    City      Age  WorkYears  Weight   BMI   Score
2020/12/12   Joe    Beijing    76      35       56.0   18.86    A
             Kim    Shanghai   32      12       85.0   21.27    A
2020/12/13   Jim    Shenzhen   55      23       72.0   20.89    B
             Tom      NaN      87      33        NaN   21.22    C
2020/12/14   Jim   Guangzhou   93      42       59.0   20.89    B
             Kim    Xiamen     78      36       65.0    NaN     B
2020/12/15   Sam    Suzhou     65      32       69.0   22.89    A
```

将 level 设置为 0，返回给定对象的最大值，代码如下：

```
df['Age'].max(level = 0)
```

输出的结果如下：

```
Date
2020/12/12    76
2020/12/13    87
2020/12/14    93
2020/12/15    65
Name: Age, dtype: int64
```

指定相关列，返回给定对象的最大值，代码如下：

```
df[["Name",'Score']].max()
```

输出的结果如下：

```
Name     Tom
Score      C
dtype: object
```

对指定数据类型的列先做空值填充，然后获取给定对象的最大值，代码如下：

```
df.select_dtypes(['object']).fillna('').max()
```

输出的结果如下：

```
Date     2020/12/15
Name            Tom
City         Xiamen
Score             C
dtype: object
```

计算时不排除 null 值，代码如下：

```
df.max(skipna = False)
```

输出的结果如下：

```
Date         2020/12/15
Name                Tom
Age                  93
WorkYears            42
```

```
Weight              NaN          #nan 值被保留
BMI                 NaN          #nan 值被保留
Score                 C
dtype: object
```

计算时排除 null 值，代码如下：

```
df.max(skipna = True)
```

输出的结果如下：

```
Date         2020/12/15
Name                Tom
Age                  93
WorkYears            42
Weight               85          #nan 值被跳进
BMI               22.89          #nan 值被跳进
Score                 C
dtype: object
```

设置参数 axis 和 skipna 的值，代码如下：

```
df.max(axis = 1,skipna = True)
```

输出的结果如下：

```
0    76.0
1    85.0
2    72.0
3    87.0
4    93.0
5    78.0
6    69.0
dtype: float64
```

2）cummax()函数

返回给定对象的累计最大值，代码如下：

```
df['Age'].cummax()
```

输出的结果如下：

```
0    76
1    76
2    76
```

```
3    87
4    93
5    93
6    93
Name: Age, dtype: int64
```

继续举例,代码如下:

```
a = df['Age'].cummax()
b = df['Age'].cummin()
a.add(b,fill_value = 0).pct_change()      #先相加,再观测百分比变化
```

输出的结果如下:

```
0          NaN
1    - 0.289474
2     0.000000
3     0.101852
4     0.050420
5     0.000000
6     0.000000
Name: Age, dtype: float64
```

3) sum()函数

依据默认的轴方向,返回给定对象的和,代码如下:

```
df = pd.read_excel('demo_.xlsx')
df.isnull().sum()
```

输出的结果如下:

```
Date         0
Name         0
City         1
Age          0
WorkYears    0
Weight       1
BMI          1
Score        0
dtype: int64
```

对给定对象进行连续求和,代码如下:

```
df.isnull().sum().sum()
#等价于:(len(df) - df.count()).sum()
```

输出的结果如下：

```
3
```

依据指定的轴方向，返回给定对象的和，代码如下：

```
df['合计'] = df.sum(1)      #sum(1)等价于 sum(axis = 1)或 sum(axis = 'column')
df
```

输出的结果如下：

```
         Date    Name      City    Age  WorkYears  Weight    BMI  Score   合计
0  2020/12/12    Joe    Beijing    76      35       56.0   18.86    A   185.86
1  2020/12/12    Kim   Shanghai    32      12       85.0   21.27    A   150.27
2  2020/12/13    Jim   Shenzhen    55      23       72.0   20.89    B   170.89
3  2020/12/13    Tom        NaN    87      33        NaN   21.22    C   141.22
4  2020/12/14    Jim  Guangzhou    93      42       59.0   20.89    B   214.89
5  2020/12/14    Kim     Xiamen    78      36       65.0     NaN    B   179.00
6  2020/12/15    Sam     Suzhou    65      32       69.0   22.89    A   188.89
```

4）cumsum()函数

返回给定对象的累计和，代码如下：

```
df['Age'].cumsum()
```

输出的结果如下：

```
0     76
1    108
2    163
3    250
4    343
5    421
6    486
Name: Age, dtype: int64
```

5）nlargest()

语法：DataFrame.nlargest(n,columns,keep='first')。

参数：keep{'first','last','all'},default 'first'。

返回给定对象前 3 行的值，代码如下：

```
df['Age'].nlargest(3,keep = 'first')
```

输出的结果如下：

```
4    93
3    87
5    78
Name: Age, dtype: int64
```

返回给定对象前1行的值，代码如下：

```
df['Age'].nlargest(1, keep = 'all')
```

输出的结果如下：

```
4    93
Name: Age, dtype: int64
```

返回给定对象前3行的值，代码如下：

```
df[df['Age'].isin(df['Age'].nlargest(3))]
```

输出的结果如下：

	Date	Name	City	Age	WorkYears	Weight	BMI	Score
3	2020/12/13	Tom	NaN	87	33	NaN	21.22	C
4	2020/12/14	Jim	Guangzhou	93	42	59.0	20.89	B
5	2020/12/14	Kim	Xiamen	78	36	65.0	NaN	B

返回给定对象前5行的值，代码如下：

```
df.nlargest(5, ['Age','BMI','Weight'])
```

输出的结果如下：

	Date	Name	City	Age	WorkYears	Weight	BMI	Score
4	2020/12/14	Jim	Guangzhou	93	42	59.0	20.89	B
3	2020/12/13	Tom	NaN	87	33	NaN	21.22	C
5	2020/12/14	Kim	Xiamen	78	36	65.0	NaN	B
0	2020/12/12	Joe	Beijing	76	35	56.0	18.86	A
6	2020/12/15	Sam	Suzhou	65	32	69.0	22.89	A

返回给定对象前5行的值，代码如下：

```
df.nlargest(5, 'Age').nsmallest(5, 'Weight')
```

输出的结果如下：

```
      Date      Name   City       Age  WorkYears  Weight  BMI    Score
0  2020/12/12  Joe    Beijing     76      35      56.0   18.86    A
4  2020/12/14  Jim    Guangzhou   93      42      59.0   20.89    B
5  2020/12/14  Kim    Xiamen      78      36      65.0    NaN     B
6  2020/12/15  Sam    Suzhou      65      32      69.0   22.89    A
```

3. agg()方法

Pandas 中的 count、size、mean、max、min、sum、std、var、quantile、describe 等聚合函数在 Pandas 中可以直接调用。除此之外，在 Pandas 中还可以通过使用 agg 或 aggregate 的方法来调用 Pandas 或 NumPy 的通用函数及自定义的函数。

1）函数的调用

调用 NumPy 的通用函数，代码如下：

```
df.agg(np.mean)
```

运行代码，输出的结果如下：

```
Age          69.428571
WorkYears    30.428571
Weight       67.666667
BMI          21.003333
dtype: float64
```

也可以把多个函数放在一个 Python 列表中进行聚合，代码如下：

```
df.agg([np.std,np.sum])
```

输出的结果如下：

```
df.agg([np.std,np.sum])
         Age         WorkYears     Weight       BMI         Score
std   20.855512    9.913915    10.385888    1.288187       NaN
sum  486.000000  213.000000   406.000000  126.020000   AABCBBA
```

同一列表中的函数，可以是 Pandas 的内置函数（用字符串表示），也可以是 NumPy 的通用函数，代码如下：

```
df.agg([np.mean,np.sum,'std'])
```

输出的结果如下：

```
df.agg([np.mean,np.sum,'std'])
            Age     WorkYears      Weight         BMI     Score
mean  69.428571     30.428571   67.666667   21.003333       NaN
sum  486.000000    213.000000  406.000000  126.020000   AABCBBA
std   20.855512      9.913915   10.385888    1.288187       NaN
```

同一列表中，既有 Python 内置函数，也有 Pandas 和 NumPy 的函数，代码如下：

```
df.agg([sum,'sum',np.sum])
```

在上面的代码中：sum 为 Python 内置函数，'sum'为 Pandas 的内置函数，np.sum 为 NumPy 的通用函数。这三者间的识别与区分在于：Python 函数直接以函数的形式体现，Pandas 的函数以字符串的形式体现，NumPy 的函数前面会加 np.做前缀，以便识别。输出的结果如下：

```
     Age  WorkYears  Weight     BMI    Score
sum  486        213   406.0  126.02  AABCBBA
sum  486        213   406.0  126.02  AABCBBA
sum  486        213   406.0  126.02  AABCBBA
```

注意：并非所有的聚合函数既在 Python 中内置，也在 Pandas 和 NumPy 中内置。

agg 内的函数，也可以放置在字典中，代码如下：

```
df.agg({"Age":sum,"Weight":'sum',"BMI":np.sum})
```

输出的结果如下：

```
Age       486.00
Weight    406.00
BMI       126.02
dtype: float64
```

2）调用自定义函数

同一列表或同一字典中，Python 函数、Pandas 函数、NumPy 函数、自定义函数可同置于一起。

8.3 DataFrame 处理

8.3.1 Pandas 的方法链

在面向对象编程语言中，万物皆对象。当对象的属性和方法被调用后会返回新的属性和方法，通过“.”操作(直接读“点”，中文的意思可理解为“的”)来调用对象的方法称为“链式方法”。

方法链是由不同的方法所组成的，用以减少过程中间变量的存储。方法链中常用的方法有 loc[]、query()、apply()、agg()、assign()、rename()、pipe()、groupby()等。以下是方法链的使用举例，代码如下：

```
#获取数据
df = pd.read_excel('demo_.xlsx')

#方法链的应用
(df.query('Score in ["A","B"]')
    .loc[:, ["Date", "Name", "Age", "Score"]]
    .assign(新列 = df["Age"] * 2, 升级 = df['Score'] * 2)
    .rename({"新列": "2 倍龄"}, axis = 1)
    .groupby(["Score", "2 倍龄"]).mean()
)
```

输出的结果如下：

```
            Age
Score 2 倍龄
A     64    32
      130   65
      152   76
B     110   55
      156   78
      186   93
```

在数据分析语言中，Pandas 常采用链式方法来返回 DataFrame 或 Series，而微软的 M 语言及 DAX 语言采用的是嵌套函数。链式方法与嵌套函数代表各自的编程风格，方法链是嵌套函数的一种很好的替代方式。以 7.1.2 节的代码为例，所用的是嵌套函数写法，代码如下：

```
let
    源 = Table.Combine(
            Table.SelectRows(
                    Excel.Workbook(
                        File.Contents("C:\Users\dh\demo_.xlsx"), true),
        each [Name] = "dfA" or [Name] = "dfB")[Data])
in
    源
```

方法链采用的是自上而下的排列，将参数排在后面，符合人类认知与审美，而嵌套方法则通过代码逻辑耦合在一起，代码的可读性差，所以 Pandas 提供了众多好用的方法链替代嵌套函数。

8.3.2 assign()

当assign赋值新列时，一般采用新列名＝表达式的形式，其中新列名为变量的形式，所以不加引号(加引号时意味着是字符串)；assign返回创建了新列的DataFrame，所以需要用新的DataFrame对象接收返回值；assign不仅可用于创建新的列，也可用于更新已有列，此时创建的新列会覆盖原有列。

1. 新增与更新数据的列

在现有DataFrame中创建一个“空值列”，代码如下：

```
df = pd.read_excel('demo_.xlsx')
df[:3].assign(空值列 = np.nan)
```

输出的结果如下：

	Date	Name	City	Age	WorkYears	Weight	BMI	Score	空值列
0	2020/12/12	Joe	Beijing	76	35	56.0	18.86	A	NaN
1	2020/12/12	Kim	Shanghai	32	12	85.0	21.27	A	NaN
2	2020/12/13	Jim	Shenzhen	55	23	72.0	20.89	B	NaN

从输出的结果来看，新增的“空值列”已存在。

对于创建的列，如果之前没有，则实现新增，如果有数据，则实现修改，代码如下：

```
df[:3].assign(空值列 = [12,11,14])    #赋值已有可迭代对象,并用列表中的值实施替换
```

输出的结果如下：

	Date	Name	City	Age	WorkYears	Weight	BMI	Score	空值列
0	2020/12/12	Joe	Beijing	76	35	56.0	18.86	A	12
1	2020/12/12	Kim	Shanghai	32	12	85.0	21.27	A	11
2	2020/12/13	Jim	Shenzhen	55	23	72.0	20.89	B	14

从输出的结果来看，新增的空值列与原有的空值列重复了，新数据会覆盖原有数据。

注意：通过assign方法添加的列名不能用字符串表示。

2. 新增一个计算列

在DataFrame中新增一个“求和列”，对Age和BMI两列相加，代码如下：

```
df[:3].assign(求和列 = df.Age + df.BMI)    #根据已有计算列赋值
```

输出的结果如下：

```
         Date  Name      City  Age  WorkYears  Weight    BMI  Score  求和列
0  2020/12/12   Joe   Beijing   76         35    56.0  18.86      A  94.86
1  2020/12/12   Kim  Shanghai   32         12    85.0  21.27      A  53.27
2  2020/12/13   Jim  Shenzhen   55         23    72.0  20.89      B  75.89
```

从输出的结果来看，DataFrame 中有新增“求和列”。

除了可以用简单的四则运算生成计算列之外，也可以用函数来生成计算列，代码如下：

```
df[:3].assign(计算列 = lambda x:x.Age + x.BMI)
```

输出的结果如下：

```
         Date  Name      City  Age  WorkYears  Weight    BMI  Score  计算列
0  2020/12/12   Joe   Beijing   76         35    56.0  18.86      A  94.86
1  2020/12/12   Kim  Shanghai   32         12    85.0  21.27      A  53.27
2  2020/12/13   Jim  Shenzhen   55         23    72.0  20.89      B  75.89
```

3. 新增多个计算列

assign()方法的一个很大优势在于能一次新增多个列。以下是新增三列，代码如下：

```
df[:3].assign(一列 = 1,二列 = df.Age + df.BMI,三列 = lambda x:x.Age + x.BMI)
```

输出的结果如图 8-10 所示。

	Date	Name	City	Age	WorkYears	Weight	BMI	Score	一列	二列	三列
0	2020/12/12	Joe	Beijing	76	35	56.0	18.86	A	1	94.86	94.86
1	2020/12/12	Kim	Shanghai	32	12	85.0	21.27	A	1	53.27	53.27
2	2020/12/13	Jim	Shenzhen	55	23	72.0	20.89	B	1	75.89	75.89

图 8-10 新增列(1)

以下是 assign 的连续调用，实现新旧 DataFrame 中的新增列，代码如下：

```
df[:3].assign(加 A = lambda x:x.Age + x.BMI)\
    .assign(加 B = df.Age + df.BMI)
```

输出的结果如图 8-11 所示。

	Date	Name	City	Age	WorkYears	Weight	BMI	Score	加A	加B
0	2020/12/12	Joe	Beijing	76	35	56.0	18.86	A	94.86	94.86
1	2020/12/12	Kim	Shanghai	32	12	85.0	21.27	A	53.27	53.27
2	2020/12/13	Jim	Shenzhen	55	23	72.0	20.89	B	75.89	75.89

图 8-11 新增列(2)

如果相加的列中存在空值，则需要用到add()方法及其对应的参数fill_values获取正确的结果，代码如下：

```
df[:3].assign(
        加A = lambda x:x.Age.add(x.BMI,fill_value = 0),   #用0填充空值
        加B = df.Age.add(df.BMI,fill_value = 0))
```

输出的结果如图8-12所示。

	Date	Name	City	Age	WorkYears	Weight	BMI	Score	加A	加B
0	2020/12/12	Joe	Beijing	76	35	56.0	18.86	A	94.86	94.86
1	2020/12/12	Kim	Shanghai	32	12	85.0	21.27	A	53.27	53.27
2	2020/12/13	Jim	Shenzhen	55	23	72.0	20.89	B	75.89	75.89

图8-12　新增列(3)

4. 更新现有列

在方法链的使用过程中，为了减少代码及过程变量，可采用assign()方法对DataFrame中现有的列进行转换与更新，作为方法链的过渡环节，代码如下：

```
(df
  .assign(Age = df.Age.astype(str) + "岁",
          Weight = df.Weight.astype(str) + "kg")
  .value_counts()
).groupby(['Age','Weight']).count()
```

输出的结果如下：

```
Age   Weight
32岁   85.0kg     1
55岁   72.0kg     1
65岁   69.0kg     1
76岁   56.0kg     1
93岁   59.0kg     1
dtype: int64
```

5. 案例讲解

1）分步骤讲解与流程说明

导入数据并取出df['Name']列中出现频率最高的两人，代码如下：

```
import pandas as pd
df = pd.read_excel('demo_.xlsx')
df.Name.value_counts().index[:2]           #取出出现频率最高的两人
```

输出的结果如下：

```
Index(['Kim', 'Jim'], dtype = 'object')
```

将 df['Name']列中不是高频率出现的人员全部标识为"misc",代码如下：

```
df.Name.where(df.Name.isin(['Kim', 'Jim']), 'misc')
```

输出的结果如下：

```
0     misc
1      Kim
2      Jim
3     misc
4      Jim
5      Kim
6     misc
Name: Name, dtype: object
```

在 DataFrame 中新建一个 df['Name']列，用新数据替换原 df['Name']列中的数据，代码如下：

```
a = df.assign(Name = df.Name.where(df.Name.isin(['Kim', 'Jim']),'misc'))
a
```

输出的结果如下：

```
         Date  Name       City  Age  WorkYears  Weight    BMI  Score
0  2020/12/12  misc    Beijing   76         35    56.0  18.86      A
1  2020/12/12   Kim   Shanghai   32         12    85.0  21.27      A
2  2020/12/13   Jim   Shenzhen   55         23    72.0  20.89      B
3  2020/12/13  misc        NaN   87         33     NaN  21.22      C
4  2020/12/14   Jim  Guangzhou   93         42    59.0  20.89      B
5  2020/12/14   Kim     Xiamen   78         36    65.0    NaN      B
6  2020/12/15  misc    Suzhou    65         32    69.0  22.89      A
```

对新的 DataFrame 中的 df['Name']中的人名进行重新统计，代码如下：

```
a.Name.value_counts()
```

输出的结果如下：

```
Other    3
Kim      2
Jim      2
Name: Name, dtype: int64
```

2）assign()方法的应用

接着上一小节的案例进行讲解。如果在 DataFrame 中应用 assign()方法，则可避免代码的过度碎片化，代码与执行步骤可得到相应精简。新的代码如下：

```
import pandas as pd
df = pd.read_excel('demo_.xlsx')
aa = df.Name.value_counts().index[:2]
(df.assign(Name = df.Name.where(df.Name.isin(aa),'misc'))
  .Name.value_counts())
```

输出的结果如下：

```
misc    3
Kim     2
Jim     2
Name: Name, dtype: int64
```

8.3.3　eval()

在简化代码方面，Pandas 中的 assign()是一个很不错的 API，但对比 assign 来讲 eval 更好用。DataFrame.eval()通过传入多行表达式，每行作为独立的赋值语句。其中对应前面 DataFrame 中数据字段可以像 query()一样直接书写字段名，亦可像 query()那样直接执行 Python 语句。这样可以在数据分析的过程中一直链式写下去，实现零中间变量。

注意：eval()中每个新字段的赋值必须写在同一行，否则会出错。

1. 新增一个计算列

应用 eval 创建一个新列，代码如下：

```
df[:3].select_dtypes(include = 'number')\
    .eval('乘和 = Age * WorkYears + Weight * BMI', inplace = True)
```

输出的结果如下：

```
   Age  WorkYears  Weight   BMI     乘和
0  76       35      56.0   18.86  3716.16
1  32       12      85.0   21.27  2191.95
2  55       23      72.0   20.89  2769.08
```

2. 新增多个计算列

应用 eval 创建多个新列，代码如下：

```
df = pd.read_excel('demo_.xlsx')

#1. 在 DataFrame 中新增计算列
```

```
df.eval('''
        列 A = Age * BMI
        列 B = Age * WorkYears
        列 C = WorkYears + Weight
        列 D = Age/Weight
        ''', inplace = True)          # eval 支持 inplace = True 操作

#2. 显示新的 DataFrame
df[:3]
```

输出的结果如图 8-13 所示。

	Date	Name	City	Age	WorkYears	Weight	BMI	Score	列A	列B	列C	列D
0	2020/12/12	Joe	Beijing	76	35	56.0	18.86	A	1433.36	2660	91.0	1.357143
1	2020/12/12	Kim	Shanghai	32	12	85.0	21.27	A	680.64	384	97.0	0.376471
2	2020/12/13	Jim	Shenzhen	55	23	72.0	20.89	B	1148.95	1265	95.0	0.763889

图 8-13 新增列

8.3.4 pipe 管道

DataFrame.pipe(self,func, * args, ** kwargs)是其语法结构。pipe()的作用是将嵌套的函数调用过程改造为链式过程。它有以下两种使用方式:

(1) 利用 pipe 以链式的方式调用自定义函数。

(2) 以(函数名,'参数名称')的格式传入。

1. 语法知识

利用.pipe 将 Series、DataFrame 或 GroupBy 对象的函数链接在一起时。不可以这样写,代码如下:

```
func(g(h(df), arg1 = a), arg2 = b, arg3 = c)
```

但是可以这样写,代码如下:

```
(   df.pipe(h)
    .pipe(g, arg1 = a)
    .pipe(f, arg2 = b, arg3 = c)
)
```

如果有一个将数据作为(例如)第 2 个参数的函数,则传递一个元组,指示哪个关键字需要该数据。例如,假设 f 将其数据作为 arg2,代码如下:

```
(df.pipe(h)
    .pipe(g, arg1 = a)
    .pipe((f, 'arg2'), arg1 = a, arg3 = c)
  )
```

2. 函数调用

如果需要在链式中调用函数，则可优先考虑使用 pipe()方法。

1）调用的是匿名函数

pipe 中匿名函数的调用，代码如下：

```
import pandas as pd
df = pd.read_excel('demo_.xlsx')
df['Age'].pipe(lambda x: pd.cut(x,bins = [20,40,60,80,100])).value_counts()
```

输出的结果如下：

```
(60, 80]     3
(80, 100]    2
(40, 60]     1
(20, 40]     1
Name: Age, dtype: int64
```

2）调用的是自定义函数

自定义函数的定义与调用，代码及过程解释如下：

```
# 1.导入数据
import pandas as pd
df = pd.read_excel('demo_.xlsx')

#2.自定义函数,用于删除列
def AA(df):
    a = df.nunique() < 5
    #返回的结果为 bool 值 Series;Series 的索引列为 DataFrame 的列名

    cols = a[a].index.tolist()
    #a[a]为 Series 的行筛选,返回的是 Series
    #a[a].index.tolist(),将筛选后的 Series 的 Index 结构转换为 List
    #返回的 List 中的值为符合条件的列名(['Date', 'Score'])

    return df.drop(columns = cols)
    #删除 DataFrame 中的'Date', 'Score'这两列

#3.自定义函数,用于筛选行
def BB(df):
   b = df.select_dtypes('number').idxmax()
   #选择 DataFrame 中数据类型为数值的列,并获取最大值的索引位置
   #返回的值为 Series.Series 的索引列为列名,值为最大值的索引位置

   unique = b.unique()
```

```
        #返回的值为 array([4, 1, 6]),Series 中重复的值 4 被删除(仅留了一个)

        return df.loc[unique]
        #对 DataFrame 进行下标索引,进行行筛选

    #4.管道函数的应用
    (df.pipe(AA)           #运用管道,先删除 DataFrame 中的'Date'和'Score'这两列
        .pipe(BB))         #在剩下的列中,取 DataFrame 中的[4, 1, 6]行
```

输出的结果如下：

```
Name  City     Age       WorkYears  Weight   BMI
  4    Jim   Guangzhou     93         42     59.0  20.89
  1    Kim   Shanghai      32         12     85.0  21.27
  6    Sam    Suzhou       65         32     69.0  22.89
```

8.4 本章回顾

爱因斯坦一贯推崇简单。对简单的理解,他有过很多至理名言,例如"人生难题,总有最简单的答案""凡事当力求越简单越好,而不是简单些就好(Everything should be made as simple as possible,but no simpler)"等,以至于他那闻名于世的 $E=MC^2$ 公式都是如此简单。

数据分析的目的是从未知中找到已知的规律及预测可能的趋势,让复杂的或未知的问题简单化,从而减少决策的风险。数据处理主要包括数据清洗、数据转化等处理,它是数据分析前必不可少的动作,其耗时的程度与数据的质量成反比。在整个数据分析过程中,数据的清洗与转换占用的时间经常会高达 70%以上,所以要想提高数据分析的效率,在数据质量既成事实的情况下,找到一套简单的数据处理方法与思路变得尤为关键。

Pandas 中的各类链式方法让代码变得简单易读,值得花时间去了解并掌握。

第9章 数据分组

Pandas 中的 groupby 是用于数据分析的一个重要功能，常用于分组运算与结果合并。它与 SQL 中的 groupby 功能类似，但它比 SQL 的 groupby 功能更强大。

按照 Pandas 的官网说法，groupby()遵循的是 Split-Apply-Combine(SAC)三步骤。其中，Split(拆分)指按照某一原则(一个或多个字段)进行 groupby 分组；Apply(应用)是指对拆分后的各组执行 agg、apply、transform 等转换操作与运算；最终所有函数 Apply 的结果会 Combine(汇总)成一个结果对象。

为加强理解，导入相关数据，代码如下：

```
pd.read_excel('demo_.xlsx').groupby('Score')[['BMI']].mean()
```

以上代码的 SAC 过程与结果说明如图 9-1 所示。

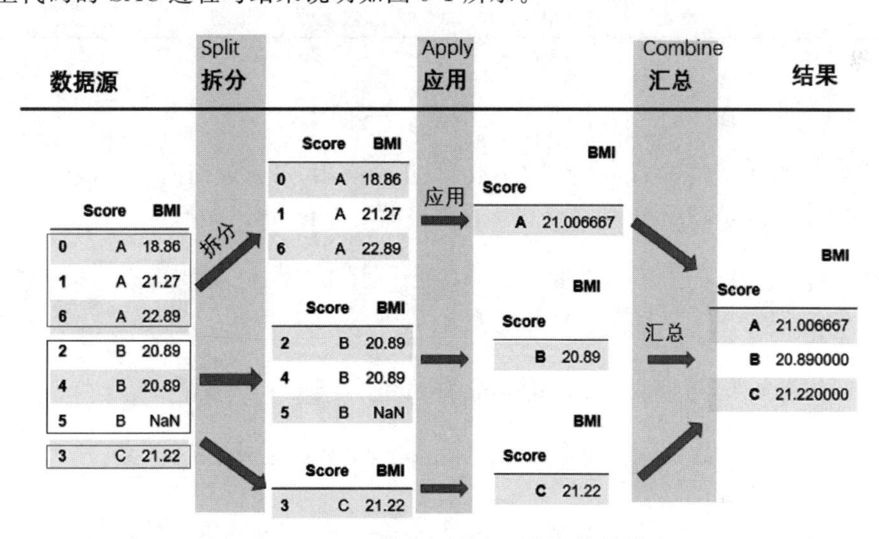

图 9-1 groupby 的 SAC 执行过程与结果说明

图 9-1 中，Split 部分对应的代码为 groupby('Score')，Apply 部分对应的代码为.mean()，Combine 部分对应的是最后的返回结果。它类似 SQL 中的 groupby，代码如下：

```
select Score, avg(BMI) AS BMI  from [Sheet1 $ ] group by Score
```

9.1 Split 阶段

语法：

groupby(by=None,axis=0,level=None,as_index=True,sort=True,group_keys=True,squeeze=< object object >,observed=False,dropna=True)

具体参数用法如表 9-1 所示。

表 9-1 groupby 参数

参数	参数说明
by	分组字段，可以是列名/series/字典/函数，常用为列名
axis	指定切分方向，默认为 0，表示沿着行切分
level	表示标签所在的级别，为整数或列名序列，默认值为 None
as_index	是否将分组列名作为输出的索引，默认值为 True
sort	指定是否对输出结果按索引排序，默认与 SQL 中的排序一致
group_keys	是否显示分组标签的名称，默认值为 True
squeeze	是否在允许的情况下对返回数据进行降维，默认值为 True。1.1.0 版后开始不再使用
dropna	默认值为 True，将分组字须为 na 的汇总数据删除

9.1.1 by 参数

by 参数主要有“列名/series/字典/函数”等几种应用方式，返回的是 DataFrameGroupBy 的对象，它不能像 DataFrame 那样可直接看到里面的内容，代码如下：

```
df = pd.read_excel('demo_.xlsx')
df.groupby('Score')   #依据 Score 进行分组列名
```

输出的结果如下，返回的是 DataFrameGroupby 对象：

```
<pandas.core.groupby.generic.DataFrameGroupBy object at 0x0000021A2B5F6940>
```

如果在分组之后指定索引列，则返回的是 SeriesGroupBy 对象，代码如下：

```
df.groupby('Score')['Age']
```

输出的结果如下：

```
<pandas.core.groupby.generic.SeriesGroupBy object at 0x0000028E877574C0>
```

如果需要查看 DataFrameGroupBy 里面的内容，可以使用 groups 属性或 list。采用 groups 属性，代码如下：

```
df.groupby('Score').groups
```

运行代码，返回一个字典，里面包含所有 DataFrame 的索引值，输出的结果如下：

```
{'A': [0, 1, 6], 'B': [2, 4, 5], 'C': [3]}
```

采用 list 方式，代码如下：

```
list(df.groupby('Score'))
```

返回的结果如图 9-2 所示，里面包含依据字段所拆分的各 DataFrame。

```
[('A',
          Date Name      City  Age  WorkYears  Weight    BMI Score
 0  2020/12/12  Joe   Beijing   76         35    56.0  18.86     A
 1  2020/12/12  Kim  Shanghai   32         12    85.0  21.27     A
 6  2020/12/15  Sam    Suzhou   65         32    69.0  22.89     A),
 ('B',
          Date Name       City  Age  WorkYears  Weight    BMI Score
 2  2020/12/13  Jim   Shenzhen   55         23    72.0  20.89     B
 4  2020/12/14  Jim  Guangzhou   93         42    59.0  20.89     B
 5  2020/12/14  Kim     Xiamen   78         36    65.0    NaN     B),
 ('C',
          Date Name City  Age  WorkYears  Weight    BMI Score
 3  2020/12/13  Tom  NaN   87         33     NaN  21.22     C)]
```

图 9-2 DataFrameGroupBy 对象

如果只需查看拆分后的各 DataFrame 的尺寸大小，可以采用 size()方法，代码如下：

```
df.groupby('Score').size()
```

执行代码，输出的结果如下：

```
Score
A    3
B    3
C    1
dtype: int64
```

分组键可以是多种形式的，并且键不一定是完全相同的类型。以下是按"单列、多列、字典、匿名函数"等几种形式作为分组依据的讲解。

1. 单列

当按照单列为依据进行分组时，分组键就是这个列名。列名的写法可以直接为字符串或者外面用[]括起来，二者的结果一致，代码如下：

```
df.groupby('Score').sum()
#df.groupby(['Score']).sum()
```

执行代码，输出的结果如下：

```
Score   Age   WorkYears   Weight   BMI
  A     173      79       210.0   63.02
  B     226     101       196.0   41.78
  C      87      33         0.0   21.22
```

从DataFrame中取出一列，返回的值为Series，例如df['Score']就是一个Series。当按照Series为依据进行分组时，分组键就是这个Series。以下是以Series为分组键，代码如下：

```
df.groupby(df['Score']).sum()
```

执行代码，输出的结果同上面的输出。

在分组后数据的基础上，通过索引列的方式对指定的单列或多列进行汇总计算。以下将索引列指定为单列，代码如下：

```
df.groupby('Score')['Age'].sum()
```

执行代码，输出的结果如下：

```
Score
A    173          #173 = 76 + 32 + 65
B    226          #226 = 55 + 93 + 78
C     87
Name: Age, dtype: int64
```

接下来，将索引列指定为多列，代码如下：

```
df.groupby('Score')[['Age','BMI']].sum()
```

执行代码，输出的结果如下：

```
Score       Age    BMI
A       173   63.02          #63.02 = 18.86 + 21.27 + 22.89
B       226   41.78          #41.78 = 20.89 + 20.89
C        87   21.22
```

以单列字段的转换格式作为分组字段也是允许的。代码举例如下：

```
df.groupby(df['Name'].str[0])['Age'].sum()
```

输出的结果如下：

```
Name
J    224
K    110
S     65
T     87
Name: Age, dtype: int64
```

2. 多列

当按照多列为依据进行分组时，分组键就是多列的列名。如果按多个Series进行分组，分组键就是这些多个的Series。多个列或多个Series外面必须用[]括起来，代码如下：

```
df.groupby(['Score','Date']).sum()
#df.groupby([df['Score'],df['Date']]).sum()
```

执行上面的两行代码，输出的结果如下：

```
Score     Date      Age  WorkYears  Weight   BMI
  A    2020/12/12  108     47       141.0   40.13
       2020/12/15   65     32        69.0   22.89
  B    2020/12/13   55     23        72.0   20.89
       2020/12/14  171     78       124.0   20.89
  C    2020/12/13   87     33         0.0   21.22
```

在上面的结果中，分组之后Pandas遍历所有数值列后进行操作，最后返回一个由操作成功的列组成的DataFrame。如果不想对所有数值列进行操作，则可指定单列或多列进行针对性操作，这是分组后的索引列。接下来以指定多列索引列为例，代码如下：

```
df.groupby(['Score','Date'])[['Age','BMI']].sum()
#指定多列索引时，尽量用[[]];用[]也能运行，但会出警告提示
```

执行代码，输出的结果如下：

```
Score     Date      Age   BMI
  A    2020/12/12  108  40.13
       2020/12/15   65  22.89
  B    2020/12/13   55  20.89
       2020/12/14  171  20.89
  C    2020/12/13   87  21.22
```

利用 cut 函数对数据进行分组，cut()方法生成的结果是几个左开右闭的区间，代码如下：

```
a = pd.cut(df['Age'],bins = [20,40,60,80,100])
df.groupby(a)['Age'].count()
```

输出的结果如下：

```
Age
(20, 40]      1
(40, 60]      1
(60, 80]      3
(80, 100]     2
Name: Age, dtype: int64
```

与 cut()方法相似的是 qcut()方法。其区别是：qcut()方法只需指定切分的份数，然后它会将数据切成指定的份数，代码如下：

```
df.groupby(pd.qcut(df['Age'],5))['Age'].count()
```

输出的结果如下：

```
Age
(31.999, 57.0]     2
(57.0, 69.4]       1
(69.4, 77.2]       1
(77.2, 85.2]       1
(85.2, 93.0]       2
Name: Age, dtype: int64
```

3. 字典

字典，根据索引对记录进行映射分组，代码如下：

```
df = pd.read_excel('demo_.xlsx')
a = {0:"中老年",1:'年轻',2:'中年',3:'老年'}
df['Age'].groupby(a).mean()
```

本案例中字典映射的是 DataFrame 中的部分数据，字典中的 0、1、2 所对应的是 DataFrame 的索引行，输出的结果如下：

```
中年     55
中老年   76
年轻     32
```

```
老年      87
Name: Age, dtype: int64
```

4. 匿名函数

未指定 axis 时，默认对行索引位置进行操作。如果事先将 Score 指定为索引列，则对索引列中的行值进行操作。对索引列中为 A 的值定义为优秀，其他值定义为一般，代码如下：

```
df = pd.read_excel('demo_.xlsx',index_col = 'Score')
df.groupby(lambda x: '优秀' if x == 'A' else '一般').mean()
```

输出的结果如下：

```
          Age      WorkYears     Weight        BMI
一般   78.250000   33.500000   65.333333   21.000000
优秀   57.666667   26.333333   70.000000   21.006667
```

如果采用系统默认的行索引，则代码如下：

```
df = pd.read_excel('demo_.xlsx')
df.groupby(lambda x: '后' if x > 4 else '前').mean()
```

输出的结果如下：

```
     Age   WorkYears   Weight    BMI
前   68.6     29.0      68.0    20.626
后   71.5     34.0      67.0    22.890
```

9.1.2　axis 参数

axis 参数用于指定行或列作为分组的方向。以下代码是将 Name 指定为组 0，将 Age 指定为组 1，将 BMI 指定为组 2。指定 axis=1，对列进行分组，代码如下：

```
df[:3].groupby({"Name":0,"Age":1,'BMI':2},axis = 1).sum()
```

输出的结果如下：

```
    0.0  1.0    2.0
0   Joe   76   18.86
1   Kim   32   21.27
2   Jim   55   20.89
```

如果将 BMI、WorkYears、Weight 都指定为组 2，代码如下：

```
(df[:3].groupby(
    {"Name":0,"Age":1,
    'BMI':2,'WorkYears':2,'Weight':2}, #'BMI、WorkYears、Weight'归为组 2
    axis = 1).sum())
```

输出的结果如下：

```
   0.0  1.0     2.0
0  Joe   76  109.86
1  Kim   32  118.27
2  Jim   55  115.89
```

按列(axis=1)分组时，数据类型主要有 dtype('int64')、dtype('float64')和 dtype('O')3种。如查 DataFrame 中是否含有这三类数据，在查看生成的 DataFrameGroupBy 时，会发现分组数据会自动分成三块。在实际工作中，对分组后的数据做排序后筛选会经常遇到。为了直观地显示，下面的代码仅取了 DataFrame 中的前 2 行数据，代码如下：

```
list(df.head(2)                    #head(2)代表仅取前 2 行数据
    .groupby(df.dtypes,            #分组依据,df.dtypes
    axis = 1))
```

输出的结果如下：

```
[(dtype('int64'),
    Age  WorkYears
  0  76         35
  1  32         12),
(dtype('float64'),
    Weight    BMI
  0    56.0  18.86
  1    85.0  21.27),
(dtype('O'),
          Date Name       City Score
  0  2020/12/12  Joe    Beijing     A
  1  2020/12/12  Kim   Shanghai     A)]
```

从生成的结果来看，从分组后的数据中可以进行数据的筛选。

9.1.3 level 参数

level 参数用于指定标签所在的级别。导入数据时指定索引列，代码如下：

```
dfi = pd.read_excel('demo_.xlsx',index_col = [7,0]) #多个索引列时,必须是数值
dfi
```

输出的结果如下，存在 Score、Date 两个索引列：

```
Score     Date      Name    City      Age  WorkYears  Weight   BMI
  A    2020/12/12   Joe    Beijing     76      35       56.0   18.86
       2020/12/12   Kim   Shanghai     32      12       85.0   21.27
  B    2020/12/13   Jim   Shenzhen     55      23       72.0   20.89
  C    2020/12/13   Tom      NaN       87      33        NaN   21.22
  B    2020/12/14   Jim   Guangzhou    93      42       59.0   20.89
       2020/12/14   Kim    Xiamen      78      36       65.0    NaN
  A    2020/12/15   Sam    Suzhou      65      32       69.0   22.89
```

设置 leve=0 参数，代码如下：

```
dfi[:3].groupby(level = 0).sum()
```

输出的结果如下：

```
Score  Age  WorkYears  Weight   BMI
  A    108     47       141.0  40.13
  B     55     23        72.0  20.89
```

设置 leve=1 参数，代码如下：

```
dfi[:3].groupby(level = 1).sum()
```

输出的结果如下：

```
   Date      Age  WorkYears  Weight   BMI
2020/12/12   108     47      141.0   40.13
2020/12/13    55     23       72.0   20.89
```

9.1.4 as_index 参数

as_index，by 列当成索引，默认值为 True。as_index=False，不设置索引，相当于对 DataFrame 去 reset_index。单列作为分组字段，代码如下：

```
df.groupby('Score',as_index = False).sum()
#等价于 df.groupby('Score').sum().reset_index()
```

输出的结果如下：

```
   Age  WorkYears  Weight    BMI
0  173         79   210.0  63.02
1  226        101   196.0  41.78
2   87         33     0.0  21.22
```

将 Score、Date 设置为分组字段，再转换为索引列，代码如下：

```
df.groupby(['Score','Date'],as_index = False).sum()
#等价于 df.groupby(['Score','Date']).sum().reset_index()
```

输出的结果如下：

```
  Score        Date  Age  WorkYears  Weight    BMI
0     A  2020/12/12  108         47   141.0  40.13
1     A  2020/12/15   65         32    69.0  22.89
2     B  2020/12/13   55         23    72.0  20.89
3     B  2020/12/14  171         78   124.0  20.89
4     C  2020/12/13   87         33     0.0  21.22
```

groupby 的分组字段经 SAC 三阶段转换应用后，将变成 DataFrame 或 Series groupby 对象的行索引。如果将 groupby 对象进行存储（例如 df.to_excel）并设置（index＝False）时，则这些行索引会被隐藏，只留下列索引及其对应的聚合值。

df.groupby()方法内的 as_index 参数，功能相当于 groupby 对象的 reset_index()，它将原 groupby 对象中分组依据的行索引转换到对象中的列索引。

9.1.5 dropna 参数

dropna 的默认值为 True，将分组字须为 na 的汇总数据删除。dropna＝False，代码如下：

```
df.groupby('City', dropna = False)['Age'].sum()
```

输出的结果如下：

```
City
Beijing      76
Guangzhou    93
Shanghai     32
Shenzhen     55
Suzhou       65
Xiamen       78
NaN          87          #分组依据的 NaN 值被保留
Name: Age, dtype: int64
```

dropna=True,代码如下:

```
df.groupby('City', dropna = True)['Age'].sum()
```

输出的结果如下:

```
City
Beijing        76
Guangzhou      93
Shanghai       32
Shenzhen       55
Suzhou         65
Xiamen         78
Name: Age, dtype: int64
```

9.2 Apply 阶段

分组之后,可以通过函数应用到分组中产生新值。最终,所有函数聚合应用后会产生一个结果对象,不同聚合方式或将产生不同的结果。以下是函数的不同聚合应用介绍。

9.2.1 直接聚合

1. 常用聚合函数

适用于 DataFrameGroupby 和 SeriesGroupby 对象的常用聚合函数有 count、max、min、sum、mean、median; std、var、corr、cov、skew、kurt 等。首先导入数据,代码如下:

```
df = pd.read_excel('demo_.xlsx')
gb = df.groupby('Score')
gbs = df.groupby('Score')['Age']
```

对 DataFrameGroupBy 对象进行聚合,代码如下:

```
gb.count() #对非空值进行计数
```

输出的结果如下:

```
Score  Date  Name  City  Age  WorkYears  Weight  BMI
  A     3     3     3     3       3        3      3
  B     3     3     3     3       3        3      2
  C     1     1     0     1       1        0      1
```

以 Score、Name 为分组依据,代码如下:

```
gb_ = df.groupby(['Score','Name'])
gb_.count()
```

分组依据的字段将成为索引，输出的结果如下：

```
Score  Name  City  Age  WorkYears  Weight  BMI
  A    Joe    1     1       1        1      1
       Kim    1     1       1        1      1
       Sam    1     1       1        1      1
  B    Jim    2     2       2        2      2
       Kim    1     1       1        1      0
  C    Tom    0     1       1        0      1
```

其他的聚合类，例如 ngroups，代码如下：

```
df.groupby('Score').ngroups
```

输出的结果如下：

```
3
```

可以利用 ngroups 进行 DataFrameGroupby 对象的切片索引，代码如下：

```
df = pd.read_excel('demo_.xlsx')
gb = df.groupby('Score')
print(list(gb.groups))
print(list(gb.groups)[:2])
```

输出的结果如下：

```
['A', 'B', 'C']
['A', 'B']
```

2. 累计聚合类

Pandas 累计聚合类函数有 cumsum、cumprod、cummax、cummin 等。

以单列为分组字段，代码如下：

```
df[:3].groupby(["Score"]).cumsum()
```

上面的代码中用到 cumsum()方法，cumsum 的用法是沿着计算轴方向对元素进行累计求和，最后返回由中间结果所组成的一组数组，输出的结果如下：

```
Score Date
A     2020/12/12   76          35     56.0  18.86
       2020/12/12  108          47   141.0  40.13
B     2020/12/13   55          23     72.0  20.89
```

在分组的基础上指定索引列的累计统计，举例代码如下：

```
df.groupby(["Score"])["Age"].cumsum()
```

输出的结果如下：

```
0     76
1    108
2     55
3     87
4    148
5    226
6    173
Name: Age, dtype: int64
```

3. 索引聚合类

argmax、argmin 用于计算最大值、最小值所在的索引位置；idxmax、idxmin 用于计算最大值、最小值所在的索引标签。

以 Score 为分组字段，对 Age 进行分组，代码如下：

```
for n,g in df.groupby(["Score"])["Age"]:
    print(n)
    print(g)
```

输出的结果如下：

```
A
0    76
1    32
6    65
Name: Age, dtype: int64
B
2    55
4    93
5    78
Name: Age, dtype: int64
C
3    87
Name: Age, dtype: int64
```

计算最大值所在的索引标签，代码如下：

```
df.groupby(["Score"])["Age"].idxmax()
```

输出的结果如下：

```
Score
A    0
B    4
C    3
Name: Age, dtype: int64
```

输入以下代码，计算最大值所在的位置，代码如下：

```
df.groupby(["Score"])["Age"].idxmax().argmax()
```

输出的结果如下：

```
1
```

4. 常用索引函数

适用于 DataFrameGroupby 和 SeriesGroupby 对象的常用索引函数有 first、last、head、tail、nth、nunique 等。以 nunique 为例，代码如下：

```
gb = df.groupby('Score')
gb.nunique()
```

输出的结果如下：

```
Score  Name  City  Age  WorkYears  Weight  BMI
  A      3     3    3       3         3     3
  B      2     3    3       3         3     1
  C      1     0    1       1         0     1
```

以 SeriesGroupby 对象为例。first 用法举例，代码如下：

```
gbs.first()
```

输出的结果如下：

```
Score
A    76
B    55
C    87
Name: Age, dtype: int64
```

再举例 nth 的应用，代码如下：

```
gbs.nth(2)
```

输出的结果如下：

```
Score
A    65
B    78
Name: Age, dtype: int64
```

假设 nth 内指定了多个值，代码如下：

```
gbs.nth([0,1])
```

输出的结果如下：

```
Score
A    76
A    32
B    55
B    93
C    87
Name: Age, dtype: int64
```

5. 描述性统计

适用于 DataFrameGroupby 和 SeriesGroupby 对象的常用描述性函数 describe，代码如下：

```
gbs.describe()
```

输出的结果如下：

```
Score  count      mean        std      min   25 %  50 %  75 %   max
  A     3.0   57.666667  22.898326  32.0  48.5  65.0  70.5  76.0
  B     3.0   75.333333  19.139836  55.0  66.5  78.0  85.5  93.0
  C     1.0   87.000000        NaN  87.0  87.0  87.0  87.0  87.0
```

更多有关 describe 的用法，见前面的章节。

6. 仅适用于 SeriesGroupby

nlargest、nsmallest、unique、value_counts 等是 SeriesGroupby 的独有函数，代码如下：

```
gbs = df.groupby('Score')['Age']
gbs.nlargest(2)
```

输出的结果如下：

```
Score
A      0    76
       6    65
B      4    93
       5    78
C      3    87
Name: Age, dtype: int64
```

如果此时用的是 unique，则会列出所有明细，代码如下：

```
gbs = df.groupby('Score')['Age']
gbs.unique()
```

输出的结果如下：

```
Score
A    [76, 32, 65]
B    [55, 93, 78]
C            [87]
Name: Age, dtype: object
```

9.2.2 agg

agg 是 aggregate 的简写。在 Pandas 中，df. groupby. agg()与 df. groupby. aggregate()是完全等效的。agg()方法是对所有的数值进行聚合操作，它的功能十分强大。应用 agg()方法后，可以一次性使用多种汇总方式，可以针对不同的列做不同的汇总方式，可以支持函数的多种写法。例如，以下代码的不同写法是等效的，代码如下：

```
df = pd.read_excel('demo_.xlsx')
gb = df.groupby('Score')
gbs = df.groupby('Score')['Age']
gbs.mean()                      #Python 的 mean 函数
gbs.agg('mean')                 #Pandas 的 mean 函数
gbs.agg(np.mean)                #NumPy 的 mean 函数
gb.agg({'Age': 'mean'})         #字典内可用 np.mean 或'mean',但不可直接用 mean
```

在上述代码中，dgs 变量返回的是 SeriesGroupby 对象，输出的结果如下：

```
Score
A     57.666667
B     75.333333
C     87.000000
Name: Age, dtype: float64
```

1. 通用函数

以下是对分组后文本的合并,代码如下:

```
gbn = df.groupby('Date')['Name']
gbn.unique().agg('、'.join)
#gbn.unique().str.join('、')  #与上面的agg()方法完全等效
#gbn.unique()返回的值为Series,故可用Series.str.join()方法
```

输出的结果如下:

```
Date
2020/12/12     Joe、Kim
2020/12/13     Jim、Tom
2020/12/14     Jim、Kim
2020/12/15         Sam
Name: Name, dtype: object
```

对分组的值进行聚合统计,代码如下:

```
df.groupby('Score')['Age'].agg(np.mean)
```

输出的结果如下:

```
Score
A     57.666667
B     75.333333
C     87.000000
Name: Age, dtype: float64
```

拓展应用,在聚合的基础上进行Query查询,代码如下:

```
df.groupby('Score').agg(np.mean).round(2).query('Age > 60')
```

df.query()方法是对DataFrame的条件查询,返回的结果为DataFrame,输出的结果如下:

```
Score    Age    WorkYears   Weight    BMI
  B     75.33     33.67      65.33   20.89
  C     87.00     33.00       NaN    21.22
```

或者，在RFM的基础上进行次数统计，代码如下：

```
df.groupby('Score')[ 'Date'].min().value_counts()
```

df.groupby('Score')['Date'].min()用于统计各Score第一次出现的时间，value_counts()是个数，输出的结果如下：

```
2020 - 12 - 13    2
2020 - 12 - 12    1
```

类似这样的操作在进行用户行为分析的过程中经常会用到。

2. 列表

本节案例中，各类函数放于同一列表中供agg()方法调用。例如agg(['size','min','max'])。

1）简单的案例

以Score、Date为分组的字段，Age、Weight为列索引，调用size、min、max函数，代码如下：

```
df.groupby(['Score', 'Date'])[['Age', 'Weight']].agg(['size', 'min', 'max'])
```

输出的结果如下：

```
                   Age              Weight
                   size min max     size  min   max
Score   Date
A       2020/12/12    2  32  76        2  56.0  85.0
        2020/12/15    1  65  65        1  69.0  69.0
B       2020/12/13    1  55  55        1  72.0  72.0
        2020/12/14    2  78  93        2  59.0  65.0
C       2020/12/13    1  87  87        1   NaN   NaN
```

对分组的对象，强制转换数据类型，代码如下：

```
(df
    .groupby(['Score', 'Date'])                #分组的依据
    ['Age']                                    #指定索引列(单列)
    .agg(['mean', 'max', 'min'])               #汇总运算
    .astype(int)                               #强制转换数据类型
)
```

输出的结果如下：

```
Score       Date    mean   max   min
  A    2020/12/12    54    76    32
       2020/12/15    65    65    65
  B    2020/12/13    55    55    55
       2020/12/14    85    93    78
  C    2020/12/13    87    87    87
```

继续代码如下：

```
(df
    .groupby(['Score', 'Date'])
    [['Age', 'Weight']]              #指定索引列(多列)
    .agg(['mean', 'max', 'min'])
)
```

输出的结果如下：

```
                        Age           Weight
                   mean max min    mean   max   min
Score   Date
A      2020/12/12  54.0  76  32    70.5  85.0  56.0
       2020/12/15  65.0  65  65    69.0  69.0  69.0
B      2020/12/13  55.0  55  55    72.0  72.0  72.0
       2020/12/14  85.5  93  78    62.0  65.0  59.0
C      2020/12/13  87.0  87  87     NaN   NaN   NaN
```

2）分组聚合后对数据结构转换及轴重命名

设置分组对象的轴名称，代码如下：

```
(df
    .groupby(['Score', 'Date'])
    [['Age', 'Weight']]
    .agg(['size', 'min', 'max'])
    .rename_axis(['列名', '函数名'], axis = 1) #设置索引行或索引列的轴名称
)
```

输出的结果如下，合并的结果中新增了列名和函数名两个轴名称：

```
列名                   Age          Weight
函数名              size min max   size   min   max
Score   Date
A      2020/12/12    2  32  76      2  56.0  85.0
       2020/12/15    1  65  65      1  69.0  69.0
B      2020/12/13    1  55  55      1  72.0  72.0
```

```
      2020/12/14    2  78  93      2  59.0  65.0
C     2020/12/13    1  87  87      1   NaN   NaN
```

将分组对象进行堆叠转换，代码如下：

```
(df.head(3)                              #筛选数据
    .groupby(['Score', 'Date'])
    [['Age', 'Weight']]
    .agg(['size', 'min', 'max'])
    .rename_axis(['列名', '函数名'], axis = 1)
    .stack('函数名')                     #将列中的数据透视到行
)
```

输出的结果如下，分组聚合合并后的数据结构发生了变化：

```
列名                      Age  Weight
Score   Date        函数名
A       2020/12/12 size    2     2.0
                   min    32    56.0
                   max    76    85.0
B       2020/12/13 size    1     1.0
                   min    55    72.0
                   max    55    72.0
```

将多层索引中的索引进行位置交换，代码如下：

```
(df.head(3)
    .groupby(['Score', 'Date'])
    [['Age', 'Weight']]
    .agg(['size', 'min', 'max'])
    .rename_axis(['列名', '函数名'], axis = 1) #axis = 'columns'
    .stack('函数名')
    .swaplevel('函数名', 'Score',  #将多层索引'函数名'与'Score'交换
        axis = 'index')
)
```

函数名与 Score 列发生了位置交换，输出的结果如下：

```
列名                      Age  Weight
函数名  Date        Score
size 2020/12/12     A      2     2.0
min  2020/12/12     A     32    56.0
max  2020/12/12     A     76    85.0
size 2020/12/13     B      1     1.0
min  2020/12/13     B     55    72.0
max  2020/12/13     B     55    72.0
```

索引位置的交换及对对象的行列标签进行排序，代码如下：

```
(df.head(3)
    .groupby(['Score', 'Date'])
    [['Age', 'Weight']]
    .agg(['size', 'min', 'max'])
    .rename_axis(['列名', '函数名'], axis = 1)
    .stack('函数名')
    .swaplevel('函数名', 'Score') #axis = 'index'
    .sort_index(level = 'Date') #根据行标签对行进行排序
    .sort_index(level = '列名', axis = 1) #根据列标签对列进行排序
)
```

输出的结果如下，数据已经重新排序：

```
列名                      Age   Weight
函数名  Date       Score
max   2020/12/12    A     76     85.0
min   2020/12/12    A     32     56.0
size  2020/12/12    A      2      2.0
max   2020/12/13    B     55     72.0
min   2020/12/13    B     55     72.0
size  2020/12/13    B      1      1.0
```

对象堆叠与拆堆的应用，代码如下：

```
(df
    .groupby(['Score', 'Date'])
    [['Age', 'Weight']]
    .agg(['size', 'min', 'max'])
    .rename_axis(['列名', '函数名'], axis = 1)
    .stack('函数名')
    .unstack(['Date', 'Score'])   #将行中的数据透视到列
)
```

输出的结果如图 9-3 所示。

继续结合应用举例，代码如下：

```
(df.head(3)
    .groupby(['Score', 'Date'])
    [['Age', 'Weight']]
    .agg(['size', 'min', 'max'])
    .rename_axis(['列名', '函数名'], axis = 1)
    .stack(['函数名', '列名'])
) #可将 to_frame()变成 DataFrame()
```

列名	Age					Weight				
Date	2020/12/12	2020/12/15	2020/12/13	2020/12/14	2020/12/13	2020/12/12	2020/12/15	2020/12/13	2020/12/14	2020/12/13
Score	A	A	B	B	C	A	A	B	B	C
函数名										
size	2	1	1	2	1	2.0	1.0	1.0	2.0	1.0
min	32	65	55	78	87	56.0	69.0	72.0	59.0	NaN
max	76	65	55	93	87	85.0	69.0	72.0	65.0	NaN

图 9-3 Groupby 对象堆叠与拆堆的应用

输出的结果如下，数据结构已经发生转变：

```
Score  Date        函数名 列名
A      2020/12/12  size   Age       2.0
                          Weight    2.0
                   min    Age      32.0
                          Weight   56.0
                   max    Age      76.0
                          Weight   85.0
B      2020/12/13  size   Age       1.0
                          Weight    1.0
                   min    Age      55.0
                          Weight   72.0
                   max    Age      55.0
                          Weight   72.0
dtype: float64
```

对轴进行重命名，输入的代码如下：

```
(df
    .groupby(['Score', 'Date'])
    [['Age', 'Weight']]
    .agg(['size', 'min', 'max'])
    .rename_axis([None, None], axis = 0)    #重命名的行轴名称为 None
    .rename_axis([None, None], axis = 1)    #重命名的列轴名称为 None
)
```

输出的结果如下，行轴与列轴的名称已经为 None type，即没有了：

```
               Age            Weight
               size min max   size   min    max
A 2020/12/12      2  32  76      2  56.0   85.0
  2020/12/15      1  65  65      1  69.0   69.0
B 2020/12/13      1  55  55      1  72.0   72.0
  2020/12/14      2  78  93      2  59.0   65.0
C 2020/12/13      1  87  87      1   NaN    NaN
```

3. 字典

1）普通函数

对 Age 求和、求平均、求个数，对 Weight 求平均、求方差。此类复杂应用场景，可用字典方式，代码如下：

```
(df
    .groupby(['Score', 'Date'])
    .agg({'Age':['sum', 'mean', 'size'],
          'Weight':['mean', 'var']})
)
```

输出的结果如下：

```
                    Age              Weight
                    sum  mean size   mean    var
Score Date
A     2020/12/12   108  54.0    2   70.5  420.5
      2020/12/15    65  65.0    1   69.0    NaN
B     2020/12/13    55  55.0    1   72.0    NaN
      2020/12/14   171  85.5    2   62.0   18.0
C     2020/12/13    87  87.0    1    NaN    NaN
```

如果需将上面的多层索引扁平化，呈现效果如 Age-sum、Age-mean、Age-size、Weight-mean、Weight-var，则可尝试采用自定义函数与 pipe 管道的调用方式。步骤分解说明如下：

```
a = (df
    .groupby(['Score', 'Date'])
    .agg({'Age':['sum', 'mean', 'size'],
          'Weight':['mean', 'var']})
)  #返回的值为 DataFrame
a.columns.to_flat_index()
```

输出的结果如下：

```
Index([    ('Age', 'sum'),     ('Age', 'mean'),     ('Age', 'size'),
        ('Weight', 'mean'),  ('Weight', 'var')],
      dtype = 'object')
```

采用列表循环方式，将元组内的字符串用“-”进行拼接，代码如下：

```
['_'.join(x) for x in a.columns.to_flat_index()]
```

输出的结果如下：

```
['Age_sum', 'Age_mean', 'Age_size', 'Weight_mean', 'Weight_var']
```

采用 DataFrame 构建方式，将转换后的列名重新套入 DataFrame，代码如下：

```
pd.DataFrame(index = a.index,
             data = a.values,
             columns = ['_'.join(x) for x in a.columns.to_flat_index()])
```

输出的结果如下：

```
Score Date          Age_sum   Age_mean   Age_size   Weight_mean  Weight_var
A     2020-12-12    108.0     54.0       2.0        70.5         420.5
      2020-12-15     65.0     65.0       1.0        69.0          NaN
B     2020-12-13     55.0     55.0       1.0        72.0          NaN
      2020-12-14    171.0     85.5       2.0        62.0         18.0
C     2020-12-13     87.0     87.0       1.0         NaN          NaN
```

或者，可以采用列属性的重新赋值方式，代码如下：

```
a.columns = ['_'.join(x) for x in a.columns.to_flat_index()]
a
```

输出的结果同上面的 DataFrame 构建方式。

2）pipe 管道应用

先定义一个自定义函数，实现分组后的列名扁平化，然后利用 pipe 在链式中调用函数。完整代码如下：

```
def CC(df):
    df.columns = ['_'.join(x) for x in df.columns.to_flat_index()]
    return df

df_ = (df
    .groupby(['Date', 'Score'])
    .agg({'Age':['sum', 'mean', 'size'],
          'Weight':['mean', 'var']})
    .pipe(CC)
)

df_
```

输出的结果如下：

```
      Date      Score  Age_sum  Age_mean  Age_size  Weight_mean  Weight_var
2020-12-12       A       108      54.0       2         70.5        420.5
2020-12-13       B        55      55.0       1         72.0          NaN
                 C        87      87.0       1          NaN          NaN
2020-12-14       B       171      85.5       2         62.0         18.0
2020-12-15       A        65      65.0       1         69.0          NaN
```

更多有关 pipe 用法，参见 8.3.4 节。

4. pd.NamedAgg

语法如下：

agg(命名 1=pd.NamedAgg('列名','内置函数'),命名 2=pd.NamedAgg('列名','内置函数'),...)

如果对分组对象默认的列名不满意，则可以对其重新命名，代码如下：

```
(df
    .groupby(['Score', 'Date'])
    .agg(质量和 = pd.NamedAgg('Weight', 'sum'),
         平均质量 = pd.NamedAgg('Weight','mean'),
         质量数 = pd.NamedAgg('Weight', 'size'),
         平均年龄 = pd.NamedAgg('Age', 'mean'),
         年龄方差 = pd.NamedAgg(column = 'Age', aggfunc = 'var'))
)
```

输出的结果如下：

```
Score     Date      质量和   平均质量   质量数   平均年龄   年龄方差
  A    2020/12/12   141.0     70.5       2        54.0      968.0
       2020/12/15    69.0     69.0       1        65.0        NaN
  B    2020/12/13    72.0     72.0       1        55.0        NaN
       2020/12/14   124.0     62.0       2        85.5      112.5
  C    2020/12/13     0.0      NaN       1        87.0        NaN
```

对分组字段设置 as_index 后再重新命名也是允许的，代码如下：

```
(df
    .groupby(['Score', 'Date'],as_index = False) #
    .agg(质量和 = pd.NamedAgg('Weight', 'sum'),
         平均质量 = pd.NamedAgg('Weight','mean'),
         质量数 = pd.NamedAgg('Weight', 'size'),
         平均年龄 = pd.NamedAgg('Age', 'mean'),
         年龄方差 = pd.NamedAgg(column = 'Age', aggfunc = 'var'))
)
```

输出的结果如下：

	质量和	平均质量	质量数	平均年龄	年龄方差
0	141.0	70.5	2	54.0	968.0
1	69.0	69.0	1	65.0	NaN
2	72.0	72.0	1	55.0	NaN
3	124.0	62.0	2	85.5	112.5
4	0.0	NaN	1	87.0	NaN

5. 自定义函数

以对成员属性的计算为例。对于成员属性：连续型变量常用 between，字符型变量常用 isin。以下代码是以连续型变量为例：

```
def HH(s):
    return (s.between(40, 90).mean())

df.groupby(['Score', 'Date'])['Age'] .agg(HH).round(1)
```

输出的结果如下：

```
Score  Date
A      2020/12/12    0.5
       2020/12/15    1.0
B      2020/12/13    1.0
       2020/12/14    0.5
C      2020/12/13    1.0
Name: Age, dtype: float64
```

对分组对象中自定义函数的调用，代码如下：

```
def LL(s, m, n):
    return s.between(m, n).mean()

df.groupby(['Score', 'Date'])['Age'].agg(LL, 20, 60).round(1)
```

输出的结果如下：

```
Name  City
Jim   Guangzhou    0
      Shenzhen     1
Joe   Beijing      0
Kim   Shanghai     1
      Xiamen       0
Sam   Suzhou       0
Name: Age, dtype: int64
```

9.2.3　map

map 是 Python 的内置函数，用于对指定的序列进行映射，代码如下：

```
df = pd.read_excel('demo_.xlsx')
zd = df.groupby('Score')['Age'].mean().to_dict()
df['sAvg年'] = df['Score'].map(zd).round(2)
df
```

输出的结果如下：

```
        Date    Name      City    Age  WorkYears  Weight   BMI   Score  sAvg年
0  2020/12/12   Joe     Beijing   76       35      56.0   18.86    A     57.67
1  2020/12/12   Kim    Shanghai   32       12      85.0   21.27    A     57.67
2  2020/12/13   Jim    Shenzhen   55       23      72.0   20.89    B     75.33
3  2020/12/13   Tom       NaN     87       33       NaN   21.22    C     87.00
4  2020/12/14   Jim   Guangzhou   93       42      59.0   20.89    B     75.33
5  2020/12/14   Kim     Xiamen    78       36      65.0     NaN    B     75.33
6  2020/12/15   Sam     Suzhou    65       32      69.0   22.89    A     57.67
```

9.2.4　apply

apply 内可实现函数的调用。所调用的函数有 Python 内置函数、NumPy 通用函数、Pandas 内置函数、匿名函数及自定义函数等。

1. 匿名函数的应用

获取分组数据中 Age 的均值减 Weight 的均值后的值，代码如下：

```
df = pd.read_excel('demo_.xlsx')
gb = df.groupby('Score')
gb.apply(lambda x: x['Age'].mean() - x['Weight'].mean())
```

输出的结果如下：

```
Score
A   -12.333333
B    10.000000
C          NaN
dtype: float64
```

对指定列的数据进行重命名，再去分组，代码如下：

```
a = {0:'A', 1:'B'}                            #指定映射内容
(df[['Score', 'Date']]                        #列索引
  .apply(lambda x:                            #调用匿名函数
         x.sort_values()                      #按 axis 的方向对数据进行排序
         .reset_index(drop = True),           #重新设置索引
         axis = 1)                            #索引为列方向
  .rename(columns = a)                        #依据字典映射,重命名列名称
  .groupby(['A', 'B'])                        #以 A 列、B 列作为分组的依据
  .size())                                    #size()聚合运算
```

输出的结果如下：

```
A           B
2020/12/12  A    2
2020/12/13  B    1
            C    1
2020/12/14  B    2
2020/12/15  A    1
dtype: int64
```

2. 自定义函数的应用

分组对象中自定义函数的应用,代码如下：

```
def MM(df):
    m = df['Age'] * df['BMI']
    return int(m.sum() / df['Age'].sum())
df.groupby('BMI').apply(MM)
```

输出的结果如下：

```
BMI
18.86    18
20.89    20
21.22    21
21.27    21
22.89    22
dtype: int64
```

继续举例分组对象中自定义函数的应用,代码如下：

```
#1.定义函数
def OO(df):
    A = df['Weight'] * df['BMI']
    B = df['Age'] / df['WorkYears']
    C = A.sum() / df['Age'].sum()
```

```
    D = B.sum() / df['BMI'].sum()
    E = {'健康 avg': C,
            '工龄 avg': D,
            'BMI 均值': df['BMI'].mean(),
            'Age 总计': df['Age'].sum(),
            '计数': len(df)}
    return pd.Series(E)
#2.调用函数
df.groupby('Score').apply(OO)
```

输出的结果如图 9-4 所示。

Score	健康avg	工龄avg	BMI均值	Age总计	计数
A	25.685087	0.109003	21.006667	173.0	3.0
B	12.108805	0.162093	20.890000	226.0	3.0
C	0.000000	0.124240	21.220000	87.0	1.0

图 9-4　自定义函数的应用

继续举例分组对象中自定义函数的应用,输入代码如下:

```
#1.定义函数
def 自定义(s):
    A = s.cumsum()
    return (s
        .diff()
        .where(lambda x: x < 0)
        .ffill()
        .add(A, fill_value = 0)
        .max())
#2.测试调用函数
(df
    .assign(工龄 = df['WorkYears'].lt(35).astype(int))
    .sort_values(['Name', 'Date', 'Age'])
    .groupby('Score')['工龄']
    .agg(['mean', 'size', 自定义]))
```

输出的结果如下:

```
Score     mean     size   自定义
  A     0.666667    3       2
  B     0.333333    3       1
  C     1.000000    1       1
```

9.2.5 transform

通常情况下，Pandas 中 apply()、agg()等方法用于聚合，有时也会用到 transform()或 filter()进行分组聚合。transform 返回的是完整数据转换后的值，代码如下：

```
df.groupby(['Score','Date']).transform(np.mean).rename(columns = {"Age": "年龄","Weight":
"体重"})
```

输出的结果如下：

```
Score      Date       年龄  WorkYears  体重   BMI
  A     2020/12/12    76     35.0     56.0  18.86
        2020/12/12    55     24.0     75.0  21.27
  B     2020/12/13    74     32.5     65.5  20.89
  C     2020/12/13    87     33.0      NaN  21.22
  B     2020/12/14    74     32.5     65.5  20.89
        2020/12/14    55     24.0     75.0  21.27
  A     2020/12/15    65     32.0     69.0  22.89
```

经 transform 转换后，输入和输出的数据结构是不变的，代码如下：

```
gbs.transform(lambda x: x/x.mean())
```

输出的结果如下：

```
0    1.317919
1    0.554913
2    0.730088
3    1.000000
4    1.234513
5    1.035398
6    1.127168
Name: Age, dtype: float64
```

9.2.6 filter

在前面的 3.1.4 节介绍过 filter 内 items、like、regex 这 3 种互为冲突的文本选择模式，用于处理不同的选择模式。以下是 filter 中函数的应用，用于数值筛选，代码如下：

```
gb = df.groupby('Score')
gb.filter(lambda x: x['Age'].mean()> 60)
```

输出的结果如下：

```
         Date      Name      City      Age  WorkYears  Weight   BMI    Score
2  2020/12/13   Jim    Shenzhen    55      23       72.0   20.89    B
3  2020/12/13   Tom       NaN      87      33        NaN   21.22    C
4  2020/12/14   Jim   Guangzhou    93      42       59.0   20.89    B
5  2020/12/14   Kim     Xiamen     78      36       65.0     NaN    B
```

熟悉微软 Power BI 及 Excel 中的 Power Pivot 的读者会发现，Pandas 中的 filter 与 DAX（数据分析表达式）中的 filter 应用的原理是一致的，可用于查询语句中的数据筛选，在计算表达式中用于数据的筛选。

9.3 透视表

用过 Excel 的读者都知道，微软 Excel 的透视表（Pivot Table）功能非常强大。可以这样说：在日常数据分析中，透视表是一个必不可少的工具。特别是在微软推出了 Power Pivot 之后，更让透视表功能如虎添翼，所向披靡。Pandas 一直被称为 Python 版的 Excel，自然透视表的功能也是必不可少的，透视表能够根据行和列上的分组键将数据分配及汇总到不同的矩形区域。

pivot_table 的语法格式如下：

pandas. pivot_table(data, values=None, index=None, columns=None, aggfunc='mean', fill_value=None, margins=False, dropna=True, margins_name='All', observed=False)

其中 values、index、columns、aggfunc 为 4 个最重要的参数，分别对应 Excel 透视表中的行、列、值和值字段设置。如图 9-5 所示，行标签放置于行字段的上方、列标签放置于列字段的左上方，是否需要行总计、列总计取决于需要（若不需要，则可设置为禁用），如图 9-5 所示。

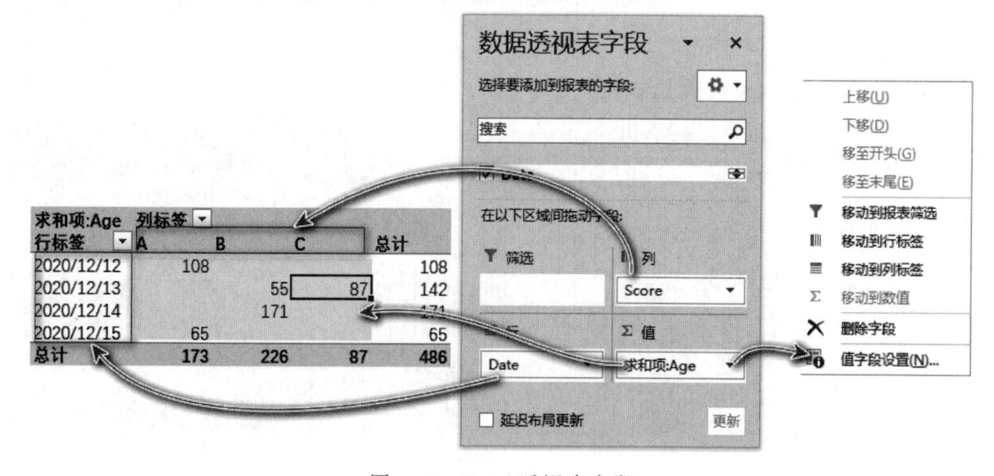

图 9-5 Excel 透视表字段

Pandas pivot_table 具体的参数用法如表 9-2 所示。

表 9-2 pivot_table 具体的参数用法

参　数	用法说明
data	数据源,即 Pandas 的 DataFrame 对象
values	用于聚合的字段,为 DataFrame 的列名
index	分组依据的行字段,为 DataFrame 的列名。可以是单值或多值(必须放在[]中)
columns	分组依据的列字段,为 DataFrame 的列名
aggfunc	数据聚合时所使用的函数,默认为 aggfunc='mean'
fill_value	对充值所填充的值
margins	是否显示合计列
dropna	是否删除缺失值
margins_name	合计列的列名
observed	布尔值,默认值为 False

先筛选再计算是透视表的基本工作原理。筛选 DataFrame 中'Kim'和'Jim'两人的数据,对其透视分析,代码如下:

```
df[df['Name'].isin(['Kim','Jim'])].pivot_table(index = 'Name')
#df.query('Name == ["Kim","Jim"]').pivot_table(index = 'Name')
```

以上两种写法的输出是相同的,偏向于采用 query()方法还是索引方式取决于使用者的习惯,输出的结果如下:

```
Name  Age   BMI   Weight  WorkYears
Jim   74   20.89   65.5     32.5
Kim   55   21.27   75.0     24.0
```

在默认情况下,透视表所统计的值为均值。

将行标签设置为 Score,代码如下:

```
df.pivot_table(index = 'Score')
```

输出的结果如下:

```
Score      Age        BMI      Weight    WorkYears
  A    57.666667  21.006667  70.000000  26.333333
  B    75.333333  20.890000  65.333333  33.666667
  C    87.000000  21.220000     NaN     33.000000
```

将行标签设置为 Score 和 Date,代码如下:

```
df.pivot_table(index = ['Score', 'Date'])
```

输出的结果如下：

```
Score     Date        Age    BMI     Weight  WorkYears
  A    2020/12/12  54.0  20.065   70.5     23.5
       2020/12/15  65.0  22.890   69.0     32.0
  B    2020/12/13  55.0  20.890   72.0     23.0
       2020/12/14  85.5  20.890   62.0     39.0
  C    2020/12/13  87.0  21.220    NaN     33.0
```

以下代码准备对透视表 unstack。由于显示的列有 16 列(4 * 4)，为了显示的直观性，以下代码会对显示的列进行限制，未能显示的部分将会以"..."显示，代码如下：

```
pd.set_option('max_columns', 8, 'max_rows', 8, 'max_colwidth', 10)
df.pivot_table(index = ['Score', 'Date']).unstack( - 1)
```

输出的结果如图 9-6 所示。

	Age				...	WorkYears			
Date	2020/12/12	2020/12/13	2020/12/14	2020/12/15	...	2020/12/12	2020/12/13	2020/12/14	2020/12/15
Score									
A	54.0	NaN	NaN	65.0	...	23.5	NaN	NaN	32.0
B	NaN	55.0	85.5	NaN	...	NaN	23.0	39.0	NaN
C	NaN	87.0	NaN	NaN	...	NaN	33.0	NaN	NaN

图 9-6 透视表中的 unstack 应用

假如数据中存在空值，在透视的过程中先对其填充。以存在空值的 BMI 列为例，代码如下：

```
df.pivot_table(
    index = 'Date',                #行标签字段
    columns = 'Score',             #列标签字段
    values = 'BMI',                #值区域字段
   aggfunc = 'sum'                 #'sum'可用 np.sum、sum 替换，效果相同
   ).fillna(0).round(2)            #填充 nan 值为 0，透视值保留 2 位小数
```

输出的结果如下：

```
  Score       A      B      C
  Date
2020/12/12  40.13  0.00  0.00
```

```
2020/12/13    0.00   20.89  21.22
2020/12/14    0.00   20.89   0.00
2020/12/15   22.89    0.00   0.00
```

设置行列标签、值字段及聚合方式，代码如下：

```
df.pivot_table(
    index = 'Date',               #行标签字段
    columns = 'Score',            #列标签字段
    values = 'BMI',               #值区域字段
aggfunc = ['sum',len],            #多种聚合方式
).fillna(0).round(2)              #填充 nan 值为 0,透视值保留 2 位小数
```

输出的结果如下：

```
               sum                  len
Score            A      B      C    A    B    C
Date
2020/12/12   40.13   0.00   0.00  2.0  0.0  0.0
2020/12/13    0.00  20.89  21.22  0.0  1.0  1.0
2020/12/14    0.00  20.89   0.00  0.0  2.0  0.0
2020/12/15   22.89   0.00   0.00  1.0  0.0  0.0
```

当然，对于同时存在多行、多列、多种聚合方式的情景也是允许的，但显示出来的表层次太多，不利于阅读与理解。

以下代码为透视表设置行、列汇总列，并将默认的列名 all 改为“总计”，代码如下：

```
df.pivot_table(
    index = 'Date',
    columns = 'Score',
    values = 'BMI',
    aggfunc = 'sum',
    margins = True,               #显示合计列
    margins_name = '总计'         #将合计列的列名由默认值 all 改为'总计'
).fillna(0).round(2)
```

输出的结果如下：

```
Score            A      B      C     总计
Date
2020/12/12   40.13   0.00   0.00   40.13
2020/12/13    0.00  20.89  21.22   42.11
2020/12/14    0.00  20.89   0.00   20.89
```

```
2020/12/15   22.89    0.00    0.00    22.89
总计              63.02   41.78   21.22   126.02
```

如果需要对透视表重设置索引行或重命名索引列，则可继续操作，代码如下：

```
(df.pivot_table(
    index = 'Date',
    columns = 'Score',
    values = 'BMI',
    aggfunc = 'sum',
    margins = True,
    margins_name = '总计'
).fillna(0).round(2)
.reset_index()                              #重设索引行
.rename_axis(None, axis = 'columns'))       #重命名索引列
```

输出的结果如下：

```
        Date         A        B        C       总计
0  2020/12/12   40.13    0.00    0.00    40.13
1  2020/12/13    0.00   20.89   21.22    42.11
2  2020/12/14    0.00   20.89    0.00    20.89
3  2020/12/15   22.89    0.00    0.00    22.89
4          总计   63.02   41.78   21.22   126.02
```

9.4 进阶应用

9.4.1 assign

先将 df['Score']的数据类型转换为'category'，然后以 DataFrame 中的'Score'和'Date'为分组依据，最后对'Weight'和'Age'进行聚合操作，代码如下：

```
df.assign(Score = df.Score.astype('category'))\
.groupby(['Score', 'Date'], observed = True)\
.agg({'Weight':['sum', 'mean', 'size'],'Age':['mean', 'var']})
```

输出的结果如下：

```
                 Weight              Age
                    sum  mean size  mean    var
Score Date
A     2020/12/12  141.0  70.5    2  54.0  968.0
      2020/12/15   69.0  69.0    1  65.0    NaN
```

```
B     2020/12/13   72.0  72.0     1  55.0     NaN
      2020/12/14  124.0  62.0     2  85.5   112.5
C     2020/12/13    0.0   NaN     1  87.0     NaN
```

在新建的列中调用自定义函数，代码如下：

```
def QQ(s):
    return ((s - s.iloc[0]) / s.iloc[0]) * 100
df.assign(新列 = (df.groupby(['Score', 'Date'])['Age'].transform(QQ)\
.round(1))).query('Score == "A" and Name in ["Kim", "Jim"]')
```

输出的结果如图 9-7 所示。

	Date	Name	City	Age	WorkYears	Weight	BMI	Score	新列
1	2020/12/12	Kim	Shanghai	32	12	85.0	21.27	A	-57.9

图 9-7 分组对象中自定义函数及筛选的应用

继续举例 assign 新建列，代码如下：

```
(df
    .assign(percent_loss = (df
        .groupby(['Name', 'Score'])
        ['Weight']
        .transform(pl)
        .round(1)))
    .query('Score == "A"')
)
```

输出的结果如图 9-8 所示。

	Date	Name	City	Age	WorkYears	Weight	BMI	Score	percent_loss
0	2020/12/12	Joe	Beijing	76	35	56.0	18.86	A	0.0
1	2020/12/12	Kim	Shanghai	32	12	85.0	21.27	A	0.0
6	2020/12/15	Sam	Suzhou	65	32	69.0	22.89	A	0.0

图 9-8 分组对象中新建列并筛选

9.4.2 pipe 管道

在 Pandas 中，可用 pipe 方法实现链式写法以提升代码的可读性，代码如下：

```
def RR(df):
    df.columns = ['_'.join(x) for x in df.columns.to_flat_index()]
    return df
df.groupby(['Score', 'Date']).agg({'Weight':['sum', 'mean', 'size'],'BMI':['mean', 'var']}).pipe(RR)
```

输出的结果如图 9-9 所示。

Name	City	Weight_sum	Weight_mean	Weight_size	BMI_mean	BMI_var
Jim	Guangzhou	59.0	59.0	1	20.89	NaN
	Shenzhen	72.0	72.0	1	20.89	NaN
Joe	Beijing	56.0	56.0	1	18.86	NaN
Kim	Shanghai	85.0	85.0	1	21.27	NaN
	Xiamen	65.0	65.0	1	NaN	NaN
Sam	Suzhou	69.0	69.0	1	22.89	NaN

图 9-9 分组对象的 pipe 应用

继续 pipe 链式写法举例,代码如下:

```
#1
def AA(df):
    df.columns = ['_'.join(x) for x in df.columns.to_flat_index()]
    return df
#2
(df
    .groupby(['Name', 'City'])
    .agg({'Weight':['sum', 'mean', 'size'],
          'BMI':['mean', 'var']})
    .pipe(AA)
)
```

输出的结果如图 9-10 所示。

Name	City	Weight_sum	Weight_mean	Weight_size	BMI_mean	BMI_var
Jim	Guangzhou	59.0	59.0	1	20.89	NaN
	Shenzhen	72.0	72.0	1	20.89	NaN
Joe	Beijing	56.0	56.0	1	18.86	NaN
Kim	Shanghai	85.0	85.0	1	21.27	NaN
	Xiamen	65.0	65.0	1	NaN	NaN
Sam	Suzhou	69.0	69.0	1	22.89	NaN

图 9-10 分组对象的 pipe 应用

9.5 批量保存分组对象

以下代码援引自 9.1.1 节,本节内容是 9.1.1 节内容的扩展,代码如下:

```
df = pd.read_excel('demo_.xlsx')
df.groupby('Score')  #依据 Score 进行分组列名
```

输出的结果如下：

```
<pandas.core.groupby.generic.DataFrameGroupBy object at 0x0000021A2B5F6940>
```

如果需要查看 DataFrameGroupBy 里面的内容，则可以通过循环的方式获取分组后数据的 Name 和 Group。Name 来自分组字段，Group 为分组后的各 DataFrame，代码如下：

```
for n, g in df.groupby('Score'):
    print(n)          #n为groupby的分组依据字段'Score'
    print(g)          #g为依据字段输出的结果
```

输出的结果如下：

```
A      Date     Name    City    Age  WorkYears  Weight   BMI   Score
0  2020/12/12  Joe   Beijing    76     35        56.0   18.86    A
1  2020/12/12  Kim   Shanghai   32     12        85.0   21.27    A
6  2020/12/15  Sam   Suzhou     65     32        69.0   22.89    A
B      Date     Name    City     Age  WorkYears  Weight   BMI   Score
2  2020/12/13  Jim   Shenzhen    55     23        72.0   20.89    B
4  2020/12/14  Jim   Guangzhou   93     42        59.0   20.89    B
5  2020/12/14  Kim   Xiamen      78     36        65.0    NaN     B
C      Date     Name  City  Age  WorkYears  Weight   BMI   Score
3  2020/12/13  Tom   NaN    87     33        NaN    21.22    C
```

如果分组的依据是两个字段，则代码如下：

```
for (m,n), g in df.groupby(['Score', 'Name']):
    print(m,n)          #m和n为groupby的分组依据字段['Score', 'Date']
    print(g)            #g为依据字段输出的结果
```

输出的结果如下：

```
A Joe
         Date   Name   City     Age   WorkYears Weight  BMI   Score
0  2020/12/12  Joe   Beijing    76        35     56.0  18.86    A
A Kim
         Date   Name   City     Age   WorkYears Weight  BMI   Score
1  2020/12/12  Kim   Shanghai   32        12     85.0  21.27    A
A Sam
         Date   Name   City     Age   WorkYears Weight  BMI   Score
6  2020/12/15  Sam   Suzhou     65        32     69.0  22.89    A
B Jim
         Date   Name   City     Age   WorkYears Weight  BMI   Score
```

```
2  2020/12/13  Jim  Shenzhen  55       23       72.0  20.89   B
4  2020/12/14  Jim  Guangzhou  93       42       59.0  20.89   B
B Kim
         Date  Name  City    Age    WorkYears Weight  BMI   Score
5  2020/12/14  Kim  Xiamen     78        36     65.0    NaN     B
C Tom
         Date  Name  City  Age    WorkYears Weight  BMI   Score
3  2020/12/13  Tom    NaN  87         33      NaN   21.22    C
```

接下来要讲解的是运用 to_excel()设置不同的批量储存方式。

9.5.1 保存为同一文件夹内的多个工作簿

以下各操作可以理解为 concat 等合并方法的逆操作。这二者结合应用简直就是珠联璧合，通过高效的自动化办公而极大地减少了人工操作的必要性。

在 Pandas 中自动拆分并存储电子表格的功能非常强大且适合的场景相当丰富，以下仅简单举例 3 种较为常用的应用场景以供参考。

依据分组字段，将某一电子表格拆分为 n 个 Excel 工作簿，代码如下：

```
df = pd.read_excel('demo_.xlsx')
for n, g in df.groupby('Score'):
    g.to_excel(n + '.xlsx', index = False) #拆分后的表与数据源存放于同一文件夹内
```

输出的结果如图 9-11 所示。

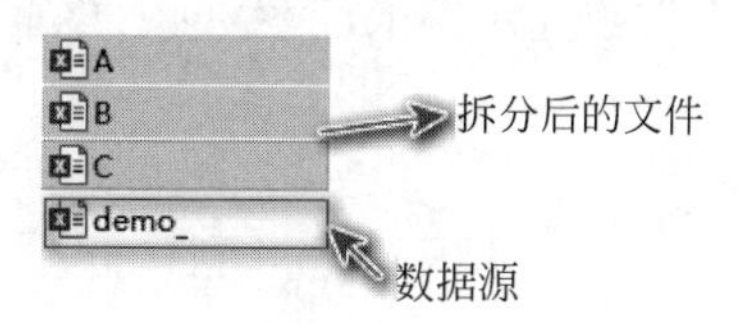

图 9-11 拆分到多个工作簿

在实际应用过程中，如果需要保存到其他存储地址，则需输入完整地址，或导入 Python 的内置 os 模块对地址进行有效管理。

9.5.2 保存为同一工作簿中的多个工作表

将某一 Excel 工作簿拆分为多个工作表，代码如下：

```
df = pd.read_excel('demo_.xlsx')
ws = pd.ExcelWriter('demA.xlsx')
for n, g in df.groupby('Score'):          #实际拆分的 df 经常为清洗加工后的数据
    g.to_excel(ws,n,index = False)        #ws 为要存储到的文件,n 为各 sheet 名
ws.save()                                 #此步骤必不可少
```

输出的结果如图 9-12 所示。

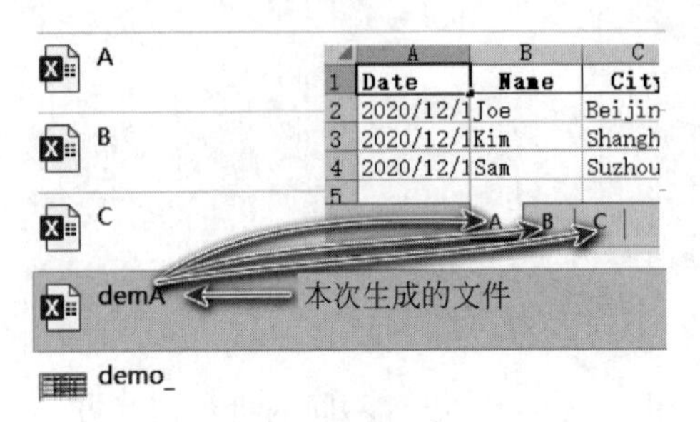

图 9-12 拆分到多个工作表

9.5.3 保存为多个工作簿中的多个工作表

代码如下：

```
df = pd.read_excel('demo_.xlsx')
for n, g in df.groupby('Score'):
    ws = pd.ExcelWriter(n + '.xlsx')
    for d,k in g.groupby('Name'):
        k.to_excel(ws,d,index = False)
        ws.save()
```

输出的结果为生成了 A. xlsx（内有 Joe、Kim、Sam 共 3 个 sheets）、B. xlsx（内有 Jim、Kim、两个 sheets）、C. xlsx（内有 Tom 一个 sheet），共 3 个工作簿，工作簿里共有 6 个 sheets。相关输出内容可见 9.5 节 df. groupby(['Score','Name'])的输出。

9.6 本章回顾

与 SQL 中的 groupby 及 Power Query 中的 Table. Group 一样，Pandas 中的 groupby 的功能也十分强大且灵活。只要思路正确且运用得当，它们所呈现的结果经常会超出读者事先的预期，是一个很值得多花时间去研究的主题。

df. groupby()可以简单总结为 Split、Apply、Combine。Split 先将数据按一个属性分组（得到 DataFrameGroupby/SeriesGroupby）；Apply 对每一组数据进行操作（取平均、中值、方差、自定义函数）；Combine 将操作后的结果结合起来（得到一个 DataFrame 或 Series、可视化图像）。

本章系统性地介绍了 Pandas 中 SAC(Split、Apply、Combine)的实现过程及原理。

在 Split(拆分)阶段，侧重的是对象分组依据的设置，方式十分灵活，可以是单列、多列、字典、匿名函数等。在 Apply(应用)阶段，侧重的是分组后的对象对 Python 内置函数、各 Python 数据分析的第三方库的内置函数、各 Python 自定义函数或匿名函数的调用或转换。在 Combine(合并)阶段，侧重的是把各分组、应用后的各对象重新合并成一个新的对象。

第 10 章

时间序列

10.1 Excel 时间函数

鉴于 Excel 的广泛使用及其时间函数的丰富性,并且日常所获取的数据较多来源于 Excel,本章将对比 Excel 时间函数来讲解 Python 及 Pandas 中的各类日期时间函数。

以 Windows 操作系统为例,单击右下角的时间或日期,便可进入系统日历框,如图 10-1 所示。

图 10-1 当前系统时间

在日常工作中,Excel 中常用的函数包括 year、month、day、minute、second、weekday、weeknum 等。本节以图 10-1 为依据进行相关时间操作,函数如图 10-2 所示。

在以上时间函数中,有的用于获取静态日期,例如 date(2021,5,6)所构造的就是一个静态的时间;有的用于获取动态日期,例如 now()所构建的则是一个动态的日期时间,today()所构建的则是一个动态的日期。

继续以 now()函数为例,以下是 now()函数在 Excel 单元格中的不同输出形式及对应的格式说明,如表 10-1 所示。

说明	时间信息	对应Excel函数
现在时间是:	2020/12/12 9:56:09	now()
今天日期是:	2020/12/12	today()
构建日期:	2020/12/12	date(year,month,day)
当前系统时间:	9:56:09	time(hour,minuter,second)
年:	2020	year(serial_number)
月:	12	month(serial_number)
日:	12	day(serial_number)
时:	9	hour(serial_number)
分:	56	minute(serial_number)
秒:	9	second(serial_number)
今天日期几:	6	weekday(serial_number,[return_type])
本年第几周:	50	weeknum(serial_number,[return_type])

图 10-2 Excel 中常用的日期时间函数

表 10-1 单元格的格式设置

函数	结果呈现(举例)	单元格的格式类型	说明
now()	44324.45833	G/通用格式	浮点数
	2021/5/8 10:59	yyyy/m/d h:mm	日期时间
	2021/5/8	yyyy/m/d	日期
	5/8/21	m/d/yy	月份排前
	8-5-21	d-m-yy	日期排前
	10:59:59	h:mm:ss	时间
	10:59 AM	h:mm AM/PM	12h 每天
	2021 年 5 月 8 日	yyyy"年"m"月"d"日"	Python 不支持中文显示
	2021/5/8 10:59 AM	yyyy/m/d h:mm AM/PM	
	上午 10 时 59 分	上午/下午 h"时"mm"分"	

更多有关 Excel 中的日期时间设置，可通过单击所在单元格并右击，选择“设置单元格格式”，在“设置单元格格式”对话框的“数字”选项卡中，选择“日期”“时间”或“自定义”字段，相关设置界面如图 10-3 所示。

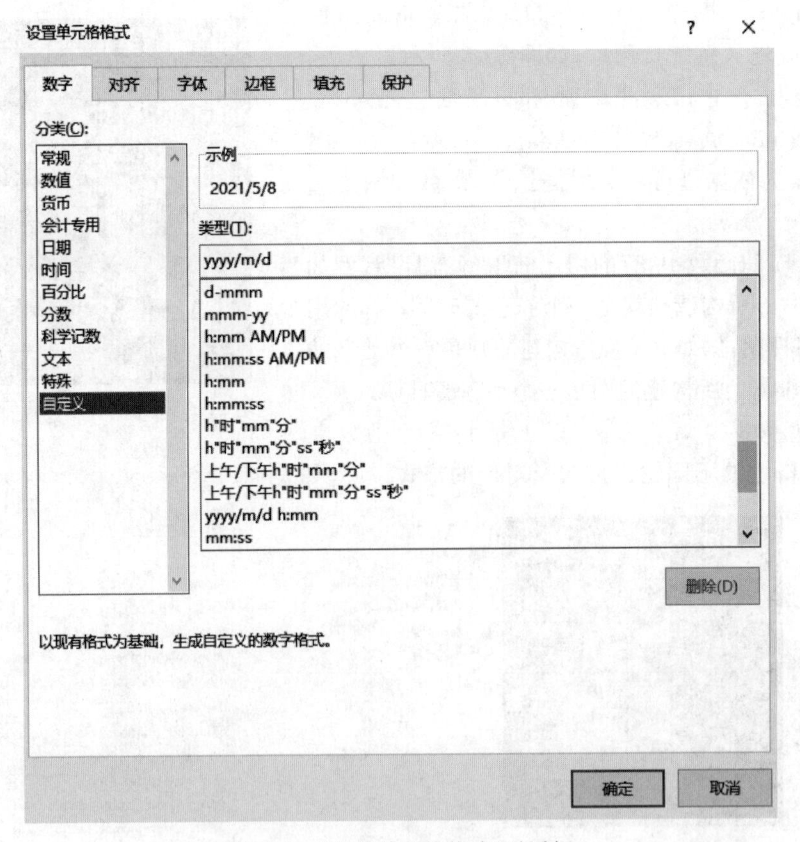

图 10-3 “设置单元格格式”对话框

通过查看“设置单元格格式”对话框，在使用过程中可以依据需求选择或自定义日期时间格式，从而具备高度的灵活性。同时，由于Excel操作的过度灵活性，也增加了数据整合的难度。例如，使用过程中将日期格式设置为yyyy.m.d或d"。"m.yy等格式。输出的结果为2021.5.8及8。5.21。

10.2 datetime模块

datetime模块是Python自带模块，提供了以下几个处理日期和时间的类，如表10-2所示。

表10-2 datetime模块中定义的类

类 名 称	描 述
datetime. date	表示日期，常用的属性有year、month和day
datetime. time	表示时间，常用属性有hour、minute、second、microsecond
datetime. datetime	表示日期时间
datetime. timedelta	表示两个日期时间之间的时间间隔
datetime. tzinfo	时区相关信息对象的抽象基类
datetime. timezone	实现tzinfo抽象基类的类，表示与UTC的固定偏移量

由于datetime模块是Python自带模块，所以使用前只需import datetime而不需要事先pip install datetime。例如需查看今天的日期信息，代码如下：

```
import datetime
datetime.date.today()
```

输出的结果如下：

```
datetime.date(2020,12,13)
```

10.2.1 date类

1. date对象的构成

date对象由year(年份)、month(月份)及day(日期)三部分构成，它与Excel中的date(year,month,day)函数的构建及用法一致，代码如下：

```
import datetime
datetime.date(2020,12,13)
```

输出的结果如下：

```
datetime.date(2020, 12, 13)
```

获取当天的日期的代码如下：

```
datetime.date.today()    #类似 Excel 的 today()函数
```

datetime.date 类中常用的属性有 year、month 和 day，代码及结果如下：

```
a = datetime.date(2020,12,13)
a.year          #等价于 a.__getattribute__('year')          => 2020
a.month         #等价于 a.__getattribute__('month') => 12
a.day           #等价于 a.__getattribute__('daday') => 13
```

注意：year、month 等属性对大小写敏感，书写中存在大写时会报错。

两个日期之间可以做比较(>、>=、=、<、=<)及相减操作(注意：加法、乘法、除法操作是不允许的)。减法运算的代码如下：

```
a = datetime.date(2020,12,13)
b = datetime.date(2020,12,12)
a - b
a.__sub__(b)
```

以上减法运算的结果是相同的，代码如下：

```
datetime.timedelta(days = 1)
```

在第 3 章介绍过 6 个比较运算符，可用于 Series 及 DataFrame 之间的比较运算。在 datetime 中，这 6 个比较运算符也可以进行类似操作，相关异同点比较说明如表 10-3 所示。

表 10-3 用于比较运算的方法

运算符	DataFrame 方法	datetime 方法	英文全称	中文含义
<	.lt()	__lt__()	less then	小于
>	.gt()	__gt__()	greater than	大于
<=	.le()	__le__()	less than or equal to	小于或等于
>=	.ge()	__ge__()	greater than or equal to	大于或等于
==	.eq()	__eq__()	equal to	等于
!=	.ne()	__ne__()	not equal to	不等于

两个日期间的比较，代码举例如下：

```
a > b
a.__gt__(b)
```

输出的结果为 True。继续比较如下：

```
a.__ne__(b)
a.__ge__(b)
```

这两个比较的结果也为 True。

2. date 的格式化输出

在实际数据分析过程中，会遇到将文本型日期转换为日期数据的情形，也会遇到将日期数据转换为文本型格式的情形。在 Python 中，将日期转换为文本应用最多的是 strftime()方法。strftime = str(string 的简写)+f(format 的简写)+time，代码如下：

```
a.strftime("%Y.%m.%d")
a.strftime("%Y-%m-%d")
a.strftime("%Y/%m/%d")
a.strftime("%Y.%m.%d")
```

这 3 行代码分别输出的结果如下：

```
'2020.12.13'
'2020-12-13'
'2020/12/13'
'2020.12.13'
```

通过上面的这 4 个输出可以发现，其应用原理类似于图 10-3 中的 Excel 中的日期时间的自定义格式的应用。

Python 中 datetime 常见的格式说明如表 10-4 所示。

表 10-4　datetime 常见的格式说明

类　型	格式说明
%F	%Y-%m-%d 的简写，解析到纳秒
%D	%m%d%y 的简写
%Y	四位的年份
%y	两位的年份
%m	两位的月份
%d	两位的日期
%H	24h 制的小时
%I	12h 制的小时
%M	两位的分钟
%S	秒
%w	星期几(星期天为 0)
%W	一年中第几周(星期一为每周的第一天)
%U	一年中第几周(星期天为每周的第一天)
%z	以+HHMM 或-HHMM 的 UTC 时区偏移，如果没有时区，则为空

10.2.2 time 类

1. time 对象的构成

time(hour,minute,second,microsecond,…)为 time 对象的语法格式。hour、minute、second、microsecond 为 time 对象的常用属性。

构建一个 time,代码如下:

```
datetime.time(20,26,38,639)
```

输出的结果如下:

```
datetime.time(20,26,38,639)
```

以下是对 datetime.time 的 4 个常用属性的用法举例,代码如下:

```
a = datetime.time(20, 26, 38, 639)
a.hour                  #等价于 a.__getattribute__('hour')
a.minute                #等价于 a.__getattribute__('minute')
a.second                #等价于 a.__getattribute__('second')
a.microsecond           #等价于 a.__getattribute__('microsecond')
```

逐行运行代码,输出的结果如下:

```
20
26
38
639
```

同理,以上"时、分、秒"属性也可以采用__getattribute__()方法获取。再者,时间之间也可以进行大小比较及减法运算。具体用法见 10.2.1 小节。

2. time 的格式化输出

在 Python 中,将时间转换为文本应用最多的仍是 strftime()方法,代码如下:

```
a = datetime.time(20, 26, 38, 639)
a.strftime('%H:%M:%S')
```

输出的结果如下:

```
'20:26:38'
```

更多应用可参见图 10-3 中的 Excel 中的日期时间的自定义格式的应用。

3. time 的常用函数

time 的常用函数如表 10-5 所示。

表 10-5 time 的常用函数

函 数	函数说明
time. time()	返回从 1970-01-01 00:00:00 到当前时刻的秒数
time. ctime()	将时间戳转换为日期时间字符串
time. localtime()	将时间戳转换为本地时区
time. gmtime()	将时间戳转换为零时区
time. sleep()	暂停程序时间的秒数
time. strftime()	转换为日期时间字符串
time. strptime()	将字符串日期时间转换为时间

10.2.3 datetime 类

datetime 可理解为 date 与 time 的结合体，例如：2020/12/13 10:59。datetime(year，month，day，hour，minute，second，microsecond，…）为 datetime 对象的语法格式。查看 datetime 信息主要用 date()和 time()两种方法，拼接 date()和 time()为 datetime 可用 combine。

逐行运行以下代码：

```
a = datetime.datetime(2020,12,13,10,59,32)    #datetime(%Y, %m, %d, %H, %M, %S)
a.date()
a.time()
```

输出的结果如下：

```
datetime.date(2020,12,13)
datetime.time(10,59,32)
```

可用 combine 对于 date 与 time 拼接，生成 datetime 对象，代码如下：

```
datetime.datetime.combine(a.date(),a.time())
```

输出的结果如下：

```
datetime.datetime(2020,12,13,10,59,32)
```

获取当天的日期时间及现在的日期时间，代码如下：

```
datetime.datetime.today()
datetime.datetime.now()          #类似于 Excel 中的 now()函数
```

10.2.4 timedelta 类

timedelta 表示两个日期时间之间的时间间隔，主要用 days、seconds、microseconds 等几个属性。

其语法格式为 timedelta(days=0,seconds=0,microseconds=0,milliseconds=0,minutes=0,hours=0,weeks=0)。

现有以下 date、time、datetime 数据，代码如下：

```
a = datetime.date(2020,12,13)
b = datetime.datetime(2020,12,13,10,59,32)
```

执行 timedelta 操作，对 date 类的相关操作，代码如下：

```
a + datetime.timedelta(days = 3)
a - datetime.timedelta(days = 1)
```

输出的结果如下：

```
datetime.date(2020, 12, 16)
datetime.date(2020, 12, 12)
```

执行 timedelta 操作，对 datetime 类的相关操作，代码如下：

```
b + datetime.timedelta(hours = 23)
b - datetime.timedelta(seconds = 64000)
```

输出的结果如下：

```
datetime.datetime(2020, 12, 14, 9, 59, 32)
datetime.datetime(2020, 12, 12, 17, 12, 52)
```

10.3 时间点

Pandas 继承了 NumPy 库和 datetime 库的时间相关模块，提供了 Timestamp、Period、Timedelta、DatetimeIndex、PeriodIndex、TimedeltaIndex 这 6 种时间相关的类，使其能更高效地处理时间序列数据。

这 6 个类中，Timestamp 是 Pandas 中最基础的，也是最常用的时间序列类型，它是以时间戳为索引的 Series。当创建一个带有 DatetimeIndex 的 Series 时，Pandas 就会知道对象是一个时间序列,用 NumPy 的 datetime64 数据以纳秒形式存储时间。

Pandas 中这 6 个时间序列类型的数据结构与数据类型的对照如表 10-6 所示。

表 10-6 Pandas 时间序列数据结构

时间序列	标量类	索引	创建方法	数据类型
时间点	Timestamp	DatetimeIndex	to_datetime、date_range	datetime64[ns], datetime64[ns,tz]
时间段	Period	PeriodIndex	Period、Period_range	period[freq]
持续时间	Timedelta	TimedeltaIndex	to_timedelta、timedelta_range	Timedelta64[ns]

在 Python 及 Pandas 中,时间戳(Timestamp)是自 1970 年 1 月 1 日(00:00:00 GMT,UTC/GMT 的午夜)以来的秒数,它也被称为 UNIX 时间戳(UNIX epoch,UNIX time 或 UNIX timestamp 或 POSIX time)。它的 0 为 1970-01-01T00:00:00Z 这个时间点。GMT 为格林尼治标准时间。UTC 为协调世界时,即世界标准时间,是格林尼治所在地的标准时间。格林尼治时间比北京时间晚 8h,北京时间为 UTC+8。tz 表示 time zone(时区)。这些基本概念在 pd. to_datetime 及 pd. Timestamp 等函数的参数中会经常遇到。

时间点所代表的是某一个具备时间时、分、秒的数据,例如 2020-12-13 00:00:00 就是一个时间点数据,时间点为 00:00:00。时间段所代表的是某一时间段的数据,例如 2020-12-13 这个日期数据代表的是一个时间段,它的时间点是由 2020-12-13 00:00:00~2020-12-13 23:59:59 构成。二者的数据类型是不一样的,前者是 datetime64[ns],后者是 period[D]。持续时间的数据类型是 datetime64[ns],偏移时间 DateOffset 的数据类型是 Object。

注意:Excel 中的 0 为 1900/1/0 0:00:00。

如表 10-6 所示,pd. to_datetime()及 pd. Timestamp()都可用于创建时间戳,实现时间相关的字符串转换为 Timestamp,代码如下:

```
pd.to_datetime('2020 - 12 - 13')
```

输出的结果如下:

```
Timestamp('2020 - 12 - 13 00:00:00')
```

接下来使用 pd. Timestamp()创建时间戳,代码如下:

```
pd.Timestamp('2020 - 12 - 13')
```

输出的结果如下:

```
Timestamp('2020 - 12 - 13 00:00:00')
```

10.3.1 pd.to_datetime

语法：pandas.to_datetime(arg,errors='raise',dayfirst=False,yearfirst=False,utc=None,format=None,exact=True,unit=None,infer_datetime_format=False,origin='UNIX',cache=True)。

参数：pd.to_datetime 的参数说明如表 10-7 所示。

表 10-7 pd.to_datetime 的参数说明

参　数	参数说明
arg	要转换为日期时间的对象，可为 int、float、str、datetime、list、tuple、1-d array、Series、DataFrame/dict-like 等
errors	有 ignore、raise、coerce 共 3 种对错误的处理方式，默认值为 raise
dayfirst	布尔值，默认值为 False
yearfirst	布尔值，默认值为 False
utc	布尔值，默认值为 None，如果值为 True，则返回 UTC DatetimeIndex
format	字符型，解析时间的 strftime。默认值为 None
exact	默认值为 False，允许格式匹配目标字符串中的任何位置。如果值为 True，则需要精确的格式匹配
unit	字符型，默认值为 ns
infer_datetime_format	布尔值，默认值为 False
origin	标量值，默认值为 UNIX，原点设置为 1970-01-01
cache	布尔值，默认值为 True

以下是 pd.to_datetime 的几个主要参数的示例说明。

1. arg 要转换为日期时间的对象

对象为日期型字符串，代码如下：

```
pd.to_datetime('2020-12-12')
```

当只有一个字符串时间进行转换时，得到的是一个 Timestamp，输出的结果如下：

```
Timestamp('2020-12-12 00:00:00')
```

对象为日期型字符串 list，代码如下：

```
pd.to_datetime(['12-12-2020', '13-12-20', '2020/12/14'])
```

运行代码，得到的是一个 DatetimeIndex，输出的结果如下：

```
DatetimeIndex(['2020-12-12', '2020-12-13', '2020-12-14'], dtype='datetime64[ns]',
freq=None)
```

对象为 Series 中的日期型字符串，代码如下：

```
s = pd.Series(['12-12-2020', '13-12-20', '2020/12/14'])
s
```

运行代码，输出的结果如下：

```
0     12-12-2020
1       13-12-20
2     2020/12/14
dtype: object
```

对象为 DataFrame 中的日期型字符串，代码如下：

```
df = pd.DataFrame({'Date':['12-12-2020', '13-12-20', '2020/12/14']})
df
```

运行代码，输出的结果如下：

```
         Date
0  12-12-2020
1    13-12-20
2  2020/12/14
```

现需将此 df['Date']转换成日期时间列，代码如下：

```
df['日期'] = pd.to_datetime(df['Date'])
df
```

输出的结果如下：

```
         Date         日期
0  12-12-2020 2020-12-12
1    13-12-20 2020-12-13
2  2020/12/14 2020-12-14
```

将日期格式列设置为日期索引列，顺便查看其类型，代码如下：

```
df = df.set_index(df['日期'])
type(df.index)
```

运行代码，输出的结果如下：

```
pandas.core.indexes.datetimes.DatetimeIndex
```

当DataFrame中日期时间分别存放于年、月、日、时、分、秒各列时，代码如下：

```
dts = pd.read_excel('demo_.xlsx','dts',nrows = 3,usecols = [1,2,3,4,5,6])
    dts
```

数据结构如下：

```
   Year  Month  Day  Hour  Minute  Second
0  2020     12   12     9      56       9
1  2020     12   13    10      59      32
2  2019     11   16    12      45      16
```

运用pd.to_datetime()将这些年、月、日、时、分、秒列组成一个日期列，代码如下：

```
dts['Date'] = pd.to_datetime(dts.iloc[:,:6])
dts
```

输出的结果如下：

```
   Year  Month  Day  Hour  Minute  Second                Date
0  2020     12   12     9      56       9 2020-12-12 09:56:09
1  2020     12   13    10      59      32 2020-12-13 10:59:32
2  2019     11   16    12      45      16 2019-11-16 12:45:16
```

作为上一步骤的逆操作。如果需要将DataFrame中日期时间列拆分为年、月、日、时、分、秒各列时，代码如下：

```
dts = pd.read_excel('demo_.xlsx','dts',nrows = 3,usecols = [0])
dts['Date'] = dts['Date'].astype('datetime64[ns]')
dts
```

DataFrame数据结构如下：

```
                 Date
0 2020-12-12 09:56:09
1 2020-12-13 10:59:32
2 2019-11-16 00:45:00
```

运用dt访问器，通过对对象的year、month、day等属性的访问，得到结果，代码如下：

```
dts.assign(年 = dts['Date'].dt.year,月 = dts['Date'].dt.month,
          日 = dts['Date'].dt.day,时 = dts['Date'].dt.hour)
```

输出的结果如下：

```
                 Date     年   月   日   时
0 2020-12-12 09:56:09   2020   12   12    9
1 2020-12-13 10:59:32   2020   12   13   10
2 2019-11-16 00:45:00   2019   11   16    0
```

利用 year 等属性重新构建交叉列联表，代码如下：

```
dts.assign(year = dts.Date.dt.year,day = dts.Date.dt.dayofweek)\
    .pipe(lambda x: pd.crosstab(x.year, x.day))
```

输出的结果如下：

```
day   5  6
year
2019  1  0
2020  1  1
```

2. errors 对错误的处理方式

如果为 raise，则当解析无效时系统会报错。如果为 coerce，则当解析无效时会显示 NaT。如果为 ignore，则忽略错误（返回原样输出）。

参数为 errors='ignore'，代码如下：

```
pd.to_datetime('2020122', format = '%Y%m%d', errors = 'ignore')
```

输出的结果如下：

```
datetime.datetime(202, 1, 22, 0, 0)
```

参数为 errors='coerce'，代码如下：

```
pd.to_datetime('2020122', format = '%Y%m%d', errors = 'coerce')
```

输出的结果为 NaT。

3. dayfirst 先解析日期

指定日期的解析顺序。如果值为 True，则首先解析日期，例如 12/11/20 解析为 2020-11-12，代码如下：

```
pd.to_datetime('12/11/20',dayfirst = True)
```

输出的结果如下：

```
Timestamp('2020-11-12 00:00:00')
```

4. yearfirst 先解析年份

如果为 True,则在解析时以年份为第一。如果 dayfirst 和 yearfirst 均为 True,则仍以 yearfirst 为优先,代码如下:

```
pd.to_datetime('12/11/20',yearfirst = True)
```

输出的结果如下:

```
Timestamp('2012-11-20 00:00:00')
```

5. format 时间解析格式

解析时间的 strftime,代码如下:

```
pd.to_datetime('2020-12-12',format='%Y-%m-%d')
```

输出的结果如下:

```
Timestamp('2020-12-12 00:00:00')
```

10.3.2 pd.Timestamp

pd.Timestamp 在 Pandas 中用以替换 Python datetime.datetime 对象。它与 Python 的 datetime 等效,在大多数情况下可以与它互换,用于构建 DatetimeIndex 和其他时间序列对象的数据结构。

pd.Timestamp 的语法结构为 pandas.Timestamp(ts_input=< object object >,freq=None,tz=None,unit=None,year=None,month=None,day=None,hour=None,minute=None,second=None,microsecond=None,nanosecond=None,tzinfo=None, *,fold=None)。

pd.Timestamp 应用代码如下:

```
pd.Timestamp('2020-12-13T12')
pd.Timestamp(2020, 12, 13, 12)
pd.Timestamp(year=2020, month=12, day=13, hour=12)
pd.Timestamp(1623980000, unit='s')
pd.Timestamp(1623980000, unit='s', tz='PRC')
```

逐行运行代码,输出的结果如下:

```
Timestamp('2020-12-13 12:00:00')
Timestamp('2020-12-13 12:00:00')
Timestamp('2020-12-13 12:00:00')
```

```
Timestamp('2021-06-18 01:33:20')
Timestamp('2021-06-18 09:33:20+0800', tz='PRC')
```

Pandas 的时间戳属性如表 10-8 所示。

表 10-8 Pandas 的时间戳属性

细 分	内 容
常用	year、month、day、hour、minute、second、microsecond、nanosecond、freq、value、fold
偶用	asm8、day_of_week、day_of_year、dayofweek、dayofyear、days_in_month、daysinmonth、freqstr、is_leap_year、is_month_end、is_month_start、is_quarter_end、is_quarter_start、is_year_end、is_year_start、quarter、tz、week、weekofyear、start_time、end_time

代码如下：

```
pd.Timestamp('2020-12-13T12').year
pd.Timestamp('2020-12-13T12').is_month_start
pd.Timestamp('2012-12-13T12').weekofyear
```

逐行运行代码，输出的结果如下：

```
2020
False
50
```

继续代码如下：

```
dt = pd.read_excel('demo_.xlsx','dts',nrows=3,usecols=[0] )
dt['year'] = pd.Timestamp(dt['Date'][0]).year
dt['month'] = pd.Timestamp(dt['Date'][0]).month
dt['DOW'] = pd.Timestamp(dt['Date'][0]).dayofweek
dt['IYE'] = pd.Timestamp(dt['Date'][0]).is_year_end
dt
```

逐行运行代码，输出的结果如下：

```
                 Date      year  month  DOW   IYE
0   2020/12/12    9:56:09  2020   12     5   False
1   2020/12/13   10:59:32  2020   12     5   False
2  2019-11-16   12:45 AM  2020   12     5   False
```

Timestamp 的方法有 astimezone()、ceil()、combine()、ctime、date()、day_name()、dst()、floor()、fromisocalendar()、fromisoformat()、fromordinal()、fromtimestamp()、isocalendar()、 isoformat()、isoweekday()、month_name()、normalize()、now()、replace()、round()、strftime()、strptime()、time()、timestamp()、timetuple()、timetz()、to_datetime64()、to_julian_date()、to_numpy()、to_period()、to_pydatetime()、today()、toordinal()、tz_convert()、tz_localize()、tzname()、utcfromtimestamp()、utcnow()、utcoffset()、utctimetuple()、weekday()。

以 day_name()方法为例，代码如下：

```
pd.Timestamp.today()
pd.Timestamp('2020-12-13T12').day_name()
```

逐行运行代码，输出的结果如下：

```
Timestamp('2020-12-13 09:39:15.551390')
'Sunday'
```

10.3.3 DatetimeIndex时间戳索引

时间序列(Time Series)是以 DatetimeIndex 为 index 的 Series。在时间序列中，时间序列索引具备普通 Series、DataFrame 的索引、选取及子集构建功能。它具备以下功能：下标索引、日期字符串索引、"年、年月"的数据切片、时间范围的切片索引。

1. DatetimeIndex 的创建

以下是 DatetimeIndex 的两种常见创建方法：

方法一：导入时将指定的字符串日期格式列解析为日期索引列，代码如下：

```
dti = pd.read_excel('demo_.xlsx',        #方法一
          index_col = 'Date',            #将'Date'列解析为时间序列索引
          parse_dates = True)
dti.index
```

方法二：导入后将字符串日期格式列转换为日期索引列，代码如下：

```
df = pd.read_excel('demo_.xlsx')            #方法二
df.set_index(pd.to_datetime(df['Date']), #将'Date'列转换为 Timestamp
        inplace = True)
df.index
```

以上两种方法的输出完全相同，结果如下：

```
DatetimeIndex(['2020-12-12', '2020-12-12', '2020-12-13', '2020-12-13',
               '2020-12-14', '2020-12-14', '2020-12-15'],
              dtype = 'datetime64[ns]', name = 'Date', freq = None)
```

2. DatetimeIndex 的应用举例

1）索引与切片

(1) 下标索引。利用索引功能，获取时间序列索引的值，代码如下：

```
dti.index[0]            #索引
dti.index[0:2]          #切片
```

逐行输出，结果如下：

```
Timestamp('2020-12-12 00:00:00')
DatetimeIndex(['2020-12-12', '2020-12-12'], dtype='datetime64[ns]', name='Date', freq=
None)
```

(2) 字符串日期格式的索引。以下列出了4种索引方式：按年进行筛选、按年月进行筛选、按 datetime 对象进行切片、按时间范围的切片索引。

时间序列索引按年进行筛选，代码如下：

```
dti.loc ['2020'].head(3)
```

输出的结果如下：

```
    Date       Name    City     Age  WorkYears  Weight   BMI   Score
2020-12-12     Joe    Beijing   76      35       56.0   18.86    A
2020-12-12     Kim    Shanghai  32      12       85.0   21.27    A
2020-12-13     Jim    Shenzhen  55      23       72.0   20.89    B
```

时间序列索引按年月进行筛选，代码如下：

```
dti.loc['2020-12'].head(3)
```

输出的结果如下：

```
    Date       Name    City     Age  WorkYears  Weight   BMI   Score
2020-12-12     Joe    Beijing   76      35       56.0   18.86    A
2020-12-12     Kim    Shanghai  32      12       85.0   21.27    A
2020-12-13     Jim    Shenzhen  55      23       72.0   20.89    B
```

时间序列索引按 datetime 对象进行切片，代码如下：

```
dti.loc[:'20201212']   #或 dti[:datetime.date(2020,12,12)]
```

输出的结果如下：

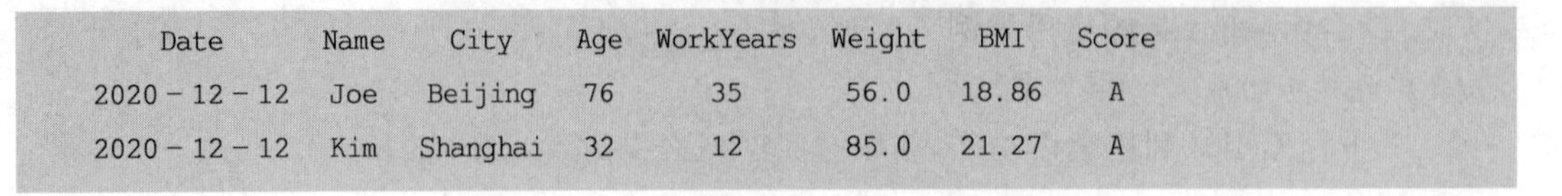

Date	Name	City	Age	WorkYears	Weight	BMI	Score
2020-12-12	Joe	Beijing	76	35	56.0	18.86	A
2020-12-12	Kim	Shanghai	32	12	85.0	21.27	A

以上切片可以用 truncate 方法，二者效果完全相同，代码如下：

```
dti.truncate(after = '2020/12/12')
```

输出的结果同 dti[:'20201212']的结果。

时间序列索引按时间范围的切片索引，代码如下：

```
dti['20201212':'20201213'] #或 dti['2020-12-12':'2020-12-13']
```

输出的结果如下：

```
     Date      Name    City     Age  WorkYears  Weight   BMI   Score
2020-12-12     Joe    Beijing   76      35       56.0   18.86    A
2020-12-12     Kim    Shanghai  32      12       85.0   21.27    A
2020-12-13     Jim    Shenzhen  55      23       72.0   20.89    B
2020-12-13     Tom      NaN     87      33        NaN   21.22    C
```

2）索引值的唯一化

查看时间索引是否为唯一值，代码如下：

```
dti.index.is_unique
```

输出的结果为 False。

查看时间索引为唯一值的个数。

```
dti.index.nunique()
```

输出的结果：

```
4
```

对非唯一时间戳的数据进行聚合，通过 groupby 并传入 level=0(索引的唯一一层)，代码如下：

```
dti.groupby(level = 0).sum()
#当时间索引存在重复值时，以其为分组依据，进行聚合.当索引只有一层时，仍须指定 level = 0
```

输出的结果如下：

```
      Date       Age  WorkYears  Weight   BMI
2020-12-12  108      47       141.0  40.13
2020-12-13  142      56        72.0  42.11
2020-12-14  171      78       124.0  20.89
2020-12-15   65      32        69.0  22.89
```

当时间索引存在重复值时，以其为分组依据，利用 level 进行分组，代码如下：

```
dti.groupby(level=0)['Age'].sum()    #当只有一层时,仍须指定 level=0
```

输出的结果如下：

```
Date
2020-12-12    108
2020-12-13    142
2020-12-14    171
2020-12-15     65
Name: Age, dtype: int64
```

10.3.4　pd.date_range()

1. 基础语法

pd.date_range()用于生成指定长度的 DatetimeIndex。相关参数如表 10-9 所示。

表 10-9　pd.date_range 的参数说明

参　数	参 数 说 明
start	开始日期，可缺省
end	结束日期，可缺省
periods	固定时期，取值为整数或 None
freq	日期偏移量（频率），取值为 string 或 DateOffset
normalize	若参数为 True，则表示将 start、end 参数正则化到午夜时间戳
name	生成时间索引对象的名称，取值为 string 或 None

以下代码的几种写法，输出的结果是相同的，代码如下：

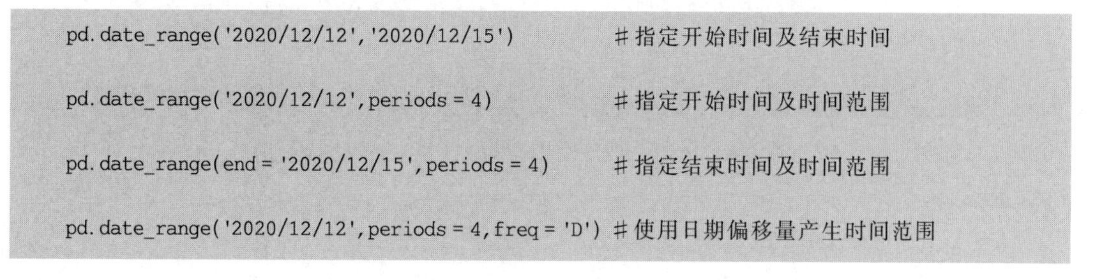

```
pd.date_range('2020/12/12','2020/12/15')                #指定开始时间及结束时间

pd.date_range('2020/12/12',periods=4)                   #指定开始时间及时间范围

pd.date_range(end='2020/12/15',periods=4)               #指定结束时间及时间范围

pd.date_range('2020/12/12',periods=4,freq='D') #使用日期偏移量产生时间范围
```

输出的结果如下：

```
DatetimeIndex(['2020-12-12', '2020-12-13', '2020-12-14', '2020-12-15'], dtype=
'datetime64[ns]', freq='D')
```

代码中，'2020/12/12'是 start 参数，'2020/12/15'是 end 参数，periods=4 所用的是 period 参数，freq='D'所用的是 freq 参数，具体参数说明如表 10-9 所示。

以上面的数据创建一个日期列，代码如下：

```
df = pd.DataFrame(
        {"Date":pd.date_range('2020/12/12',periods=4,freq='D')})
df
```

输出的结果如下：

```
        Date
0 2020-12-12
1 2020-12-13
2 2020-12-14
3 2020-12-15
```

上面的开始或结束日期为时间日期也是可以的，代码如下：

```
a = pd.date_range(end='2020/12/15 9:56:09',periods=4)
a
```

输出的结果如下：

```
DatetimeIndex(['2020-12-12 09:56:09', '2020-12-13 09:56:09',
               '2020-12-14 09:56:09', '2020-12-15 09:56:09'],
              dtype='datetime64[ns]', freq='D')
```

对于上述输出的结果，可以用 date 或 time 参数进行查看。用 date 查看，代码如下：

```
a.date
```

输出的结果如下：

```
array([datetime.date(2020, 12, 12), datetime.date(2020, 12, 13),
       datetime.date(2020, 12, 14), datetime.date(2020, 12, 15)],
      dtype=object)
```

以下使用 time 查看，代码如下：

```
a. time
```

输出的结果如下：

```
array([datetime.time(9, 56, 9), datetime.time(9, 56, 9),
       datetime.time(9, 56, 9), datetime.time(9, 56, 9)], dtype = object)
```

如果需要查看的是 hour 属性，则代码如下：

```
a. hour
```

输出的结果如下：

```
Int64Index([9, 9, 9, 9], dtype = 'int64')
```

DatetimeIndex 对象的 index 属性应用，代码如下：

```
dti = pd.read_excel('demo_.xlsx',
          index_col = 'Date',
          parse_dates = True)
dti.index.date
```

运行代码，输出的结果如下：

```
array([datetime.date(2020, 12, 12), datetime.date(2020, 12, 12),
      datetime.date(2020, 12, 13), datetime.date(2020, 12, 13),
      datetime.date(2020, 12, 14), datetime.date(2020, 12, 14),
      datetime.date(2020, 12, 15)], dtype = object)
```

查看 time 及其他时间属性，原理同上。从上面输出的结果来看，数组中存在重复值，可用 groupby 传入 level=0 的聚合方式，也可用 date 属性为分组依据，代码如下：

```
dti.groupby(dti.index.date).sum()
```

运行代码，输出的结果如下：

```
            Age  WorkYears  Weight   BMI
2020-12-12  108     47       141.0  40.13
2020-12-13  142     56        72.0  42.11
2020-12-14  171     78       124.0  20.89
2020-12-15   65     32        69.0  22.89
```

从输出的结果来看，它与 dti.groupby(level=0).sum()的结果完全相同。如果想以星期几为分组的依据，则可以利用 dayofweek 属性，代码如下：

```
dti.groupby(dti.index.dayofweek + 1).sum() # +1 是因为系统默认星期一为 0
```

常见时间戳属性还有 year、quarter、month、day、hour、minute、second、weekday、weekofyear、dayofyear 等，具体参见表 10-8。上述代码输出的结果如下：

```
Date   Age   WorkYears   Weight    BMI
  1    171      78       124.0   20.89
  2     65      32        69.0   22.89
  6    108      47       141.0   40.13
  7    142      56        72.0   42.11
```

上述代码也可用 dti.groupby(dti.index.strftime('%w')).sum() 来表示。代码中的'%w'所代表的意思可参见表 10-4，输出的结果中 0 代表星期天。输出的结果如下：

```
Date   Age   WorkYears   Weight    BMI
  0    142      56        72.0   42.11
  1    171      78       124.0   20.89
  2     65      32        69.0   22.89
  6    108      47       141.0   40.13
```

2. freq 频率

Pandas 中时间序列的频率对照表如表 10-10 所示。

表 10-10 时间序列的频率对照表

别　名	英文描述	中文描述
D/B	Day/BusinessDay	日历日的每天/工作日的每天
H/T(或 Min)/S	Hour/Minute/Second	时/分/秒
M/BM	MonthEnd/BusinessMonthEnd	日历日的月末/工作日的月末
MS/BMS	MonthStart/BusinessMonthStart	日历日的月初/工作日的月初
W-MON	Week-Monday	每周从星期一开始计算。其他的有 W-TUE,……
WOM-1MON	WeekOfMonth	在本月的第 1 周创建按周分隔的日期。例：WOM-3FRI 代表每月的第 3 个星期五
Q-JAN/BQ-JAN	QuarterEnd/BusinessQuarterEnd	JAN 表示月份结束的季度。也可以是 FEB……
QS-JAN/QBS-JAN	QuarterStart/ BusinessQuarterStart	JAN 表示月份结束的季度。也可以是 FEB……
A-JAN/BA-JAN	BusinessYearEnd/YearStart	JAN 表示月份结束的季度。也可以是 FEB……
AS-JAN/BAS-JAN	YearStart/BusinessYearStart	JAN 表示月份结束的季度。也可以是 FEB……

表 10-11 中的各类频率组合，可用图 10-4 加深理解与记忆。例如：A/Q/M 单字母代表的是其对应频率的 End，加上 s 时则为其对应频率的 start。

组合(元素)		
B	S	—
Business	Start	

代表	频率(别名)	频率(别名)组合			
yeAr	A	BA	AS	BAS	A-JAN
Quarter	Q	BQ	QS	QBS	Q-JAN
Month	M	BM	MS	BMS	

图 10-4　时间频率组合规律说明

为加深理解，现以 2020-2 为例，表 10-11 是 M、BM、MS、BMS 的对照说明。

表 10-11　时间序列频率对照表

别名	代表的频率	(2020-2)举例
M	月末	2020-2-29
BM	月末的工作日	2020-2-28
MS	月初	2020-2-1
BMS	月初工作日	2020-2-3

10.3.4 节基础语法部分中只用到了 freq='D'，现应用更多的 freq 频率参数举例如下：

```
a = pd.date_range('2020-12-12',periods=4,freq='M')
a
```

代码中 freq='M'，M 代表的是 EndMonth。输出的结果如下：

```
DatetimeIndex(['2020-12-31', '2021-01-31', '2021-02-28', '2021-03-31'], dtype=
'datetime64[ns]', freq='M')
```

同理，date_range 生成的时间索引可以索引与切片，代码如下：

```
a[0]
```

输出的结果如下：

```
Timestamp('2020-12-31 00:00:00', freq='M')
```

将其转换为 Period 也可以，代码如下：

```
a.to_period()
```

输出的结果如下：

```
PeriodIndex(['2020-12', '2021-01', '2021-02', '2021-03'], dtype='period[M]', freq='M')
```

3. 时间偏移量

时间偏移量(4h30t28s 表示 4h30 分 28s),代码如下:

```
pd.date_range('2020-12-12','2020-12-13', freq='4h30t28s')    #字符串频率
```

freq='4h30t28s'中 h、t、s 的别名如表 10-10 所示。上述代码的输出结果如下:

```
DatetimeIndex(['2020-12-12 00:00:00', '2020-12-12 04:30:28',
               '2020-12-12 09:00:56', '2020-12-12 13:31:24',
               '2020-12-12 18:01:52', '2020-12-12 22:32:20'],
              dtype='datetime64[ns]', freq='16228S')
```

注意:在上述代码中,对 4h30t28s 内的大小写不敏感;当表示分钟时,可以使用 t 或者 min,而不可以使用 M 或 m。

10.4 时间段

10.4.1 Period

1. 标量类之间的转换

时间序列的 Timestamp 与 Period 间是可以相互转换的。以下是将 Timestamp 转换成 Period 的应用,代码如下:

```
dt = pd.read_excel('demo_.xlsx','dt',
        index_col='Date',parse_dates=True)
dt.to_period("M").head(3)                #选取前三行的数据
```

通过 to_period(freq),将 Timestamp 转换为 Period。输出的结果如下:

```
  Date     Age  WorkYears
2020-12    76       35
2019-11    32       12
2020-12    55       23
```

将 Period 转换为 Timestamp 也是可以的,代码如下:

```
dt.to_period("M").to_timestamp(how='end').head(3)
```

通过 to_timestamp,将 Period 转换为 Timestamp。代码 to_period("M")中的"M"通过查表 10-11 可知,它代表的是 MonthEnd。相关输出结果如下:

```
    Date                          Age         WorkYears
2020-12-31  23:59:59.999999999     76          35
2019-11-30  23:59:59.999999999     32          12
2020-12-31  23:59:59.999999999     55          23
```

2. PeriodIndex 的属性

继续以 dt 数据源为例。输入以下代码，将日期索引列转换为 Period，代码如下：

```
dt = pd.read_excel('demo_.xlsx', 'dt', index_col = 'Date',
                   parse_dates = True).to_period("M").head(3)
type(dt.index)
```

接下来，查看 DataFrame 的 index 类型。输出的结果如下：

```
pandas.core.indexes.period.PeriodIndex
```

从结果来看，目前索引的类型为 PeriodIndex。

与时间戳索引的属性类似，在 PeriodIndex 中，它也有 year、quarter、month、day、hour、minute、second、weekday、weekofyear、dayofyear 等属性，可参考表 10-8，代码如下：

```
dt.index.freq
dt.index.end_time
dt.index.is_leap_year
```

输出的结果如下：

```
<MonthEnd>
DatetimeIndex(['2020-12-31 23:59:59.999999999',
               '2019-11-30 23:59:59.999999999',
               '2020-12-31 23:59:59.999999999'],
              dtype = 'datetime64[ns]', name = 'Date', freq = None)
array([ True, False,  True])
```

继续输入以下代码，查看年、季、月信息，代码如下：

```
dt.index.year
dt.index.quarter
dt.index.month
```

输出的结果如下：

```
Int64Index([2020, 2019, 2020], dtype = 'int64', name = 'Date')
Int64Index([4, 4, 4], dtype = 'int64', name = 'Date')
Int64Index([12, 11, 12], dtype = 'int64', name = 'Date')
```

输入以下代码，查看与星期相关的信息，代码如下：

```
dt.index.week
dt.index.weekday
dt.index.weekofyear
```

输出的结果如下：

```
Int64Index([53, 48, 53], dtype='int64', name='Date')
Int64Index([3, 5, 3], dtype='int64', name='Date')
Int64Index([53, 48, 53], dtype='int64', name='Date')
```

在数据分析过程中，可以利用属性作为分组依据，代码如下：

```
dt.groupby(dt.index.year).sum()
```

输出的结果如下：

```
Date  Age  WorkYears
2019   32      12
2020  131      58
```

或者，利用属性进行行值筛选也是可以的，代码如下：

```
dt = pd.read_excel('demo_.xlsx',parse_dates=['Date'])
dt.loc[dt.Date.dt.day==13]
```

输出的结果如下：

```
        Date      Name    City     Age  WorkYears  Weight   BMI    Score
2  2020-12-13     Jim   Shenzhen   55      23       72.0   20.89    B
3  2020-12-13     Tom     NaN      87      33       NaN    21.22    C
```

3. Period 应用举例

1）定义一个 Period

定义一个 Period 并查看类型，代码如下：

```
pd.Period(2020,freq='A-Feb')
type(pd.Period(2020,freq='A-Feb'))
```

freq='A-Feb'中，A 是 year 的别名，end='Feb'，2020 是 YearEnd。表示以 2 月作为结束的一整年(2019-03-01 到 2020-2-29)，输出的结果如下：

```
Period('2020', 'A-FEB')
<class 'pandas._libs.tslibs.period.Period'>
```

说明：freq参数中对别名的大小写不敏感，'A-Feb'中大小写随意写并不影响结果。

2）对Period的移动

通过加减整数可以实现对Period的移动，代码如下：

```
pd.Period('2020', 'A-Feb') + 3
```

输出的结果如下：

```
Period('2023', 'A-Feb')
```

如果两个Period对象拥有相同的频率，则它们的差就是它们之间的单位数量，代码如下：

```
pd.Period('2016',freq='A-Feb') - pd.Period('2020', 'A-Feb')
```

输出的结果如下：

```
<-4 * YearEnds: month=12>
```

如果两个Period对象拥有不同的频率，则相减时会报错，代码如下：

```
pd.Period('2016',freq='A-DEC') - pd.Period('2020', 'A-Nov')
```

错误提示如图10-5所示。

```
---------------------------------------------------------------------------
IncompatibleFrequency                     Traceback (most recent call last)
<ipython-input-5-a7265fdced81> in <module>
----> 1 pd.Period('2016',freq='A-DEC') - pd.Period('2020', 'A-Nov')

pandas\_libs\tslibs\period.pyx in pandas._libs.tslibs.period._Period.__sub__()

IncompatibleFrequency: Input has different freq=A-NOV from Period(freq=A-DEC)
```

图10-5　不同频率Period相减时的报错提示

当频率相同时，对输出的结果进行数据类型查看，代码如下：

```
type(pd.Period('2016',freq='A-Feb') - pd.Period('2020', 'A-Feb'))
```

结果如下：

```
pandas._libs.tslibs.offsets.YearEnd
```

3) Period 数据类型的常用属性

Period 数据类型的属性有 day、hour、minute、second、week、dayofweek、dayofyear、days_in_month、daysinmonth、start_time 等，可参考表 10-8。

逐行运行以下代码：

```
a = pd.Period('2020-12-13 9:56:09')
a.day
a.dayofweek
a.end_time
```

输出的结果如下：

```
13
6
Timestamp('2020-12-13 09:56:09.999999999')
```

10.4.2 Period_range

以下是 Period_range 应用举例。

创建一个 Period_range，代码如下：

```
a = pd.period_range('2020/12/12','2021/2/12',freq='M')
a
```

输出的结果如下：

```
PeriodIndex(['2020-12', '2021-01', '2021-02'], dtype='period[M]', freq='M')
```

利用生成的 PeriodIndex，在 DataFrame 进行筛选操作，代码如下：

```
dt = pd.read_excel('demo_.xlsx', 'dt', index_col='Date',
                   parse_dates=True).head(3)
dt.set_index(a,inplace=True)
dt
```

输出的结果如下：

```
         Age  WorkYears
2020-12   76         35
2021-01   32         12
2021-02   55         23
```

假如需筛选出 2021 年的数据，则可继续输入的代码如下：

```
dt[dt.index.year == 2021]
```

输出的结果如下：

```
          Age   WorkYears
2021-01    32          12
2021-02    55          23
```

10.4.3 asfreq 时期的频率转换

1. 应用举例

利用 asfreq 对 Period 对象进行频率转换，代码如下：

```
a = pd.Period(2020,freq = 'A-Feb')
a.asfreq('M',how = 'start')          #转换频率为 2019-03
#a.asfreq('D','start')               #频率以 Day 为单位
```

运行代码，输出的结果如下：

```
Period('2019-03', 'M')
#a.asfreq('D','end')          #频率以 Day 为单位
```

对比 how='start'与 how='end'的运行结果的差别，代码如下：

```
a.asfreq('M',how = 'end')          #将频率转换为 2020-02
```

运行代码，输出的结果如下：

```
Period('2020-02', 'M')
```

利用 asfreq，对同一频率的不同切割点进行切换，代码如下：

```
a = pd.Period(2020,freq = 'A-Feb')
a.asfreq('A-JUN')
```

输出的结果如下：

```
Period('2020', 'A-JUN')
```

2. 对比说明

PeriodIndex 与 TimeSeries 的频率转换方式是相同的，代码如下：

```
pd.period_range('2016','2020',freq = 'A-FEB')
```

输出的结果如下：

```
PeriodIndex(['2016', '2017', '2018', '2019', '2020'], dtype = 'period[A - FEB]', freq = 'A - FEB')
```

继续举例如下：

```
a = pd.Period(2020,freq = 'A - Feb')
a.asfreq('M',how = 'start')
```

输出的结果如下：

```
Period('2019 - 03', 'M')
```

如果 how 为 end,则代码如下：

```
a.asfreq('B',how = 'end')              # how = 可省略,直接写'end'
```

输出的结果如下：

```
Period('2020 - 02 - 28', 'B')
```

10.4.4 Timestamp 与 Period 互相转换

通过 to_period()方法,将 Series 和 DataFrame 对象的时间戳(Timestamp)的索引转换为时期(Period)索引,代码如下：

```
aa = pd.date_range('2020/12/9',periods = 6, freq = 'd')
a = pd.DataFrame(
            data = {"Num":range(1,7)},
            #data = {"Num":np.arange(1,7)},
            index = aa)
a
```

输出的结果如下：

```
                Num
2020 - 12 - 09    1
2020 - 12 - 10    2
2020 - 12 - 11    3
2020 - 12 - 12    4
2020 - 12 - 13    5
2020 - 12 - 14    6
```

对频率进行转换,输入的代码如下:

```
a.to_period('M')
```

运行代码,输出的结果如下:

```
           Num
2020 - 12    1
2020 - 12    2
2020 - 12    3
2020 - 12    4
2020 - 12    5
2020 - 12    6
```

通过 to_timestamp()方法,将 Period 转换为 Timestamp,代码如下:

```
a = pd.Period(2020,freq = 'A - Feb')
a.to_timestamp(how = 'end')
```

运行代码,输出的结果如下:

```
Timestamp('2020 - 02 - 29 23:59:59.999999999')
```

10.5 时间差

10.5.1 运算规则说明

Timedelta 在 Pandas 中表示两个 datetime 数据运算相减得出的值(如日、分、秒)。例如,两个日期的相减,代码如下:

```
pd.to_datetime('2019 - 9 - 4') - pd.to_datetime('2018 - 1 - 1')
```

输出的结果如下:

```
Timedelta('611 days 00:00:00')
```

运算过程中,如果某个 datetime 只写了年,则默认为当年的 1 月 1 日,代码如下:

```
pd.to_datetime('2019 - 9 - 4') - pd.to_datetime('2018')
```

输出的结果如下:

```
Timedelta('611 days 00:00:00')
```

如果某个 datetime 只写年月，则默认为当年当月的 1 日，代码如下：

```
pd.to_datetime('2019 - 9 - 4') - pd.to_datetime('2018 - 1')
```

输出的结果如下：

```
Timedelta('611 days 00:00:00')
```

10.5.2 参数的传递方式

Timedelta 的参数可以有多种传递方式(例如字符串、整数等)。

通过字符串传递参数，代码如下：

```
pd.Timedelta('3 days 3 hours 3 minutes 30 seconds')
```

输出的结果如下：

```
Timedelta('3 days 03:03:30')
```

通过整数传递参数，代码如下：

```
pd.Timedelta(5,unit = 'd')
```

输出的结果如下：

```
Timedelta('5 days 00:00:00')
```

通过数据偏移传递参数，代码如下：

```
pd.Timedelta(days = 2)
```

输出的结果如下：

```
Timedelta('2 days 00:00:00')
```

10.6 重采样

10.6.1 使用方法

重采样及频率转换参数如表 10-12 所示。

表 10-12 重采样及频率转换参数

参 数	说 明
rule	重采样频率字符串或 DateOffset，一般是日期参数别名，例如 A/BA、Q/BQ、M/BM、W 等
axis	重采样轴，默认为 0
fill_method	升采样如何插值，如 ffill、bfill，默认不插值
closed	在降采样中，各时间段哪一端是闭合的，right 或 left，默认为 left
label	在降采样中，如何设置聚合值标签，right 或 left，默认为 left
loffset	调整重新采样的时间标签
limit	在前向或后向填充时，允许填充的最大时期数
kind	聚合到 Period 或 Timestamp，默认时间序列的索引类型
convention	当对时期重采样时，将低频时期转换为高频的惯用法(start，end)，默认为 start

10.6.2 降采样

降采样是将高频率数据聚合到低频率。在降采样中，目标频率必须是源频率的子时期(subperiod)。以下创建的 DataFrame 用于降采样及升采样的案例示范，代码如下：

```
a = pd.DataFrame(
              data = {"Num":range(1,7)},
              #data = {"Num":np.arange(1,7)},
              index = pd.date_range('2020/12/9',periods = 6, freq = 'd'))
a
```

以上数据拥有固定的频率。在实际降采样过程中，待聚合的数据可以是不固定的频率，Pandas 会依据降采样频率自动定义聚合网元的边界，以上代码输出的结果如下：

```
               Num
2020-12-09      1
2020-12-10      2
2020-12-11      3
2020-12-12      4
2020-12-13      5
2020-12-14      6
```

代码如下：

```
a.resample('2d').sum()
```

输出的结果如下：

```
            Date
2020-12-09      3
2020-12-11      7
2020-12-13     11
```

重新采样的频率为 w,代码如下:

```
a.resample('w').sum()
```

输出的结果如下:

```
            Date
2020-12-13     15
a-12-20       6
```

降采样时需考虑到各区间哪边闭合,代码如下:

```
a.resample('w', label='right').sum()
#a.resample('w', label='right').sum()
#a.resample('w', label='right', closed='right').sum()
```

输出的结果如下:

```
    Date          Age      WorkYears    Weight      BMI
2020-12-13    62.500000    25.750000   71.000000   20.56
2020-12-20    78.666667    36.666667   64.333333   21.89
```

10.6.3 升采样和插值

升采样是将低频率数据转换为高频率数据。在升采样中,目标频率必须是源频率的超时期(superperiod),代码如下:

```
a.resample('1d12h').asfreq()
```

数据从低频率转换到高频率时不需要聚合,但是会产生空值,输出的结果如下:

```
2020-12-09 00:00:00    1.0
2020-12-10 12:00:00    NaN
2020-12-12 00:00:00    4.0
2020-12-13 12:00:00    NaN
```

使用 resampling 参数实现填充和插值,代码如下:

```
a.resample('1d12h').asfreq().ffill()
```

使用 asfreq()方法转换成高频可不经过聚合,采用 ffill()或 bfill()方法可对缺失值进行填充。输出的结果如下:

```
                        Date
2020-12-09 00:00:00   1.0
2020-12-10 12:00:00   1.0
2020-12-12 00:00:00   4.0
2020-12-13 12:00:00   4.0
```

10.6.4 其他采样

其他采样,同一频率不同时段的采样转换。例如 W-WED 转换到 W-FRI,代码如下:

```
a.resample('w-wed').asfreq('w-fri')
```

输出的结果如下:

```
                Date
2020-12-09       1
2020-12-16   w-fri
```

10.7 偏移

以下创建的 DataFrame 用于 Pandas 窗口操作的案例示范,代码如下:

```
b = pd.DataFrame(
     data = np.arange(12).reshape(6,2),
     index = pd.date_range('2020/12/9',periods = 6, freq = '2d12h'),
     columns = ['A列','B列'])
b
```

输出的结果如下:

```
                     A列  B列
2020-12-09 00:00:00   0   1
2020-12-11 12:00:00   2   3
2020-12-14 00:00:00   4   5
2020-12-16 12:00:00   6   7
2020-12-19 00:00:00   8   9
2020-12-21 12:00:00  10  11
```

10.7.1 shift()

shift 的语法结构为 df.shift(periods=1,freq=None,axis=0)。

它的主要功能是：当行索引为非时间索引时(freq=None)，行索引不变。列索引的值上下或左右移动，取决于 periods 的值和 axis 的方向。若行索引为时间序列，则可设置 freq 参数，根据 periods 和 freq 值的组合，使行索引每次发生 periods×freq 的偏移量。列索引数据不会发生移动。以下是各类应用举例。

1. 当 freq=None 时

当 freq=None 时，行索引数据保持不变，列索引的值上下或左右移动。

1) 当 axis=0 时

当 axis=0 时，列索引的值上下移动。periods 为正数时，下移；periods 为负数时，上移，代码如下：

```
#freq = None 的应用情形
b.shift(1)                #axis = 0, periods = 1
```

输出的结果如下：

```
                       A列   B列
2020-12-09 00:00:00   NaN   NaN
2020-12-11 12:00:00   0.0   1.0
2020-12-14 00:00:00   2.0   3.0
2020-12-16 12:00:00   4.0   5.0
2020-12-19 00:00:00   6.0   7.0
2020-12-21 2:00:00    8.0   9.0
b.shift(1,freq= '2D')
```

2) 当 axis=1 时

当 axis=1 时，列索引的值左右移动。periods 为正数时，右移；periods 为负数时，左移，代码如下：

```
#freq = None 的应用情形
b.shift(-1,axis = 1)          #axis = 1, periods = -1
```

输出的结果如下：

```
                       A列  B列
2020-12-09 00:00:00   1.0 NaN
2020-12-11 12:00:00   3.0 NaN
2020-12-14 00:00:00   5.0 NaN
2020-12-16 12:00:00   7.0 NaN
```

```
2020-12-19 00:00:00   9.0 NaN
2020-12-21 12:00:00  11.0 NaN
```

2. 当 freq!=None 时

若行索引为日期型时间序列索引时,则可设置 freq 参数(freq 可为频率组合,也可以为实例参数)。时间序列索引会根据 periods 和 freq 值的组合,使行索引每次发生 periods×freq 的偏移量(periods 为负数时,向上偏移;periods 为正数时,向下偏移)。列索引数据不会发生移动,代码如下:

```
b.shift(-1,freq='2D')          #freq 指定时,列索引数据不会发生移动
```

输出的结果如下:

```
                     A列  B列
2020-12-07 00:00:00   0   1
2020-12-09 12:00:00   2   3
2020-12-12 00:00:00   4   5
2020-12-14 12:00:00   6   7
2020-12-17 00:00:00   8   9
2020-12-19 12:00:00  10  11
```

当 period 为实例参数时,代码如下:

```
import datetime
b.shift(freq=datetime.timedelta(-1))  #freq 指定时,列索引数据不会发生移动
```

输出的结果如下:

```
                     A列  B列
2020-12-08 00:00:00   0   1
2020-12-10 12:00:00   2   3
2020-12-13 00:00:00   4   5
2020-12-15 12:00:00   6   7
2020-12-18 00:00:00   8   9
2020-12-20 2:00:00  10  11
```

10.7.2 diff()

diff 的语法结构为 df.diff (periods=1,axis=0),它用来将数据进行某种移动之后与原数据进行比较得出差异数据。以下是各类应用举例。

(1) 当 axis=0,period 为正数时,代码如下:

```
dti = pd.read_excel('demo_.xlsx',
             usecols = ['Date','Age','WorkYears'],
             index_col = 0)
dti.diff(1).fillna(0)
```

默认值为 axis=0,period 的偏移量与方向类似于 shift。输出的结果如下:

```
   Date          Age   WorkYears
2020/12/12       0.0         0.0
2020/12/12     - 44.0      - 23.0
2020/12/13      23.0        11.0
2020/12/13      32.0        10.0
2020/12/14       6.0         9.0
2020/12/14     - 15.0       - 6.0
2020/12/15     - 13.0       - 4.0
```

(2) 当 axis=1,period 为正数时,代码如下:

```
dti.diff(1,axis = 1)
```

输出的结果如下:

```
   Date       Age   WorkYears
2020/12/12    NaN     - 41.0
2020/12/12    NaN     - 20.0
2020/12/13    NaN     - 32.0
2020/12/13    NaN     - 54.0
2020/12/14    NaN     - 51.0
2020/12/14    NaN     - 42.0
2020/12/15    NaN     - 33.0
```

df.diff()与 np.diff()的差异比较。

(1) 当 axis=0 时,代码如下:

```
np.diff(dti,axis = 0)
```

输出的结果如下:

```
array([[ - 44,  - 23],
       [ 23,   11],
       [ 32,   10],
       [  6,    9],
```

```
       [ - 15,   - 6],
       [ - 13,   - 4]], dtype = int64)
```

（2）当 axis=1 时，代码如下：

```
np.diff(dti,axis = 1)
```

输出的结果如下：

```
array([[ - 41],
       [ - 20],
       [ - 32],
       [ - 54],
       [ - 51],
       [ - 42],
       [ - 33]], dtype = int64)
```

10.7.3　rolling()

rolling()的语法结构如下：

DataFrame.rolling(window,min_periods=None,freq=None,center=False,win_type=None,on=None,axis=0,closed=None)。

rolling()用于移动计算，可以被 DataFrame 或 Series 调用，代码如下：

```
df = pd.read_excel('demo_.xlsx',usecols = ['Age'])
df['A'] = df['Age'].rolling(3).sum()
#rolling(3)表示从当前元素往上筛选,加上本身总共筛选 3 个
df
```

df['Age'].rolling(3).sum()相当于创建了一个长度为 3 的窗口，窗口从上到下依次滑动，结果如图 10-6 所示。

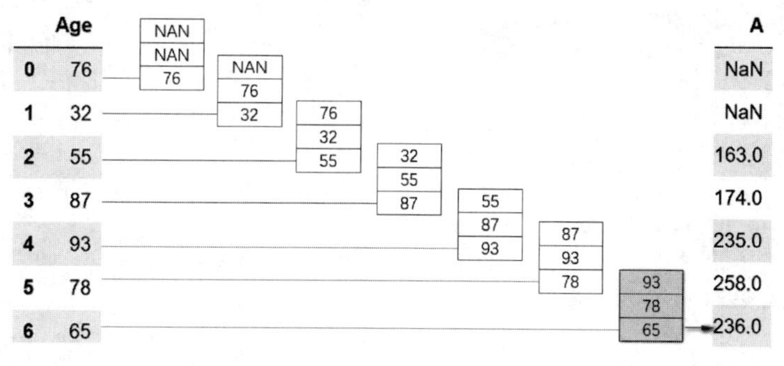

图 10-6　窗口函数聚合原理说明

将移动窗口设置为3，以当前元素为中心，代码如下：

```
df['B'] = df['Age'].rolling(3,center = True).sum()
#rolling(3,center = True),以当前元素为中心,加上本身共3个元素
df
```

输出的结果如下：

```
   Age      A      B
0   76    NaN    NaN
1   32    NaN  163.0
2   55  163.0  174.0
3   87  174.0  235.0
4   93  235.0  258.0
5   78  258.0  236.0
6   65  236.0    NaN
```

10.8 本章回顾

以下代码是对本章学习内容的简要回顾及对前面章节内容的综合应用，代码如下：

```
#导入模块,设置显示界面
import numpy as np, pandas as pd
pd.set_option('max_columns', 6, 'max_rows', 8, 'max_colwidth',14)
#import datetime

#1. 利用 pd.date_range 创建索引列
dt = pd.DataFrame(
        [ [76,'2020/10/14  14:37:27'],  [32,'2020/6/29  11:35:52'],
          [55,'2020/6/29  10:03:38'], [87,'2020/11/18  9:19:43'],
          [93,'2020/11/18  16:14:28'], [78,'2020/11/20  10:05:13'],
          [65,'2020/12/11  9:47:00']  ],
        columns = ['Age','Atime'],
        index = pd.date_range('2020/12/12',periods = 7,freq = '1d6h16t'))
print(dt,'\n')
print(dt.dtypes,'\n')

#2. 利用 pd.to_datetime 将 Date 转换为 datetime 数据类型
dt['Atime'] = pd.to_datetime(dt['Atime'])

#3. 利用.dt 转换器,转换出更多的日期观察列
dt = dt.assign(
    年 = dt['Atime'].dt.year,
    月 = dt['Atime'].dt.month,
```

```
    日 = dt['Atime'].dt.day,
    星期几 = dt['Atime'].dt.day_name(),
    月份 = dt['Atime'].dt.month_name() )
print(dt,'\n')
print(dt.dtypes,'\n')

#4. 利用日期索引列进行数据筛选
mi = pd.to_datetime('2020-12-13 00:00:01')
ma = pd.to_datetime('2020-12-17 00:00:01')

print(dt[dt['Atime']<mi],'\n') #选取'2020-12-13'之后的数据
print(dt[dt['Atime']<ma],'\n') #选取'2020-12-17'之前的数据
#print(dt[dt['Atime'].between(mi,ma)],'\n') #选取'2020-12-13'到'2020-12-17'的数据
print(dt[dt['Atime'].dt.day_name()=='Wednesday']) #选取'Wednesday'的数据
print(dt['2020-12-15':'2020-12-18'],'\n')

#5. 重取样
print(dt.resample('16H').ffill())
print(dt.resample('2d').ffill())

#6. 滑动
dt['NAge']=dt['Age'].shift(1)
dt['MAge']=dt['Age'].diff(2)
print(dt)
print(dt.shift(1,freq='2d').sum())

#7. 分类汇总
#7.1 分组统计
print(dt.groupby(dt.Atime.dt.month)['Age'].sum().astype(str),'\n') #.groupby支持series作参数
#7.2 透视表方式
print(dt.pivot_table(
    index = dt.Atime.dt.month.astype(str)+'月',
    columns = dt.Atime.dt.quarter.astype(str)+'季',
    values = 'Age',
    aggfunc = sum
),'\n')

#8. 图形化
dt.groupby(dt.Atime.dt.day_name())['Age'].sum().plot()
```

第 11 章 数据可视化

“字不如表，表不如图”很形象地说明了图表的重要性。在 Python 数据分析与可视化过程中，使用最多的是 Python 可视化的第三方库 Matplotlib 和 Seaborn。Matplotlib、NumPy 和 Pandas 号称“Python 数据分析三剑客”，其重要性可想而知。

NumPy 是 Matplotlib 的依赖项，Matplotlib 与 NumPy 二者间无缝集成。Matplotlib 与 Pandas 二者间也是无缝对接的，可以在 Pandas 内直接调用 plot()方法，这使 Matplotlib 的功能非常强大。

但是，由于 Matplotlib 比较底层，在绘制高级图形过程中所需的调试时间过长，所以有人对其进行了二次封装并开发出了 Seaborn，使所绘图形更为细腻与高档。也就是说，Seaborn 是对 Matplotlib 的补充与升级，同样能与 Pandas 实现高效对接，使它非常易用与好用。在 Seaborn 中，使用频率较高的图形有直方图、密度图、箱线图、小提琴图、热力图、矩阵图等。

本章主讲内容是 Matplotlib 及 Seaborn 的可视化结合应用，以及与 Pandas 对象中 plot()方法的结合使用。

11.1 可视化

11.1.1 可视化基础

数据分析的本意在于规避决策风险、更加精准地创造更多的价值。在企业的生产、服务与运行过程中，企业的所有风险来自于各类不确定性。例如：决策的不确定性、盈利能力的不确定性、收支平衡的不确定性等。

为减少企业决策过程中的不确定性，企业往往可以通过数据分析与发掘来增强企业决策的确定性。企业可通过数据指导进行精准决策，将企业的精准决策能力转化为企业的盈利能力，而在决策过程中，相比数据表格而言，交互式图形令人更易理解、更易于探索与发现其中的内容。

可视化的用意在于将抽象化的内容进行直观化呈现，其背后的原理与统计学的拟合与回归一脉相传，所以在进行可视化之前，首先需明确的是：Y 是什么？X 是什么？然后要明确的是：以何种方式来呈现，能更好地明示 X 与 Y 之间的关系？这里的 X 是统计学中的自变量，Y 是应变量。当然，变量可能是单变量，也可能是多变量。

以探索 Age 与 WorkYears 两个变量数据间的相关性为例。可以采用的代码如下：

```
df = pd.read_excel('demo_.xlsx')
df[['Age','WorkYears']].corr()
```

输出的结果如下：

```
                Age  WorkYears
Age        1.000000   0.955791
WorkYears  0.955791   1.000000
```

从 R 值结果来看，两者的相关系数为 0.955791，具备很强的正相关性。

如果采用图形化效果来呈现，则代码如下：

```
import seaborn as sns,matplotlib.pyplot as plt              #导入第三方库
plt.rcParams['font.sans-serif'] = ['SimHei']                #正常显示中文
df = pd.read_excel('demo_.xlsx')
plt.figure(figsize = (8,3))                                 #设置画布尺寸
sns.regplot(x = 'Age',y = 'WorkYears',data = df)            #图形绘制
plt.title('Age & WorkYears 散点图');                         #添加图形标题
```

输出的结果如图 11-1 所示。

图 11-1　Age 与 WorkYears 的线性回归图

对比上面的结果与图会发现，图的效果更为简洁、直观。从图 11-1 可以发现：X(df['Age'])与 Y(df['WorkYears'])间存在明显的正相关性。

11.1.2 可视化图形

在 Excel 的使用过程中，折线图、柱形图、簇状柱形图、堆积柱形图、簇状堆积柱形图、条形图、簇状条形图、堆积条形图、簇状堆积条形图、直方图、饼图、散点图、散点矩阵图、箱线图、旭日图等是日常可视化过程中高频率使用的图表。

这些图形在 Matplotlib 或 Pandas 的 plot()方法中对应的取值是：折线图(line)、柱形图(bar)、条形图(barh)、饼图(pie)、散点图(scatter)、直方图(hist)、箱线图(box)。

在这些图形中：

(1) 折线图多应用于时间序列分析，每个点代表的是一个时间点或时间频率。

(2) 柱形图多应用于离散型数据(数据类型：category)的统计，每一根柱子代表的是一个类别，柱子的高度代表的是它的频数。

(3) 条形图与柱形图原理相同，只是呈现的方向不同而已，条形图为横向摆放。

(4) 饼图多应用于离散型数据，每个扇区代表的是一个类别，扇区的大小代表的是频率(百分比)的大小。

(5) 散点图适用于两个连续型数据变量间的呈现，以确定二者间是否存在某种线性关系。

(6) 直方图适用于连续型数据，通过统计每个分箱区内的连续型数据出现的频数，以确定整体数据的分布形状。

(7) 箱线图适用于连续型数据的统计，其图形较为简单但反馈的数据内容却较为丰富。

11.2 Matplotlib

11.2.1 基本语法

1. plt.plot()语法

语法：plt.plot(x,y,format_string, ** kwargs)。

参数：x 代表的是可选参数，为 x 轴数据、列表或数组。

y 代表的为 y 轴数据、列表或数组。

format_string 代表的是可选参数，为控制图表的格式字符串。它是{color}{marker}{linestyle}3 种参数的组合，例如："r * --"代表的是"红色、星型、点虚线"。"r * --"表示 color='red',marker=' * ',linestyle ='dashed line'3 个参数的组合。r 是 red 的简写，-- 代表的是 dashed line。具体可参见表 11-2～表 11-4。

** kwargs 代表的是第二组或更多组(x,y,format_string)。

2. plt.plot()函数及参数对照表

plt.plot()的常用参数如表 11-1 所示。

表 11-1 plt. plot()的常用参数

函 数	参 数	说 明
color	颜色	简写为 c,用于颜色设置。参见表 11-2
marker	样式标志	用于点样式设置。参见表 11-3
linestyle	线条样式	简写为 ls,用于设置线型。参见表 11-4
linewidth	线宽	简写为 lw,用于设置线宽
alpha	透明度	范围为 0～1。0 为透明,1 为不透明
markeredgecolor	标志边缘的颜色	简写为 mec,用于设置点的边缘颜色
markeredgewidth	标志边缘的线宽	简写为 mew,用于设置点边缘的宽度
markerfacecolor	标志的颜色	简写为 mfc,用于设置点的颜色
markersize	标志的尺寸	简写为 ms,用于设置点的大小

plt. plot()的常用色彩字符串对照如表 11-2 所示。

表 11-2 色彩字符串

字 符	英 文 说 明	中 文 说 明
c	cyan	青
m	magenta	洋红
y	yellow	黄
k	black	黑
r	red	红
g	green	绿
b	black	蓝
w	white	白

plt. plot()的常用样式字符串对照如表 11-3 所示。

表 11-3 样式字符串

字 符	英 文 说 明	中 文 说 明
o	circle	圆形
s	square	方形
p	pentagon	五角形
h	hexagon1	六边形 1
H	hexagon1	六边形 2
x	x	x 号
D	diamond	钻石型
d	thin_diamond	细钻石型
*	star	星型
.	point	点
,	pixel	像素
+	plus	加号

续表

字　符	英文说明	中文说明
|	vline	直线
_	hline	横线
∨	triangle_down	下三角形
∧	triangle_up	上三角形
<	triangle_left	左三角形
>	triangle_right	右三角形
1	tri_down	下三叉形
2	tri_up	上三叉形
3	tri_left	左三叉形
4	tri_right	右三叉形

plt. plot()的常用线型对照如表 11-4 所示。

表 11-4　常用线型

字　符	英文说明	中文说明
-	Solid line	实线，默认值
--	Dashed line	短画虚线
.	Dotted line	点虚线
-:	Dash-dotted line	短画点虚线

3. plt. plot()应用举例

绘制一个简单的散点图，代码如下：

```
plt.plot(df.Age,df.WorkYears,'ro')
```

输出的结果如图 11-2 所示。

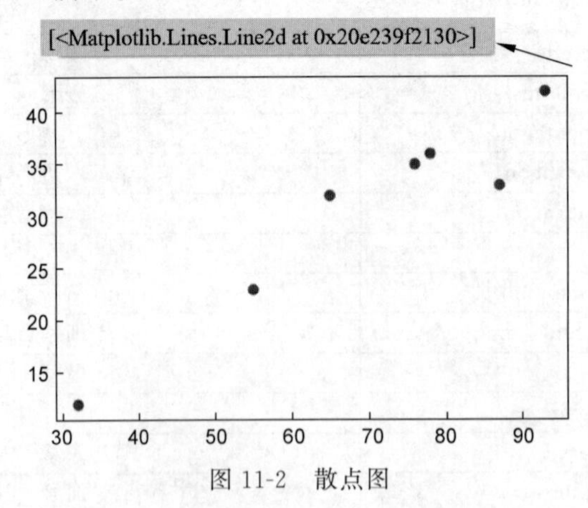

图 11-2　散点图

图形最上方的[< matplotlib. lines. Line2D at 0x20e239f2130 >]表示的是要返回的图形对象。可通过以下两种方法来隐藏显示，代码如下：

```
#方法一
plt.plot(df.Age,df.WorkYears,'ro')
plt.show()                                  #在代码后面加 plt.show()
#方法二
plt.plot(df.Age,df.WorkYears,'ro'); #在结尾处加上分号
```

如果想让图表直接在 Jupyter Notebook 中展示出来，省去每次调用 plt. show()，则可以在导入 plt 之后加上以下代码：

```
import matplotlib.pyplot as plt
%matplotlib inline                      #让图表直接展示
```

11.2.2 可视化的应用流程

Matplotlib 的可视化使用流程图如图 11-3 所示。简要来讲，Matplotlib 的可视化使用流程可分为 4 个步骤：

(1) 设置参数。

(2) 创建画布与子图。

(3) 添加画布内容。

(4) 保存与显示图形。

1. 设置参数

Matplotlib 是一款很优秀的第三方库，但是在实际应用过程中，经常会出现中文乱码及负号不显示的问题。在导入 Matplotlib 库之后，经常需事先进行以下设置，代码如下：

```
plt.rcParams['font.sans-serif'] = ['SimHei']    #正常显示中文
plt.rcParams['axes.unicode_minus'] = False      #正常显示负号
```

2. 创建画布与子图

在 Matplotlib 中，创建画布(Figure)及子图(Axes)的函数为 plt. figure 和 figure. add_subplot。plt. figure 用于创建一个空白画布，可以指定画布的大小和像素。figure. add_subplot 通过指定行数和列数及选图片编号的方式来创建并选定子图。

创建画布之前可先将 matplotlib. pyplot 别名化，代码如下：

```
import matplotlib.pyplot as plt
```

以下是几种创建画布与子图(子集)的方法。

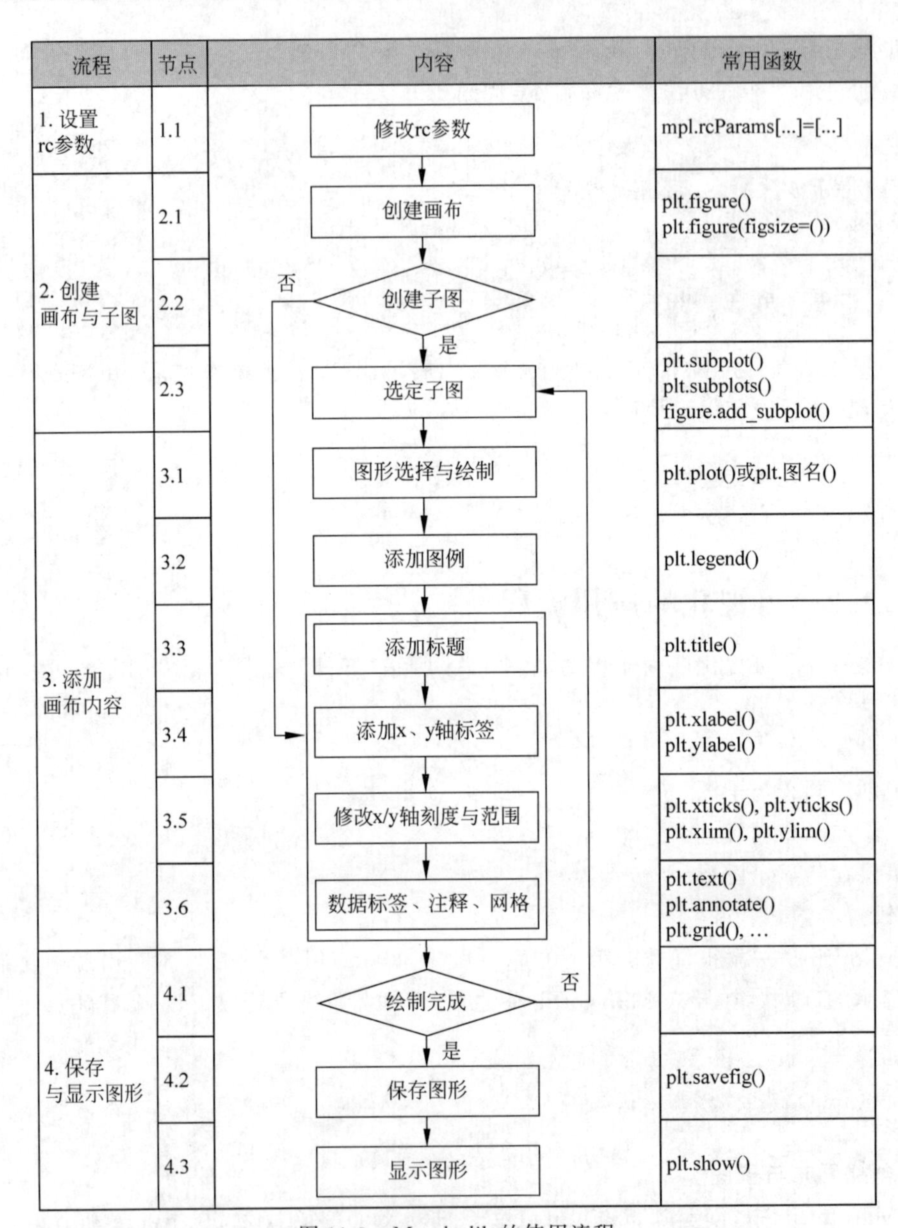

流程	节点	内容	常用函数
1. 设置rc参数	1.1	修改rc参数	mpl.rcParams[...]=[...]
2. 创建画布与子图	2.1	创建画布	plt.figure() plt.figure(figsize=())
	2.2	创建子图（否 → 添加x、y轴标签；是 → 选定子图）	
	2.3	选定子图	plt.subplot() plt.subplots() figure.add_subplot()
3. 添加画布内容	3.1	图形选择与绘制	plt.plot()或plt.图名()
	3.2	添加图例	plt.legend()
	3.3	添加标题	plt.title()
	3.4	添加x、y轴标签	plt.xlabel() plt.ylabel()
	3.5	修改x/y轴刻度与范围	plt.xticks(), plt.yticks() plt.xlim(), plt.ylim()
	3.6	数据标签、注释、网格	plt.text() plt.annotate() plt.grid(), …
4. 保存与显示图形	4.1	绘制完成（否 → 选定子图；是 → 保存图形）	
	4.2	保存图形	plt.savefig()
	4.3	显示图形	plt.show()

图 11-3　Matplotlib 的使用流程

1）设置画布

语法：plt. figure(num, figsize, dpi, facecolor, edgecolor, frameon)。

参数说明：

num 用于指定图像编号或名称。数字为编号，字符串为名称，用于激活不同的画布。

figsize 用于指定画布的长和宽，单位为英寸。

dpi 用于指定画布图像的分辨率。

facecolor 用于指定画布的背景颜色。

edgecolor 用于指定画布的边框颜色。

frameon 用于指定是否显示边框。

代码如下：

```
fig = plt.figure(figsize = (10,4),facecolor = 'c')          #背景颜色"青"
plt.plot(df.Age,df.WorkYears,'ro -- ')                      #样式:红色、圆点、虚线
#'ro -- '的样式说明,参阅表 11 - 2、表 11 - 3、表 11 - 4
plt.show()
```

输出的结果如图 11-4 所示。

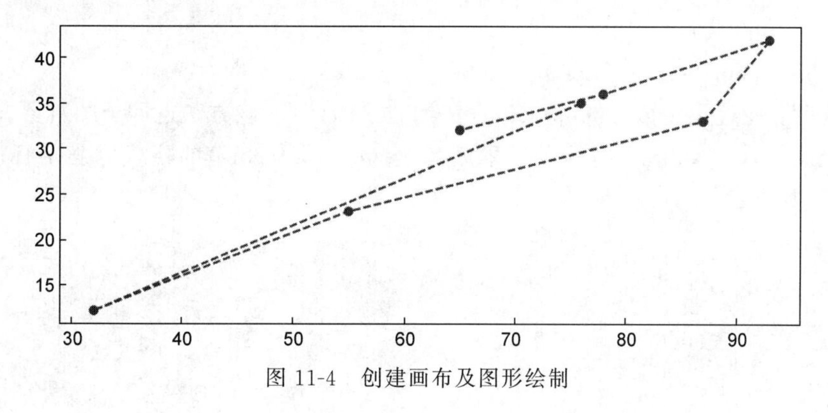

图 11-4 创建画布及图形绘制

2）设置子图

以下介绍的是创建子图区域的 3 种方法，通过 plt 的 subplot( ) 方法、通过 plt 的 subplots()方法和通过 figure 对象调用 add_subplot()方法，如表 11-5 所示。

表 11-5 创建子图区域的 3 种方法

创建方法	用法说明	代码举例
plt. subplot()	1. 创建 figure 2. 利用 subplot()生成子图 3. 构建子图的 Axes 区域 4. 填充可视化图表	fig = plt. figure(figsize=(10,6)) plt. subplot(211) plt. plot(…) plt. subplot(234) plt. plot(…) …… #从 1 开始编号
plt. subplots()	1. 创建 figure 及一次性建立所有子图 Axes 2. 对不同子图的 Axes 区域填充可视化图表	fig,axes= plt. subplots(2,1,figsize=(10,6)) ax1=axes[0] #或 axes[0] ax1. plot(…) ax2=axes[1] #或 axes[1] ax2. plot(…) …… #从 0 开始编号

续表

创建方法	用法说明	代码举例
fig. add_subplot()	1. 创建 figure 2. 利用 add_subplot()生成子图 3. 构建子图的 Axes 区域 4. 填充可视化图表	fig = plt. figure(figsize=(10,6)) ax1=fig. add_subplot(211) plt. plot(…) ax2 = … plt. plot(…) …… #从 1 开始编号

表 11-5 中,plt. subplot()和 fig. add_subplot()的参数和含义都相同。

(1) plt. subplot()

语法：plt. subplot(nrows,ncols,index, ** kwargs)。

用法说明：通过调用 plt. subplot()方法创建子图区域,该方法返回子图对象。

一般情况下,plt. subplot()的布局采用的是 (nrows,ncols)的格式以满足标准排版需求,代码举例如下：

```
a = plt.subplot(221)
b = plt.subplot(222)
c = plt.subplot(223)
d = plt.subplot(224)
```

输出的结果如图 11-5 所示。

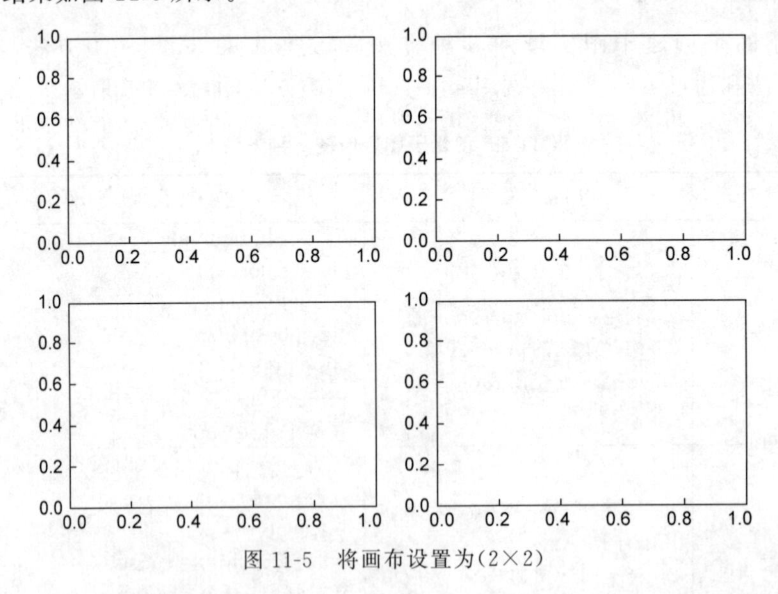

图 11-5 将画布设置为(2×2)

当所需排版的子图个数少于 nrows×ncols 时,采用标准写法会造成排版的不美观,代码举例如下：

```
a = plt.subplot(221)
b = plt.subplot(222)
c = plt.subplot(223)
```

输出的结果如图 11-6 所示。

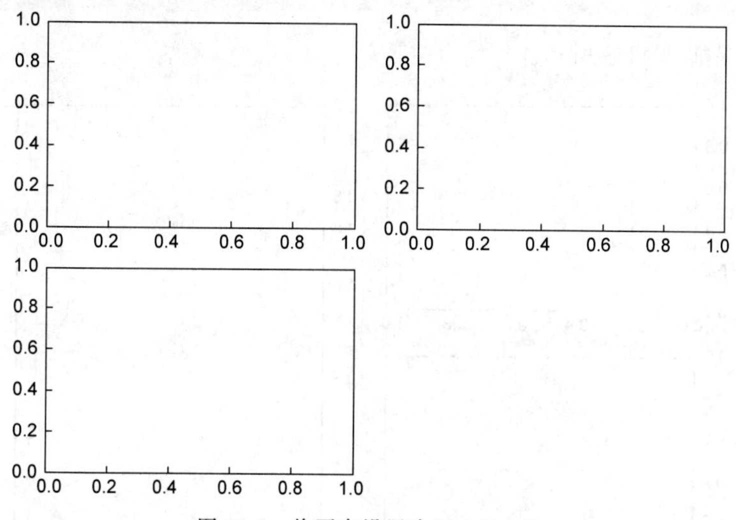

图 11-6 将画布设置为(2+1)(1)

若第二行只需一个子图，则可以采用(2+1)子图布局设置，代码如下：

```
a = plt.subplot(221)
b = plt.subplot(222)
c = plt.subplot(212)        #2 行 1 列，当前子图是第 2 个
```

输出的结果如图 11-7 所示。

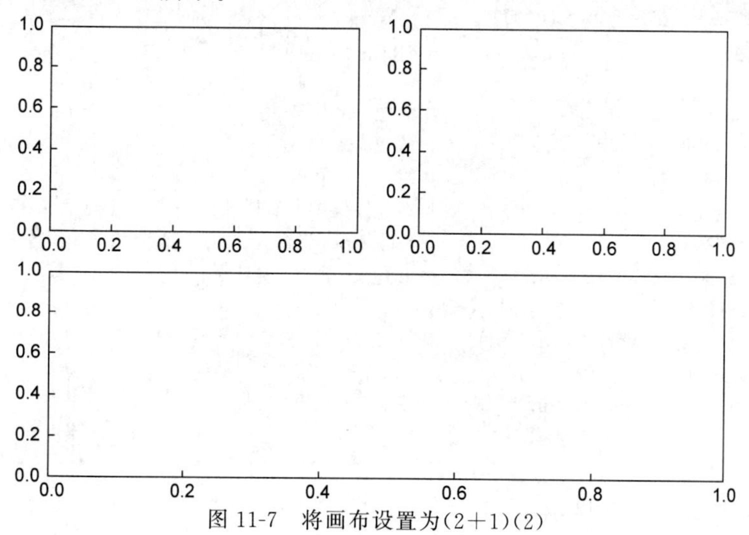

图 11-7 将画布设置为(2+1)(2)

当想将版面换成第一列 2 个图,第二列 1 个图时,代码如下:

```
a = plt.subplot(221)
b = plt.subplot(223)
c = plt.subplot(122)
```

输出的结果如图 11-8 所示。

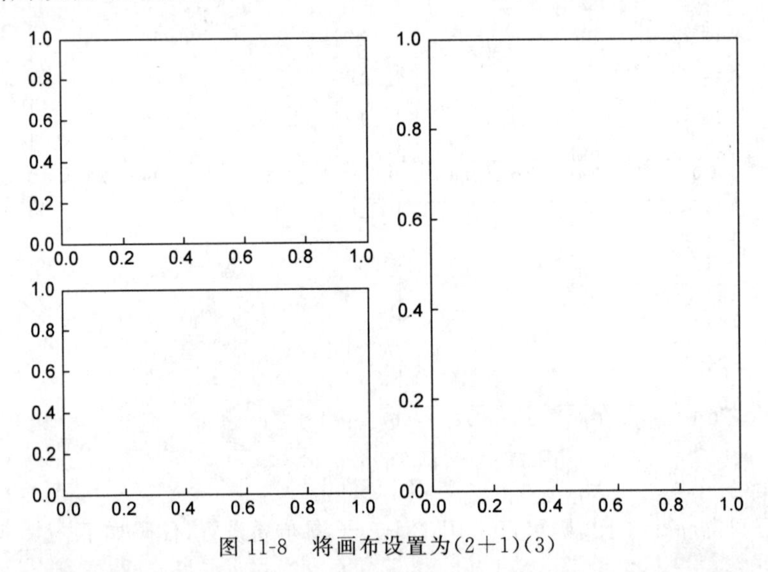

图 11-8 将画布设置为(2+1)(3)

在完成画布创建后,开始画布内容的添加。以下是利用 plt.subplot()方法完成布局(1+3)的多个子图绘制,代码如下:

```
df = pd.read_excel('demo_.xlsx').sort_values('Age')
fig = plt.figure(figsize = (8,3))       #创建一个尺寸为(8,3)的空画布
plt.subplot(211)                        #2 行 1 列,当前子图为第 1 个
plt.plot(
    df.Age, df.WorkYears,'r-.',         #红色,点虚线
    df.Age,df.Weight,'b-s',             #蓝色,实线,方形点
    df.Age,df.BMI,'g^'                  #绿色,三角形
    )                                   #本段代码中所有样式说明,参阅表 11-2、表 11-3、表 11-4
plt.subplot(234)                        #3 行 3 列,当前子图为第 4 个
plt.plot(df.Age,df.WorkYears,'b^-')     #蓝色、三角形、实线
plt.subplot(235)
plt.plot(df.Age,df.WorkYears,'ms')      #洋红、方形
plt.subplot(236)
plt.plot(df.Age,df.WorkYears,'k1')      #黑色、上三叉形
plt.show()
```

输出的结果如图 11-9 所示。

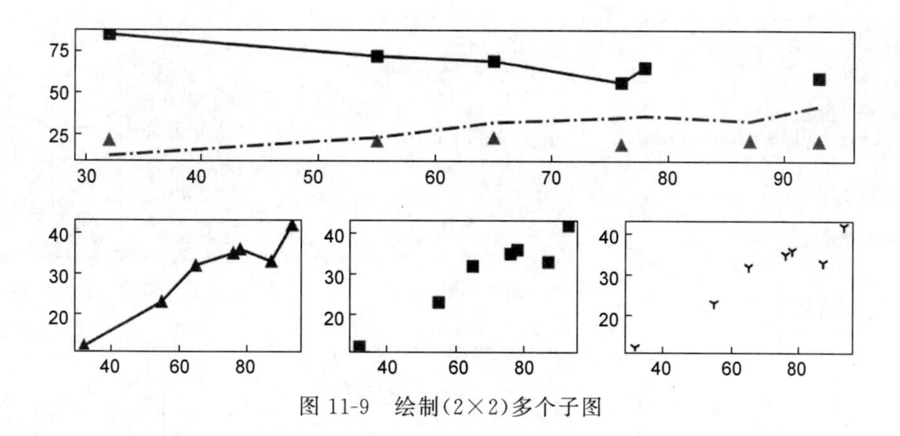

图 11-9 绘制(2×2)多个子图

以上创建子图的流程为先使用 plt.figure()创建画布，然后用 plt.subplot()创建子图(Axes)，接下来用 plt.plot()添加子图内容，最后用 plt.show()显示图形。

以常见的散点图、推移线图、箱线图、柱形图、条形图、堆积柱状图为例，现将此 6 种图形分布于一个 2×3(2 行 3 列)规则的子图集内。相关代码如下：

```
#设置
import matplotlib.pyplot as plt
#1.定义变量
x = df.Age
y = df.WorkYears
y1 = df.BMI

#2.创建画布
plt.figure(figsize = (8,4))

#3.添加内容
plt.subplot(2,3,1)                    #画布中第 1 个图
plt.scatter(x,y)                      #散点图

plt.subplot(2,3,2)                    #画布中第 2 个图
plt.plot(x,y)                         #线图

plt.subplot(2,3,3)                    #画布中第 3 个图
plt.boxplot(x)                        #箱线图默认为纵向.参数 vert = False 可使之横向摆放
#plt.boxplot(x, vert = False)         #横向摆放

plt.subplot(2,3,4)                    #画布中第 4 个图
plt.bar(x,y)                          #柱状图

plt.subplot(2,3,5)                    #画布中第 5 个图
plt.barh(x,y)                         #条形图
```

```
plt.subplot(2,3,6)                    #画布中第6个图
plt.bar(x,y)
plt.bar(x,y1,bottom = y,color = 'r') #堆积柱状图

#4.显示
plt.show()
```

输出的结果如图 11-10 所示。

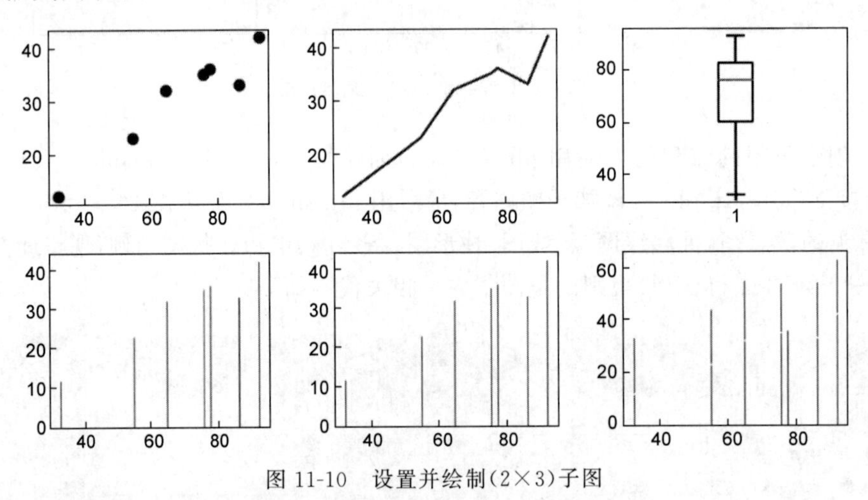

图 11-10 设置并绘制(2×3)子图

更多图表内容及参数设置的知识点展开，详见 11.2.3 节。

(2) plt.subplots() 设置子图

用法说明：通过 plt 的 subplots()方法创建子绘图区域。该方法返回一个元组(Figure 对象与所有子绘图对象，如果是多个子绘图对象，则返回一个 ndarray 数组)。可以通过 sharex 与 sharey 来指定是否共享 x 轴与 y 轴。

子集应用，代码如下：

```
fig,(ax1,ax2) = plt.subplots(1,2,figsize = (8,2))
ax1.plot(df.Age,df.WorkYears,'ro -- ')
ax2.plot(df.Age,df.WorkYears,'b^ - ')
plt.show()
```

输出的结果如图 11-11 所示。

(3) figure.add_subplot()

在创建的画布上，创建 2×24 个子图，代码如下：

```
fig = plt.figure()
ax1 = fig.add_subplot(221)          #(221)等效于(2,2,1)
```

```
ax2 = fig.add_subplot(222)          #2行2列中的第2个图
ax3 = fig.add_subplot(223)          #2行2列中的第3个图
ax4 = fig.add_subplot(224)          #2行2列中的第4个图
```

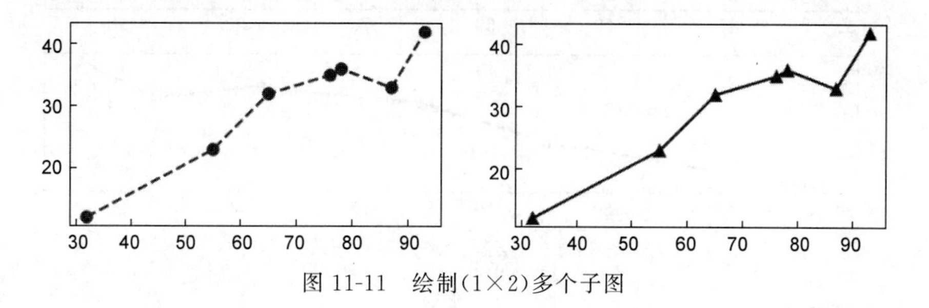

图 11-11　绘制(1×2)多个子图

输出的结果如图 11-12 所示。

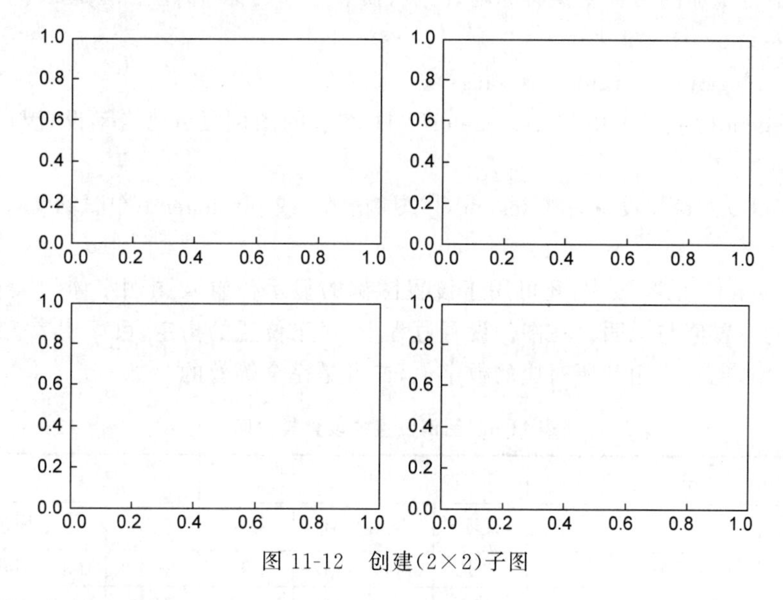

图 11-12　创建(2×2)子图

以下是对(2×1)子图进行图形的绘制,代码举例如下:

```
fig = plt.figure(figsize = (8,3))
p1 = fig.add_subplot(211)
p1.plot(df.Age,df.WorkYears,'ro--')        #子图内图形的绘制
p2 = fig.add_subplot(212)
p2.plot(df.Age,df.WorkYears,'b^-')         #子图内图形的绘制
plt.show()
```

输出的结果如图 11-13 所示。

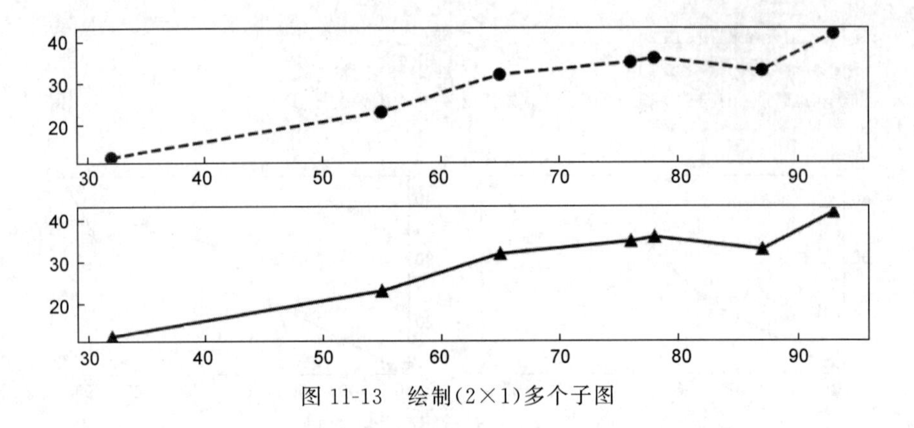

图 11-13 绘制(2×1)多个子图

3. 添加画布内容

在画布中可添加的内容主要有标题、图例、横竖坐标的标签、范围、刻度及网格等。

1) plt.legend()图表图例

语法：plt.legend(* args, ** kwargs)。

在 plt.legend()或子图中的 ax.legend()中，图表的图例可分为自动设置与手动设置两种方式。

plt.legend()为自动设置，plt.legend(['图例名'])或 plt.legend(('图例名',))为手动设置图例名。

在 plt.legend()的参数中，还可用于设置图例的显示位置及图例字体的大小。表 11-6 是图例位置的设置值与说明。在图例设置过程中，对于位置的指定，可以用表 11-6 中的(英文)位置字符串，也可以用其所对应的数字值，二者是完全等效的。

表 11-6 图例位置的设置与说明

位置	左			中			右		
	说明	位置描述	数字	说明	位置描述	数字	说明	位置描述	数字
上	左上	upper left	2	中上	upper center	9	右上	upper right	1
中	左中	center left	6	中	center	10	右上	center right	7
下	左下	lower left	3	中下	lower center	8	右下	lower right	4

关于图例位置描述的设置，代码如下：

```
fig = plt.figure(figsize = (8,3))
plt.plot(df.Age,df.WorkYears)
plt.legend(['线条图'],loc = 2,fontsize = 14)
#plt.legend(['线条图'],loc = 'upper left',fontsize = 14) #与上一行代码完全等效
#plt.legend(('线条图',),loc = 'upper left',fontsize = 14)
#['线条图']与('线条图',)等效
plt.show()
```

输出的结果如图 11-14 所示。

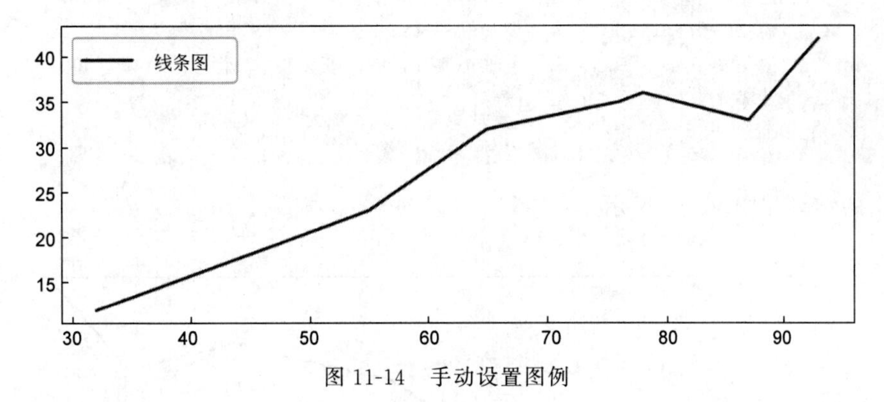

图 11-14 手动设置图例

注意：在手动设置图例时，元组内文本后必须接一个逗号（“,”），否则会出现文本显示不全。

2）plt.title()

代码如下：

```
fig = plt.figure(figsize = (8,3))
plt.plot(df.Age,df.WorkYears)
plt.title('标题',c = 'k')              #c为 color 的简写,'k'为 black 的简写
plt.legend(('线条图',),loc = 'upper left')
plt.show()
```

输出的结果如图 11-15 所示。

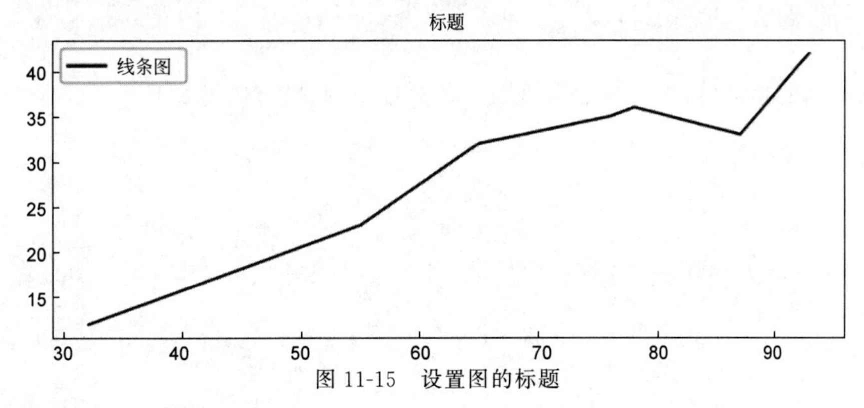

图 11-15 设置图的标题

3）plt.xlabel() & plt.ylabel()

设置 x 轴及 y 轴标签，代码如下：

```
fig = plt.figure(figsize = (8,3))
plt.plot(df.Age,df.WorkYears)
```

```
plt.title('标题',c = 'k')
plt.xlabel('(x)年龄值',c = 'w')      #x 轴标签'(x)年龄值',颜色"白色"
plt.ylabel('(y)工龄值',c = 'b')      #y 轴标签'(y)工龄值',颜色"蓝色"
plt.legend(('线条图',),loc = 'upper left')
plt.show()
```

输出的结果如图 11-16 所示。

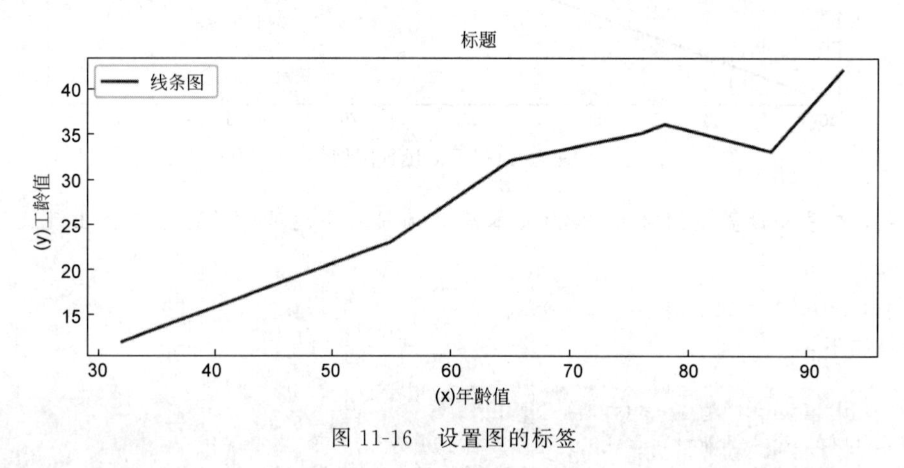

图 11-16 设置图的标签

4) plt.xticks() & plt.yticks()

先查询 x 轴及 y 轴的最大值,代码如下:

```
df.Age.max()          # => 93
df.WorkYears.max()    # => 42
```

依据上面的参考值,进行 x 轴刻度及 y 轴刻度值的设置,代码如下:

```
fig = plt.figure(figsize = (8,3))
plt.plot(df.Age,df.WorkYears)
plt.title('标题',c = 'k')
plt.xlabel('(x)年龄值',c = 'r')
plt.ylabel('(y)工龄值',c = 'b')
plt.xticks([0,20,40,60,80,100],fontsize = 10)    #x 轴刻度值
plt.yticks([10,20,30,40,],fontsize = 10)         #y 轴刻度值
plt.legend(('线条图',),loc = 'upper left')
plt.show()
```

输出的结果如图 11-17 所示。

x 轴刻度及 y 轴刻度值的设置也可以用 plt.tick_params()方法。此处不展开介绍。

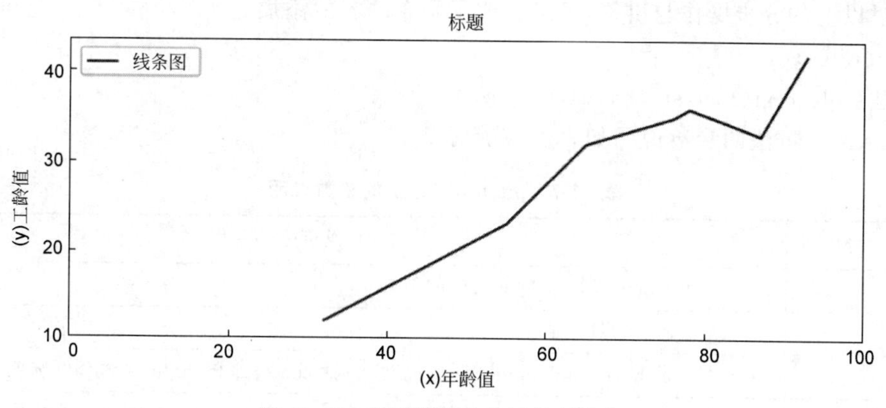

图 11-17 设置图的坐标轴的刻度值

5）plt. xlim() & plt. ylim()

继续上面的代码，对 xlim 和 ylim 进行应用举例，代码如下：

```
fig = plt.figure(figsize = (8,3))
plt.plot(df.Age,df.WorkYears)
plt.title('标题',c = 'k')
plt.xlabel('(x)年龄值',c = 'w')
plt.ylabel('(y)工龄值',c = 'b')
plt.xticks([0,20,40,60,80,100],fontsize = 10)
plt.yticks([10,20,30,40,],fontsize = 10)
plt.xlim((30,100))        # xlim 只能是一个数值区间,不能使用字符串标识
plt.ylim((10,40))         # ylim 只能是一个数值区间,不能使用字符串标识
plt.legend(('线条图',),loc = 'upper left')
plt.grid()                # 设置网格线.可通过 axis = 'y'或 ax = 'x'来选择控制的轴
                          # plt.grid(axis = 'x') 或 plt.grid(axis = 'y')
plt.show()
```

输出的结果如图 11-18 所示，其差别需对比图 11-15 才能发现。

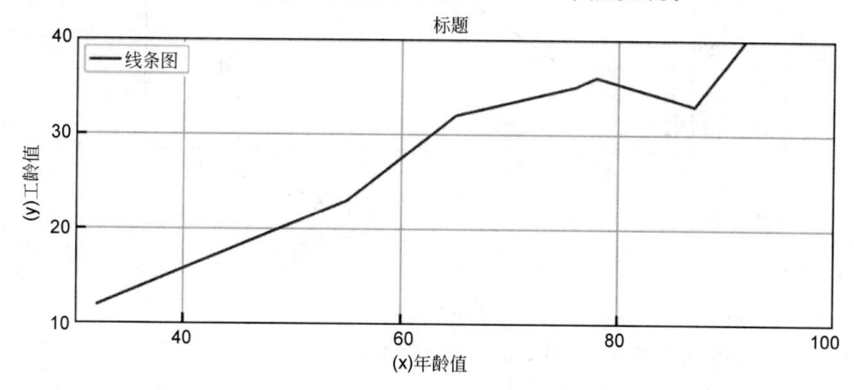

图 11-18 设置图的坐标轴的范围区间

通过以上的分步操作与讲解，已经完成了画布内容的添加。

6）plt. text()

语法：plt. text(x,y,str,ha,va,fontsize)。

plt. text()方法的参数说明如表 11-7 所示。

表 11-7 plt. text()方法的参数说明

参 数	参 数 说 明
x,y	自变量 x 及应变量 y 对应的值
str	要显示的具体值
ha	ha 是 horizontalalignment 的简写，包括 center、left、right 共 3 个可选项
va	va 是 verticalalignment 的简写，包括 center、top、bottem 共 3 个可选项
fontsize	设置数据标签的字体大小

plt. text()只显示具体某一点的值。如果需显示整个图表的数据标签，则需要采用循环的方式，代码举例如下：

```
df = pd.read_excel(r"demo_.xlsx").sort_values('Age')
plt.plot(df.Age, df.WorkYears)
for a,b in zip(df.Age, df.WorkYears):
    plt.text(a,b,b)
```

显示的图形如图 11-19 所示。

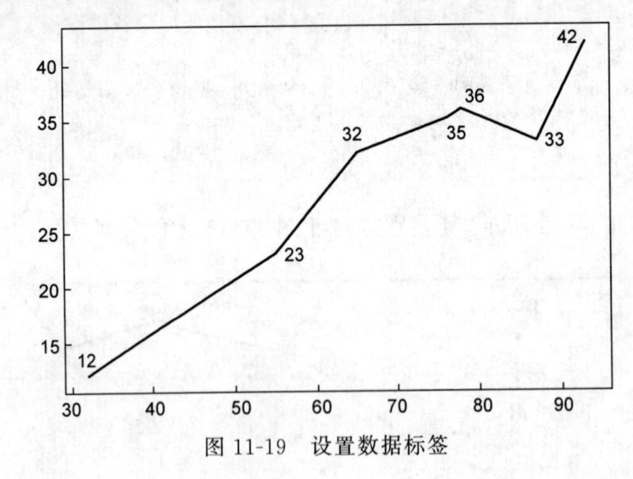

图 11-19 设置数据标签

7）plt. annotate()

语法：plt. annotate(s,xy,xytext,arrowprops)。

plt. annotate()方法的参数说明如表 11-8 所示。

表 11-8 plt.annotate()方法的参数说明

参 数	参 数 说 明
s	要注释的内容
xy	要注释的位置
xytext	注释文本的显示位置
arrowprops	箭头颜色(facecolor)及箭头类型(arrowstyle)的设置

可供选择的箭头类型有'-'、'->'、'-'、'-['、'<-'、'<->'、'fancy'、'simple'、'wedge'。

4. 保存与显示图形

以下是本节内容的综合讲解与回顾,代码如下:

```
#1.导入与设置
import numpy as np
import pandas as pd
import matplotlib.pyplot as plt
plt.rcParams['font.sans-serif'] = ['SimHei']      #正常显示中文
plt.rcParams['axes.unicode_minus'] = False        #正常显示负号

df = pd.read_excel(r"demo_.xlsx").sort_values('Age')

#2.创建画布与子图
plt.subplot(111)                                  #此案例中,此步骤可省略

#3.添加画布内容
plt.title('(demo_)年龄与工龄对应表')                #设置标题

plt.plot(df.Age, df.WorkYears,
        c = 'r',   #c是color的简写
        ls = '--', #ls是linestyle的简写;'--'也可以表示为dashed
        lw = 1,                                   #lw是linewidth的简写
        marker = 'o',                             #'o'是圆形标志
        ms = 5,                                   #ms是markersize的简写
        label = '折线图');

plt.grid()
plt.legend(loc = 'upper right')                   #'upper right'可用1取代,二者等效

#4.添加数据标签,语法:plt.text(x,y,str,ha,va,fontsize)
for a,b in zip(df.Age, df.WorkYears):
    plt.text(a,b,                                 #要在哪里显示数据
            b,                                    #要显示的具体数值
            ha = 'center',
            #ha是horizontalalignment的简写.包括center、left、right共3个可选项
            va = 'bottom',
```

```
            #va是verticalalignment的简写.包括center、top、bottem共3个可选项
            fontsize = 12)

#5.添加图表注释
plt.annotate('最小值',
            xy = (32,12),                    #要注释的位置
            xytext = (35,16),                #注释文本的显示位置
            arrowprops = dict(facecolor = 'r', #箭头的颜色
            arrowstyle = 'fancy'             #箭头的类型
              ))

#6.保存与显示图形
plt.savefig('线条图.png')                    #保存图形
plt.show()
```

图片被保存在当前代码同一目录下的“线条图.png”。显示的图形如图 11-20 所示。

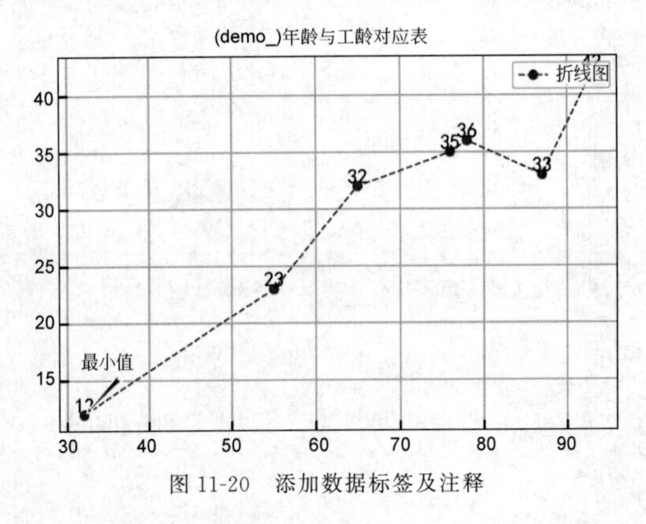

图 11-20　添加数据标签及注释

11.2.3　图表的选择与应用

Matplotlib 常用来绘制二维图形的相关方法与参数说明如表 11-9 所示。

表 11-9 中相关参数的说明：

color、lw、ec、marker、ls、mec、mew、mfc、ms 等参数参见表 11-1 内相关说明。其他一些常用参数说明：label 表示数据标签；align 表示柱状位置；height 表示柱状高度；width 表示柱状宽度；edgecolor 表示边框颜色；s 表示散点大小。

以上图形与 Excel 中的应用原理相似，故不对其参数及其应用一一举例说明。以下仅对两个较常见的应用场景进行举例说明。

表 11-9 Matplotlib 常用来绘制二维图形的相关方法与参数说明

分类	图形	函数	x	y	color	label(s)	lw/width	hei-ght	align	edgec-olor(s)	bott-om	marker	weight	s	ls	mec	mew	mfc	ms	其他参数
点	散点图、气泡图	plt.scatter()	√	√	√	√	√			√		√		√						…
线	折线图	plt.plot()	√	√	√	√	√					√			√	√	√	√	√	…
	堆积面积图	plt.stackplot()	√	√	√	√														…
	箱线图	plt.boxplot()	√			√	√													…
图	饼图	plt.pie()	√		√	√														…
	雷达图	plt.polar()			√		√					√								…
	误差棒图	plt.errorbar()	√	√	√		√									√		√	√	…
柱	直方图	plt.hist()	√		√	√			√											…
	柱状图	plt.bar()	√		√		√	√	√	√	√									…
	条形图	plt.barh()		√	√		√	√	√	√			√							…

1. 同一图形内多对象的比较

在数据分析过程中,同一图形内多对象比较十分常见。举例如下。

```
df = (pd.read_excel('demo_.xlsx')
.dropna()
.query('Age > 50')
.sort_values('Age')
     )
fig = plt.figure(figsize = (9,6))

a = plt.bar( # 条形图
    df.Age - 0.8, # y 轴,条形之间的相互间宽
    df.WorkYears, - 0.8, #x 轴,条形之间的相互间宽
    alpha = 0.6, # 透明度
    color = 'r', # 红色
    label = '工龄')

b = plt.bar(
df.Age , # y 轴
df.BMI, #x 轴
    alpha = 0.6, # 透明度
    color = 'g', # 绿色
    label = '健康情况')

c = plt.bar(
    df.Age + 0.8, # y 轴,条形的间宽
    df.Weight,0.8, #x 轴,条形的间宽
    alpha = 0.6, # 透明度
    color = 'b',
    label = '体重')

plt.legend(loc = 1);
```

输出的图形如图 11-21 所示。

如果需要对条形图或柱形图进行填充,则可以利用 hatch 参数设置纹理。例如:hatch= '++++'(个数与密集相关,个数越多,密集度越高)。其他可用填充的纹理有"/、\、|、-、+、x、.、*、0、o"。

2. 复合图

在数据分析过程中,同一图形内的不同图表的结合应用也很常见。以下是"直线+柱状"复合图的举例说明,代码如下:

```
import numpy as np
import pandas as pd
import matplotlib.pyplot as plt
plt.rcParams['font.sans - serif'] = ['SimHei']
```

```
df = pd.read_excel('demo_.xlsx').sort_values('Age')

plt.figure(figsize = (8, 3))
x = df.Age
y = df.WorkYears
plt.plot(x, y, 'r', lw = 1)               #生成折线图

x = df.Age
y = df.WorkYears
plt.bar(x, y, 1, alpha = 1, color = 'b')  #生成柱状图

for a,b in zip(df.Age, df.WorkYears):
   plt.text(a,b,b,fontsize = 12,c = 'r')

plt.show()
```

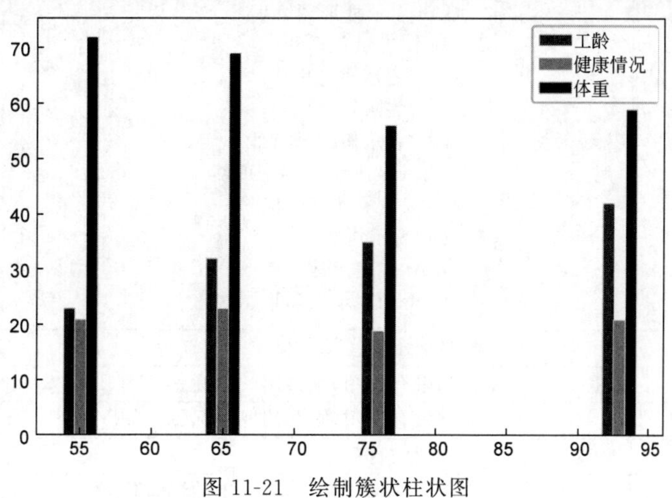

图 11-21 绘制簇状柱状图

输出的结果如图 11-22 所示。

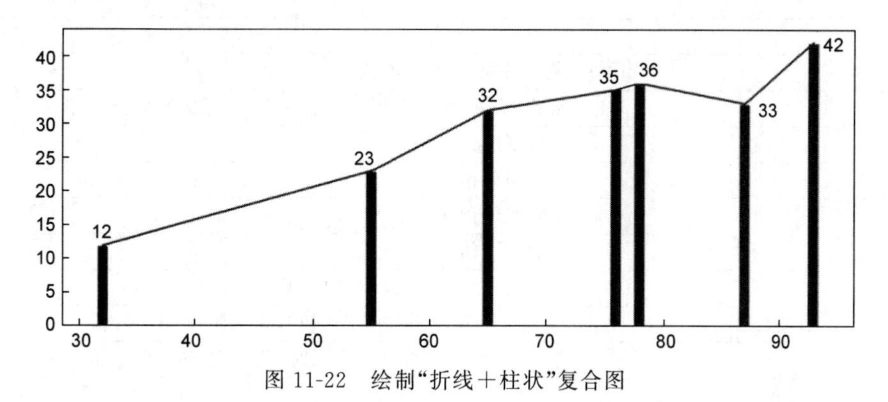

图 11-22 绘制"折线＋柱状"复合图

11.3 df.plot()

Pandas 与 Matplotlib.pyplot 间存在着无缝对接。在 Pandas 中,可以对 Series 与 DataFrame 对象使用 plot()方法直接进行图形绘制,从而无须使用 plt.plot()。

11.3.1 参数对照表

df.plot()及 s.plot()的参数说明如表 11-10 所示。

表 11-10 df.plot()及 s.plot()的参数说明

参数	参数说明
x,y	指定标签与位置参数
kind	指定图形类型,默认为 line(折线图) 'line'表示折线图 'bar'表示柱形图 'barh'表示条形图 'hist'表示直方图 'box'表示箱线图 'kde'表示概率密度线 'density'表示概率密度线 'area'表示堆积面积图 'pie'表示饼图 'scatter'表示散点图 'hexbin'表示六角形图
ax	当前子图在子图集中的位置
sharex	如果有子图,则共用 x 轴标签
sharey	如果有子图,则共用 y 轴标签
layout	子图的行列布局
figsize	图形的尺寸大小,以元组的形式传递
use_index	默认用索引做 x 轴的刻度
title	图的标题
grid	是否有网格线
legend	是否添加子图的图例
style	如果 kind 为 line,则用于控制折线的线条类型
xticks	x 轴刻度值
yticks	y 轴刻度值
xlim	x 轴的取值范围
ylim	y 轴的取值范围
rot	轴标签的旋转度数,必须是整数值
xerr	当图形为柱形图或条形图时,为图形添加误差棒
yerr	当图形为柱形图或条形图时,为图形添加误差棒

续表

参 数	参数说明
logx	是否对 x 轴做对数变换，默认值为 False
logy	是否对 y 轴做对数变换，默认值为 False
loglog	是否同时对 x 轴和 y 轴做对数变换，默认值为 False
fontsize	x 轴及 y 轴的字体大小
table	是否添加数据表
label	是否添加图形标签
Secondary_y	是否添加第 2 个 y 轴

11.3.2 应用说明

在 Pandas 中，plot 默认绘制的是线性图。以下面的 DataFrame.plot()为例，代码如下：

```
df.select_dtypes('number').plot();
```

在此基础上进行画布尺寸及图例等设置也是允许的，代码如下：

```
df.select_dtypes('number').plot(figsize = (8,3))\
.legend(['线条图'],loc = 2,fontsize = 14);
```

输出的结果如图 11-23 所示。

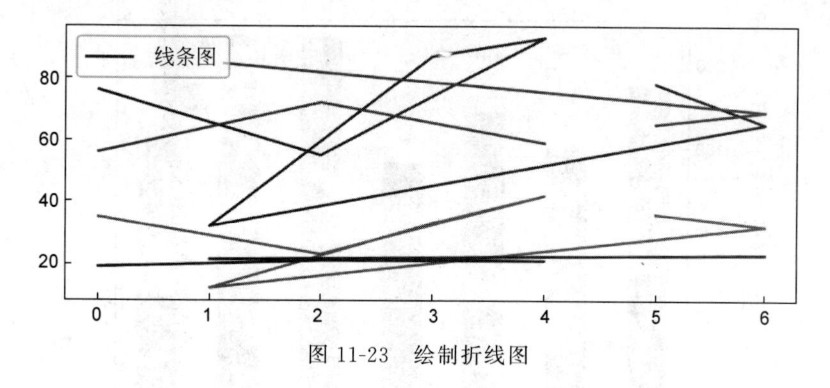

图 11-23 绘制折线图

见表 11-9，df.plot()或 s.plot()方法可支持的图形有线性图(line)、箱线图(box)、面积图(area)、饼图(pie)、直方图(hist)、核密度图(kde / density)、柱形图(bar)、条形图(barh)等。可调用的方法有"对象.plot(kind='种类')"或"对象.plot().种类"两种，代码举例如下：

```
df.select_dtypes('number').plot(kind = 'bar');    # 以柱形图为例，方法一
df.select_dtypes('number').plot.bar();           # 方法二
```

输出的结果如图 11-24 所示。

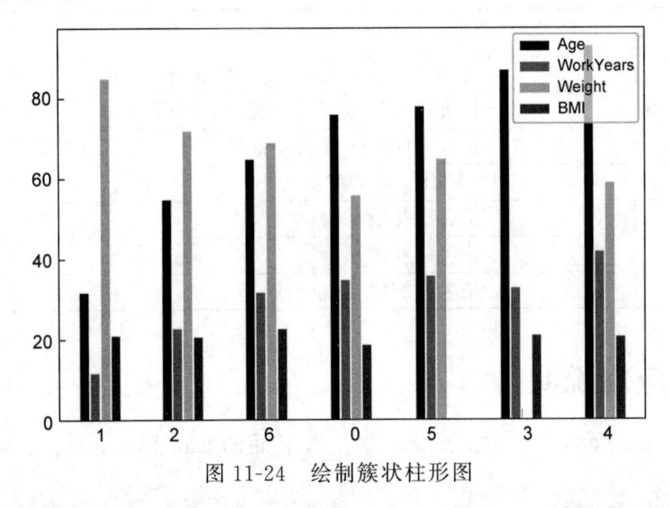

图 11-24　绘制簇状柱形图

“对象.plot(kind='种类')”或“对象.plot.种类()”可支持的参数有 color(颜色)、alpha(透明度)、stacked(是否堆叠),代码举例如下:

```
df.select_dtypes('number').plot(kind = 'bar',stacked = True);   #堆积柱形图
#df.select_dtypes('number').plot.bar(stacked = True);          #方法二
```

输出的结果如图 11-25 所示。

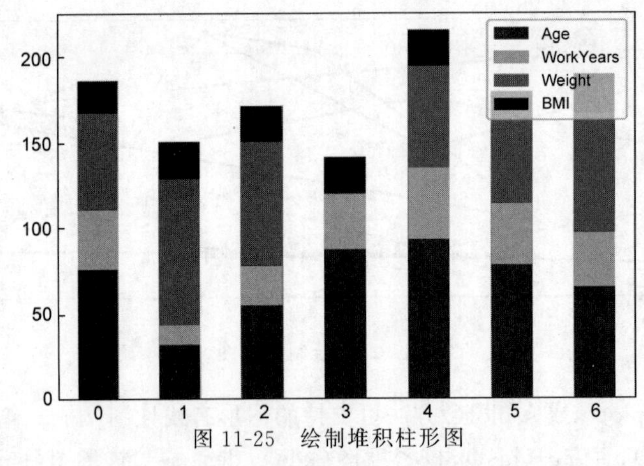

图 11-25　绘制堆积柱形图

柱形图与条形图的原理与参数是一致的,其区别在于输出的图形中 x 轴与 y 轴方向已被调换。代码举例如下:

```
(df
.select_dtypes('number')
.plot(kind = 'barh',stacked = True));
```

输出的结果如图 11-26 所示。

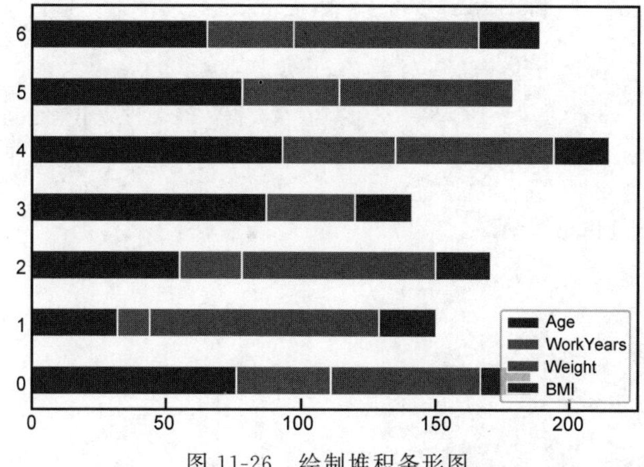

图 11-26　绘制堆积条形图

通过以上的绘图流程与效果对比后可发现：在很多情况下，在 Pandas 中直接进行 df.plot()或 s.plot()图形绘制会更加高效、快捷，且应用思路完全符合 IE(工业工程)中的"动作经济原则"(减少动作数量、缩短动作距离、双手同时作业、使动作保持轻松自然的状态)。

11.4　Seaborn

Seaborn 是一个在 Matplotlib 的基础上做了高级封装的可视化库。相比 Matplotlib，它的绘图更加集成化，绘图的过程更加简单。Seaborn 与 Matplotlib 之间在绘图时能够有效地配合，Seaborn 与 Pandas 的数据之间也能高效地对接。

11.4.1　设置

1. sns.set_style()设置图表风格

Seaborn 有 5 种预先设计好的主题样式：darkgrid(默认)、dark、whitegrid、white、ticks。设置图表风格，代码如下：

```
sns.set_style('dark')            #底色为灰色
sns.relplot(x = 'Age', y = 'WorkYears', data = df, height = 4);
```

输出的结果如图 11-27 所示。

2. sns.despine()设置坐标轴

despine()方法主要适用于 white、ticks 两种主题样式。主要有 3 种应用场景：①sns.despine()用于移除右侧和顶部的坐标轴；②sns.despine(offset, trim=True)用于使 x 和 y 坐标轴之间偏移一段距离；③sns.despine(left=True)或 sns.despine(right=True)用于移除左边或右边边框。代码举例如下：

```
sns.set_style('ticks')
sns.relplot(x = 'Age', y = 'WorkYears', data = df, height = 4);
sns.despine(
    offset = 40,                    # 与坐标轴之间的偏移值
    trim = True                     # 将坐标轴限制在数据的最大与最小值之间
)
```

输出的结果如图 11-28 所示。

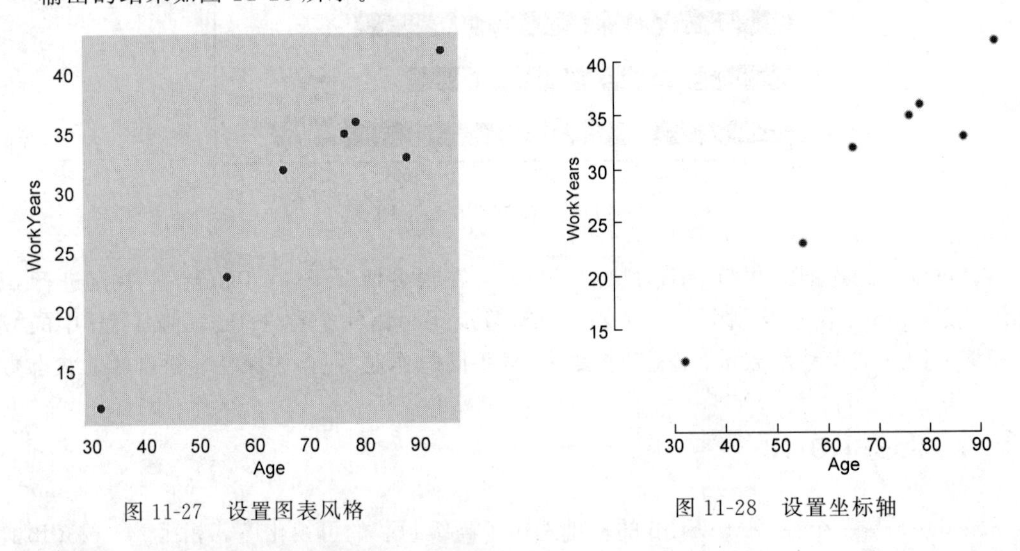

图 11-27　设置图表风格　　　　图 11-28　设置坐标轴

图 11-28 中，坐标轴已明显地发生了偏移。

3. set_context()设置显示坐标轴刻度

set_context()的选择有 Notebook（默认）、paper、talk、poster 共 4 种。

设置显示坐标轴刻度，代码如下：

```
sns.set_context('talk')
sns.relplot(x = 'Age', y = 'WorkYears', data = df, height = 4);
plt.xlim([0, df.Age.max()])                # 列表中的数值可为具体的起始值
plt.ylim([0, df.WorkYears.max()])          # 说明同上
```

输出的结果如图 11-29 所示。

4. color_palette()设置调色盘

color_palette()是对图表整体颜色、比例等进行风格设置（包括颜色色板等的设置）。color_palette()默认的 6 种颜色为 deep、muted、pastel、bright、dark、colorblind。

在 Seaborn 中，可用到的颜色有 'Accent''Accent_r''Blues''Blues_r''BrBG''BrBG_r' 'BuGn''BuGn_r''CMRmap''CMRmap_r''Dark2''Dark2_r''Greens''Greens_r''Greys''Greys_r' 'OrRd''OrRd_r''Oranges''Oranges_r''PRGn''PRGn_r''Paired''Paired_r''Pastel1''Pastel1_r'

'Pastel2''Pastel2_r''PiYG''PiYG_r''PuBu''PuBu_r''PuBuGn''PuBuGn_r''RdYlBu' 'RdYlBu_r''Set1''Set1_r''Set2''Set2_r''Set3''Set3_r''Spectral''Spectral_r''Wistia"Wistia_r' 'afmhot''afmhot_r''autumn''autumn_r''binary''binary_r''bone''bone_r''brg_r'。以上调色盘颜色也适用于 Seaborn 各方法中的 palette 参数。

以 palette="PRGn"为例，其中 PR 为 purple(紫色)，Gn 为 green(绿色)。此配色方案所采用的是由紫色向绿色渐变的方式(数值偏大时为深紫，数值偏小时为深绿)。如果采用的是'PRGn_r'，则代表由绿色向紫色渐变，其中_r 为 reverse(次序颠倒)的意思。

设置调色盘的颜色，代码如下：

```
sns.color_palette('Blues')
sns.set_context('talk')
sns.stripplot(x = 'Age', y = 'WorkYears', data = df)
```

输出的结果如图 11-30 所示。

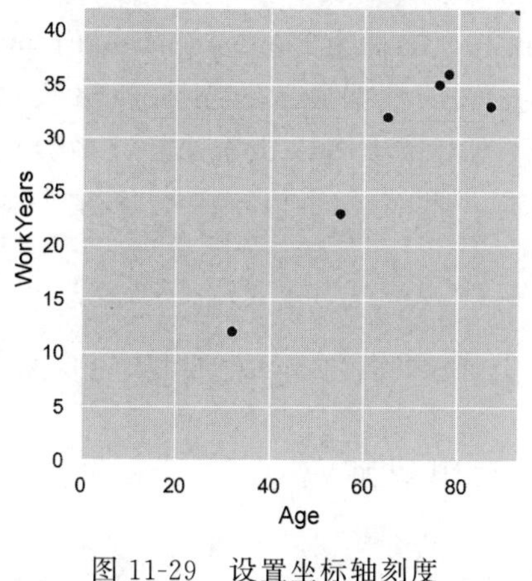

图 11-29　设置坐标轴刻度

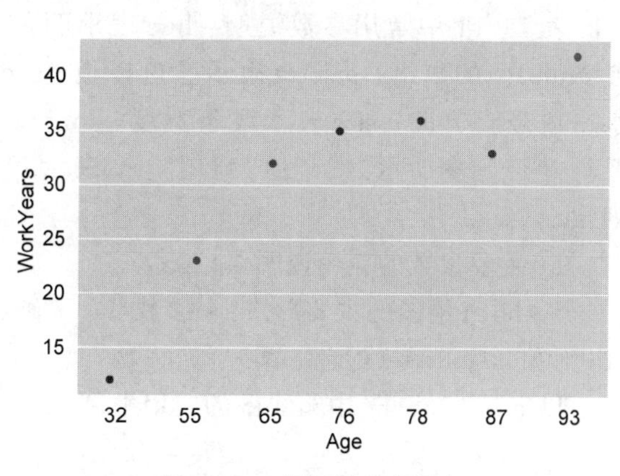

图 11-30　设置调色盘颜色

11.4.2　图表应用

1. 单变量

Seaborn 中适用于单变量的方法有 sns.distplot()、sns.kdeplot()、sns.rugplot()。以下是 sns.distplot()的用法举例。相关代码如下：

```
fig,axes = plt.subplots(1,3)                        #创建一个1行3列的子图集
sns.distplot(df.Age,ax = axes[0]);
sns.distplot(df.Age,hist = False,ax = axes[1])      #不显示直方图
sns.distplot(df.Age,kde = False,ax = axes[2])       #不显示核密度
```

输出的结果如图 11-31 所示。

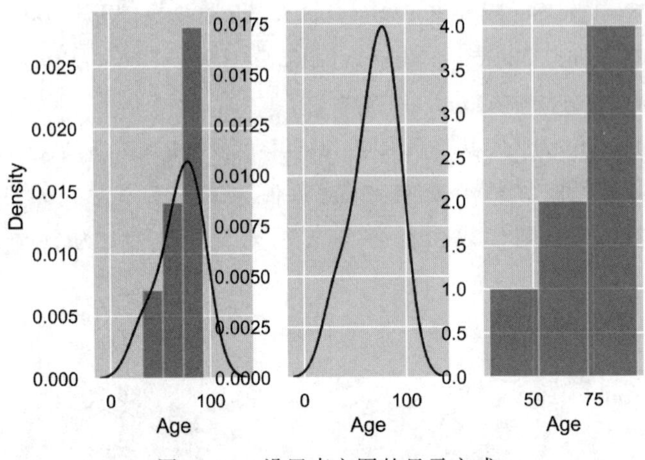

图 11-31 设置直方图的显示方式

2. 双变量

Seaborn 常用来绘制双变量二维图形的相关函数及主要参数如表 11-11 所示。

表 11-11 中常用参数说明：hue 表示颜色映射(分组)；data 为 Pandas 的 DataFrame 或 NumPy 的数组；palette 表示颜色模板；order 表示 x 轴的数据显示顺序；orient 表示水平或竖直方向；size 表示线条宽度；markers 表示数据标志类型；dodge 表示多数据系列是否分离展示。“其他”列用“…”表示各函数还有一些各自的特定参数未在表中列出。

1）主要参数的应用说明

Seaborn 绘图的主要形式：sns.图形('x 轴(列名)','y 轴(列名)',hue(分组颜色),data(df 对象),'palette(配色方案)')。

以下是 Seaborn 中箱线图的应用举例，hue 为分组参数，代码如下：

```
df['New'] = df.Age.apply(lambda x: "A" if x > 60 else "B")
sns.boxplot(x = "Score", y = "Age",
            hue = "New",
            data = df,
            palette = "PRGn")  #配色方案为"PRGn",参见本章 11.4.1 节的调色盘设置
```

输出的结果及 hue 参数的分组原理如图 11-32 所示。

以上分组箱线图的应用原理类似于(但不等同)以下代码：

```
df['New'] = df.Age.apply(lambda x: "A" if x > 60 else "B")
df.groupby(['Score','New'])['Age'].agg(['mean','count'])
```

表 11-11 Seaborn 常用来绘制双变量二维图形的相关函数及主要参数

类型	图形	函数	x	y	hue	data	palette	order	orient	size	markers	dodge	color	width/w	其他
关系图	散点图	sns. relplot()	√	√	√	√	√			√	√				…
	散点图、气泡图	sns. scatterplot()	√	√	√	√	√			√	√				…
	折线图	sns. lineplot()	√	√	√	√	√	√		√	√				…
回归图	回归图	sns. lmplot()	√	√	√	√	√			√	√				…
	数据拟合散点图	sns. regplot()	√	√		√					√		√		…
	回归残差图	sns. residplot()	√	√		√		√					√		…
散点图	抖动散点图	sns. stripplot()	√	√	√	√	√	√	√	√		√	√	√	…
	蜂巢图	sns. swarmplot()	√	√	√	√	√	√	√	√			√	√	…
分布图	箱线图	sns. boxplot()	√	√	√	√	√	√				√		√	…
	小提琴图	sns. violinplot()	√	√	√	√	√	√	√				√	√	…
	高斯箱线图	sns. boxenplot()	√	√	√	√	√	√	√			√		√	…
统计图	带误差棒散点图	sns. pointplot()	√	√	√	√	√	√	√		√			√	…
	带误差棒柱形图	sns. barplot()	√	√	√	√	√	√	√			√	√		…
	柱形图	sns. countplot()	√	√	√	√	√	√	√						…

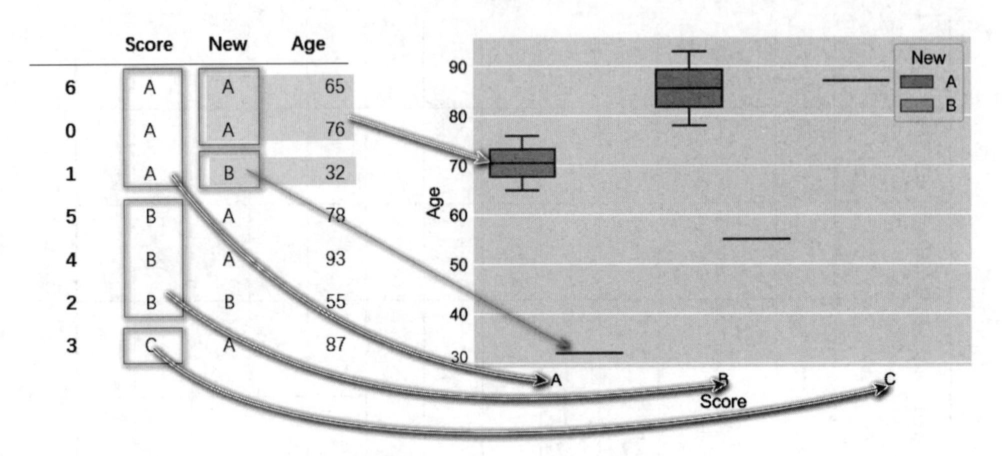

图 11-32　hue 参数的分组原理说明

输出的结果如下：

```
              mean   count
Score New
A      A     70.5       2
       B      32.0       1
B      A     85.5       2
       B      55.0       1
C      A     87.0       1
```

其他常用的配色方案，参见本章 11.4.1 中 color_palette()调色盘设置中的说明。

2）子图集的应用

再举例一个双变量二维多个子图的应用，代码如下：

```
fig,axes = plt.subplots(1,3)                                          #创建一个 1 行 3 列的图片
sns.regplot(x = df.Age,y = 'WorkYears',data = df,ax = axes[0]);       #散点图
sns.stripplot(x = 'Age',y = 'WorkYears',data = df,ax = axes[1]);      #抖动散点图
sns.violinplot(x = df.Age,kde = False,ax = axes[2]) ;                 #小提琴图
```

输出的结果如图 11-33 所示。

3．多变量

Seaborn 中适用于多变量分布的图形有 sns.jointplot()、sns.pairplot()、sns.FacetGrid()、sns.PairGrid()。

1）sns.jointplot()双变量分布图

语法：sns.jointplot(* ,x,y,data,kind,color,height,ratio,space,dropna,xlim,ylim,marginal_ticks,joint_kws,marginal_kws,hue,palette,hue_order,hue_norm, ** kwargs,)。

代码如下：

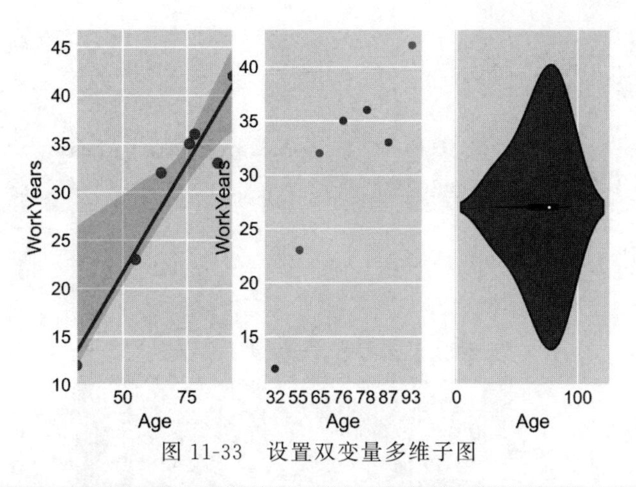

图 11-33　设置双变量多维子图

```
sns.jointplot(x = 'Age',
              y = 'WorkYears',
              data = df,
              #kind = 'kde',
              color = 'g',
              height = 3);
```

输出的结果如图 11-34 所示。

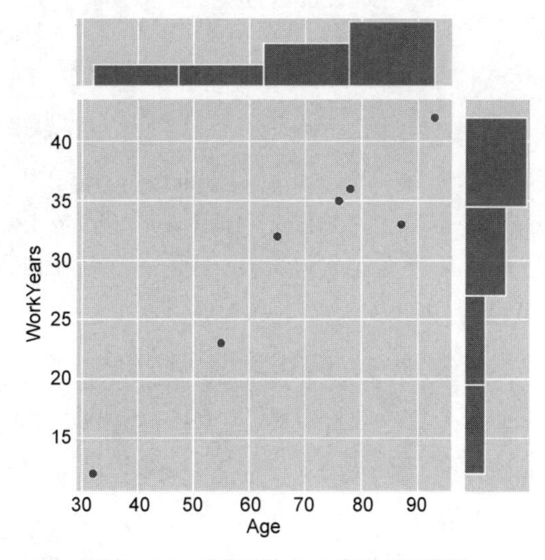

图 11-34　绘制“散点＋直方”矩阵图

如果不想用默认的“散点＋直方”图模式，则可对 kind 进行设置，代码举例如下：

```
(sns
.jointplot(
```

```
        x = 'Age',
        y = 'WorkYears',
        data = df,
        kind = 'reg', #kind 可选 scatter(默认)及 kde、hist、hex、reg、resid
        color = 'g')).fig.set_size_inches(4,4)
```

输出的结果如图 11-35 所示。

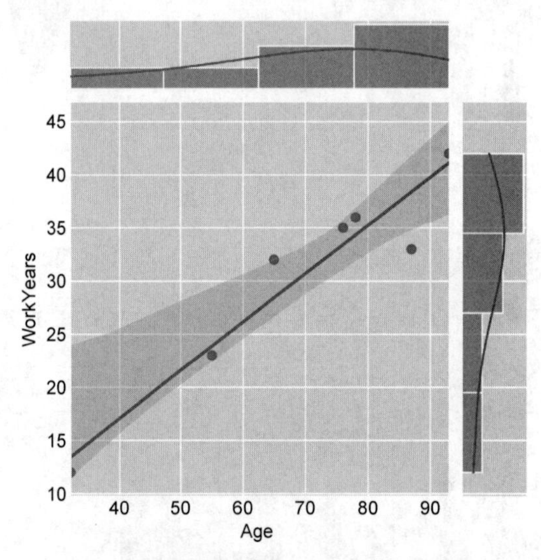

图 11-35 绘制“散点回归+直方”矩阵图

2) sns.pairplot()成对变量矩阵图

语法：ssns.pairplot('data','hue','hue_order','palette','vars','x_vars','y_vars','kind','diag_kind','markers','height','aspect','dropna','plot_kws','diag_kws','grid_kws','size')。

说明：sns.pairplot()只对数值类型的列有效，创建一个轴矩图以此显示每两列的关系。

sns.pairplot()的应用，代码如下：

```
sns.pairplot(df,
            vars = ['Age','BMI', 'WorkYears'],
            height = 1.5);
```

输出的结果如图 11-36 所示。

对角默认的是直方图。当然，它可以通过 diag_kind 参数修改为其他类型，代码举例如下：

```
sns.pairplot(df,
               vars = ['Age','BMI', 'WorkYears'],
               diag_kind = 'kde',
               height = 1.5);
```

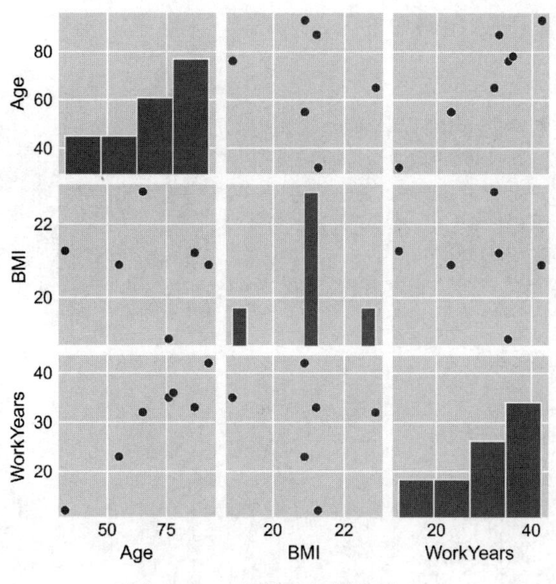

图 11-36　绘制对角矩阵图(1)

输出的结果如图 11-37 所示。

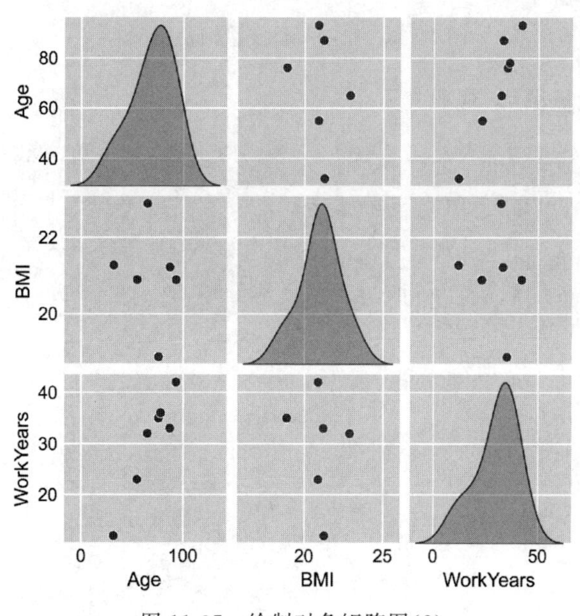

图 11-37　绘制对角矩阵图(2)

3）sns. FacetGrid()变量分组图

语法：sns. FacetGrid(data，*，row，col，hue，col_wrap，sharex，sharey，height，aspect，palette，row_order，col_order，hue_order，hue_kws，dropna，legend_out，despine，margin_titles，xlim，ylim，subplot_kws，gridspec_kws，size)。

map 映射的单变量图形,代码如下:

```
#方法一:链式
sns.FacetGrid(df, col = "Score").map(sns.kdeplot, "Weight");
#通过 map()函数映射到具体的 Seaborn 图表类型
#方法二:分步骤
#a = sns.FacetGrid(df, col = "Score")
#a.map(sns.kdeplot, "Weight");
#映射 plt.hist()等 plt 图形也是允许的,详见表 11 - 8
```

输出的结果如图 11-38 所示。

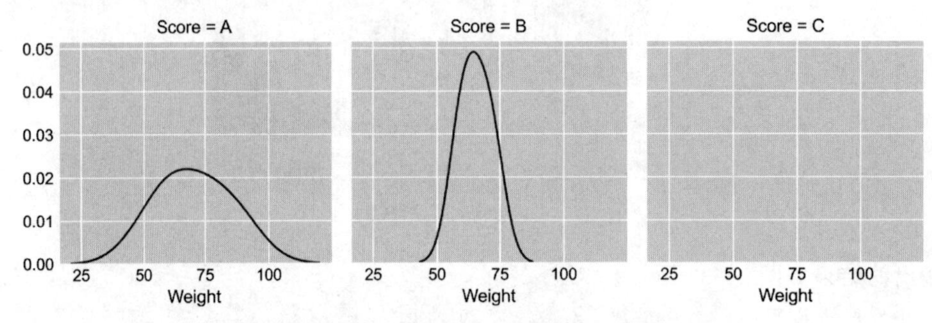

图 11-38 绘制分组变量网格图(1)

map 映射的双变量图形,代码如下:

```
#方法一:链式
sns.FacetGrid(df, col = "Score").map(plt.scatter, "Age", "Weight");
#方法二:分步骤
#a = sns.FacetGrid(df, col = "Score",)
#a.map(plt.scatter, "Age", "Weight");
```

输出的结果如图 11-39 所示。

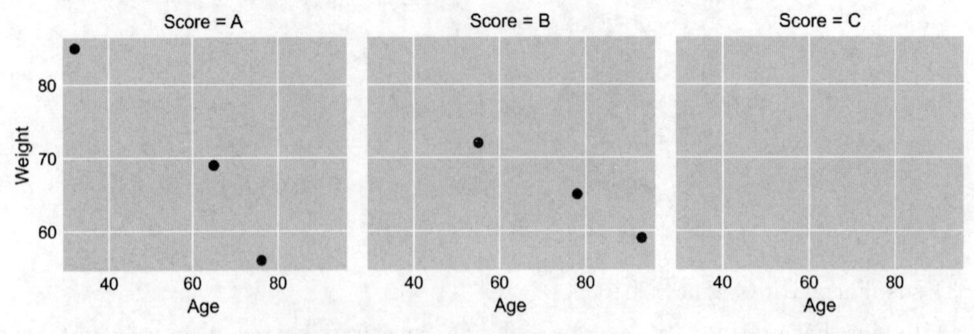

图 11-39 绘制分组变量网格图(2)

更多参数的应用,代码举例如下:

```
a = sns.FacetGrid(df,
                  col = "Name",
                  hue = "Score",
                  sharex = True,
                  sharey = True,
                  col_order = ['Kim', 'Jim', 'Joe'],
                  height = 2,
                  aspect = 0.6
                  )
a.map(plt.scatter,
      "Age",
      "WorkYears",
      alpha = 0.8)
a.add_legend();
```

输出的结果如图 11-40 所示。

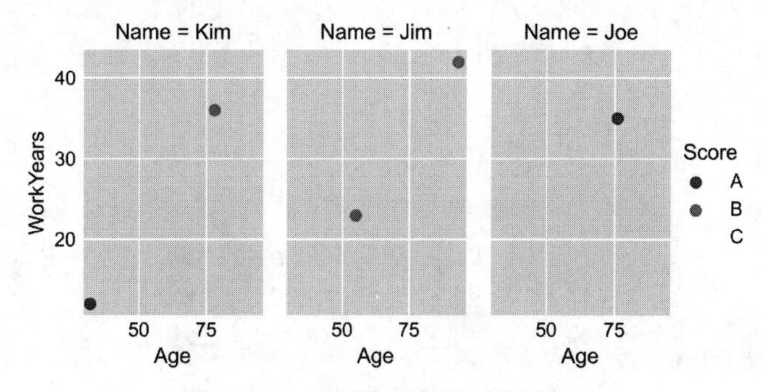

图 11-40　绘制分组变量网格图(3)

4）sns. PairGrid()散点矩阵图

语法：sns. PairGrid(data, * ,hue,hue_order,palette,hue_kws,vars,x_vars,y_vars,corner,diag_sharey,height,aspect,layout_pad,despine,dropna,size,)。

参数：sns. pairplot()和 sns. PairGrid()都可用来绘制成对的关系图。

sns. PairGrid()的应用,代码如下：

```
#多变量
a = sns.PairGrid(df,
                 vars = ['Age','BMI','Weight'],
                 height = 1.5)
#方法一
#a.map(plt.scatter)               #所有的绘图都用散点图
#方法二:对角线用不同的图形.非对角线用散点图.推荐使用此方式
a.map_diag(plt.hist)              #在每个对角子图上使用单变量函数绘图
a.map_offdiag(plt.scatter);       #在非对角子图上使用二元函数绘图
```

输出的结果如图 11-41 所示，对角线全部为直方图，非对角线为散点图。

如果希望矩阵图的上对角与下对角采用不同的图形，并且对角的图形与上下对角的图形也不相同，则相关设置也是可行的，代码如下：

```
#多变量
a = sns.PairGrid(df,
                 vars=['Age','BMI','Weight'],
                 height=1.5)
a.map_upper(plt.scatter)
#sns.PairGrid.map_upper,在上对角子图上使用二元函数绘图
a.map_lower(sns.kdeplot)
#sns.PairGrid.map_lower,在下对角线子图上用一个双变量函数绘图
a.map_diag(sns.kdeplot,lw=2, legend=True)
#sns.PairGrid.map_diag,在每个对角子图上使用单变量函数绘图
```

输出的结果如图 11-42 所示。

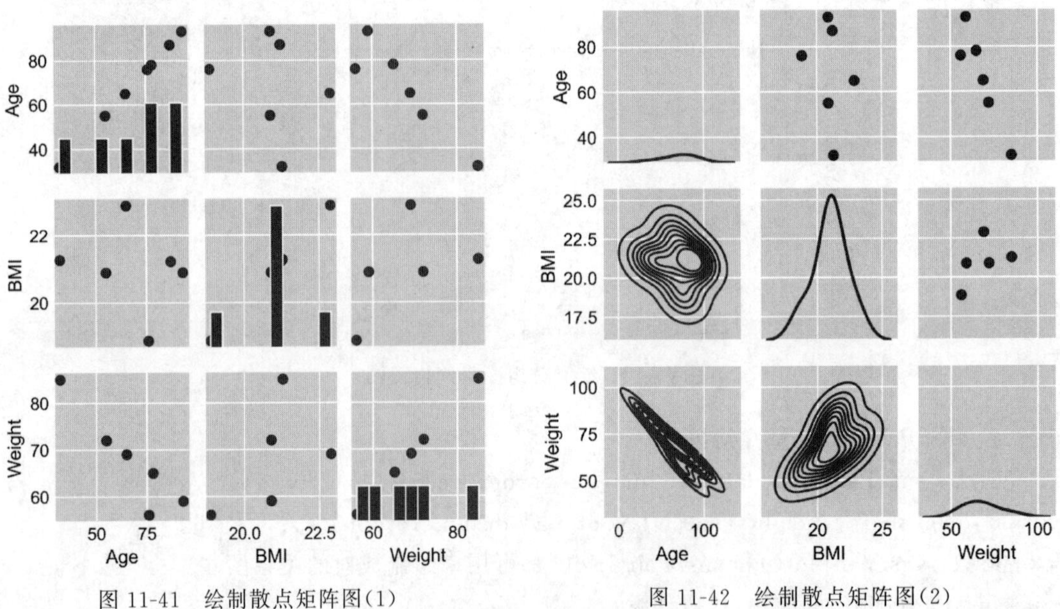

图 11-41　绘制散点矩阵图(1)　　图 11-42　绘制散点矩阵图(2)

5）sns.heatmap()热力图

语法：sns.heatmap(data, * ,vmin,vmax,cmap,center,robust,annot,fmt='.2g', annot_kws, linewidths, linecolor, cbar = True, cbar_kws, cbar_ax, square, xticklabels, yticklabels,mask,ax, ** kwargs)。

sns.heatmap()的应用，代码如下：

```
sns.heatmap(
    df.select_dtypes('number'),
    annot=True) #annot=True,在方格内写入数据.annotate是annot的全称
```

输出的结果如图 11-43 所示。

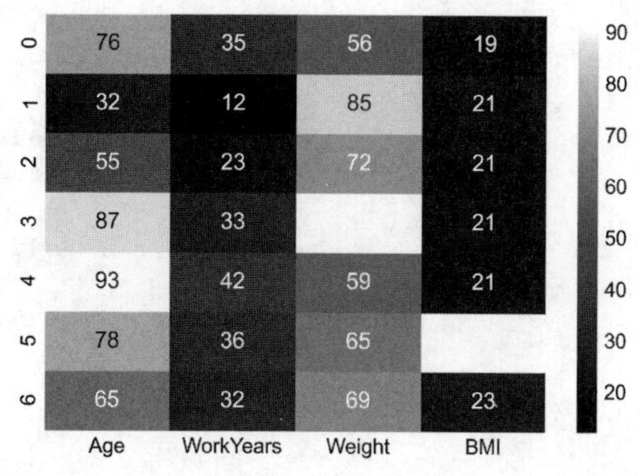

图 11-43　绘制热力图

11.5　本章回顾

在 Matplotlib 中，一幅可视化图像被称为一个 Figure。在一个 Figure 中可包含一个或多个 Axes，而每个 Axes 均是一个含有各自坐标系的绘图区域。创建一个或多个 Axes 的方法主要有 3 种：plt.subplot()、plt.subplots()、fig.add_subplot()，其中 plt.subplot()和 fig.add_subplot()方法的参数和含义相同。

Python 数据可视化需要了解与对比的内容较多。有些内容的关联性很强，但有一些内容存在明显的非关联性，所以在了解应用流程的基础上，理解加记忆是关键。对于本章及前面章节所未涉及的知识点，读者可以通过对应的官网去了解。以下是一些官网的网址：

https://numpy.org 是 NumPy 的官网网址，https://pandas.pydata.org 是 Pandas 的官网网址，https://matplotlib.org 是 Matplotlib 的官网网址，https://seaborn.pydata.org 是 Seaborn 的官网网址。

11.5.1　本章内容回顾

以下代码是对本章内容的一个简要回顾，代码如下：

```
#自定义函数
def AA(x,y,vB,vW):
    #1.创建画布与子集
    fig = plt.figure(figsize = (5,3),dpi = 100)          #创建画布
    ax1 = fig.add_subplot(121)                           #划分子图区域
    ax2 = fig.add_subplot(122)                           #划分子图区域
    #以上三行代码等同于下面的这行代码
    #fig,(ax1,ax2) = plt.subplots(1,2, figsize = (5,3),dpi = 100)
```

```
    #2.添加画布内容
    #ax1(121)画布内容的添加
    ax1.set_xlabel("(第 1 个)x 轴",fontsize = 6)               #添加 x 标签
    ax1.set_ylabel("(第 1 个)y 轴",fontsize = 6)               #添加 y 标签
    ax1.set_title('A_diagram')                                  #添加标题

    #ax2(122)画布内容的添加
    ax2.set_xlabel("(第 2 个)x 轴",fontsize = 6)
    ax2.set_ylabel("(第 2 个)y 轴",fontsize = 6)
    ax2.set_title("B_diagram")

    #3.显示图形
    #绘图 ax1
    ax1.scatter(x,y, c = 'g',alpha = 0.6, label = 'A_scr data')
    ax1.bar(x,vB,label = 'B_compair_data')
    #绘图 ax2
    ax2.barh(x,y,color = 'r',alpha = 0.6, label = 'A_scr data')
    ax2.barh(x + 0.5,vW,0.5,label = 'B_compair_data')

    plt.legend(shadow = True,loc = 0,fontsize = 6)

plt.show()
```

执行代码进行自定义函数调用,代码如下:

```
#设置
import pandas as pd,NumPy as np
import matplotlib.pyplot as plt
import seaborn as sns
%matplotlib inline
plt.rcParams['font.sans - serif'] = ['SimHei']
plt.rcParams['axes.unicode_minus'] = False
#调用
df = pd.read_excel('demo_.xlsx')
AA(df.Age,df.WorkYears,df.BMI,df.Weight)
```

输出的结果如图 11-44 所示。

11.5.2 时序数据图表化

以下代码是对本章内容及第 10 章内容结合应用的一个简要回顾。在以下代码中,由于 demo_.xlsx 中数据量过少会造成图形过于简单,本节以下代码输出只讲语法而不进行图形展示,代码如下:

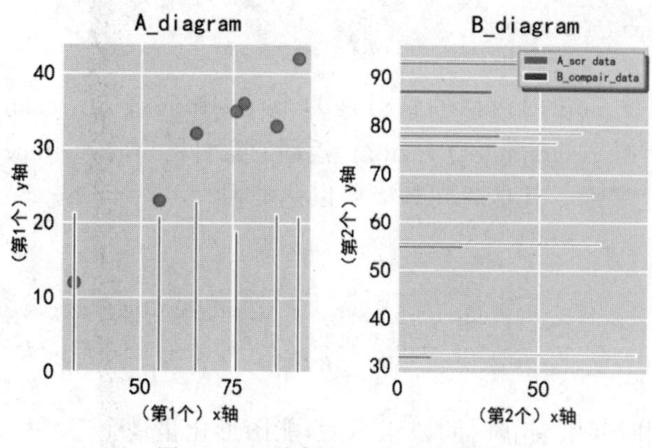

图 11-44　绘制(1×2)多维子图

```
#设置
import pandas as pd,NumPy as np
import matplotlib.pyplot as plt
import seaborn as sns
%matplotlib inline
plt.rcParams['font.sans-serif'] = ['SimHei']
plt.rcParams['axes.unicode_minus'] = False

#调用
df = pd.read_excel('demo_.xlsx',
              index_col = 'Date',
              parse_dates = True)

#时序图形化
df.to_period('W').plot();
```

运行以上代码,能够正常图形化呈现。

注意：若用 df.asfreq('M').plot(),则会报错,因为日期时间索引不能直接接 asfreq()。

继续代码如下：

```
df.to_period('W').asfreq('M').plot()
```

df.index 的索引是 DatetimeIndex；df.to_period(freq).index 的索引是 PeriodIndex。时间段索引允许做频率转换,以上代码能图形化呈现。

注意：

(1) 若用 df.to_period('W').index.asfreq('M').plot(),则会报错,问题出在 index。

(2) 若用 df.to_period('W').asfreq('M').sum().plot(),则会报错,问题出在 sum()。

继续代码演示如下：

```
df.resample('M').sum().plot()
```

df.resample('M').sum()返回的索引是 DatetimeIndex；df.resample('M').sum().plot()能图形化呈现。df.resample('Q').sum()返回的索引是 DatetimeIndex；df.resample('Q').sum().plot()能图形化呈现。其他时间频率可以此类推。

继续代码演示如下：

```
df.resample('Q').sum().to_period('Q').plot()      #相同频率的转换是允许的
df.resample('Q').sum().to_period('A').plot()      #不同频率的转换是允许的
```

重采样后的日期时间索引转时间段索引后，能图形化呈现。

第5篇　案　例　篇

第12章 实战案例分析

12.1 项目说明

12.1.1 行业描述

在现代的五大运输方式(铁路、公路、航空、水路、管道)中,以公路运输最为易见与灵活。随着近几十年来公路运输方式的不断完善与运营的深耕,我国通过公路运输的货物逐步被依据主营业务单票的质量而划分成了包裹(0～30千克/票)、小票零担(30～500千克/票)、大票零担(500千克～3吨/票)、整车(3～10吨/票及以上)4个板块,其中包裹件为快递公司的主营,小票零担为快运公司的主营。本案例的物流公司以整车业务(合同物流)为主,以大票零担为辅。服务的上游客户群体是供应链中的核心加工企业,服务的下游客户主体为批发商及企业大客户。

12.1.2 项目背景

该物流公司准备从今年开始走标准化扩张路线,拟通过标准化、数据化、在线化管理来提升整体物流管理水平及管理的透明度。本次的物流数据来源于日常的手工账登记,拟用作最近某一招投标项目的线路报价参考。

公司打算通过对历史数据的整理,清晰地了解公司所经手业务的流向、流量及盈利情况等,并拟通过流程梳理、流程优化后,最终流程电子化后固化到系统中并建立公司的运营监控体系、KPI考核体系和标准化推广体系,实现"信息流指导物流,数据指导改善"的蓝图规划。本次的数据清洗与分析只是项目全面实施前的一个试点工作。

12.1.3 项目推行计划

本次项目的推行将秉承"明确需求、设定目标、制订推行计划、梳理现状、提出改善方案、实施改善、效果验证、成果固化、标准化复制"等一系列标准化流程与标准化管理,以及项目的具体推行计划表(此次省略)。

12.1.4 KPI 指标体系

通过对项目实施过程中发现的问题进行原因归类、真因查找并形成有效的解决方案，为激发相应人员的积极性及杜绝问题的再次发生，届时将建立一套对应的 KPI(关键绩效指标)考核机制。

12.2 数据现状

12.2.1 数据来源说明

本次的数据来源于某项目的调车记录，属于该公司成熟、稳定的业务。由于之前未重视数据登记的质量问题，所以数据中可能会存在较多的问题，但具体的数据问题目前并不清楚。

12.2.2 获取数据

在获取数据之前，先完成以下 Pandas 应用的基本设置，代码如下：

```
import os,NumPy as np,pandas as pd                                    #导入相关库
import seaborn as sns, matplotlib.pyplot as plt
%matplotlib inline
#plt.style.use('seaborn')                                             #图表样式设置
plt.rcParams['font.sans-serif'] = ['SimHei']                          #中文显示问题
plt.rcParams['axes.unicode_minus'] = False                            #负数显示问题
pd.set_option('display.unicode.ambiguous_as_wide', True)              #中文列名对齐
pd.set_option('display.unicode.east_asian_width', True)               #中文列名对齐
pd.set_option('max_columns',8,                                        #最大显示列数
              'max_rows', 8,                                          #最大显示行数
              'max_colwidth', 10)                                     #最大显示列宽
```

1. 获取数据方式

经过项目组的要求，所有数据已被提前统一了列名，并按不同的发货地存放于工作簿中。在同一工作簿中，有按月份为单位的不同月份的调车记录，这些记录各存放于一个电子表格中。经统计，共计有 8 个工作簿(128 个电子表格)。所有工作簿的存放如图 12-1 所示。

为了便于数据分析，现需要将这些存放于同一文件夹内的 8 工作簿的 128 个电子表整合成一张大的工作表，代码如下：

```
fpath = r"C:\Users\yd"                  #文件夹所在位置
fquery = os.listdir(fpath)

l = []
for wb in fquery:
```

```
    f = pd.ExcelFile(fpath + '\\' + wb)
    for ws in f.sheet_names:
        l.append(f.parse(ws))
df = pd.concat(l,ignore_index = True).convert_dtypes()
```

名称	类型	大小
AR001	Microsoft Excel 工作表	457 KB
AR002	Microsoft Excel 工作表	262 KB
AR003	Microsoft Excel 工作表	121 KB
AR005	Microsoft Excel 工作表	14 KB
AR006	Microsoft Excel 工作表	7 KB
AR007	Microsoft Excel 工作表	57 KB
AR008	Microsoft Excel 工作表	6 KB
AR009	Microsoft Excel 工作表	7 KB

图 12-1 案例的数据源

查看合并后的数据,代码如下:

```
df.shape
```

输出的结果如下:

```
(8680,27)
```

合并完成后查看一下运单数据(索引号)是否存在重复值,代码如下:

```
df.drop_duplicates(['索引号',"提货日期"]).shape
```

输出的结果如下:

```
(8680,27)
```

从输出的结果来看,运单数据不存在重复值。出于后期查看原始数据源的需要,先备份一份原始数据,代码如下:

```
df.to_excel(r"e:\bf.xlsx",index = False) #bf,"备份"的拼音简写
```

2. 摸底数据质量

利用 info()方法,查看数据的类型及其他基本信息,代码如下:

```
df.info()
```

输出的结果如下:

```
<class 'pandas.core.frame.DataFrame'>
RangeIndex: 8680 entries, 0 to 8679
Data columns (total 26 columns):
 # Column     Non-Null     Count          Dtype
---  ------   --------------  -----
 0   索引号       8680 non-null   object
 1   提货日期     8680 non-null   datetime64[ns]
 2   到货日期     4795 non-null   datetime64[ns]
 3   发货地       8680 non-null   object
 4   目的地       8680 non-null   object
 5   件数         4895 non-null   object
 6   质量/吨      4940 non-null   object
 7   司机单价     4755 non-null   float64
 8   倒运单价     1924 non-null   float64
 9   倒运费       1980 non-null   float64
 10  卸车费       1914 non-null   float64
 11  司机运费     7954 non-null   float64
 12  到付运费     3684 non-null   float64
 13  厂家结算总金额 8489 non-null   float64
 14  回单付       843 non-null    float64
 15  请款总金额   5228 non-null   float64
 16  厂家结算报价 4629 non-null   float64
 17  付款日期     7071 non-null   object
 18  车牌号       8259 non-null   object
 19  司机         4935 non-null   object
 20  收货人       4932 non-null   object
 21  收货人详细地址 4911 non-null   object
 22  两地距离     4910 non-null   float64
 23  银行名称     3605 non-null   object
 24  银行账号     0 non-null      float64
 25  备注         0 non-null      float64
dtypes: datetime64[ns](2), float64(13), object(11)
memory usage: 1.7+ MB
```

依据对物流业务及结算方式的了解，从输出的结果来看，存在以下疑问：

（1）“件数、质量/吨、司机单价、倒运单价、司机运费、请款总金额、厂家结算报价、付款日期”等这些字段的数据类型不应该是object，所以需要再查明原因。

（2）存在较多的缺失值。司机运费、请款总金额与厂家结算总金额之间的非空个数存在较大的差异，这会严重影响与上下游的对账，需重点排查。

为直观理解缺失值的分布情况，代码如下：

```
df.notna().sum().plot(figsize=(18,5),fontsize=18,rot=45)
```

输出的结果如图12-2所示。

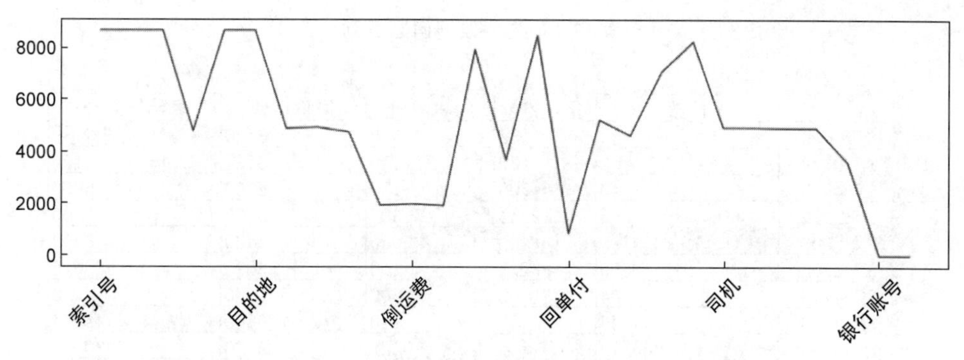

图 12-2　统计各字段的非空值个数

了解数据表中各关键数据的最大值，代码如下：

```
df[['司机单价', '倒运单价', '倒运费', '卸车费', '司机运费', '厂家结算总金额', '请款总金额', '厂家结算报价', '质量/吨']].max()
```

输出的结果如下：

```
司机单价          18000.00
倒运单价             75.00
倒运费             3276.30
卸车费             3189.42
司机运费         122304.00
厂家结算总金额     47970.00
请款总金额        47970.00
厂家结算报价       19200.00
dtype: float64
```

基于对业务的了解，从输出的数据来看，“司机单价、司机运费”等数据都存在问题，具体的问题及原因需要去探究。

3. 确定数据问题

如果初步接触数据或对 Pandas 不太熟练，可以先将合并后的数据导出来观察。在观察的对象中，“件数、质量/吨、付款日期”等字段理应为数值型，但被识别为文本型。通过对数据源的简要比对，终于找到了问题所在。主要问题罗列如电子表 12-1 所示。

从表 12-1 中的数据来看，Excel 更多地只是从登记的角度考虑，并未兼顾到后续的统计需求。由于这些数据来源于该公司的真实业务，结合对业务常识的了解，以上问题可以确认。例如：件数不可能为小数点，整车正常为 32 吨以下，无论怎么严重超载也不可能上 100 吨，即使都是整数，件数的值肯定大于质量的值。司机的单价不可能超过 800 元，司机的运费也不可能是厂家结算金额的 4 倍等。

基于表 12-1 所罗列的问题，进行归纳与分类，如图 12-3 所示（仅显示了部分数据问题），以便确认数据清洗的思路。

表 12-1 主要数据问题罗列

	A	B	C	D	E	F
1	SN	件数	重量/吨	司机单价	司机运费	厂家结算总金额
2	SN-0002		32	110	3520	
3	SN-0178		32	110	3520	5120
4	SN-4919	40	1600	130	5200	5960
5	SN-2112	395	12.44	3300	3300	4200
6	SN-5006	12.0785	493	5000	5420	6400
7	SN-2205	650	32.7	110	3597	5820.6
8	SN-4716	1004	31.63	900	0	0
9	SN-3893	1046	32	140	60800	5120
10	SN-5183	22.72	209+260	5220	5220	6270.72
11	SN-2165	220+21块带木箱	11.442	2400	2400	2800
12	SN-3267	890+33片	35	110	16698	4200

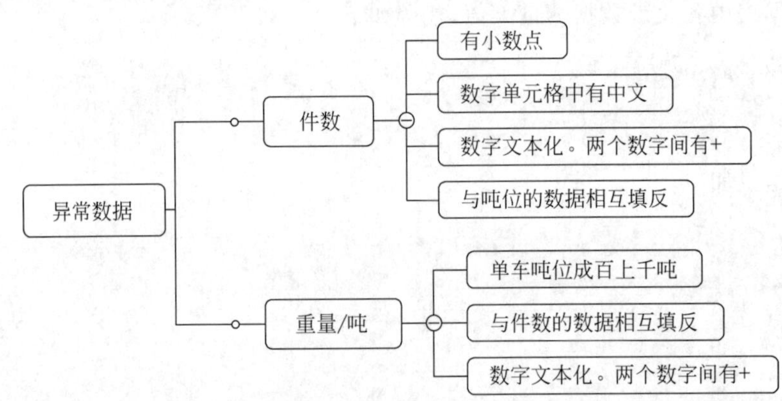

图 12-3 数据问题的异常描述

司机单价与司机运费等列也存在图 12-3 所示的类似问题。

在厘清上述问题的基础上，继续探究“到付运费、请款总金额、厂家结算总金额”间的结算关系及现阶段存在的问题，如表 12-2 所示。

表 12-2 “到付运费、请款总金额、厂家结算总金额”间的结算关系

	B	C	D	E	F	G	H	I	J	K	L	M
1	索引号	重量/吨	司机单价	司机运费	倒运单价	倒运费	到付运费	卸车费	回单付	请款总金额	厂家结算报价	厂家结算总金额
2	SN-7948			2525.53			1850	25.53				1875.53
3	SN-7879			3797.53			3240	60		200		3500
4	SN-8453			200				200				200
5	SN-1614			8712			6235	1155	200	7590		
6	SN-4847			6369.363			5400	532.4267	200			
7	SN-4891			1951.708			1500	256.5372				
8	SN-0001	33	110	3630								
9	SN-0403	32.87	290	9532.3	20	657.4				11997.55	345	11340.15
10	SN-0154	30.135	125	3766.875						4218.9	140	4218.9
11	SN-0182	13	2600	2600	20	260				3600	3600	3860
12	SN-0183	10.75	1800	1800						2200	2200	2200
13	SN-0185	31.997	1400	1400						1631.847	51	1631.847
14	SN-0196	7.504		1500						2000		2000
15	SN-0211	22.012		5000						6163.36	280	6163.36
16	SN-0212	15.6		850						1092	70	1092
17	SN-0243	23.3			23	535.9				3541.6	137+15	4077.5
18	SN-0198	7.3		2000						2400		2400
19	SN-0921	32		200								200
20	SN-5037	194	1500-300	1200	23	214.176				1900	1900	2114.176
21	SN-2607	12.6315	2800+440倒	3240						3800	3800	3800

结合实际的业务模式及表 12-2 所登记的数据，业务的结算关系及计算逻辑如表 12-3 所示。

表 12-3　业务的结算关系及计算逻辑

一级公式	二级公式
司机运费＝ '质量/吨' ×司机单价	
请款总金额 ＝ 到付运费＋卸车费＋回单付＋倒运费	倒运费＝ '质量/吨'×倒运单价
厂家结算总金额 ＝ '质量/吨'×厂家结算报价	
厂家结算总金额＞请款总金额＞司机运费	

表 12-3 中，本次需重点梳理的是：以往线路“招投标报价”，即“厂家结算报价”，以及以往的盈利情况，即“厂家结算总金额/请款总金额”。

数据中肉眼能发现的问题不再一一赘述，后续会直接清洗、转换与补全。另外，有些数据问题无法凭肉眼发现，只能在后续的数据探索与挖掘中发现后再解决。

4. 确定思路

1）数据的清洗

数据的清洗采用的是 IECRS 思路。I(Identify，鉴定)代表的是数据现状与问题的识别；E(Eliminate，删除)代表的是数据的删除、筛选、去重、剔除异常值等；R(Arrange，重排)代表的是数据的结构转换与数据的补全；S(Simplify，简化)代表的是数据的聚合分析与交互性呈现；C(Combine，合并)代表的是数据整合性操作。结合表 12-1、表 12-2 及图 12-3 的内容，进行数据的 IERSC，为后期的数据规范化要求提供有效的参考依据。结合一些业务常识，设定数据的清洗规则，如表 12-4 所示。

表 12-4　数据清洗规则的设定

字　段	清 洗 说 明
“件数”与“质量/吨”	如果(“质量/吨”> 100 & “件数”<“质量/吨”) “件数”是浮点数，则“质量/吨”与“件数”互换位置；如果件数没有问题，并且“质量/吨”/1000 的数据是合理的，则证明是质量的单位(吨与千克)搞错了
“司机单价”与“司机运费”	如果“司机单价”≥800，则“司机单价”＝“司机运费”/“质量/吨”；如果“司机单价”≥800 但“司机运费”为空，则“司机单价”为“司机运费”。 司机运费＝(司机单价＋倒运单价)×质量/吨
“倒运单价”与“倒运费”	可以无；如果有，“倒运单价”一定不能高于“倒运费”，并且不可能＞50。 倒运费＝倒运单价×“质量/吨”
“厂家结算报价”与“厂家结算运费”	如果“厂家结算报价”＞1000，则“厂家结算报价”＝“厂家结算运费”/“质量/吨”；如果“厂家结算报价”＞1000 但“司机运费”为空，则“厂家结算报价”为“厂家结算运费”；厂家结算运费＝厂家结算报价×质量/吨

以上清洗规则均会在本章各小节的代码中得到体现。

2）数据的补全

经过上述的清洗后，若异常值被清洗后转换为0值，则可以再次通过规则将其补全并还原为正确的值；或者，差值的补全。例如：司机单价、倒运单价、厂家结算报价等，可以通过对应的规则补全。

12.2.3 数据转换

1. 数据的清洗

（1）先清洗数据源，并完善数据。

依据图12-3中的问题描述进行数据清洗，代码如下：

```
#先将数据中的空值补0,再将数据中的文本按"+"进行拆分,取第一部分,最后进行数据转换
df['件数'] = (df['件数']
             .fillna(0)                                      #将空值补0
             .apply(lambda x:str(x).split("+")[0]   #拆分后取前面的数据
            )).astype('float')                               #将文本型数值转换为浮点型

#与"件数"的处理思路完全相同.用于取出"质量/吨"
df['质量/吨'] = (df['质量/吨']
               .fillna(0)
               .apply(lambda x:str(x).split("+")[0])
               .astype('float')
              )

#自定义函数中,拟a为"件数",b为"质量/吨"
def AA(a, b):
    if a>b or a == 0:
        return a
    else:
        return b

df['件数T'] = (df
              .apply(lambda x: AA(x.件数, x["质量/吨"]), axis = 1)
              .astype(int)
             )

def BB(a, b):
    if a==0 and b>0:
        return b
    elif a>b or a == 0:
        return b
    else:
        return a

df['质量/吨T'] = (df
```

```
    .apply(lambda x: BB(x.件数, x["质量/吨"]), axis = 1) ).round(2)

df.drop(columns = ['件数','质量/吨'],inplace = True)
df.rename(columns = {"件数 T":"件数","质量/吨 T":"质量/吨"},inplace = True)

df[['件数','质量/吨']].dtypes
```

输出的结果如下，这两者的数据类型已转换为 int 和 float64：

```
件数          int32
质量/吨      float64
dtype: object
```

（2）以下操作是对司机单价及司机运费的数据调整，代码如下：

```
#自定义函数中,拟 a 为"司机单价",b 为"司机运费"
df.loc[:,['司机单价','司机运费']] = df.loc[:,['司机单价','司机运费']].fillna(0)

#"司机单价"列的条件判断
def CC(a, b): #a"司机单价",b"司机运费"
    if a <= 800 and a != b:
        return a
    elif a <= 800 and a == b:
        return 0
    else:
        return 0

#"司机运费"列的条件判断
def DD(a, b): #a"司机单价",b"司机运费"
    if a >= 800 and b ==  0:
        return b
    elif b >= 30000:
        return 0
    else:
        return b

#创建新列,删除原有列,重命名列
df = df.assign(
    司机单价 T = df.apply(lambda x:
                    CC(x.司机单价,x.司机运费), axis = 1
                    ),
    司机运费 T = df.apply(lambda x:
                    DD(x.司机单价,x.司机运费), axis = 1
                    ).astype(float).round(2))\
```

```
    .drop(columns = ['司机单价','司机运费'])\
    .rename({"司机单价 T":"司机单价","司机运费 T":"司机运费"},axis = 1)
```

若清洗中仍存在极少量的异常数据，则秉承“抓大放小”的原则，在后续的分析中直接筛选、过滤掉。

(3) 以下是对倒运单价及倒运费的数据调整，代码如下：

```
#自定义函数中,拟 a 为"倒运单价",b 为"倒运费"
df.loc[:,['倒运单价','倒运费']] = df.loc[:,['倒运单价','倒运费']].fillna(0)

#'倒运单价'的条件判断
def EE(a, b,c): #a 为"倒运单价",b 为"倒运费"
    if a > 0:
        return a
    elif a == 0 and b <= 100: #"倒运费"不太可能大于 100 元/吨
        return b
    elif a == 0 and b > 100:
        return b/c
    else:
        return 0

#'倒运费'的条件判断
def FF(a,b,c): #a 为"倒运单价",b 为"倒运费",c 为"质量/吨"
    if b > 100:
        return b
    elif 1 < b <= 100: #"倒运费"不太可能大于 100 元/吨
        return a * c
    elif a > 0 and b == 0:
        return a * c
    else:
        return 0

#清洗与补全数据
df = df.assign(
    倒运单价 T = df.apply(lambda x:
                        EE(x.倒运单价,x.倒运费,x['质量/吨']), axis = 1).round(2),
    倒运费 T = df.apply(lambda x:
                        FF(x.倒运单价,x.倒运费,x['质量/吨']), axis = 1).round(2)
    ).drop(columns = ['倒运单价','倒运费'])\
    .rename({"倒运单价 T":'倒运单价',"倒运费 T":'倒运费'},axis = 1)
```

(4) 以下是对结算报价数据调整。

依据对业务的了解，与厂家的结算单价不会大于 1000 元，所以，结算报价超 1000 元意味着数据被人为加工过，需通过“质量×单价”重新还原回来。“结算报价”数据清洗代码如下：

```
df[['厂家结算报价','厂家结算总金额']] = df[['厂家结算报价','厂家结算总金额']].fillna(0)

#拟a为"厂家结算报价",b为"厂家结算总金额",c为"质量/吨"
def GG(a, b, c): #GG,'厂家结算报价'条件
    if 0.01 < a <= 1000:
        return a
    elif a > 1000 and c!= 0:
        return b/c
    elif a == 0 and b > 0 and c!= 0:
        return round(b/c,2)
    else:
        return 0

#拟a为"厂家结算报价",b为"厂家结算总金额",c为"质量/吨"
def HH (a,b,c): #GG,'厂家结算总金额'条件
    if a > 0 and b == 0:
        return a * c
    elif a == 0 and b == 0:
        return 0
    else:
        return b

df = df.assign(厂家结算报价T =
          df.apply(lambda x: GG(
              x.厂家结算报价,
              x.厂家结算总金额,
              x['质量/吨']),
                   axis = 1),
          厂家结算总金额T = df.apply(lambda x: HH(
              x.厂家结算报价,
              x.厂家结算总金额,
              x['质量/吨']
          ),axis = 1)
         ).round(2).drop(columns = ['厂家结算报价','厂家结算总金额'])\
    .rename({"厂家结算报价T":'厂家结算报价',
             "厂家结算总金额T":'厂家结算总金额'},axis = 1)
```

为避免此处逻辑判断的过度复杂化，若清洗中仍存在极个别的异常数据，则可在后续的分析中直接筛选、过滤掉。

2. 数据的补全

对“到付运费”数据的补全，代码如下：

```
df[["卸车费","到付运费","回单付","请款总金额"]] = df[["卸车费","到付运费","回单付","请款总金额"]].fillna(0)

#a、b、c、d、e、f 对应如下
#'请款总金额','司机运费','到付运费','倒运费','卸车费','回单付'
def II(a、c、d、e、f): #II,'请款总金额'条件
    if a == 0:
            return c + d + e + f
    else:
            return a

    #a、b、c、d、e、f 对应如下
#'请款总金额','司机运费','到付运费','倒运费','卸车费','回单付'
def JJ(a,c,d,e,f): #JJ,'到付运费'条件
    if c == 0 and (a - (d + e + f))> 0:
            return a - (d + e + f)
    else:
            return c

df['请款总金额 T'] = df.apply(lambda x: II(x.请款总金额,x.到付运费,x.倒运费,x.卸车费,x.回单付), axis = 1)

df['到付运费 T'] = df.apply(lambda x:
II(x.请款总金额,x.到付运费,x.倒运费,x.卸车费,x.回单付), axis = 1)

df = df.assign(
    请款总金额 T = df.apply(lambda x: II(x.请款总金额,x.到付运费,x.倒运费,x.卸车费,x.回单付), axis = 1),
    到付运费 T  = df.apply(lambda x: II(x.请款总金额,x.到付运费,x.倒运费,x.卸车费,x.回单付), axis = 1)
    ).drop(columns = ['请款总金额','到付运费'])\
     .rename({"请款总金额 T":'请款总金额',
        "到付运费 T":'到付运费'},axis = 1)
```

再查看一下“司机运费”及“厂家结算总金额”的清洗质量，是否需要再做数据补全，代码如下：

```
a = df[['质量/吨','司机单价','司机运费']]
a[(a['质量/吨']> 0) & (a.司机单价> 0) & (a.司机运费 == 0)].shape[0]
```

输出的结果为335。这说明前面的数据清洗过程中相关的条件判断有考虑不周处。解决办法有两个：一是完善之前的代码；二是直接在此处做数据补全。相关数据补全代码如下：

```
#a、b、c 对应于'司机运费'、'司机单价'、'质量/吨'
def KK(a,b,c): #KK,'司机运费'条件
    if a == 0 and b > 0 and c > 0:
            return b * c
    else:
            return a

df = df.assign(
    司机运费T = df.apply(lambda x: KK(x.司机运费,x.司机单价,x['质量/吨']), axis = 1)
).drop(columns = ['司机运费']).rename({"司机运费T":'司机运费'},axis = 1)
```

经过以上的数据清洗与补全,已初步地完成了数据的可用性整理工作。熟悉 Power BI 或 Excel 中的 Power Query 的读者不难发现,以上的操作思路与步骤与 Power Query 中的先新增"条件列"再删除原有的列,最后将新增的条件列的列名改名为原有的列名是一致的。

12.3 数据探索

12.3.1 客户订单量

1. 从时间维度了解订单量

从年份、季度、月份、星期几的角度来探索订单数量,代码如下:

```
fig = plt.figure(figsize = (12,6))

plt.subplot(221)
df['提货日期'].dt.year.value_counts()\
        .sort_index().plot.barh(title = '各年度订单票数')

plt.subplot(222)
df['提货日期'].dt.quarter.value_counts()\
        .sort_index().plot.bar(title = '各季度订单票数')

plt.subplot(223)
df['提货日期'].dt.month.value_counts()\
        .sort_index().plot.bar(title = '各月订单票数')

plt.subplot(224)
df['提货日期'].dt.day_name().value_counts()\
        .plot.barh(title = '各星期订单票数');
```

输出的结果如图 12-4 所示。

从输出的结果来看,此客户的订单量基本上是逐年递增的。总体是下半年货量高于上半年,每年的第 1 季度订单量最小,这是由于每年的 1 月和 2 月的货量远少于其他各月,估

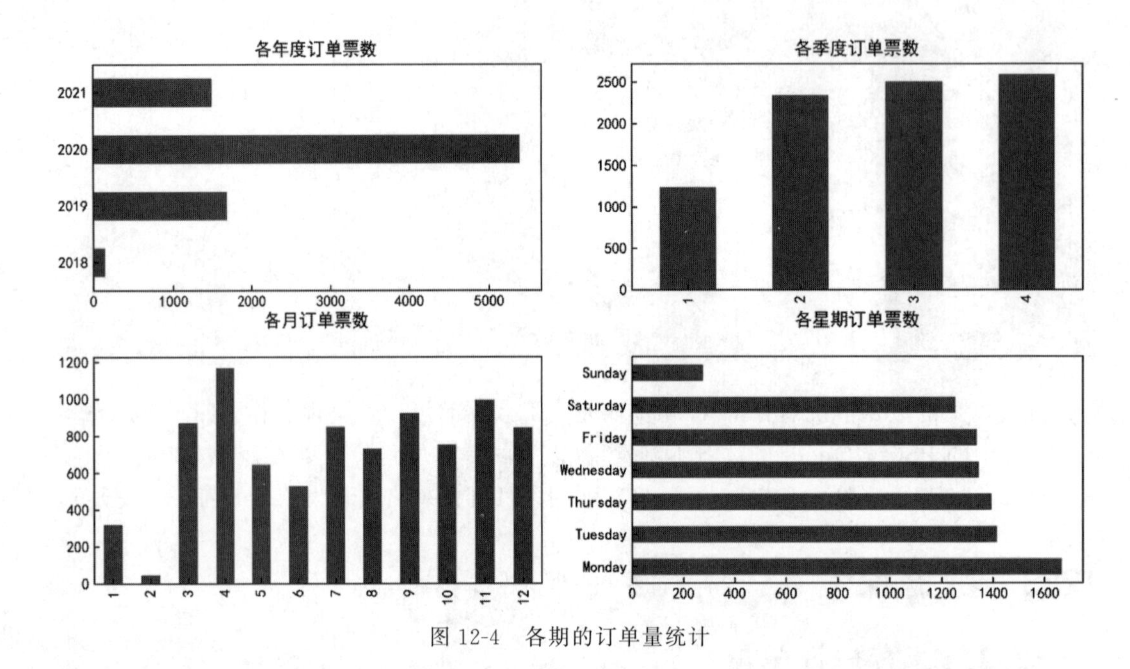

图 12-4 各期的订单量统计

计与春节有关。每周的订单量,周日是一周中最少的,周一有个小高峰,估计与上游厂家周日不上班有关。

2. 从排名角度了解订单量(前 20 名)

代码如下:

```
df['线路'] = df['发货地'] + " - " + df['目的地']
fig = plt.figure(figsize = (18,9))

plt.subplot(221)
df.groupby('线路')['线路'].count()\
        .sort_values(ascending = False).head(20).plot.bar()

plt.subplot(222)
df[df.司机单价 != 0].groupby('司机单价')['线路'].count()\
        .sort_values(ascending = False).head(20).plot.bar()

plt.subplot(223)
df[df.厂家结算报价 != 0].groupby('厂家结算报价')['线路'].count()\
        .sort_values(ascending = False).head(20).plot.bar()

plt.subplot(224)
df[df.倒运单价 != 0].groupby('倒运单价')['线路'].count().\
        sort_values(ascending = False).head(20).plot.bar()
```

输出的结果如图 12-5 所示。

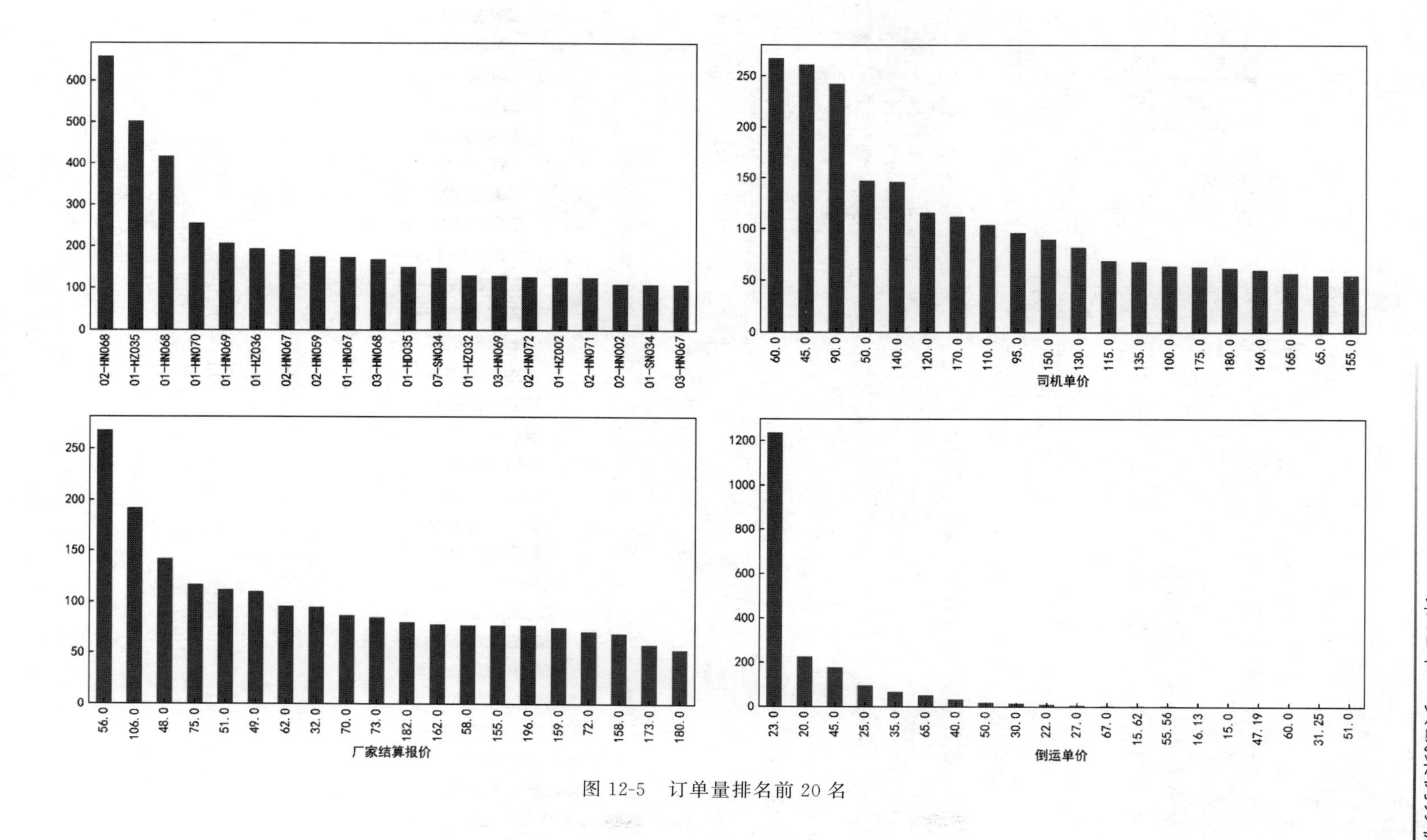

图 12-5 订单量排名前 20 名

从输出的结果来看：

(1) 主要的出货基地为 AR001、AR002、AR003，特别是 AR001；主要目的地为 HN 的 67、68、69 三个区域，特别是 HN068。客户主要集中在 HN 区域。

(2) 司机报价的主要特点为 45～60 吨的运单最多；90～180 吨，每隔 5 吨或 10 吨就有一报价。司机的报价有个特点，均为 5 或 10 的倍数。厂家的结算报价相比司机的报价要复杂，规律不明显，需要继续挖掘。

(3) 倒运费主要是以约 23 元/吨为主；其他价位的也有，以 20 元左右及以下的居多。

从以上的结论来看，未来打算实施标准化管理，还是比较容易切入，并且很方便管理。

3. 供应商管理与现状调查

以下是对车辆信息的统计分析，代码如下：

```
(df.groupby('车牌号')['线路'].count()
    .sort_values(ascending = False).head(30)
    .plot.bar(figsize = (18,6),fontsize = 18,rot = 45))
```

输出的结果如图 12-6 所示。

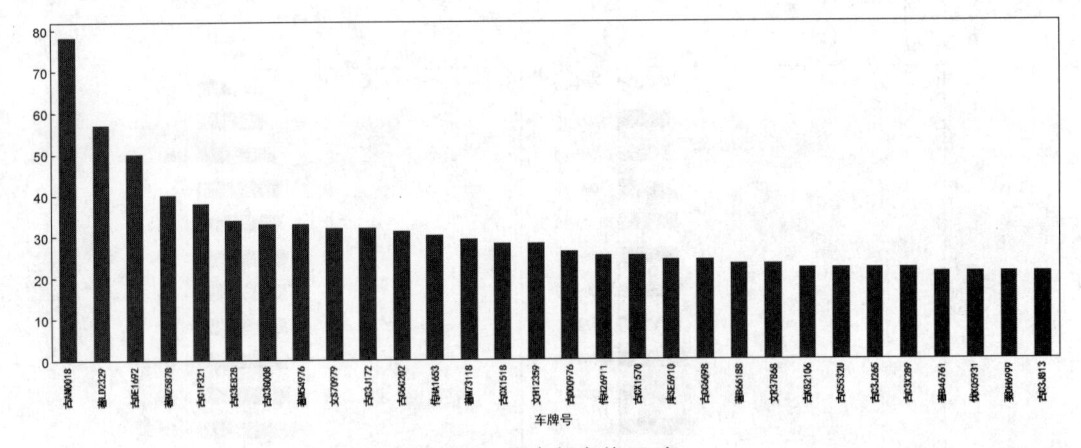

图 12-6　调车频率前 30 名

从输出的结果来看，有些车辆反复在调用，这对公司来讲是好事。对于这些外部车辆，公司应该开始建立一些供应商管理标准，规范公司的运力池管理。

在具备稳定货源的前提下，如果企业能给司机便捷的支付、易于执行的指令，则企业很容易形成一个稳定的运力池。在信息高速发展的今天，企业可以通过获取司机的在途信息及末端收货信息，然后通过银企直联直接付款给司机，实际上很多企业早已在这样操作了。该公司也准备引入车辆在线跟踪、银企直联等科技化管理方式。以下是企业所获取的司机开户行信息，代码如下：

```
(df[['车牌号','银行名称']].dropna()
      .groupby('银行名称')['银行名称'].count()
      .sort_values(ascending = False)
      .plot.pie()
)
```

输出的结果如图 12-7 所示。

从输出的结果来看，排名靠前的几个银行为：NH、GH、JH、YZ、ZH、NSH 等。从图例来看，NH 一家就占了近 2/3，NH 的产品与服务均很一般化，如此高的占比很是意外。需要再了解深层的原因。届时，公司将从排名靠前的几家银行中挑出 1～2 家，实现银企直联，甚至可以考虑未来运单质押等供应链金融合作的可能性。

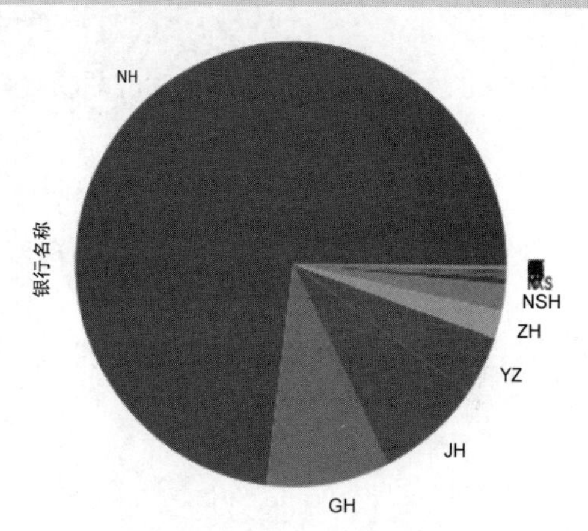

图 12-7　司机绑卡的银行

12.3.2　业务的相关性

1. 与价格相关的因素

在对连续型数据进行探索分析之前，先了解一下与价格相关的因素及彼此间的相关系数，代码如下：

```
a = df[['质量/吨','司机单价','倒运单价','倒运费','司机运费',
     '请款总金额','厂家结算报价','厂家结算总金额','二地距离']].corr()

sns.heatmap(a,linewidths = 0.1,vmax = 1, vmin = - 1, annot = True)
```

输出的结果如图 12-8 所示。

从输出的结果来看，“厂家结算总金额”与“质量/吨、司机单价、厂家结算报价”呈强正相关的关系；“司机运费”与“请款总金额” 呈强正相关的关系；“倒运费”与“倒运单价”呈强正相关的关系；“二地距离”与“司机运费、厂家结算报价、请款总金额”呈正相关的关系。

2. 载货吨位

通过项目组调研得知：该项目经常会有超载情况，各发货地都存在此情况，但具体情况无人能说明白。现探索性地分析如下：

```
bins = [0, 0.5, 3, 10, 15, 20,32,50,100]
df["吨位区间"] = pd.cut(df['质量/吨'], bins)
df.groupby(["吨位区间"])["吨位区间"].count()
```

输出的结果如下：

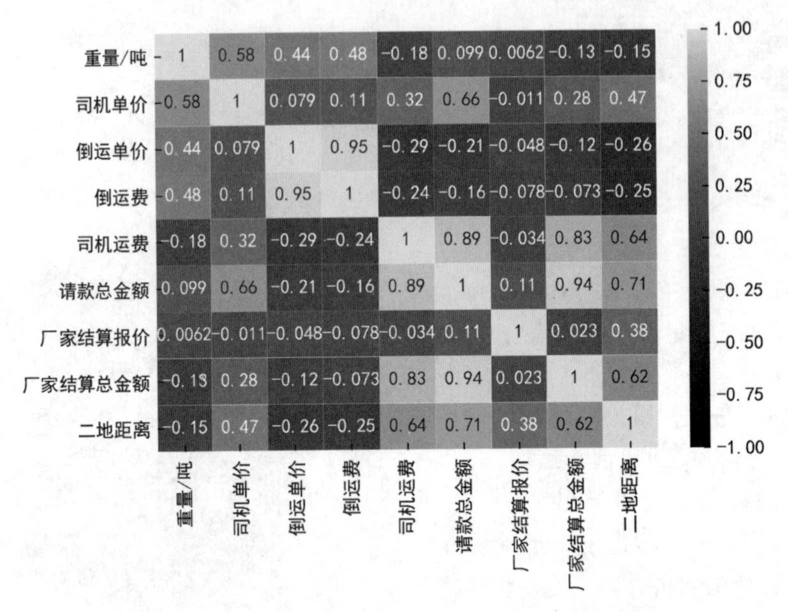

图 12-8 热力图

```
吨位区间
(0.0, 0.5]          0
(0.5, 3.0]          3
(3.0, 10.0]       260
(10.0, 15.0]      334
(15.0, 20.0]      298
(20.0, 32.0]     2625
(32.0, 50.0]     1381
(50.0, 100.0]      39
Name: 吨位区间, dtype: int64
```

从输出的结果来看，超载占比近 30%，而且有少数车辆存在严重超载情况。

现需探索了解：是个别发货基地存在超载情况还是所有发货基地都存在超载情况？代码如下：

```
plt.figure(figsize = (12, 6))
sns.boxplot(x = "发货地", y = "质量/吨",
            hue = "吨位区间",
            data = df,
            palette = "PRGn")
```

输出的结果如图 12-9 所示。

从输出的结果来看，各发货地都存在超载情况。可见，未来招投标报价时，可能需考虑到超载情况对单价的影响，因为超载直接影响的是“吨千米成本”。

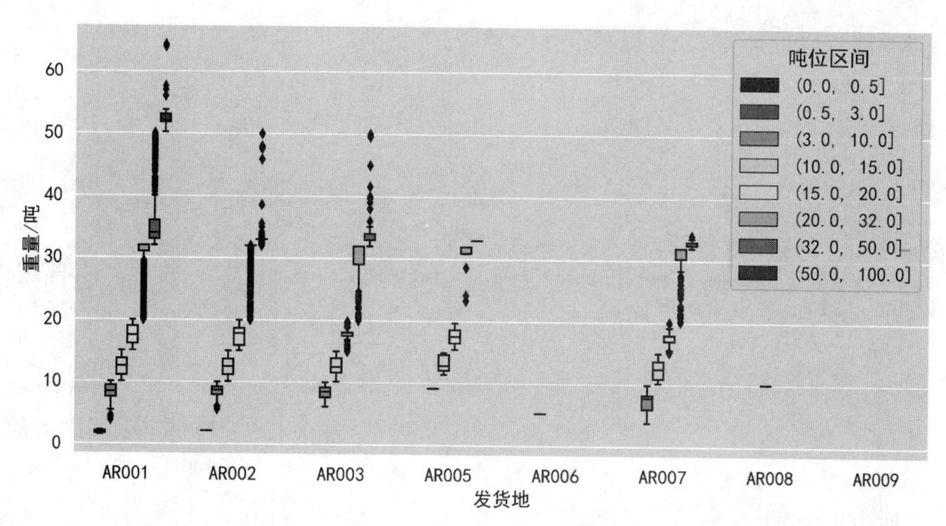

图 12-9 载货吨位箱线图

3. 发货距离

探索现有客户距离始发地的距离,代码如下:

```
bins = [0, 50, 100, 200, 500, 1000,1500,2500]
df["距离区间"] = pd.cut(df.二地距离, bins)

df.groupby(['发货地','距离区间'])['发货地'].count().unstack()
```

输出的结果如图 12-10 所示。

距离区间 发货地	(0, 50]	(50, 100]	(100, 200]	(200, 500]	(500, 1000]	(1000, 1500]	(1500, 2500]
AR001	0	1	85	950	951	177	1
AR002	1	5	1163	311	188	151	56
AR003	10	173	209	19	57	51	43
AR005	2	1	0	0	6	17	2
AR006	0	0	0	0	1	0	0
AR007	0	0	39	181	33	17	7
AR008	0	0	0	0	1	0	0
AR009	0	0	0	0	0	1	0

图 12-10 发货距离及订单量分布

从输出的结果来看:AR001 的客户主要分布在 200~1000 千米内;AR002 的客户主要分布在 100~200 千米内;80%以上的运单来自 AR001 和 AR002。剩下的不足 20%的运单主要来自 AR003 和 AR007,AR003 的客户主要分布在 50~200 千米内;AR007 的客户主要分布在 200~500 千米内。

依据以上发现,后续在寻找固定的合作车辆时应该要有所针对性,通过提高司机每月的运行总千米数以降低运营成本,提高合作的意愿。

4. 吨千米成本

依据对业务的了解,设置相关的筛选条件,进行距离与吨千米成本的探索,代码如下:

```
df['吨千米成本'] = df.司机单价.div(df.二地距离)

plt.figure(figsize = (12, 6))
sns.boxplot(x = "发货地", y = "吨千米成本",
            hue = "距离区间",
            data = df[(df['吨千米成本']< 0.7) & (df['吨千米成本']> 0.15)],
            palette = "PRGn")
```

设置(df['吨千米成本']< 0.7) & (df['吨千米成本']> 0.15)是项目组采用之前的其他项目的数据分析结论,适用于绝大部分的零担与整车的公路运输业务。输出的结果如图 12-11 所示。

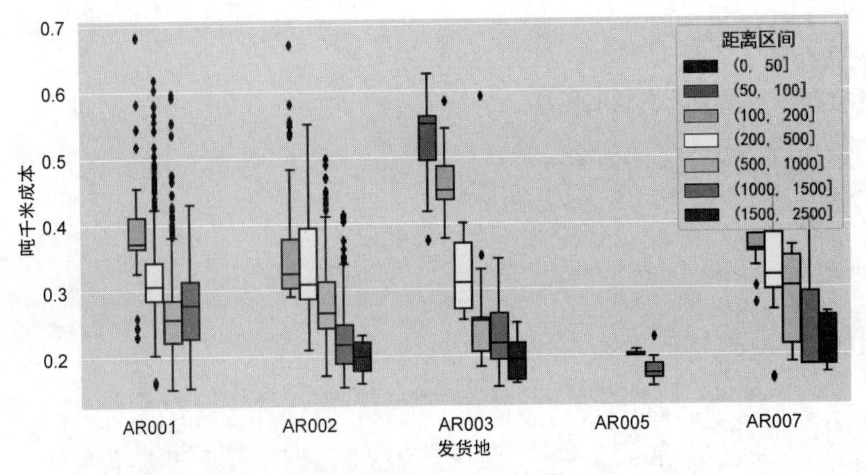

图 12-11 各发货地的吨千米成本

从输出的结果来看:距离越近,吨千米成本越高;不同的发货地,吨千米成本不一样。这表明吨千米成本与地域是有较高关联性。由此可见,未来招投标报价时,必须考虑到AR001、AR002、AR003 等不同始发地的因素。

5. 额外成本

倒运费、卸车费等是否包含在结算报价内是一个不可忽略的因素。以下对出现次数最多的前 5 条线路的倒运费进行相关统计分析,代码如下:

```
a = (df[df['倒运单价']> 0]
    .groupby('线路')
    .agg({'倒运单价':['size','mean'],
          '倒运费':['mean']})
    )
```

```
pd.DataFrame(index = a.index,
             data = a.values,
             columns = ['_'.join(x) for x in a.columns.to_flat_index()])\
    .sort_values('倒运单价_size',ascending = False).head(5)
```

输出的结果如图 12-12 所示。

	倒运单价_size	倒运单价_mean	倒运费_mean
线路			
AR002-HN068	323.0	23.854489	715.49...
AR001-HZ035	227.0	23.563877	828.32...
AR001-HN068	207.0	23.362319	771.42...
AR002-HN059	137.0	23.094891	700.08...
AR002-HN067	136.0	34.375000	999.07...

图 12-12 存在倒运费的订单量前 5 的线路

12.3.3 订单消费额

1. 异常识别

由于数据源中存在较多的缺失值及异常值，用此数据会导致分析结论的错误，所以进行分析之前先探索数据中的异常值并图形化呈现，代码如下：

```
df1 = df.query('司机运费> 0 and 厂家结算总金额> 0')
df1['rate1'] = df['厂家结算总金额']/df['司机运费']
df1['rate2'] = df['司机运费']/df['厂家结算总金额']
df1[['rate1','rate2']].boxplot();
```

输出的结果如图 12-13 所示。

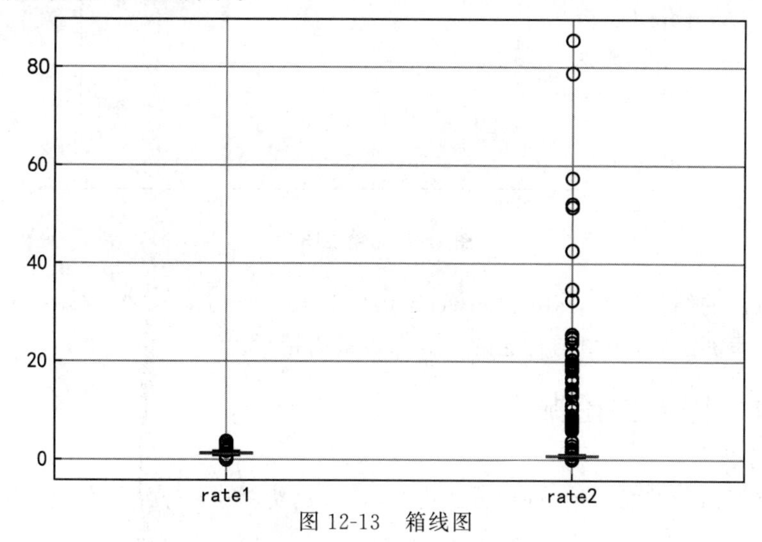

图 12-13 箱线图

从图 12-13 的结果来看，数据存在太多的异常值。描述性统计分析如下：

```
df1[['rate1','rate2']].describe().T
```

输出的结果如图 12-14 所示。

	count	mean	std	min	25%	50%	75%	max
rate1	8088.0	1.253753	0.271456	0.011694	1.135670	1.169615	1.300000	7.090909
rate2	8088.0	0.947005	2.102499	0.141026	0.769231	0.854982	0.880537	85.517241

图 12-14　描述性统计分析

2. 异常值剔除

出于对合同物流的了解，利润能达到 50%已属较高水平。现依据行业的实际情况，结合上面的描述性统计分析数据，剔除数据中的异常值，代码如下：

```
df2 = (df1[df1.rate1.between(0.5,1.7) & df1.rate2.between(0.5,1.6) ]
    [['rate1','rate2','提货日期','司机运费','厂家结算总金额','目的地','发货地']])
df2[['rate1','rate2']].boxplot();
```

输出的结果如图 12-15 所示。

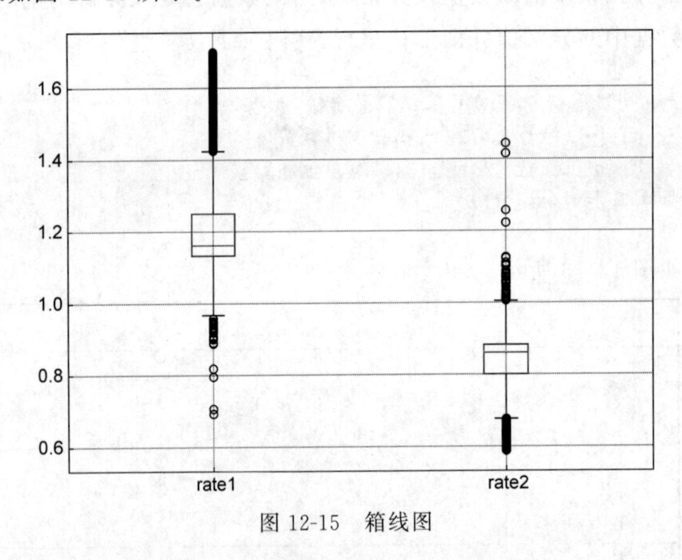

图 12-15　箱线图

从图形输出的结果来看，rate1.between(0.9,1.45) & df1.rate2.between(0.7,1.1)才是最合理的。事实上，这个值与行业的经验值也最为接近。

12.3.4　探索性挖掘

1. 回归分析

剔除异常值后，对“发货地”进行分类进行“司机运费”与“厂家结算总金额”回归分析，代码如下：

```
sns.lmplot(
    x='司机运费',
    y='厂家结算总金额',
    col='发货地',
    col_wrap=4,
    height=6,
    data=df2)
```

输出的结果如图12-16所示。

从图12-16输出的结果来看：在剔除异常值之后，各发货地的司机运费与厂家结算总额呈线性关系，这意味着将来流程电子化时可以直接在系统内直接设置对应的公式。让管理变得简单、透明。

增加筛选条件，继续探索司机运费与厂家结算总金额间的线性关系，代码如下：

```
#设置筛选条件为"目的地"收货20次以上
a = df2.目的地.value_counts()
b=list(a[a>20].index)

df3 = df2[df2.目的地.isin(b)].drop(columns=['rate1','rate2'])

#图形化呈现
sns.lmplot(
    x='司机运费',
    y='厂家结算总金额',
     col='发货地',
     col_wrap=4,
    data=df3
)
```

输出的结果如图12-17所示。

从输出的结果来看，各发货地的司机运费与厂家结算总额呈线性关系。

以下对发货量排名靠前的4个基地的司机运费与厂家结算总额的回归性进行观察，代码如下：

```
n4 = list(df3.发货地.value_counts()\
          .nlargest(4).index)
df_ = (df3[df3.发货地.isin(n4)])

sns.lmplot(
    x='司机运费',
    y='厂家结算总金额',
    hue='发货地',
    data=df_)
```

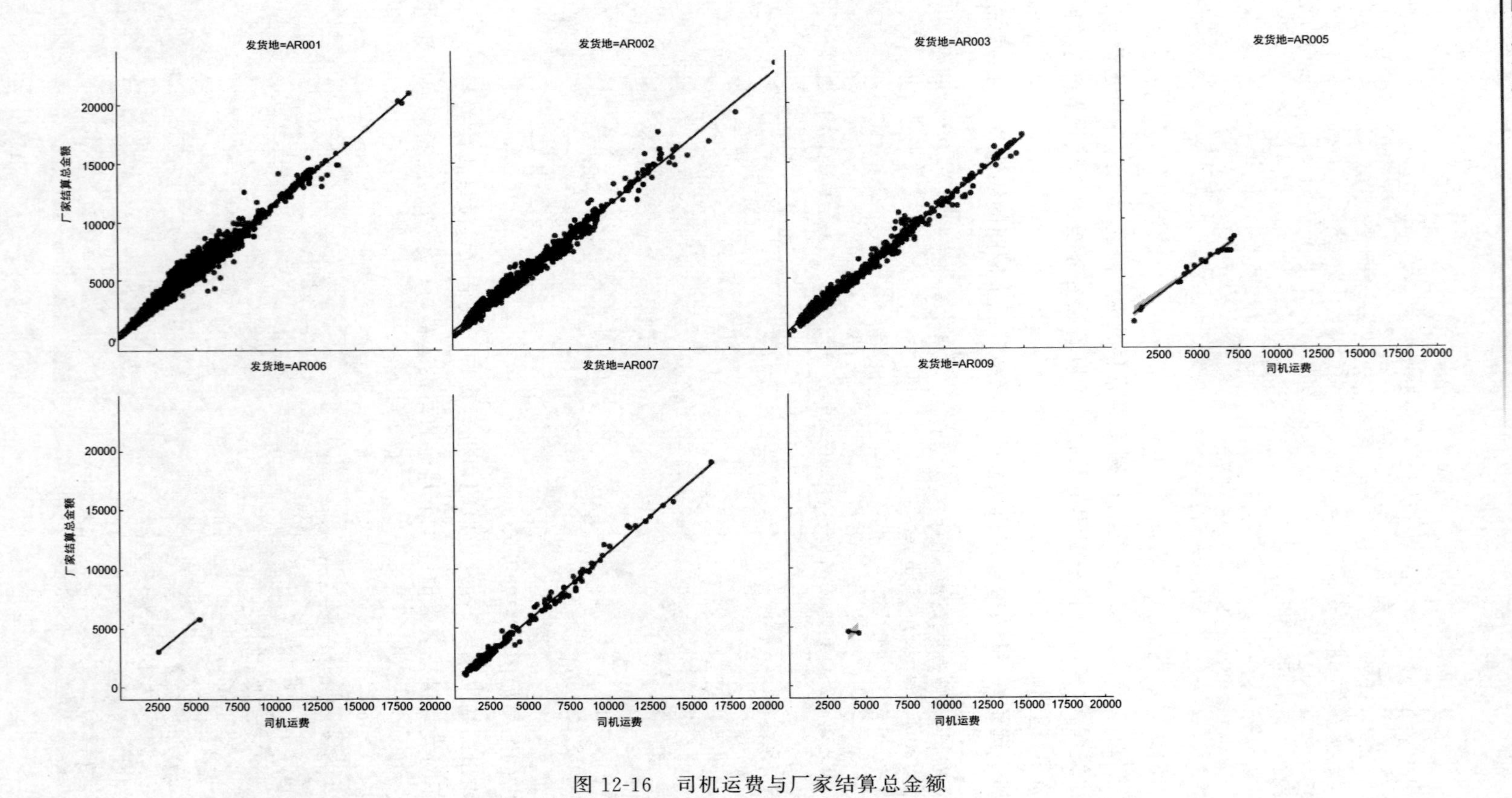

图 12-16 司机运费与厂家结算总金额

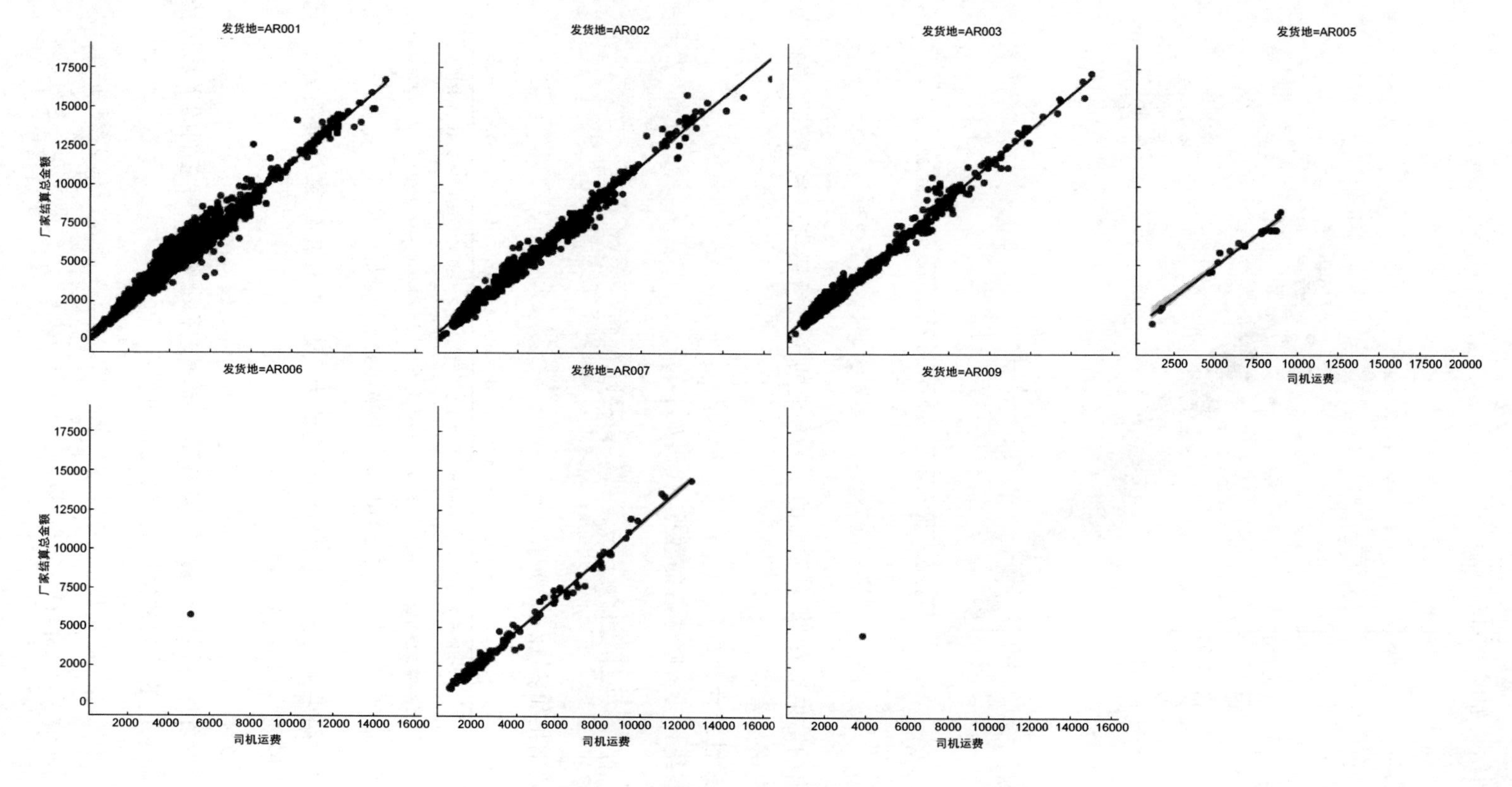

图 12-17　司机运费与厂家结算总金额

输出的结果如图 12-18 所示。

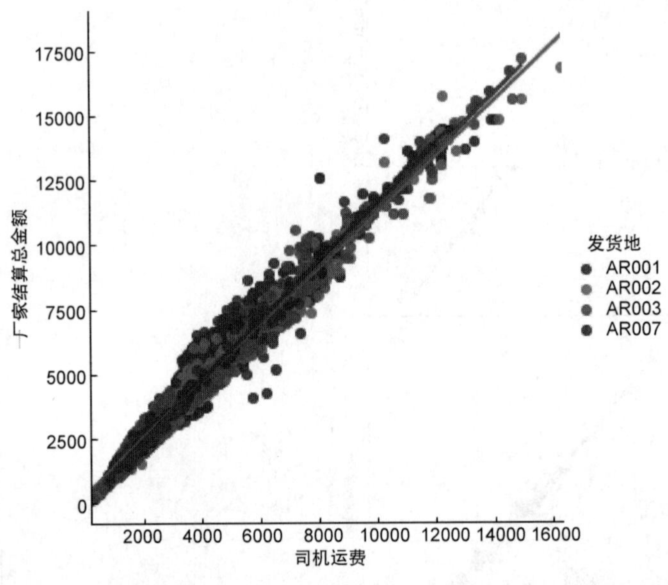

图 12-18 司机运费与厂家结算总金额

从输出的结果来看,排名靠前的 4 个基地的司机运费与厂家结算总额的线性回归方程式的斜率应该是差不多的。

2. 描述性统计分析

描述性统计分析筛选后的数据,代码如下：

```
df3[['司机运费','厂家结算总金额',]].describe().T
```

输出的结果如图 12-19 所示。

	count	mean	std	min	25%	50%	75%	max
司机运费	6609.0	4184.5...	2392.1...	127.5	2117.6	3876.0	5650.0	16320.0
厂家结算总金额	6609.0	4968.5...	2675.3...	147.0	2800.0	4640.0	6630.0	17204.0

图 12-19 描述性统计分析

从输出的结果来看：司机运费的平均值为 4184.5,厂家结算总金额的平均值为 4968.5。项目的平均税前毛利为 18.74%。

3. 因子分析

对不同发货地的司机运费、厂家结算总金额进行分析,了解它们的平均运费是否大抵相同,以及了解它们的数据的集中趋势,代码如下：

```
df3.boxplot(
    column = ['司机运费','厂家结算总金额'],
```

```
    by = '发货地',
    figsize = (10,4));
```

输出的结果如图 12-20 所示。

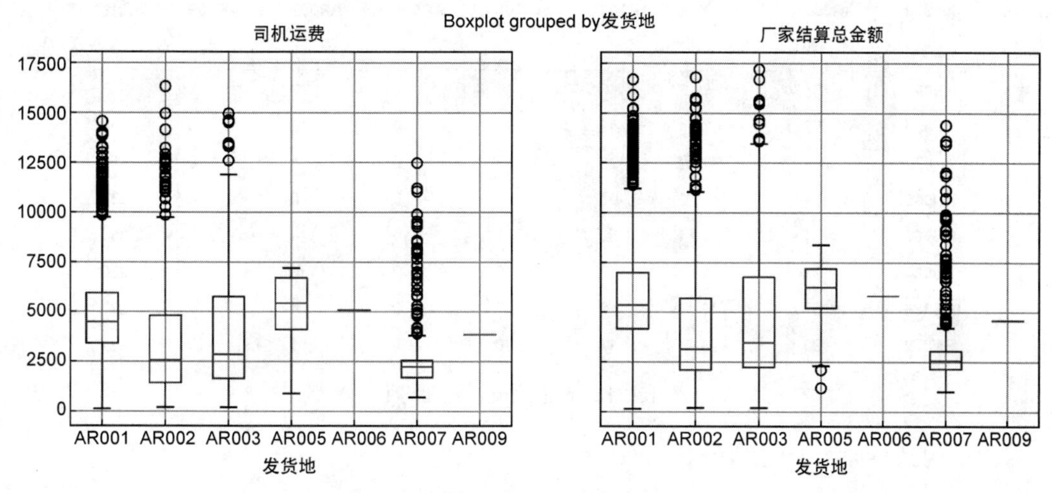

图 12-20 箱线对比图

从输出的结果来看,"司机运费"及"厂家结算总金额"中都存在一些离群数据。后续仍需要去了解原因。

4. 流向流量分析

物流的流向流量分析在物流分析中是必不可少的,代码如下:

```
df4 = df3.groupby(['发货地','目的地'])['提货日期'].count().unstack().T
df4['合计'] = df4.sum(1)
df5 = (df4
    .sort_values('合计',ascending = False).head(8)    #取前 8 的数据
    .fillna(0)
    .apply(lambda x:x.astype(int),axis = 0)
)
df5.style.bar(color = 'lightblue')
```

输出的结果如图 12-21 所示。

AR002-HN068、AR001-HN068、AR001-HZ035 等线路为主要的流量线路。对于以上 8 条流量路线的"司机运费"的均值及数据的分布分析,代码如下:

```
c = list(df5.index)
df6 = df3[df3.目的地.isin(c)]
df6.boxplot(column = '司机运费',
            by = '目的地',
```

```
            figsize = (14,5),
            rot = 60,
           fontsize = 14)
```

发货地 目的地	AR001	AR002	AR003	AR005	AR006	AR007	AR009	合计
HN068	367	458	108	1	0	3	0	937
HZ035	458	67	49	1	0	13	0	588
HN070	249	79	23	3	0	4	0	358
HN069	204	19	106	1	0	0	0	330
HN067	134	113	53	1	0	4	0	305
SN034	91	24	2	0	0	133	0	250
HZ036	167	46	6	0	0	4	0	223
HN072	80	123	17	0	0	1	0	221

图 12-21 起止地流向流量分析

输出的结果如图 12-22 所示。

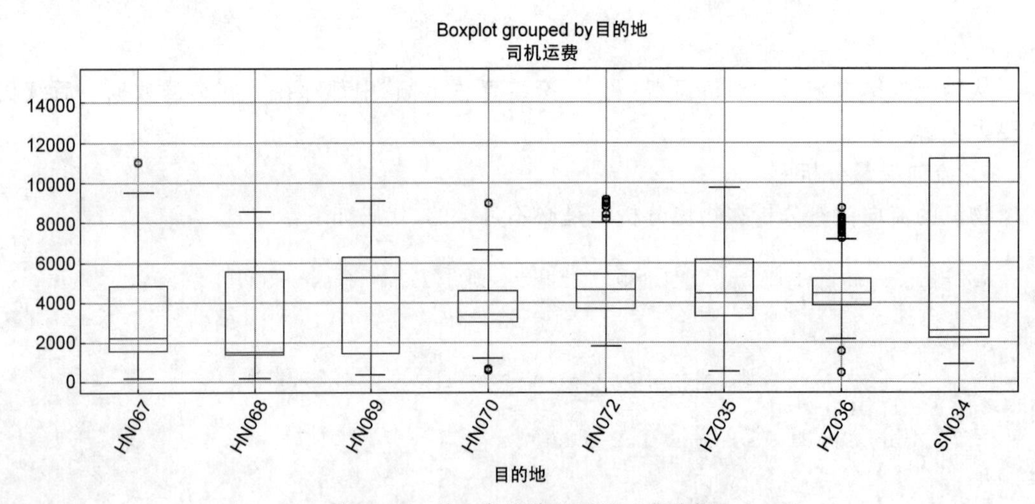

图 12-22 前 8 条线路的司机运费分析

从图 12-22 可以看出，各线路的司机运费存在差异性，可通过统计的方差分析去验证。

5. 时间序列分析

设置“提货时间”为索引列，设置观测频率为“月”。对各月的运费均值进行观测，代码如下：

```
df7 = df6.set_index('提货日期')
df7.resample('M').mean().plot(figsize = (12,4));
```

输出的结果如图 12-23 所示。

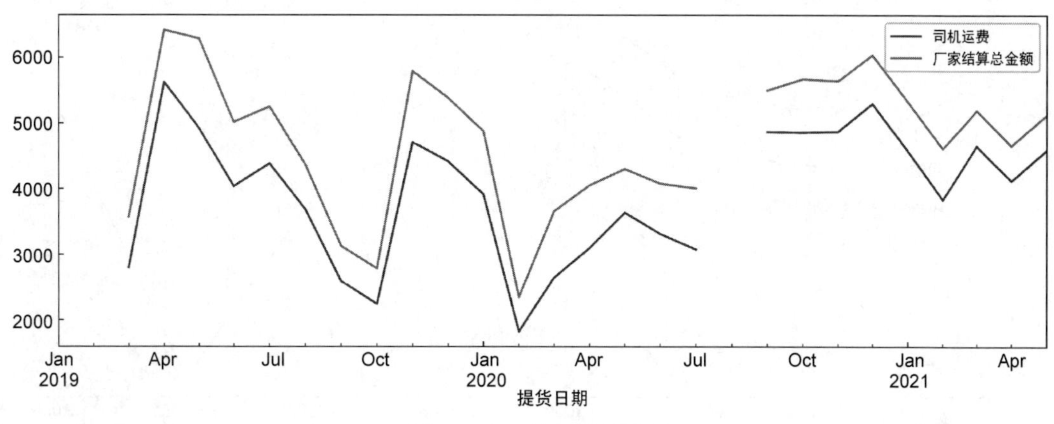

图 12-23　时间序列分析

从输出的结果来看，该项目整体是盈利的，但整体运费每月都不一样，存在明显的波动性，所以招投标报价时需要考虑此因素。

12.3.5　盈利情况

1. 各线路的盈利情况

探究一下发货地的运费盈利情况，代码如下：

```
#plt.figsize()
df8 = df[['提货日期','发货地','目的地','司机运费','厂家结算总金额']]
(df8.groupby(['发货地'])[['司机运费','厂家结算总金额']].mean()
    .plot(
        figsize = (12,5),
        title = "各线路的运费盈利对照表"
    ));
```

输出的结果如图 12-24 所示。

从输出的结果来看，AR008 的司机运费为 0，无法比较盈利情况，其他线路都有盈利。探索 AR008 司机运费为 0 原因。首先查看一下 AR008 共发生了多少笔业务，代码如下：

```
df[['提货日期','发货地','目的地','司机运费','厂家结算总金额']]\
    [df['发货地'] == 'AR008'].value_counts().sum()
```

输出的结果为 1。因为现有数据已做过清洗，只能借助备份的数据源查找原因。查询结果如表 12-5 所示。

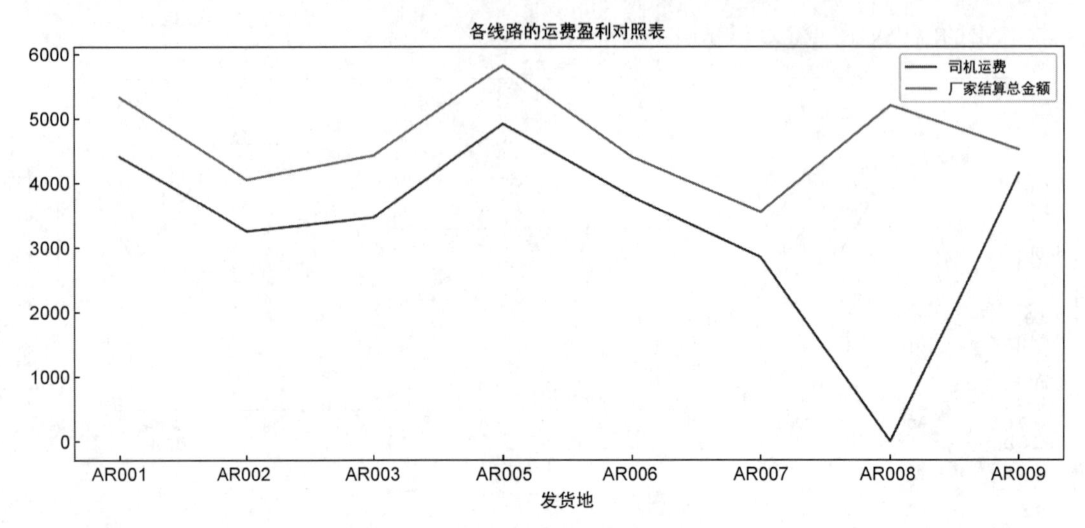

图 12-24 各始发地线路盈利情况

表 12-5 有问题的数据

	A	B	C	D	E	F	G	H	I	J	K	L
1	索引号	提货日期	到货日期	发货地	目的地	件数	重量/吨	司机单价	司机运费	厂家结算总金额	请款总金额	厂家结算报价
2	SN-2368	2020/4/11	2020/4/12	AR008	SN005	330	10.07	4300	43301	5200	5200	5200

司机单价为 4300 元/吨，司机运费为 43301 元，明显是由于登记错误所致，清洗时该数据已被当作异常值剔除了。

2. 各时间段盈利情况

(1) 探索盈利是否与年份有关，代码如下：

```
(df8.groupby(
    pd.Grouper(key = '提货日期',freq = 'Y'))[['司机运费','厂家结算总金额']].mean()
     .plot(
         figsize = (12,5),
         title = "各年度的运费盈利情况"
     ));
```

输出的结果如图 12-25 所示。

从输出的结果来看，2018 年的“厂家结算总金额”的平均值为 0。先查询一下 2018 年总共发生的次数，代码如下：

```
df[['提货日期','发货地','目的地','司机运费','厂家结算总金额']]\
    .set_index('提货日期').loc["2018"]\
    .value_counts().sum()
```

输出的结果为 145。因为数据已清洗过，到数据源中查询这 145 笔“厂家结算总金额”为 0 的原因。经对比数据源发现：所有 2018 年的数据，全部未登记“厂家结算总金额”，此

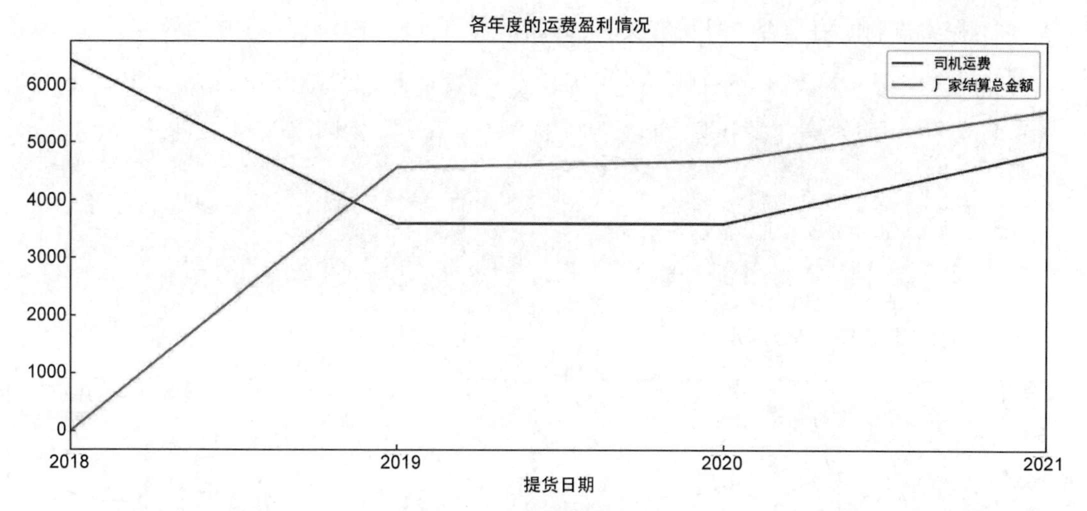

图 12-25　项目年度盈利对照

字段可能是由于之前未做要求。

(2) 探索盈利能力是否与季度有关,代码如下:

```
(df8.groupby(
    pd.Grouper(key = '提货日期',freq = 'Q'))[['司机运费','厂家结算总金额']].mean()
     .plot(
         figsize = (12,5),
         title = "各线路的运费盈利对照表"
     ));
```

输出的结果如图 12-26 所示。

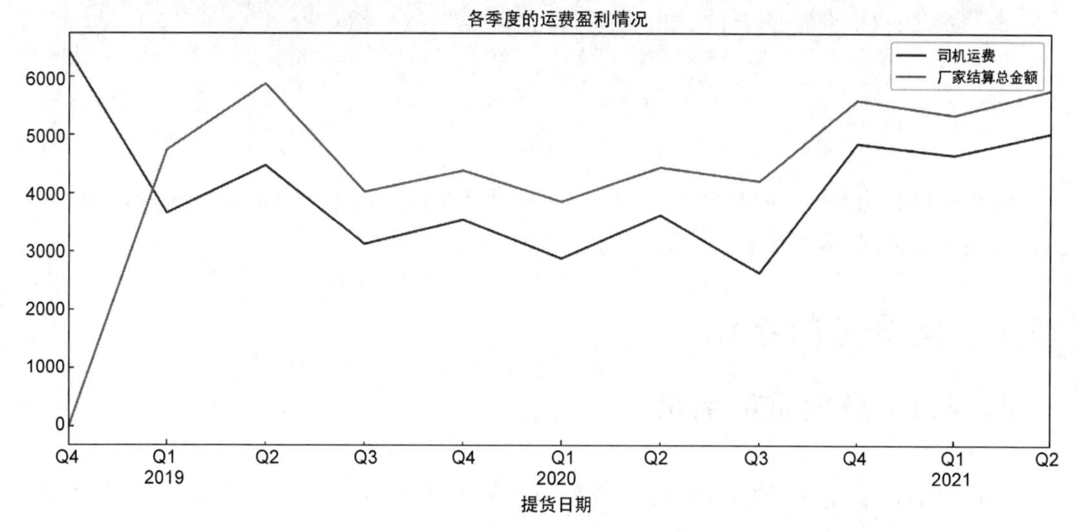

图 12-26　项目季度盈利对照

(3) 探索盈利能力是否与月份有关,代码如下:

```
(df8.groupby(
    pd.Grouper(key = '提货日期',freq = 'M'))[['司机运费','厂家结算总金额']].mean()
     .plot(
         figsize = (14,5),
         title = "各月的运费盈利情况"
     ));
```

输出的结果如图 12-27 所示。

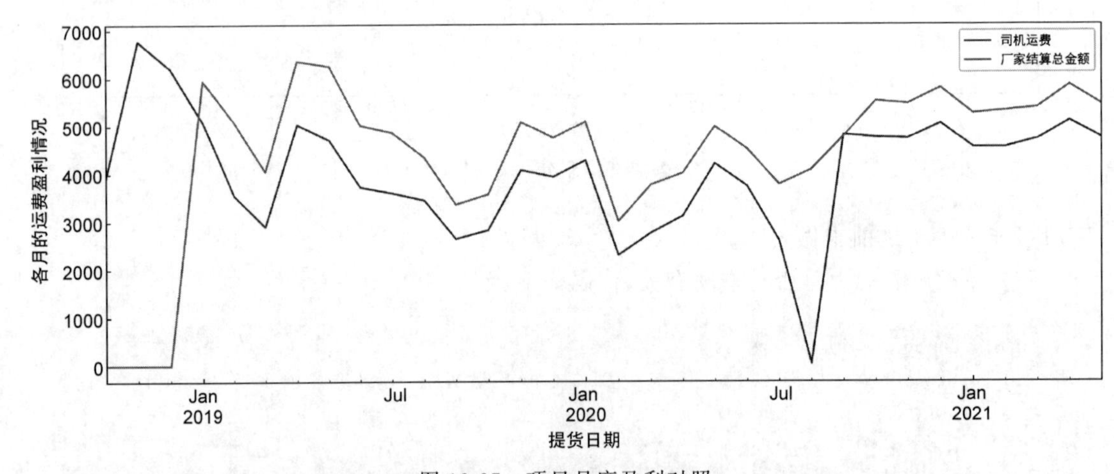

图 12-27 项目月度盈利对照

看来亏损的原因主要在 202009,需要细查原因,代码如下:

```
df[['提货日期','发货地','目的地','司机运费','厂家结算总金额']]\
    .set_index('提货日期').loc["2020 - 9"]\
    .query('司机运费>厂家结算总金额')\
.value_counts().sum()
```

输出的结果为 79,意味着 2020 年 9 月有 79 票存在亏损运输。从趋势图来看,2020 年 9 月的亏损很是突兀,需要细查每一笔以确定原因。

12.4 数据分析结论

12.4.1 数据质量现状

1. 问题

该项目的数据质量间接地反映了该公司的原有管理水平。数据中存在大量的问题如下:

(1) 混合登记。主要体现在“不同列之间的混合登记(件数与质量列的混放、司机单价与司机运费的混放、倒运单价与倒运费的混放、结算单价与厂家结算总金额的混放)、文本与数值的混合登记”。

(2) 缺失值。主要体现在数据中存在大量的“质量/吨、司机单价、司机运费、厂家结算报价、厂家结算总金额”等关键结算字段数据的缺失。

(3) 异常值。数据中存在一些明显性的异常数据。主要体现在“单车的司机运费超10万元、单车的载重吨位上千吨”等。

总体来看,数据的处理水平较为原始,数据的利用度较低。

2. 原因

造成这些问题的原因在于:

(1) 管理水平的欠缺,相关管理人员之前未对操作人员做过相应的培训与要求。

(2) 相关的规范与要求不够,没有相应的审核机制与要求;对数据的严谨性与透明化重视度不够,缺乏这方面的意识。

(3) 操作人员的表格处理水平较低,数据规范化意识淡薄。

3. 隐患

相关问题易形成以下隐患:

(1) 数据的重复利用率较低。无法形成内部的透明化管理,无法通过数据赋能。

(2) 无法建立数字化风险预警机制。问题多半是后知后觉。一旦数据出现问题,无法快速、有效地查到原因,也无法对类似的问题进行快速统计分析,并形成指导建议。

(3) 数据的不透明导致管理的不透明,相应岗位易产生管理类问题且不易被察觉。

12.4.2 后续改善要求

鉴于公司前期过于粗放化的管理,公司宜从以下方面逐步着手建立对应的KPI考核体系,如表12-6所示。后期将会依据运营情况在运行中有所调整。

表12-6　KPI考核体系(初稿)

板块	类别	考核点	考核点细分	考核项说明
一	调车管理	准时率	发车准点	无过夜押车情况
			到达准点	在预定的时效内到达
二	日常管理	准确率	金额准确	无多付、少付、错付情形
				无错登、少登、漏登情形
三	质量管理	货损货差率	运输质量	
		投诉率	服务质量	客户投诉情况
四	盈利情况	服务成本		标准成本体系的建立
		运营成本		结算体系的标准化
五	标准化程度	线上标准化		SaaS版系统的引入、银企直联
		线下标准化		标准化流程与专业化等

12.4.3 指导意见

基于"物流降本增效"的宗旨,结合以上发现的问题及探索结论,项目组给出以下指导意见。

1. 线下标准化

(1) 对现有数据质量问题形成"问题清单"及"快改清单",安排专人落实改善直至结案。

(2) 对于公司传统流程中暂无法线上标准化管理的事项,实施线下标准化管理。

(3) 加强 PDCA 工作方式(计划、执行、检查、修正)的宣导与落实并应用于线下管理。

线下标准化是 IECRS 分析方法的应用。IECRS 是"识别 Identify、删除 Eliminate、合并 Combine、重组 Arrange、简化 Simplify" 的合称。

2. 线上标准化

(1) 实施流程优化并电子化到 SaaS 软件中,使操作者在任何地方都可以通过登录 Web 进行操作。

(2) 在 SaaS 软件中打通各流程环节,对于关键流程节点进行过程审核与状态监控;借助科技手段,逐步实现司机手机打卡、车辆在途监控、银企直联运费支付、电子回单、电子结算与对账等功能。

(3) 定期统计分析与报表推送(用于业务统计、风控预警及数据预测、改善建议等)。

线上标准化是 ESIA 分析方法的应用。ESIA 是"删除 Eliminate、简化 Simplify、整合 Integrate、自动化 Automate"的合称。

数据分析改善与现场分析改善其实是一个原理,改善者必须从"三练"(练眼、练手、练心)开始。通过"练眼",识别出正常与异常、增值与浪费等,例如 Identify 的应用,然后"练手",能够改善的立即动手改善,现阶段不能改善的则需想办法减少,例如 ECRS 的应用,最后"练心",培养前瞻性思维,借助科技手段形成企业或个人独有能力的防护城,例如 ESIA 的应用。

12.4.4 方法论整理

通过本次数据分析项目的实施,项目组届时会整理与总结本次实施过程中所获得的经验及方法,扩充到公司的知识库中。供后期类型项目的知识调用,实现知识的快速复制与横向推广。

同时,项目组成员对以下几点有了一个深刻的认识:

(1) 数据分析必须建立在熟悉与了解业务的基础之上。

(2) 不能单纯地、割裂地去应用数据分析知识,它与其他管理学知识可以融会贯通。

图书推荐

书名	作者
鸿蒙应用程序开发	董昱
鸿蒙操作系统开发入门经典	徐礼文
鸿蒙操作系统应用开发实践	陈美汝、郑森文、武延军、吴敬征
华为方舟编译器之美——基于开源代码的架构分析与实现	史宁宁
鲲鹏架构入门与实战	张磊
华为 HCIA 路由与交换技术实战	江礼教
Flutter 组件精讲与实战	赵龙
Flutter 实战指南	李楠
Dart 语言实战——基于 Flutter 框架的程序开发(第 2 版)	亢少军
Dart 语言实战——基于 Angular 框架的 Web 开发	刘仕文
IntelliJ IDEA 软件开发与应用	乔国辉
Vue+Spring Boot 前后端分离开发实战	贾志杰
Vue.js 企业开发实战	千锋教育高教产品研发部
Python 人工智能——原理、实践及应用	杨博雄主编，于营、肖衡、潘玉霞、高华玲、梁志勇副主编
Python 深度学习	王志立
Python 异步编程实战——基于 AIO 的全栈开发技术	陈少佳
Python 数据分析从 0 到 1	邓立文、俞心宇、牛瑶
物联网——嵌入式开发实战	连志安
智慧建造——物联网在建筑设计与管理中的实践	[美]周晨光(Timothy Chou)著；段晨东、柯吉译
TensorFlow 计算机视觉原理与实战	欧阳鹏程、任浩然
分布式机器学习实战	陈敬雷
计算机视觉——基于 OpenCV 与 TensorFlow 的深度学习方法	余海林、翟中华
深度学习——理论、方法与 PyTorch 实践	翟中华、孟翔宇
深度学习原理与 PyTorch 实战	张伟振
ARKit 原生开发入门精粹——RealityKit+Swift+SwiftUI	汪祥春
Altium Designer 20 PCB 设计实战(视频微课版)	白军杰
Cadence 高速 PCB 设计——基于手机高阶板的案例分析与实现	李卫国、张彬、林超文
Octave 程序设计	于红博
SolidWorks 2020 快速入门与深入实战	邵为龙
SolidWorks 2021 快速入门与深入实战	邵为龙
UG NX 1926 快速入门与深入实战	邵为龙
西门子 S7-200 SMART PLC 编程及应用(视频微课版)	徐宁、赵丽君
三菱 FX3U PLC 编程及应用(视频微课版)	吴文灵
全栈 UI 自动化测试实战	胡胜强、单镜石、李睿
pytest 框架与自动化测试应用	房荔枝、梁丽丽
软件测试与面试通识	于晶、张丹
深入理解微电子电路设计——电子元器件原理及应用(原书第 5 版)	[美]理查德·C. 耶格(Richard C. Jaeger)、[美]特拉维斯·N. 布莱洛克(Travis N. Blalock)著；宋廷强译
深入理解微电子电路设计——数字电子技术及应用(原书第 5 版)	[美]理查德·C. 耶格(Richard C. Jaeger)、[美]特拉维斯·N. 布莱洛克(Travis N. Blalock)著；宋廷强译
深入理解微电子电路设计——模拟电子技术及应用(原书第 5 版)	[美]理查德·C. 耶格(Richard C. Jaeger)、[美]特拉维斯·N. 布莱洛克(Travis N. Blalock)著；宋廷强译

图书资源支持

感谢您一直以来对清华大学出版社图书的支持和爱护。为了配合本书的使用，本书提供配套的资源，有需求的读者请扫描下方的“书圈”微信公众号二维码，在图书专区下载，也可以拨打电话或发送电子邮件咨询。

如果您在使用本书的过程中遇到了什么问题，或者有相关图书出版计划，也请您发邮件告诉我们，以便我们更好地为您服务。

我们的联系方式：

地　　址：北京市海淀区双清路学研大厦 A 座 714

邮　　编：100084

电　　话：010-83470236　010-83470237

资源下载：http://www.tup.com.cn

客服邮箱：tupjsj@vip.163.com

QQ：2301891038（请写明您的单位和姓名）

教学资源・教学样书・新书信息

人工智能科学与技术
人工智能|电子通信|自动控制

资料下载・样书申请

书圈

用微信扫一扫右边的二维码，即可关注清华大学出版社公众号。